高等教育规划教材

AutoCAD 2007 中文版基础教程

孙小捞　杨德芹　主　编
许艺萍　穆　欣　李　琦　副主编

化学工业出版社
·北京·

本书主要内容有 AutoCAD 2007 的用户界面及基本操作、快速精确绘图、二维简单图形及复杂图形的绘制与编辑、文本和表格绘制、图案填充、图层的设置与管理、尺寸标注、图块的创建、图形查询以及三维图形的绘制与编辑等，最后章节是一些具有代表性的实例，让读者可以在学习了基础知识之后，体会到设计出作品的成就感。每章后附有练习题，读者可综合检测自己的学习情况。

本书是作者多年来在企业工作和现在从事 CAD 教学工作和研究的心得与体会。本书以 AutoCAD 2007 版本作为平台，全面、系统地介绍了 AutoCAD 的功能、使用方法和技巧。

本书注重理论和范例相结合，内容丰富，范例典型。可作为高等院校本科和专科教材使用，也可作为从事产品开发设计工作的工程技术人员参考使用。

与本书配套的教学课件，可以在 www.cipedu.com.cn 上下载。

图书在版编目 (CIP) 数据

AutoCAD 2007 中文版基础教程/孙小捞，杨德芹主编.
北京：化学工业出版社，2011. 1（2024. 9重印）
高等教育规划教材
ISBN 978-7-122-09983-9

Ⅰ. A…　Ⅱ. ①孙…　②杨…　Ⅲ. 计算机辅助设计-应用软件，AutoCAD 2007-高等学校-教材　Ⅳ. TP391.72

中国版本图书馆 CIP 数据核字（2010）第 231264 号

责任编辑：李　娜　高　钰　　　　装帧设计：史利平
责任校对：郑　捷

出版发行：化学工业出版社（北京市东城区青年湖南街 13 号　邮政编码 100011）
印　　装：北京科印技术咨询服务有限公司数码印刷分部
787mm×1092mm　1/16　印张 18¾　字数 464 千字　2024 年 9 月北京第 1 版第 11 次印刷

购书咨询：010-64518888　　售后服务：010-64518899
网　　址：http://www.cip.com.cn
凡购买本书，如有缺损质量问题，本社销售中心负责调换。

定　　价：48.00 元

前　言

随着计算机技术和产品设计技术的飞速发展，计算机绘图技术被广泛应用。AutoCAD 是美国 Autodesk 公司开发的通用计算机辅助绘图和设计软件，具有强大的二维绘图、三维造型以及二次开发功能，是全球用户最多的 CAD 软件之一。其应用非常广泛，如机械、建筑、电子、航天、造船、冶金、气象、石油化工、土木工程等领域。在我国，AutoCAD 已成为工程设计领域应用最广泛的计算机辅助设计软件之一，在企业、研究院（所）和大专院校中广泛使用。

本书分为 16 章，第 1 章详细介绍了 AutoCAD 2007 的基础知识，包括 AutoCAD 的基本功能、工作界面、图形文件的基本操作；第 2 章介绍了快速精确绘图，包括使用捕捉、栅格、正交功能、自动追踪和动态输入；第 3、4 章介绍了基本二维图形的绘制与编辑，包括绘制基本图形和编辑功能等；第 5 章介绍文字与表格的创建与编辑，包括单行文字和多行文字的创建与编辑及创建表格样式和表格；第 6 章介绍了图案填充；第 7 章介绍了图层的设置与管理，包括图层的设置与管理和对象特性的修改；第 8 章介绍了尺寸的标注，包括尺寸标注的基本概述、创建标注样式、设置标注样式、形位公差的标注及尺寸的编辑；第 9 章介绍了图块与属性、外部参照和设计中心，包括块的创建与编辑、编辑与管理块属性以及使用外部参照和设计中心；第 10 章介绍了图形查询，包括面积、距离及点的坐标等查询；第 11、12 章介绍了三维绘图基础知识及三维图形的绘制与编辑，包括绘制基本的三维实体、通过二维图形来创建实体、三维实体的布尔运算、三维操作、实体编辑和视觉样式与渲染等；第 13 章介绍了图形数据输出和打印，包括数据输出、布局、打印样式和打印图形；第 14 章是 AutoCAD2007 绘图综合实例，包括制作图框和二维图形设计；第 15 章是轴类、轮盘类零件的二维绘图实例；第 16 章是叉架零件的三维实体绘制实例，包括三维实体绘制和三维尺寸标注。

通过对本书的学习，读者可以掌握 AutoCAD 2007 绘图的基本操作方法和实用技巧，并且熟练地运用 AutoCAD 2007 的绘图方法进行各种设计，提高工作效率。

本书面向 AutoCAD 的初、中级用户，全书采用由浅入深、循环渐进的讲述方法，内容通俗易懂，力求把技术内容与作者积累的实际经验有机地融为一体。此外，本书的每章后都配有相应的练习题，读者可以综合检测自己的学习情况。

本书适用于高等院校本、专科学生、培训班学员以及广大自学者，也可作为从事产品开发设计工作的工程技术人员参考使用。

本书由洛阳理工学院孙小捞和杨德芹主编，洛阳理工学院许艺萍、穆欣、李琦任副主编，洛阳理工学院占伟、王艳敏、马福贵和张慧贤参加编写。具体分工如下：第 1、2 章由占伟编写，第 3、5 章由许艺萍编写，第 4、6 章由李琦编写，第 7、8 章由穆欣编写，第 9、10 章由王艳敏编写，第 11、12 章由杨德芹编写，第 13、14 章由张慧贤编写，第 15 章由马福贵编写，第 16 章和附录由孙小捞编写。

由于编者水平有限，书中难免有不足之处，恳请读者批评指正。

本书配有教学课件，可以到 www.cipedu.com.cn 下载。

编　者

2010 年 8 月

目　　录

第 1 章　AutoCAD 2007 用户界面及基本操作

1.1　AutoCAD 2007 概述

AutoCAD 是由美国 Autodesk 公司开发的通用计算机辅助设计软件系统，具有强大的二维设计功能和较强的三维几何建模及编辑功能，目前广泛应用在机械、建筑、电子和家电等工程设计领域，在国内外用户众多。自 1982 年问世以来，经过不断的升级改进，其功能也日趋完善，已经成为工程设计领域应用最为广泛的计算机辅助绘图与设计软件之一。

AutoCAD 2007 的主要功能有以下 6 个方面。

1. 绘图功能

AutoCAD 2007 提供了丰富的绘图命令，使用这些命令可以绘制直线、构造线、圆、矩形等二维基本图形和圆柱体、球体、长方体等三维基本实体以及网格、旋转网格等网格模型。

AutoCAD 2007 是一种交互式的绘图软件，用户可以简单地使用键盘或鼠标单击来激活命令，然后根据系统的提示在屏幕上绘制图形，使得计算机绘图变得简单易学、易用。

2. 编辑图形功能

AutoCAD 2007 具有强大的编辑功能。用户使用其修改命令，可以对图形进行复制、平移、旋转、缩放、镜像和阵列等编辑操作，从而绘制复杂的图形，使绘图工作事半功倍。布尔运算等三维编辑功能使得三维复杂实体的生成变得简单易用。

3. 图形尺寸标注功能

AutoCAD 2007 提供了一套完整的尺寸标注和编辑命令。标注时不仅能够自动测量图形的尺寸，而且可以方便地编辑尺寸或修改标注样式，以符合行业或项目标准的要求。标注的对象可以是二维图形，也可以是三维图形。

4. 三维图形渲染功能

AutoCAD 2007 可以运用雾化、光源和材质，将模型渲染为具有真实感的图像。如果是为了演示，可以渲染全部对象；如果时间有限，或显示设备和图形设备不能提供足够的灰度等级和颜色，则不必精细渲染；如果只需快速查看设计的整体效果，则可以简单消隐或设置视觉样式。

5. 输出与打印功能

AutoCAD 2007 不仅允许将所绘制图形以不同样式通过绘图仪或打印机输出，还能够将不同格式的图形导入 AutoCAD 或将 AutoCAD 图形以其他格式输出。因此，当图形绘制完成之后，可以使用多种方法将其输出。例如，可以将图形打印在图纸上，或创建成文件以供其他应用程序使用。

AutoCAD 2007 输出的文件格式如下：

（1）3D DWF（*.dwf）。

（2）DXF 图形交换格式（*.dxf）。

（3）Windows 图元文件（*.wmf）。

（4）ACIS（*.sat）。

（5）平版印刷（*.stl），此文件也用在快速成型系统中。

（6）封装 PS（*.eps）。

（7）dxx 提取（*.dxx）。

（8）位图（*.bmp）。

6. 网络传输功能

AutoCAD 2007 具有网络传输功能。使用此功能，用户可以方便地浏览世界各地的网站，获取有用的信息；可以下载需要的图形，也可以将自己绘制的图形通过网络传输出去，以实现多用户对图形资源的共享。

1.2 安装、启动和退出 AutoCAD 2007

1.2.1 AutoCAD 2007 的系统要求

AutoCAD 2007 对计算机硬件的要求不太高，主要硬件要求如下。

（1）Pentium IV 800 MHz 以上的 CPU。

（2）内存 512MB。

（3）硬盘容量 750MB。

（4）CRT 或液晶显示器，屏幕分辨率 1024×768，显示器尺寸最好 17″ 或更大。

（5）配置鼠标、网卡，可以接入 Internet。

AutoCAD 2007 对计算机软件运行环境是：操作系统使用 Windows XP/Windows 2000 Service；Web 浏览器使用 Microsoft Internet Explorer 6.0 版本。

1.2.2 安装和启动 AutoCAD 2007

1. AutoCAD 2007 的安装

AutoCAD 2007 的安装比较简单，首先打开安装光盘或者将安装光盘内容复制到某个硬盘目录中，然后双击 Setup.exe 运行安装程序，稍等片刻，出现一个安装界面，在“安装类型中”选择“单机安装”，然后按照提示即可完成安装。安装完成后系统会在桌面创建快捷方式图标，同时会在程序中创建程序组，里面包含 AutoCAD 2007 程序和其他一些程序。

2. AutoCAD 2007 的启动

AutoCAD 2007 的启动方法有如下 3 种（以 Windows XP 系统为例）。

（1）单击“开始”→“所有程序”→“Autodesk”→“AutoCAD 2007—Simplified Chinese”→“AutoCAD 2007”。

（2）如果桌面上有快捷方式图标，双击“AutoCAD 2007—Simplified Chinese”图标。

（3）双击“*.dwg”（扩展名为 dwg）文件，系统会自动打开 AutoCAD 2007。

AutoCAD 2007 安装完成后，第一次启动运行时，系统会提示用户选择“三维建模”或“AutoCAD 经典”工作空间模式，如图 1-1 所示。用户可以根据需要进入相应的工作空间，然后单击“确定”按钮进入相应的工作界面。

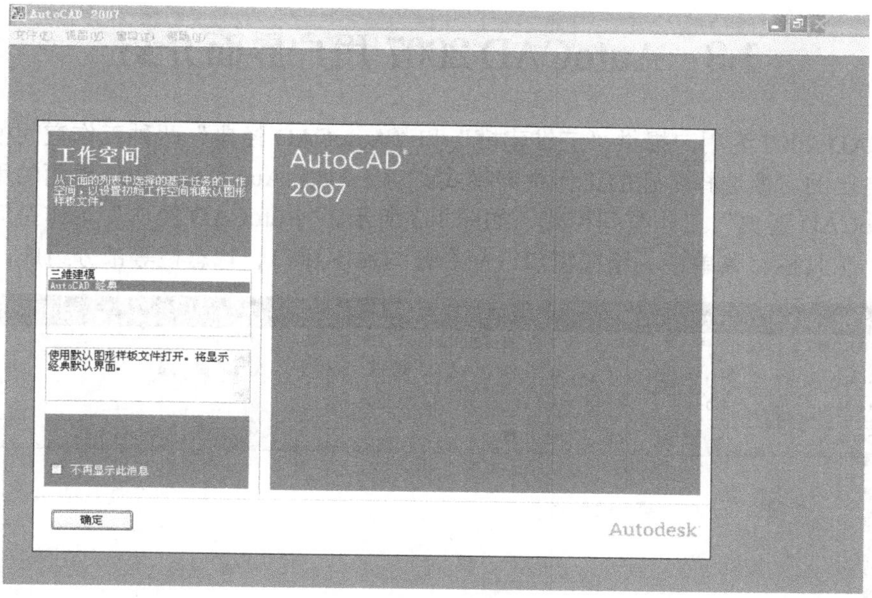

图 1-1　工作空间模式的选择

选择工作空间模式后，系统会出现“新功能专题研习”界面，如图 1-2 所示。其中包括一系列交互式动画、教程和说明，它可以帮助用户了解 AutoCAD 2007 的新增功能。

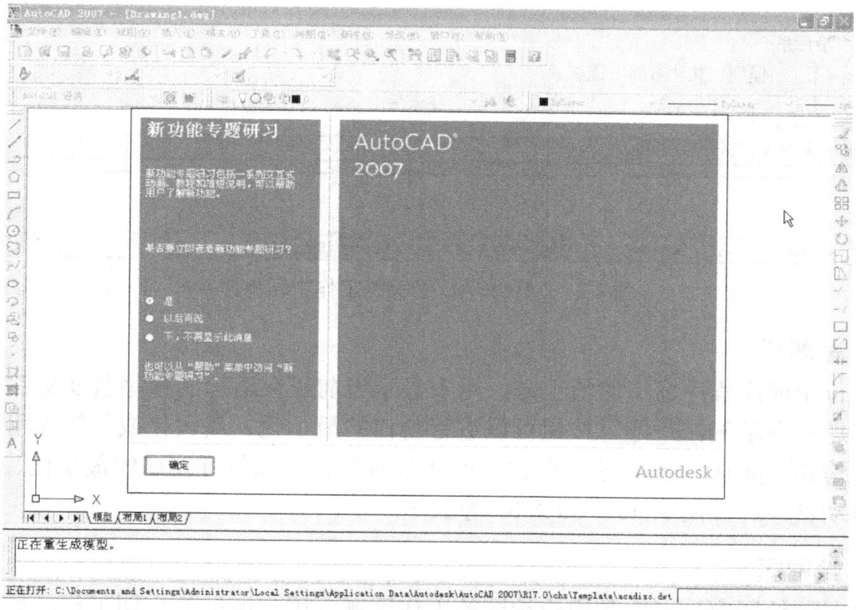

图 1-2　“新功能专题研习”界面

1.2.3　退出 AutoCAD 2007

要退出 AutoCAD 2007，有以下 3 种方法。

（1）在 AutoCAD 2007 主界面窗口的标题栏上，单击“关闭”按钮。

（2）在“文件（F）”下拉菜单中单击“退出（X）”选项。

（3）在命令行，输入“EXIT”或“QUIT”，然后回车（按 ENTER 键）。

1.3　AutoCAD 2007 用户界面介绍

AutoCAD 2007 为用户提供“三维建模”和“AutoCAD 经典”两种工作空间模式。用户可以根据自己的习惯选择合适的工作空间模式。对于习惯 AutoCAD 传统界面的用户，可以采用“AutoCAD 经典”工作空间模式，如图 1-3 所示。“AutoCAD 经典”工作空间界面主要由标题栏、工具栏、菜单栏、绘图窗口、命令行与文本窗口、状态栏等部分组成。

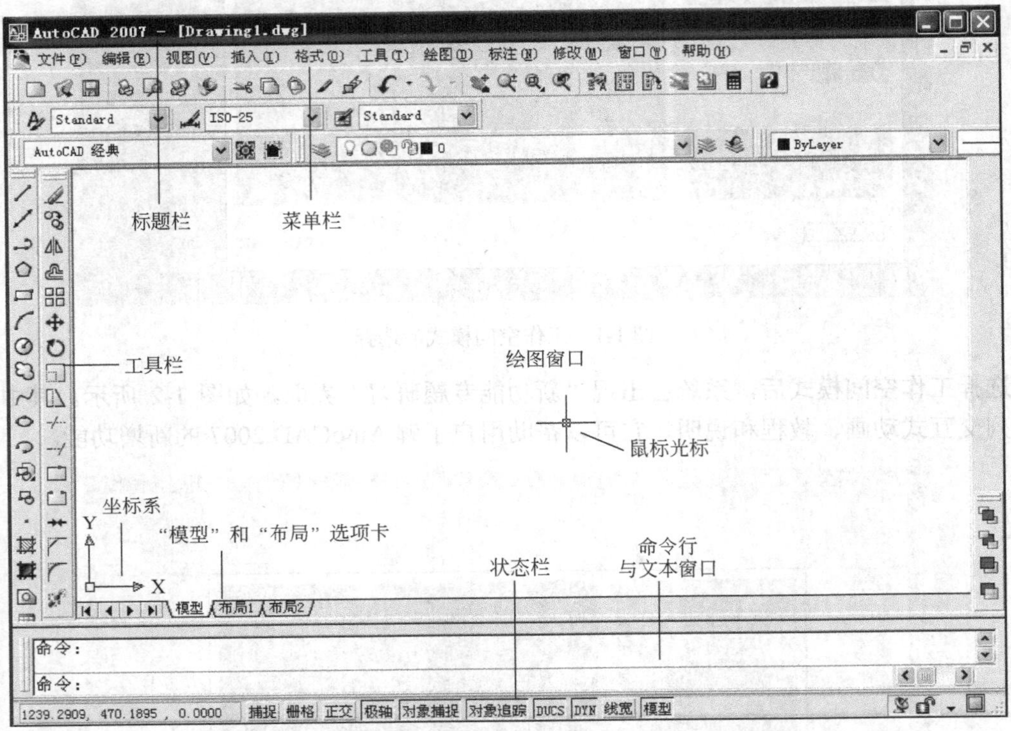

图 1-3　“AutoCAD 经典”工作空间界面

1.3.1　标题栏

标题栏位于应用程序窗口的最上方，用于显示当前正在运行的程序名及文件名等信息。

单击标题栏右端的按钮可以进行窗口的最小化、最大化或关闭应用程序窗口。标题栏最左边是图标，单击它会弹出一个下拉菜单，可以执行窗口的最小化、最大化、恢复窗口、移动窗口、关闭 AutoCAD 2007 等操作。

1.3.2　绘图区

绘图区又称绘图窗口，它是用户绘图的工作区域，用户所做的一切工作，如绘制图形、标注尺寸、输入文本等都要反映在该窗口，可以把绘图区域理解为一张可大可小的图纸，由于可以设置图层（图层的概念和作用请参考本书相关章节），其实绘图区域还可以理解为透明的多张图纸重叠在一起。用户可以根据需要关闭某些工具栏，以增大绘图空间。

在绘图区中，有一个坐标系图标，如图 1-3 所示，用于显示当前坐标系的位置和坐标方向，如坐标系原点、*X*、*Y*、*Z* 轴正向（二维绘图中，不涉及 *Z* 值），AutoCAD 2007 默认的是一个笛卡尔坐标系，即世界坐标系（WCS）。坐标系图标的显示与否以及显示状态可以通过在命令行输入命令“UCSICON”来控制。

在绘图区中还有一个鼠标光标，如图 1-3 所示。鼠标光标会根据使用状态改变形状。十字光标在绘图区域用于指定点或选择对象。通常情况下，光标是一个十字线并且在十字线中心有一个小方框，十字线的交点是光标的实际位置。

在使用绘图命令时，例如绘制圆“CIRCLE”命令，确定圆心后，还需要给出圆上一点（即确定圆的半径），如果没有打开对象捕捉（具体对象捕捉功能参看本书第 2 章）功能，则光标仅仅显示十字线；如果打开对象捕捉功能，则光标显示十字线和方框，此时的方框成为靶框（TARGET BOX），其大小决定了对象捕捉的有效范围。如果使用的是编辑命令，修改已经绘制的对象，如删除“ERASE”命令，光标上的十字线会消失，只留下小方框，此时可以用方框选择要删除的对象，这时的方框称为拾取框（PICK BOX），用来选择对象，也可以按下鼠标左键，拖动鼠标，拉出一个矩形框来选择对象。如果将鼠标光标移出绘图区，光标将变为箭头，此时可以从工具栏或菜单中选择要执行的命令选项。如果将鼠标光标移到命令行区域，光标将变为“I”形状，此时可以输入命令。

1.3.3　下拉菜单、快捷菜单和键盘快捷键

1. 下拉菜单

下拉菜单栏的功能非常强大，几乎可以包含所有 AutoCAD 2007 的功能和操作命令。主要由“文件（F）”、“编辑（E）”、“视图（V）”、“插入（I）”等菜单组成。单击一个菜单项，如“绘图（D）”，系统将弹出如图 1-4 所示的对应下拉菜单，菜单中的命令类型有 3 种。

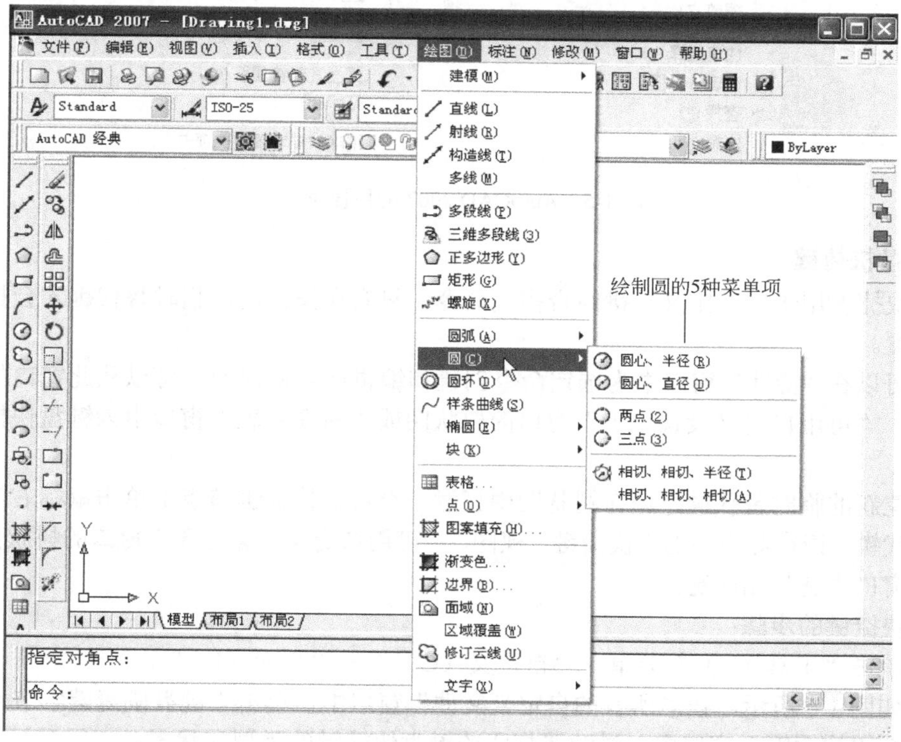

图 1-4　“绘图”下拉菜单

（1）单击直接执行的命令　如单击“直线（L）”，直接执行绘制直线的命令。

（2）命令后还含有下级命令　命令后面跟有“▸”，表示该命令下面还有下级命令。如单击“圆（C）”，会弹出如图 1-4 中所示的 5 种绘制圆的菜单项。

（3）单击此命令后，执行后出现一个对话框　命令后跟有“…”，表示单击此命令后，执行后出现一个对话框。如在图 1-4 中单击“表格…”，就会出现一个对话框。

2. 快捷菜单

快捷菜单又称为上下文相关菜单。在绘图窗口、工具栏、状态栏、“模型”选项卡以及一些对话框上单击鼠标右键，将会弹出一个快捷菜单，该菜单中的命令与系统的当前状态有关，显示的内容根据状态不同而不同。使用它们可以在不启动菜单栏的情况下快速、高效地进行操作，如图 1-5 所示。

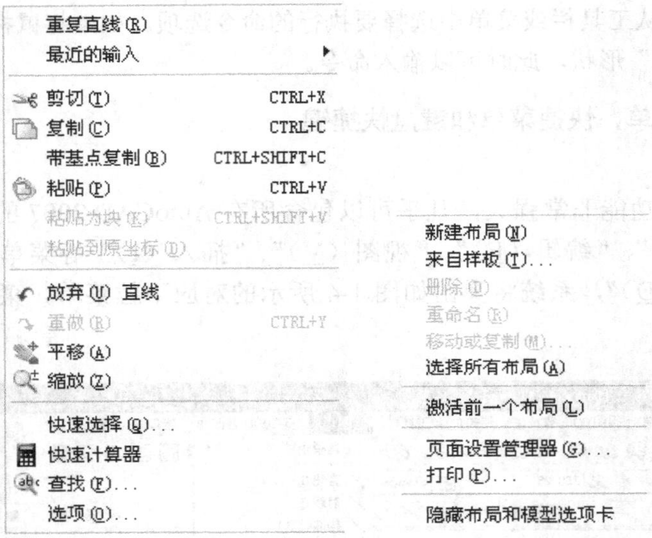

图 1-5　AutoCAD 2007 的快捷菜单

3. 键盘快捷键

键盘快捷键用于向自定义按键组合指定命令。只有在按键后，临时替代键才会执行命令或修改设置。

用户可以在“特性”窗口中为选定命令创建和编辑键盘快捷键。可以从此窗口的“快捷键”视图、“可用自定义设置位于”窗口的树状图或“命令列表”窗口中为键盘快捷键选择一个命令。

要创建新的临时替代键，请在树状图中任意一个键盘快捷键节点上单击鼠标右键。要编辑临时替代键，请在此窗口的“快捷键”视图、“可用自定义设置位于”窗口的树状图或“命令列表”窗口中选择相应键。

建立快捷键的步骤：

（1）单击“工具（T）”菜单→“自定义（C）”→“界面（I）”。

（2）如图 1-6 所示，在“所有的自定义文件”窗口中，单击“键盘快捷键”节点。

（3）在“快捷键”窗口中，过滤要打印的键盘快捷键的类型和状态。

在“类型”下拉列表中，选择要在列表中显示的键盘快捷键的类型。选项包括：“所有

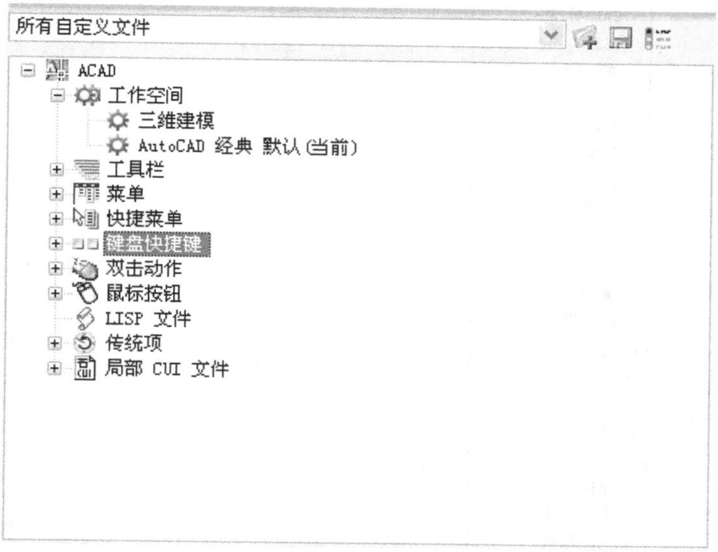

图 1-6 “键盘快捷键”的定义

键”、“加速键”或“临时替代键”。在“状态”列表中，选择列表中显示的键盘快捷键的状态。选项包括：“全部”、“活动”、“不活动”和“未指定”。

（4）在“快捷键”窗口中，单击“打印”，把已经定义好的快捷键打印保存。

如保存文件的快捷键为：CTRL+S。其他的快捷键请参看附录 B。

1.3.4 工具栏

在 AutoCAD 2007 调用命令最常用，也是最快捷方便的方法就是通过工具栏，单击工具栏上的命令按钮，即可执行相应的命令。在 AutoCAD 2007 中，系统已经提供了 20 多个已命名的工具栏。在系统默认情况下，“标准”、“属性”、“绘图”和“修改”等工具栏处于打开状态。如图 1-7 所示是处于浮动状态的“绘图”、“修改”和“对象捕捉”工具栏。

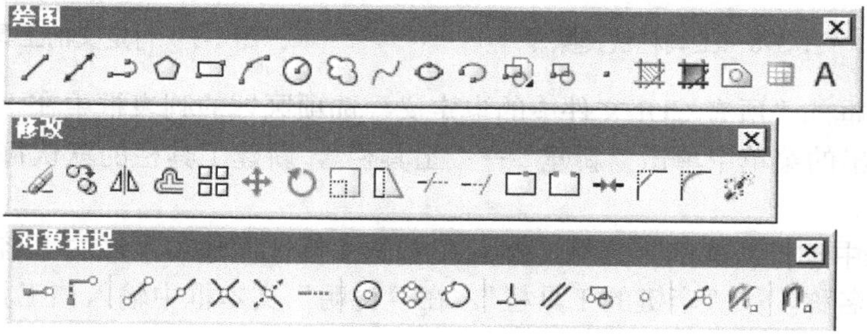

图 1-7 AutoCAD 2007 的部分工具栏

如果要显示隐藏的工具栏，可以在任意工具栏单击鼠标右键，系统会弹出一个快捷菜单，如图 1-8 所示，在相应的菜单选项打上“√”即可显示隐藏的工具栏。相反，如果要隐藏某一个工具栏，在相应的菜单选项去掉“√”即可。

AutoCAD 2007 还允许用户自定义工具栏。下面以创建如图 1-9 所示的“我的工具栏”为例，说明自定义工具栏的方法。

（1）单击“视图（V）”→“工具栏（O）”菜单，打开“自定义用户界面”对话框。

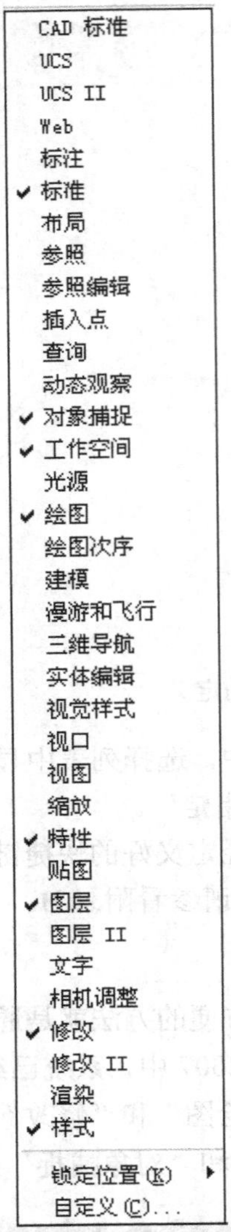

图 1-8　工具栏快捷菜单

图 1-9　自定义的工具栏

（2）在对话框的“所有 CUI 文件中的自定义”选项区域的列表框中在“工具栏”上单击鼠标右键，在弹出的菜单中单击“新建”→“工具栏”，新建工具栏的默认每次将出现在该选项区域的列表中。

（3）在列表中选择新建的工具栏，然后在右侧“特性”选项区域的“名称”文本框中输入新建工具栏的名称，如“李键的工具栏”。在“说明”文本框中输入该工具栏的注释文字，如图 1-10 所示。

（4）在左侧的“命令列表：”选项区域中的“按类别（G）：”下拉列表框中选择“绘图”选项，然后在下方对应的列表框中选中“长方体”选项，按住鼠标左键将其拖动到上方“李键的工具栏”处，松开鼠标左键即可，如图 1-11 所示。此时“李键的工具栏”中添加了第一个按钮。

（5）重复第（4）步操作步骤，使用同样的方法添加其他按钮到“李键的工具栏”中。

（6）添加按钮完毕后，选中列表框中的“李键的工具栏”选项，可以在右侧区域中预览该工具栏，如图 1-12 所示。

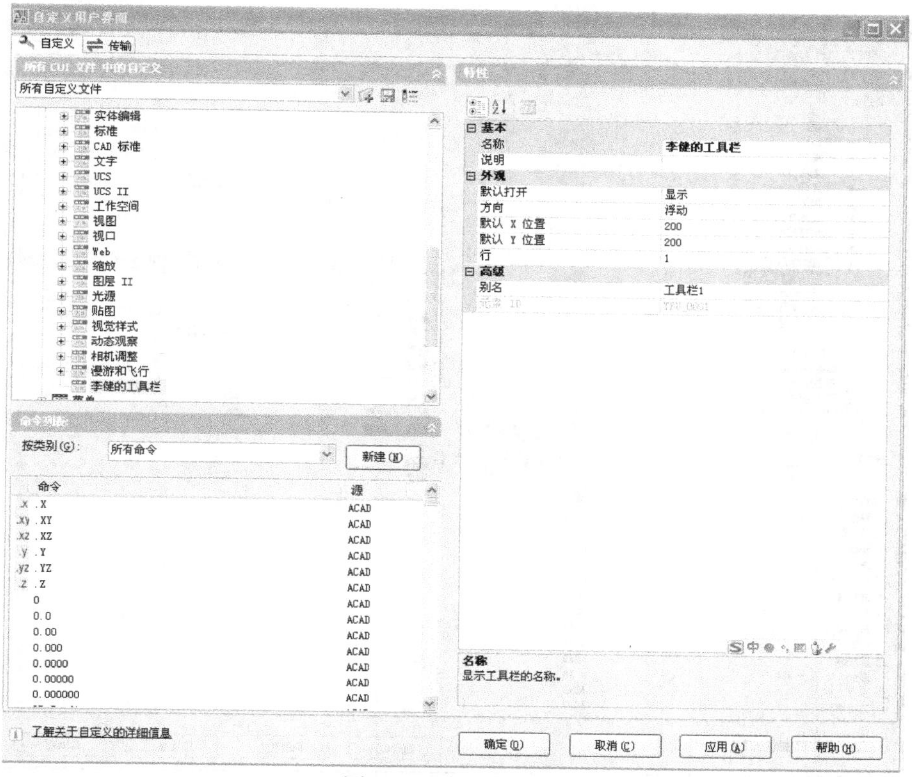

图 1-10　命名工具栏

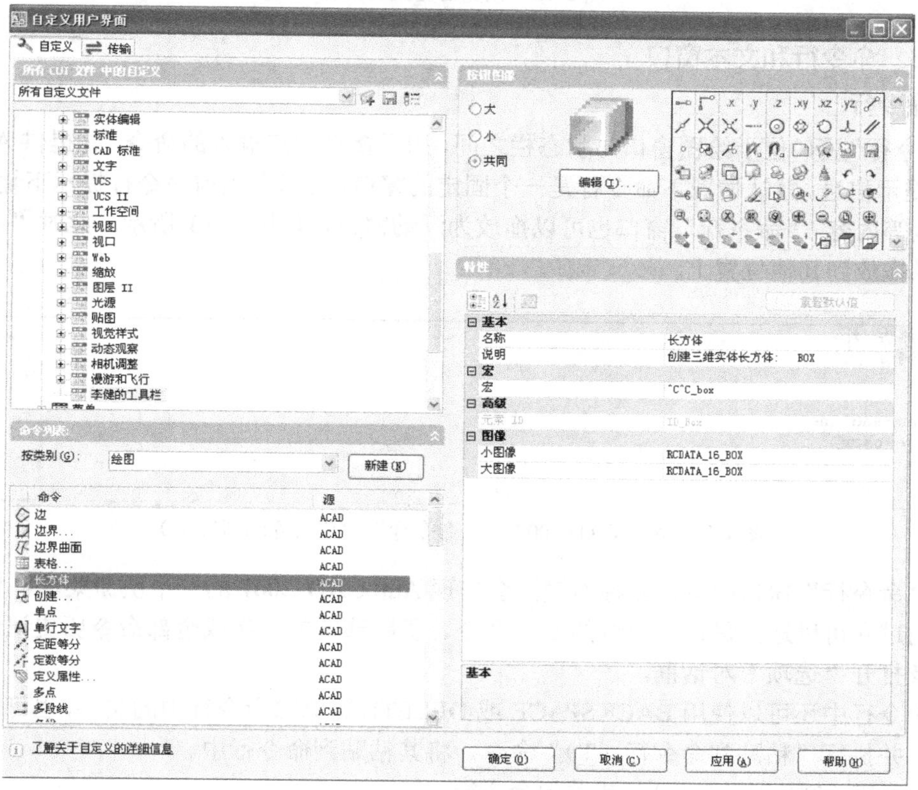

图 1-11　添加工具栏按钮

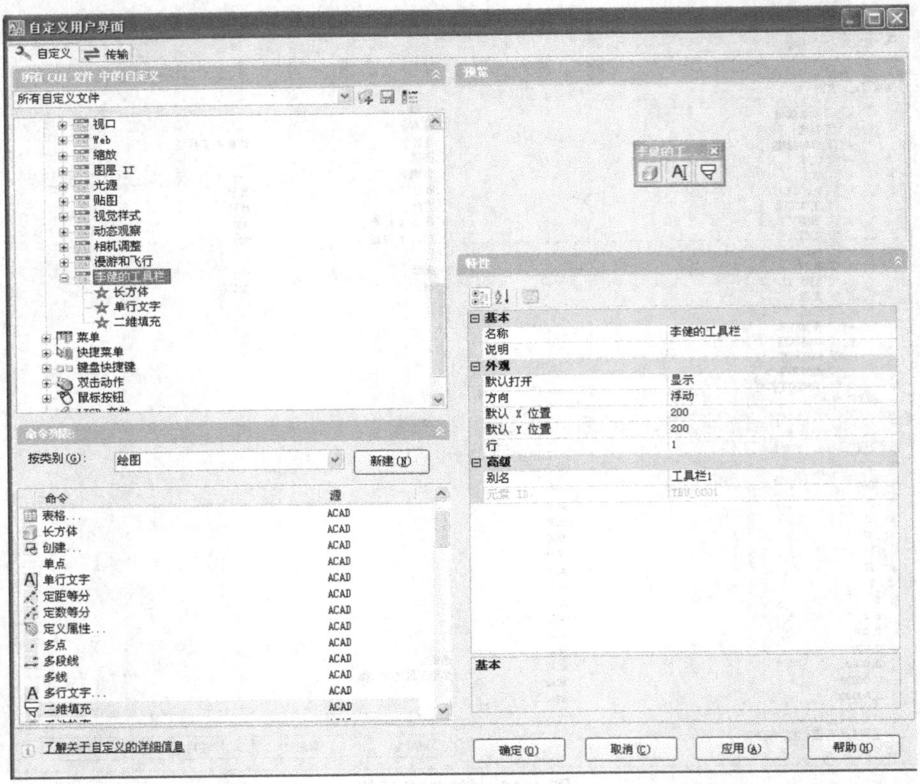

图 1-12 预览自定义工具栏

1.3.5 命令行和文本窗口

1. 命令行

“命令行”窗口位于绘图窗口与状态栏之间，用于接受用户输入的命令，并提供 AutoCAD 2007 的提示信息。默认情况下命令行是一个固定的窗口，可以在当前命令行提示下输入命令、对象参数等内容。“命令行”窗口也可以拖放为浮动窗口，如图 1-13 所示。此时“命令行”窗口可以拖放到其他位置上。

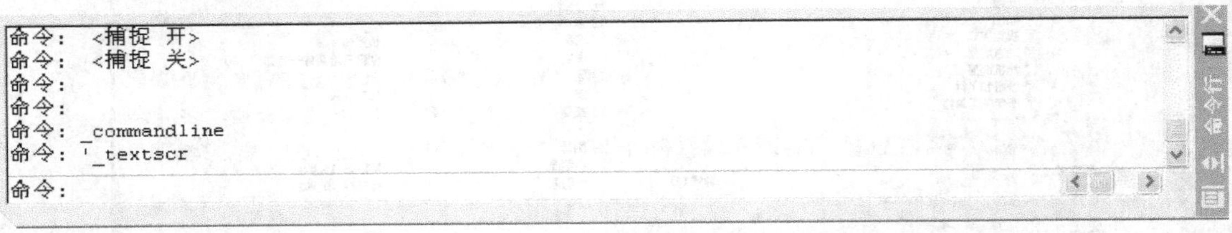

图 1-13 AutoCAD 2007 的“命令行”窗口（浮动情况下）

在“命令行”窗口中单击鼠标右键，会出现 AutoCAD 2007 的一个快捷菜单，如图 1-14 所示。通过它可以选择最近使用过的 6 个命令、复制选定的文字或全部命令历史记录、粘贴文字以及打开“选项”对话框。

在命令行中还可以使用 BACKSPACE 或 DELETE 键删除命令行中的文字，也可以选中命令历史，并执行“粘贴到命令行（T）”命令，将其粘贴到命令行中。

按组合键 CTRL+9 可以打开或关闭命令行。

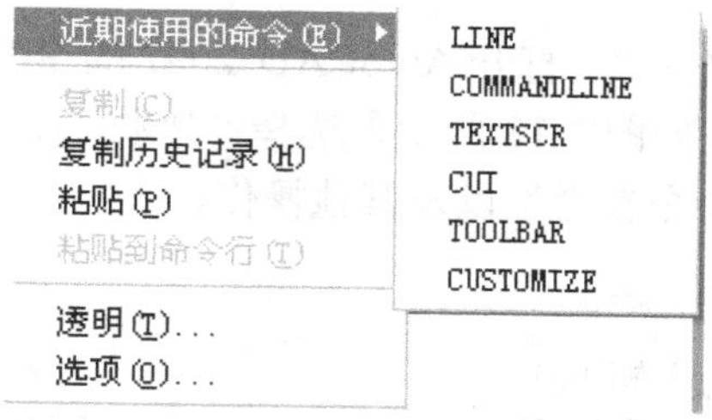

图 1-14　“命令行”快捷方式

2. 文本窗口

文本窗口是记录 AutoCAD 命令的窗口，是放大的“命令行”窗口，它记录了已经执行的命令，也可以用来输入新命令。在 AutoCAD 2007 中可以执行“视图（V）”→“显示（L）”→“文本窗口（T）”菜单命令，或执行 TEXTSCR 或按 F2 键打开或关闭文本窗口，如图 1-15 所示。

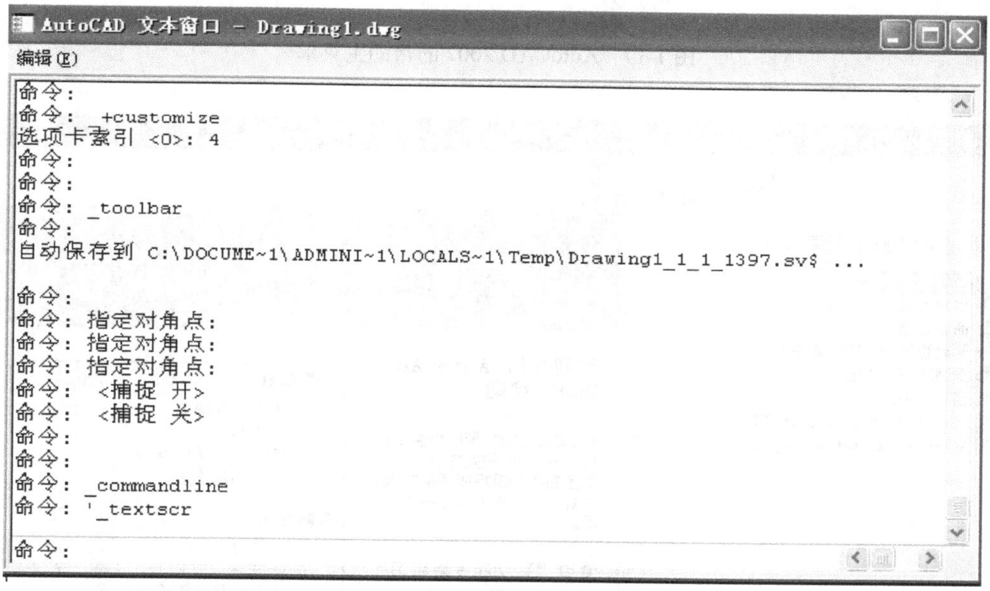

图 1-15　AutoCAD 2007 的文本窗口

1.3.6　状态栏

状态栏如图 1-16 所示，主要用来显示 AutoCAD 2007 当前的状态，如当前光标的坐标、“捕捉”、“栅格”、“极轴”、“对象捕捉”、“对象追踪”、“DUCS”、“DYN”、“线宽”和“模型”等模式的开启或关闭状态以及按钮的说明等。

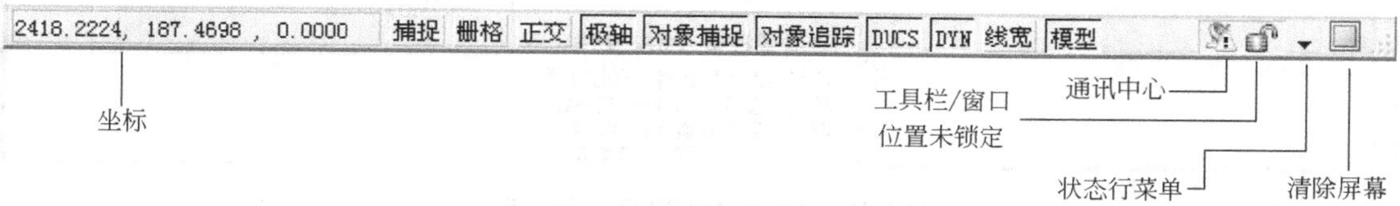

图 1-16　AutoCAD 2007 状态栏

1.3.7 帮助

单击主菜单中的“帮助（H）”，打开 AutoCAD 2007 的帮助菜单项，如图 1-17 所示。可以选择需要的项目进行操作，如图 1-18 所示是选择“帮助（H）”时出现的界面，在这个界面中可以进行“用户手册”、“命令参考”以及其他操作。

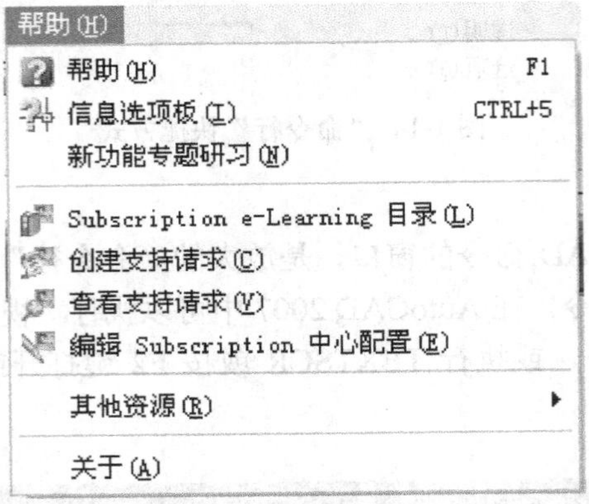

图 1-17 AutoCAD 2007 的帮助主菜单

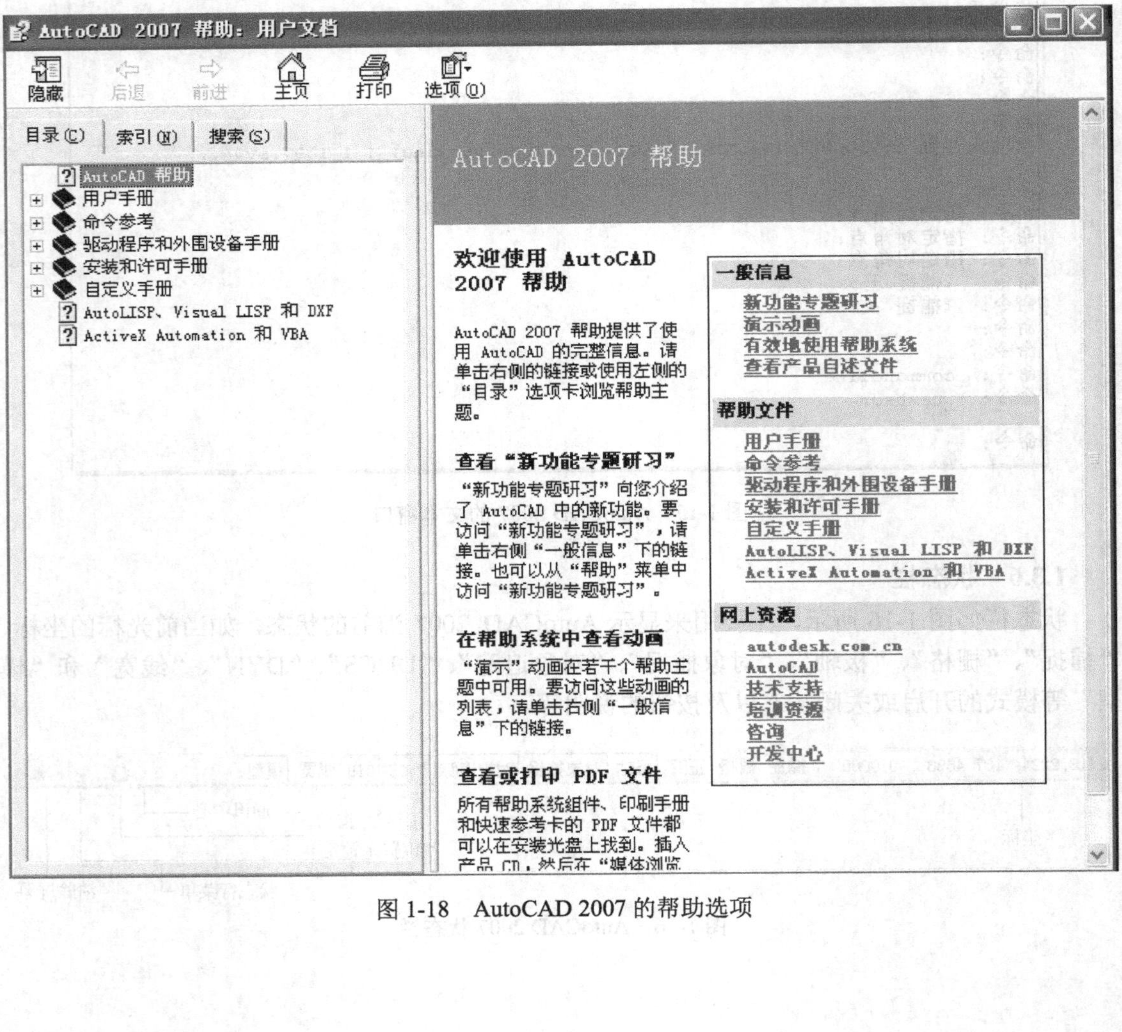

图 1-18 AutoCAD 2007 的帮助选项

1.4　管理图形文件

1.4.1　建立新图形文件

开始创建一个新的图形文件，既绘制一张新图。

1. 命令调用方法

命令行：NEW

菜单栏：文件→新建

工具栏：单击工具栏上的按钮

2. 操作步骤

命令调用后，屏幕上弹出如图 1-19 所示的“选择样板”对话框，在此对话框中将显示该样板的预览图像，单击“打开（O）”按钮，系统将选中的样板文件作为样板来创建新图形。

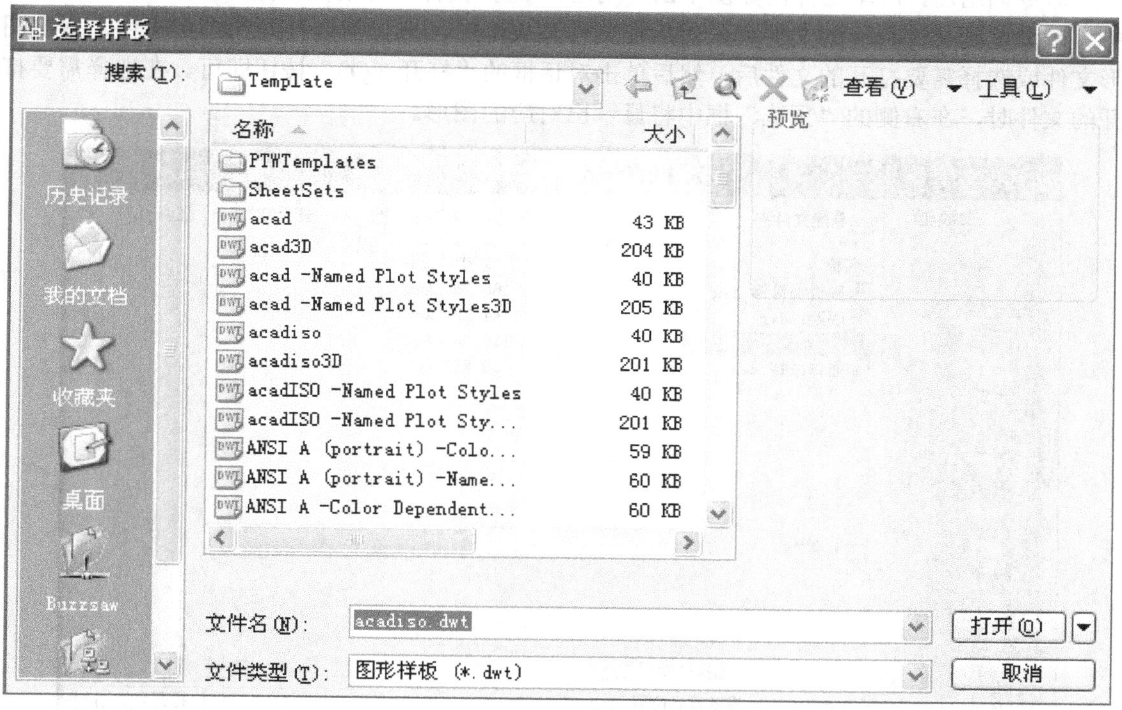

图 1-19 “选择样板”对话框

单击对话框右下角“打开（O）”按钮右侧的▾按钮，系统会打开如图 1-20 所示的下拉菜单。菜单中各选项功能如下。

（1）“打开（O）”：新建一个由样板打开的绘图文件。

（2）“无样板打开—英制（I）”：新建一个英制的无样板打开的绘图文件。

（3）“无样板打开—公制（M）”：新建一个米制的无样板打开的绘图文件。

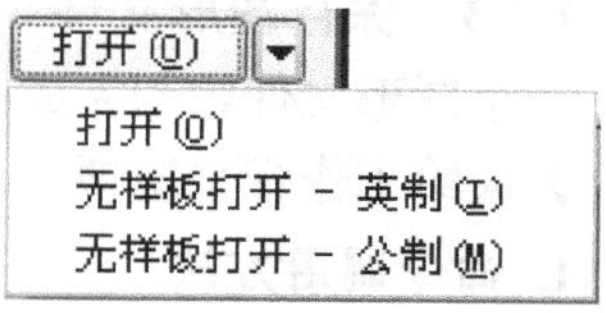

图 1-20 “打开（O）”下拉菜单

1.4.2　打开图形文件

打开已经保存的图形文件，以便继续绘图或进行其他编辑操作。

注意：打开图形文件时有文件版本的要求，也就是说文件在保存时，使用的是什么版本的 AutoCAD，保存时默认的就是当前软件的版本。AutoCAD 系统采用向下兼容的方法，即高版本的 AutoCAD 系统可以打开低版本的 AutoCAD 系统软件，反之，则不行。当现在使用的 AutoCAD 系统版本高时，如果要到低版本 AutoCAD 系统上使用时，可以在高版本的 AutoCAD 系统将文件另存为低版本的文件，然后在低版本 AutoCAD 系统上即可打开进行编辑。

1. 命令调用方法

命令行：OPEN

菜单栏：文件→打开

工具栏：单击工具栏上的按钮。

2. 操作步骤

命令调用后，屏幕上弹出如图 1-21 所示的"选择文件"对话框。在"选择文件"对话框中可以浏览到文件存储的文件夹，然后在文件列表框中，选择需要打开的图形文件，双击图形文件或选择需要打开的文件后，然后单击对话框的"打开（O）"按钮即可。在选择需要打开的文件时，在右侧的"预览"框中将显示出对应的图形。

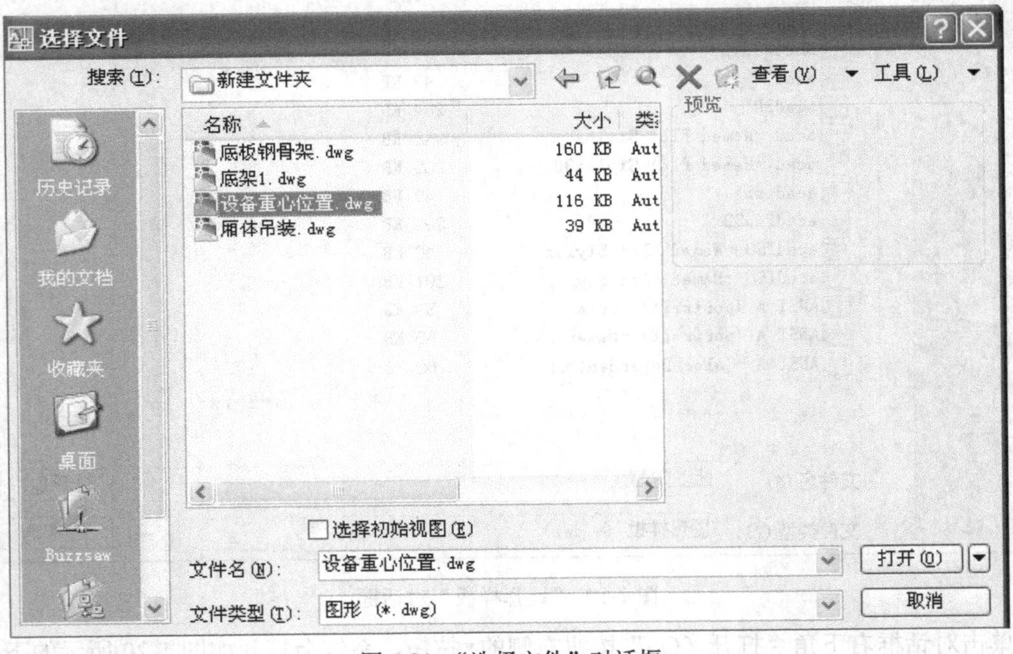

图 1-21 "选择文件"对话框

1.4.3　保存图形文件

一个图形文件绘制完成或者由于其他原因需要离开工作岗位，需要将图形文件保存起来，以防丢失给工作带来麻烦。

1. 命令调用方法

命令行：SAVE

菜单栏：文件→保存

工具栏：单击工具栏上的按钮。

2. 操作步骤

命令调用后，如果是第 1 次保存创建的图形，屏幕上会弹出如图 1-22 所示的“图形另存为”对话框。在对话框中，用户可以选择保存的路径，同时可以为图形文件命名（改名），如果不重新命名，系统会以默认的文件名（如 Drawing2.dwg 等）保存。默认情况下，文件以“AutoCAD2007 图形（*.dwg）”格式保存，也可以在“文件类型（T）：”下拉列表框中选择需要保存的其他版本或其他格式。如果是第 2 次保存已经保存过的图形，单击按钮或文件→保存，系统就自动以当前的文件名保存，同时覆盖以前的同名文件内容。

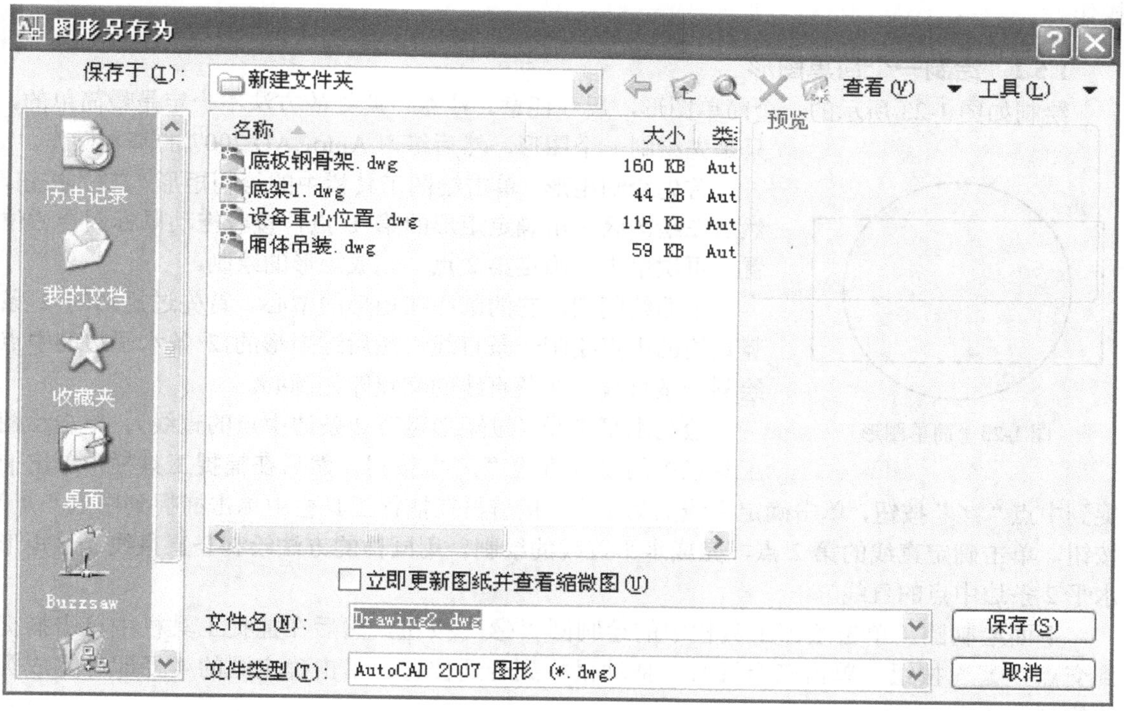

图 1-22 “图形另存为”对话框

注意：AutoCAD2007 图形具有自动保存文件的功能，自动保存的文件扩展名是*.sv$。不过系统默认的保存时间太长，为 120 分钟自动保存一次，这样如果在 120 分钟内用户没有保存，系统出现严重问题或突然断电，用户的工作就会付诸东流。所以，需要将自动保存的间隔时间修改为 10 分钟左右比较合适。

自动保存的间隔时间修改方法是“工具（T）”→“选项（N）”，在对话框的“打开和保存”选项卡中，勾选“自动保存”，同时修改“保存间隔分钟数（M）”即可。也可以通过“SAVEFILEPATH”来设置自动保存文件的路径（存放目录），利用“SAVETIME”命令来设置自动保存的间隔时间。

如果用户需要使用自动保存的文件，需要将*.sv$文件改名为*.dwg 即可使用。

1.4.4 换名保存图形文件

有时用户需要在一个已经命名（改名）保存过的图形文件上创建新的内容，但是又不想影响原命名文件，这时可以用换名保存图形文件功能来实现。执行“文件（F）”→“另存为（A）”菜单命令，系统会打开图 1-22 对话框，重新命名保存即可。这时原来的文件依然存在。

注意：利用换名保存文件功能，可以将现有文件保存为低版本的 AutoCAD 文件，或是 AutoCAD 的其他格式文件。

1.5 AutoCAD 2007 基本操作

下面主要通过绘制一个简单的图形来介绍 AutoCAD 2007 基本操作，包括工作空间的设置、命令的调用、选择对象的常用方法、怎样选择对象、删除对象以及图形的缩放、移动等操作。

1.5.1 绘制一个简单图形

绘制如图 1-23 所示的一个简单图形，尺寸任意。注意：此处的方法不一定是最简单的，只是先绘制一个图形，然后练习 AutoCAD 2007 的基本操作。

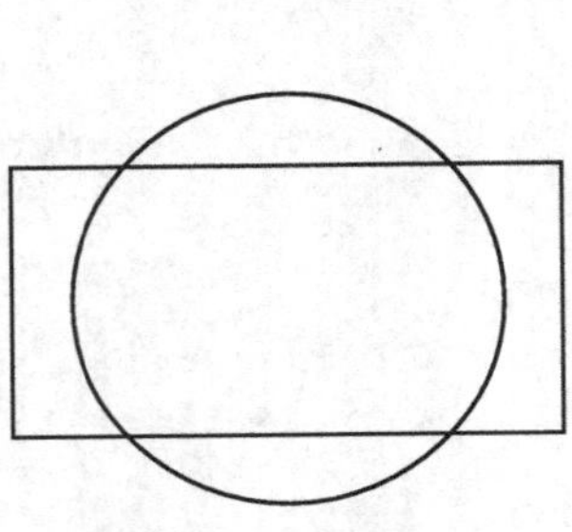

图 1-23 简单图形

首先绘制矩形。单击绘图工具栏中的绘制矩形“”按钮，然后在绘图区单击确定矩形的第 1 点，接着拖动鼠标到合适位置，再次单击，确定第 2 点，完成矩形的绘制。

下面绘制圆，它的圆心在矩形的中心。首先过矩形的 2 条竖直边的中点绘制一条直线，然后过矩形的 2 条水平边的中点绘制一条直线，两条直线的交点即为圆心。

绘制水平直线（过矩形竖直 2 条边中点的直线）。单击绘图工具栏中的绘制直线“”按钮，然后在捕捉工具栏中单击捕捉到中点“”按钮，单击确定直线的第 1 点，接着再在捕捉工具栏中单击捕捉到中点“”按钮，单击确定直线的第 2 点，完成水平直线的绘制。用同样的方法绘制竖直直线（过矩形水平 2 条边中点的直线）。

下面绘制圆。单击绘图工具栏中的绘制圆“”按钮，然后在捕捉工具栏中单击捕捉到交点“”按钮，单击确定圆心，拖动鼠标到合适位置，单击确定圆的半径即可完成圆的绘制。

注意：可以只绘制一条过矩形边的水平直线或竖直直线，然后采用捕捉到水平直线或竖直直线中点的方法确定圆心来绘制圆。最简单的方法是采用对象捕捉追踪来直接确定圆心，不用绘制水平或竖直直线，具体内容请参考第 2 章的 2.3.2 节对象捕捉追踪。

1.5.2 工作空间

工作空间是用户的绘图环境，可以在“三维建模”和“AutoCAD 经典”之间切换用户，还可以自定义工作空间来创建一个绘图环境，以便仅显示所选择的那些工具栏、菜单和可固定的窗口。

适用于工作空间的自定义选项包括：使用“自定义用户界面”编辑器来创建工作空间、更改工作空间的特性以及将某个工具栏显示在所有工作空间中。用户创建或修改工作空间的最简便的方法是，设置最适合绘图任务的工具栏和可固定的窗口，然后在程序中将该设置保存为工作空间。用户可以在需要在该工作空间环境中绘图的任何时候访问该工作空间。也可以使用“自定义用户界面”编辑器来设置工作空间。在此对话框中，可以使用用户在某些特定任务中需要访问的精确特性和元素（工具栏、菜单和可固定的窗口）来创建或修改工作空间。可以将包含此工作空间的 CUI 文件指定为企业 CUI 文件，以便可以与其他用户共享此工作空间。

使用“自定义用户界面”编辑器创建工作空间的步骤如下。

（1）依次单击“工具（T）”→“自定义（C）”→“界面（I）”，弹出如图 1-24 所示的“自定义用户界面”对话框。

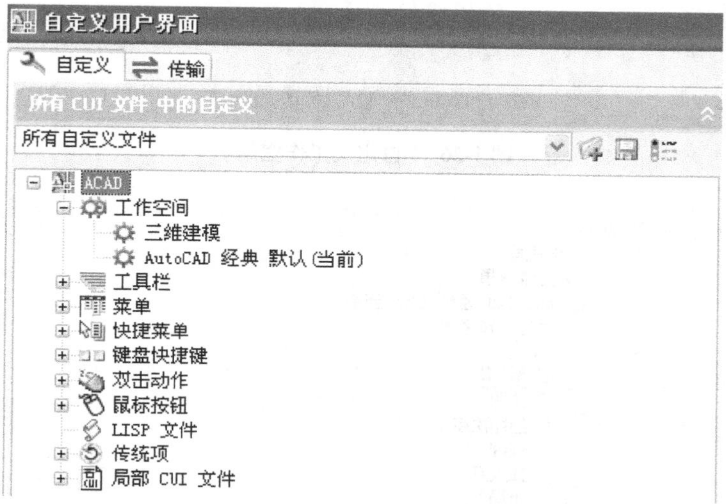

图 1-24　“自定义用户界面”

（2）在“工作空间”树节点上单击鼠标右键，然后依次选择“新建”→“工作空间”，如图 1-25 所示。

在“工作空间”树的底部将会出现一个新的、空白的工作空间（名为“工作空间 1”）。

（3）命名工作空间。直接输入新名称覆盖“工作空间 1”文字。或在“工作空间 1”上单击鼠标右键。单击“重命名”，然后，输入新的工作空间名称。例如“我的工作空间”。

（4）在“工作空间内容”窗口中，单击“自定义工作空间”，如图 1-26 所示。

单击“工具栏”树节点、“菜单”树节点或“局部 CUI 文件”树节点旁边的加号（+）将其展开。注意：菜单、工具栏和局部 CUI 文件节点此时将显示出复选框，以便可以轻松地向工作空间中添加元素。

单击要添加到工作空间的每个菜单、工具栏或局部 CUI 文件旁边的复选框。如图 1-27 所示。在“工作空间内容”窗口中，选定的元素将被添加到工作空间。

（5）在“工作空间内容”窗口中，单击“完成（D）”按钮。如图 1-28 所示。

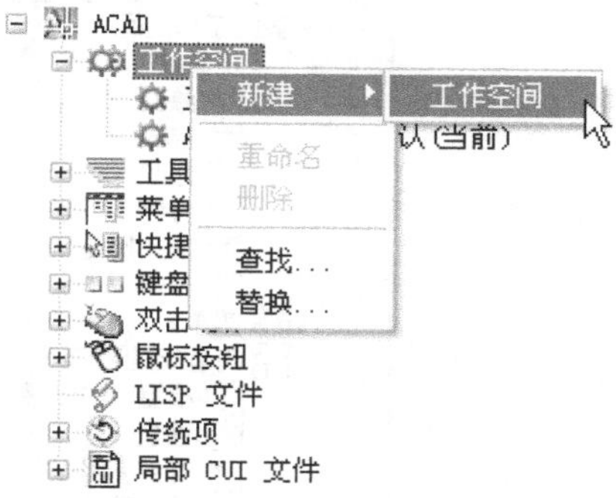

图 1-25　“新建”工作空间

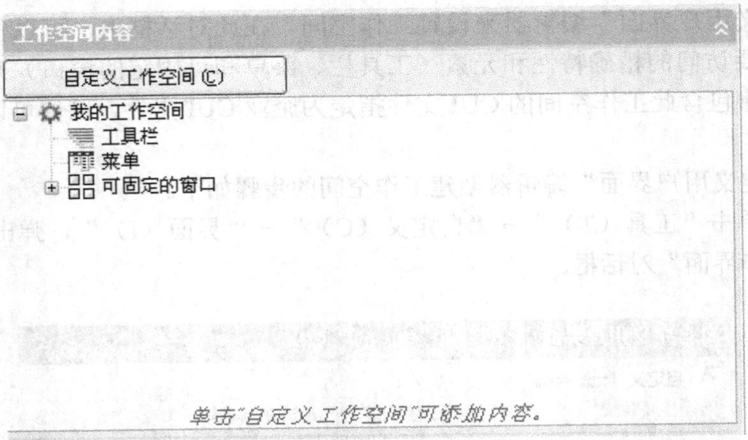

图 1-26 “自定义工作空间”

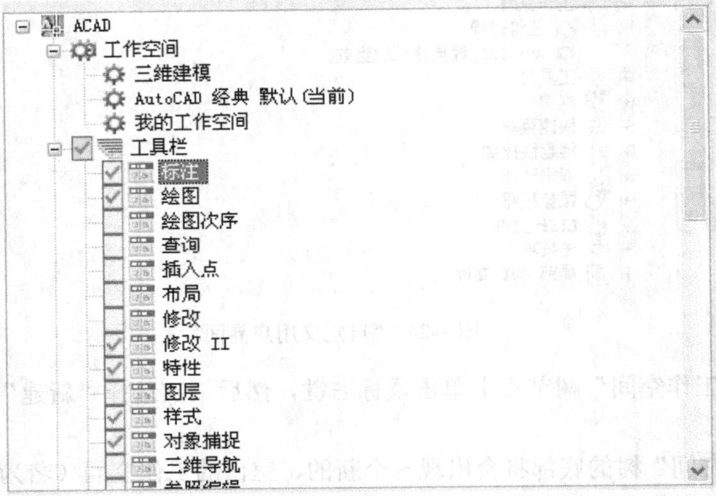

图 1-27 添加需要的工具栏

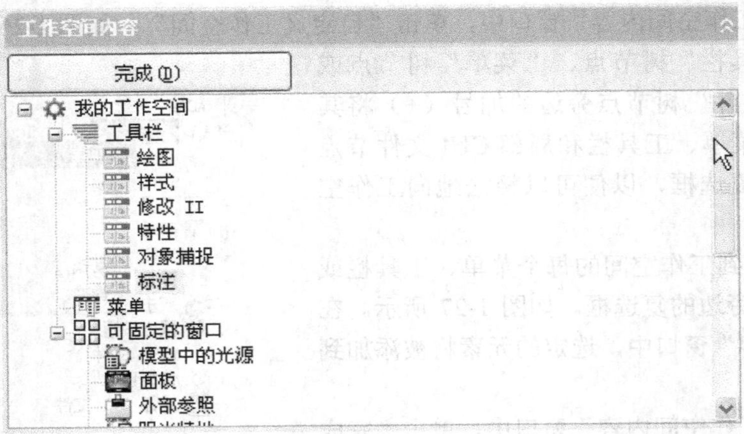

图 1-28 添加元素完成后的工作快捷

（6）完成后，单击对话框的“确定（O）”按钮，完成工作空间的自定义。

1.5.3　打开及布置工具栏

在 AutoCAD 2007 中，系统已经提供了 20 多个已命名的工具栏。在系统默认情况下，“标准”、“属性”、“绘图”和“修改”等工具栏处于打开状态。如果要打开隐藏的工具栏，可以在任意工具栏单击鼠标右键，系统会弹出一个快捷菜单，在相应的菜单选项打上“√”即可显示隐藏的工具栏。相反，如果要隐藏某一个工具栏，在相应的菜单选项去掉“√”即可。

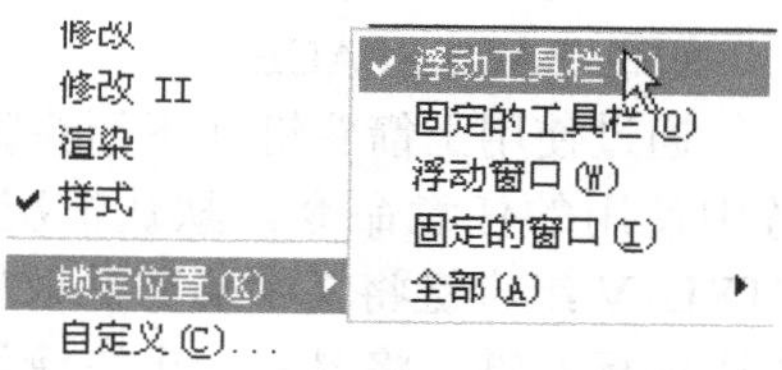

图 1-29　锁定工具栏的位置

工具栏可以处于浮动状态，称为浮动工具栏，也可以被放置到合适的位置，即为固定的工具栏，如图 1-29 所示。如果一个工具栏是固定的，要变为浮动的，只用在工具栏的最左边或右边（或最上或最下）单击鼠标左键并保持按下，拖动到合适位置，松开左键即可。

如果要把浮动的工具栏变为固定的工具栏，首先需要在此工具栏上右击，然后按如图 1-29 所示的界面，将“浮动工具栏（T）”前面的“√”去掉，才能将浮动的工具栏拖动到合适的位置进行固定。一般是在屏幕的上面或左边或右边固定工具栏。

1.5.4　调用命令

调用命令的方法主要有 4 种方法。

1. 菜单栏

通过单击菜单栏中的某一个菜单项，会弹出对应的下拉式菜单，再单击下拉式菜单中的某一选项，即可完成某种命令的调用。如单击绘图（D）→圆弧（A）→3 点（P）即可完成通过 3 点绘制圆弧的命令。

2. 命令行

在命令行直接输入命令。有些命令具有缩写的名称，称为命令别名，此时可以输入命令别名，以缩短输入时间。

要在命令行使用键盘输入命令，在命令行中输入完整的命令名称，然后按 ENTER 键（本书用↙代替 ENTER 键）或空格键。

例如，除了通过输入 LINE 来启动直线命令之外，还可以输入 L 命令别名启动绘制直线命令。命令别名在 acad.pgp 文件中定义。AutoCAD 2007 常用的命令别名见附录 A。

注意：如果要无限次地重复使用某个命令，在命令行输入命令时，可以在要调用的命令名前输入“MULTIPLE”，就可以无限次重复执行该命令，要终止该命令，按“ESC”键即可。例如：无限次执行 LINE，则可以输入“MULTIPLE”，然后再输入“LINE”即可。

3. 工具栏

这是最常用的命令调用方法，应该熟练掌握。

单击工具栏中的命令按钮，即可执行相应的命令。如单击绘图工具栏中的绘制矩形“▭”按钮，然后在绘图区单击确定矩形的第 1 点，接着拖动鼠标到合适位置，再次单击，确定第 2 点，完成矩形的绘制。

注意：可以在命令窗口编辑文字，以更正或重复命令。

可以使用如下标准键：

（1）上箭头键、下箭头键、左箭头键和右箭头键

（2）INS、DEL

（3）PAGE UP、PAGE DOWN

（4）HOME、END

（5）BACKSPACE

通过使用上箭头键和下箭头键并按 ENTER 键遍历命令窗口中的命令，可以重复当前任务中使用的任意命令。默认情况下，按 CTRL+C 组合键将亮显的文字复制到剪贴板。按 CTRL+V 组合键将文字从剪贴板粘贴到文本窗口或命令窗口。如果在命令窗口或文本窗口中单击鼠标右键，将显示一个快捷菜单，从中可以访问最近使用过的六个命令、复制选定的文字或全部命令历史记录、粘贴文字以及访问“选项”对话框。

对大多数命令，带有两行或三行预先提示的命令行（称为命令历史）足以供用户进行查看和编辑。要查看不止一行的命令历史，可以滚动历史记录或通过拖动其边界调整命令窗口的大小。对于带有文字输出的命令，例如 LIST 命令，可能需要更大的命令窗口，可以按 F2 键来使用文本窗口。

4. 使用文本窗口

文本窗口与命令窗口（命令行）相似，用户可以在其中输入命令，查看提示和信息。文本窗口显示当前工作任务的完整的命令历史记录。可以使用文本窗口查看较长的命令输出，例如 LIST 命令，该命令显示关于所选对象的详细信息。要在命令历史中向前或向后移动，可以沿窗口的右侧边缘单击滚动箭头。

按 SHIFT 和某个键来亮显文字。例如，在文本窗口按 SHIFT+HOME 组合键以亮显从光标位置到行首的所有文字。

注意：AutoCAD 2007 可以重复调用刚刚使用过的命令，而不需要重新选择该命令。按空格键或回车键“ENTER”，或者单击鼠标右键在快捷键的顶部选择要重复执行的命令，该命令是用户刚刚使用过的命令。

注意：如果要透明地调用命令，可以在命令名前加一个“'”即可。透明地执行命令是指在一个命令执行的过程中调用另一个命令，而不退出第一个命令。在透明地执行一个命令时，AutoCAD 2007 用两个尖括号“>>”表示正在透明地执行命令。

1.5.5 选择对象的常用方法

对图形进行编辑操作时，首先需要选择编辑的对象，AutoCAD 2007 用虚线高亮显示被选择的对象，以提醒用户注意，这些被选择的对象构成选择集。

1. 设置对象的选择参数

在 AutoCAD 2007 中，执行“工具（T）”→“选项（N）”菜单命令，系统会打开如图 1-30 所示的“选项”对话框，在其中的“选择”选项卡中，用户可以设置选择项的参数。

在“选项”对话框中的“选择”选项卡，用户可以设置“拾取框大小”，通过调节滑竿的位置即可。还可以设置“夹点大小”，也是通过调节滑竿的位置。另外“选择模式”中也有一些选项可以设置。

2. 选择对象的方法

这里只做简单介绍，以方便用户进行软件的简单操作，详细选择对象的方法请参考本书第 4 章 4.1 节。

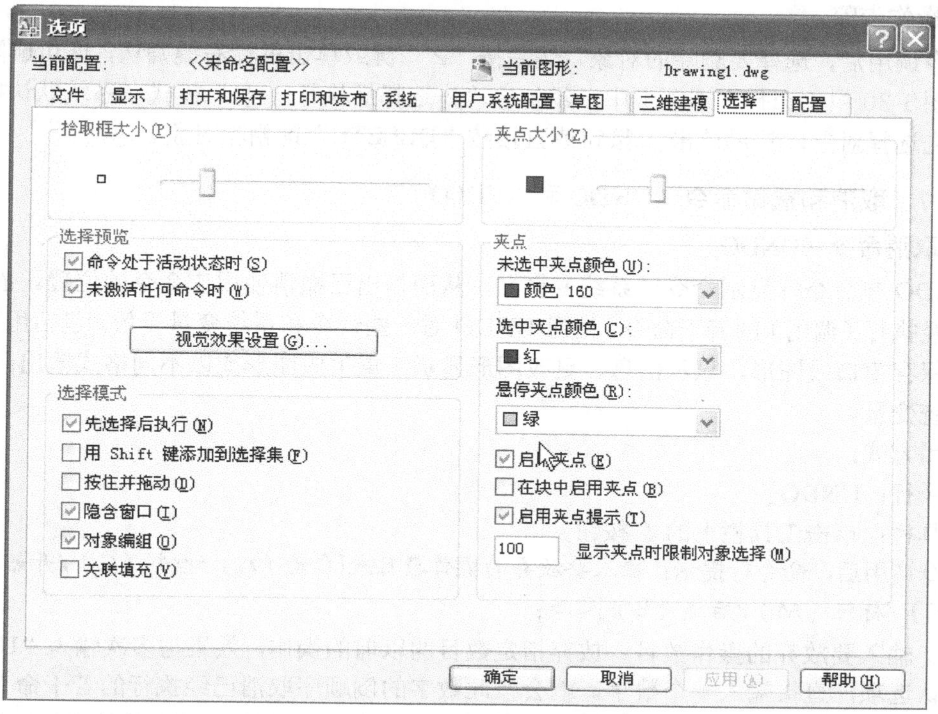

图 1-30 “选项”对话框中的“选择”选项卡

命令调用方式：

命令行：SELECT↙

系统命令行将显示“选择对象：”提示，并且十字光标变为拾取框，此时可以直接用鼠标单击（点选），也可以在命令行输入选择项对应的字母用对应的方法选择点选。

下面主要介绍三种方法。

（1）选取一个对象　如果选取一个对象，直接在要选择的对象上单击，系统将高亮显示对象，表示已经选择上了。如果要取消选择，按“ESC”键即可。

（2）逐个选取多个对象　单击鼠标，将矩形框放在要选择对象的位置，系统将高亮显示对象，再次单击即可选择对象。如果选择的某些对象并不是用户想要的，可以按住“SHIFT”键，并再次单击该对象，系统将从当前选择集中去掉误选的对象。

（3）同时选取全部对象　单击鼠标，将矩形框放在要选择对象的位置，注意要全部覆盖被选择的对象，系统将高亮显示对象，再次单击即可选择对象。

或者在“选择对象”：提示下，输入“ALL”↙，即可选择全部对象。

其他选择对象的方法请参考本书第 4 章 4.1 节。

1.5.6 删除对象（ERASE）

1. 命令调用方式

命令行：ERASE，或者在命令行输入命令别名 E

菜单栏：修改（M）→删除（E）

工具栏：单击工具栏上的按钮

2. 操作步骤

命令调用后，选择要删除的对象，然后按“↙”键或单击鼠标右键确认，即可删除对象。如果在图 1-30 中“选择”选项卡中已经勾选“先选择后执行（N）”模式（系统默认模式），则可以先选择对象，然后单击按钮或直接按“DELETE”键删除对象。

1.5.7 取消和重做命令（UNDO 和 REDO）

1. 取消命令（UNDO）

UNDO 在命令行显示命令或系统变量名，从而指出已撤消使用该命令的位置。依次取消前面已经执行（调用）的若干命令。注意 UNDO 对一些命令和系统变量无效，包括用以打开、关闭或保存窗口或图形、显示信息、更改图形显示、重生成图形或以不同格式输出图形的命令及系统变量。

调用方式：

命令行：UNDO

工具栏：单击工具栏上的按钮

命令调用后，命令行提示：输入要放弃的操作数目或[自动（A）/控制（C）/开始（BE）/结束（E）/标记（M）/后退（B）]<1>：

（1）输入要放弃的操作数目　放弃指定数目的以前的操作，效果与多次输入“U”相同。这是默认选项，直接输入一个数字，就会按此数字的倒顺序取消已经执行的若干命令。由于不会出现多次屏幕刷新，系统直接取消了命令，所以此命令比用同样次数的“U”命令节省时间。

（2）“自动（A）”选项　有 ON/OFF 两种状态。在 ON 状态下，同一个菜单中不管有多少命令，都可以在执行 UNDO 时被取消；在 OFF 状态下，该菜单内的命令只能逐个取消，系统默认为 ON 状态。如果“控制”选项关闭或者限制了 UNDO 功能，UNDO“自动”选项将不可用。

（3）“控制（C）”选项

系统命令行提示：输入 UNDO 控制选项 [全部（A）/无（N）/一个（O）/合并（C）]

- 全部（A）：保留 UNDO 的全部功能。
- 无（N）：禁止“U”和“UNDO”功能，除非使用“UNDO”命令的控制选项重新启用。
- 一个（O）：只能执行一次“UNDO”功能。把 UNDO 限制为单步操作。当“无”或“一个”有效时，“自动”、“开始”和“标记”选项不可用。当“一个”选项有效时，关于 UNDO 命令的主提示变为只显示“控制”选项或 UNDO 命令的单一步骤。
- 合并（C）：为放弃和重做操作控制是否将多个、连续的缩放和平移命令合并为一个单独的操作。

（4）“开始（BE）/结束（E）”选项　“开始（BE）”和“结束（E）”选项必须成对使用。执行这两个选项间的所有操作形成一组，利用一次“UNDO”命令就可以把这些操作完全取消，使图形回到“初始”处。

（5）“标记（M）/后退（B）”选项　“标记”选项在放弃信息中放置标记。可以在工作中的某一个点用“标记”选项作为开始的标记。如果想取消这一个点以后的工作，就可以用“后退”选项取消由“标记→后退”之间的所有命令，恢复到标记之前的状态。

一旦作了标记，执行“UNDO”命令的“操作数”选项就不能越过此标记。如果没有作标记，此时调用“后退”选项，系统提示：这将放弃所有操作。确定?<Y>，如果直接回车，当前编辑阶段的所有操作或从上一次 SAVE（保存）命令以来的所有操作将均被取消，所以要慎重使用此选项。

只要有必要，可以放置任意个标记。选择“后退”选项一次后退一个标记，并删除该标记。

2. 重做（REDO）

调用方式：

命令行输入：REDO

菜单栏：编辑（E）→重做（R）

工具栏：单击工具栏上的按钮

快捷菜单：在无命令运行和无对象选定的情况下，在绘图区域单击鼠标右键，然后选择“重做（R）”。

快捷键：CTRL+Y

注意：“REDO”命令可恢复单个“UNDO”或“U”命令放弃的效果。“REDO”必须紧跟在“U”或“UNDO”命令之后。

1.5.8　取消已执行的操作（放弃命令 U）

取消最后一次或几次的操作。

调用方式：

命令行输入：U

菜单栏：编辑（E）→放弃（U）

工具栏：单击工具栏上的按钮

快捷菜单：在无命令运行和无对象选定的情况下，在绘图区域单击鼠标右键，然后选择“放弃（U）”。

快捷键：CTRL+Z

如果单击工具栏上的按钮的按钮，则只取消最后一次操作；如果单击按钮右侧的向下“▾”三角，则出现如图 1-31 所示的操作步骤列表，用户可以单击较早的操作步骤，取消最近的几次操作。

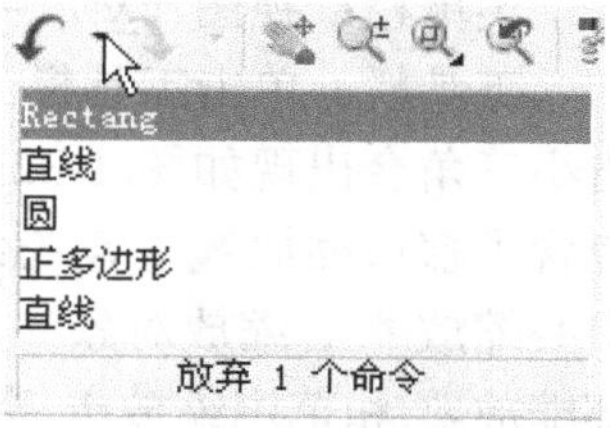

图 1-31　操作步骤列表

注意：可以输入任意次“U”命令，每次后退一步，直到图形与当前编辑任务开始时一样为止。无法放弃某个操作时，将显示命令的名称但不执行任何操作。不能放弃对当前图形的外部操作（如打印或写入文件）。执行命令期间，修改模式或使用透明命令无效，只有主命令有效。

1.5.9　快速缩放及移动图形

屏幕的大小是固定的，但是绘制的图形大小是变化的，有的很小，有的很大，为了绘制和观察图形，需要控制图形的显示。

注意：图形的放大和缩小以及位置的变化只是用户观察的视觉变化，图形本身的位置和尺寸并不改变，就像把一个物体移到远处或者近处，看起来变小或者变大，而物体本身并没有变化一样。

此处只介绍标准工具栏中 4 个常用的按钮，其余请参考本书第 4 章 4.2 节。

1. 视图平移

作用是将要编辑的图形部分或全部在不进行缩放的情况下移动到屏幕的适当位置，以方便用户观察和操作。

（1）调用方式

命令行输入：PAN

菜单栏：视图（V）→放弃（P）

命令别名：P

工具栏：单击工具栏上的按钮

（2）操作步骤　命令调用后，鼠标光标变为手状，按住鼠标左键，可以使图形按光标移动方向移动，松开左键，可回到平移等待状态。按 ESC 键或 ENTER 键退出。

注意：与使用相机平移一样，PAN 命令不会更改图形中的对象位置或比例，而只是更改视图。

2. 实时缩放

作用是改变图形在屏幕上的显示放大率。

命令行输入：ZOOM

菜单栏：视图（V）→缩放（Z）→实时（R）

工具栏：单击工具栏上的按钮

调用实时缩放命令后，鼠标光标变为，按住鼠标左键向上拖动可以放大图形，向下拖动可以缩小图形。当指针变为时，则不能再放大；当指针变为时，则不能再缩小。单击鼠标右键，在快捷菜单选择“退出”，退出实时缩放。按 ESC 键也可退出实时缩放。

3. 窗口缩放

命令行输入：ZOOM

菜单栏：视图（V）→缩放（Z）→窗口（W）

工具栏：单击工具栏上的窗口缩放按钮。此工具栏上的按钮右下角有一个小三角，单击小三角会出现如图 1-32 所示的缩放工具。里面包含了窗口缩放、动态缩放、比例缩放、中心缩放、缩放对象、放大、缩小、全部缩放和范围缩放等按钮，选中某一个按钮后即可调用相应命令。

图 1-32　缩放工具

调用窗口缩放命令后，框选需要显示的图形，单击鼠标左键，框选图形将充满整个屏幕。

4. 缩放上一个

命令行输入：ZOOM

菜单栏：视图（V）→缩放（Z）→上一个（P）

工具栏：单击工具栏上的按钮

调用缩放上一个命令后，图形将快速显示上一次缩放的视图，最多可以恢复此前的 10 个视图。

注意：在 AutoCAD 2007 中滚动鼠标中键（即鼠标滚轮），可以放大或缩小图形。向前滚动放大图形，向后滚动缩小图形。按下鼠标中键（注意要保持按住不放），拖动鼠标，可以平移图形到任意方向。

1.5.10 本书约定

为使读者更好地使用本书进行 AutoCAD 2007 操作，特制定如下约定。

（1）用符号“↙”表示按“ENTER”键。一般在命令行中使用符号“↙”。其他情况下使用“ENTER”键。

（2）AutoCAD 2007 的命令和系统变量都不区分大、小写。为了看起来方便，本书一律采用大写来表示命令和系统变量。

（3）本书将 AutoCAD 2007 显示的提示信息和操作步骤用另外一种字体（即仿宋体）表示，以示区别。示例如下：

例如，要查询一个矩形图形区域的面积，其步骤如下：

选择下拉菜单“工具”中的“查询”选项组中的“面积”命令，也可以在命令行中输入“AREA”↙。

指定第一点。在命令行指定第一个角点或 [对象（O）/加（A）/减（S）]：的提示下，在矩形的第一个交点位置捕捉并选择第一点。

指定其他点。在命令行指定下一个角点或按 ENTER 键全选：的提示下，在矩形的第 2 个交点位置捕捉并选择第二点，系统命令行重复上面的提示，依次捕捉并选择其余的矩形交点，在选择四个点后，按↙键结束，系统立即显示所定义的各边围成的面积和周长。

小　结

本章主要介绍了 AutoCAD 2007 的主要功能、AutoCAD 2007 用户界面及基本操作，包括 AutoCAD 2007 的安装、启动、退出、AutoCAD 2007 用户界面介绍、图形文件的管理以及 AutoCAD 2007 基本操作。其中，AutoCAD 2007 用户界面介绍、图形文件的管理以及 AutoCAD 2007 基本操作是重点，应该熟练掌握。

习　题

1. AutoCAD 2007 的主要功能有哪些？
2. 在 AutoCAD 中如何新建图形文件？
3. 在 AutoCAD 中如何打开或关闭文件？
4. 在 AutoCAD 中如何进行图形的平移、放大和缩小？
5. 在 AutoCAD 中如何输出其他格式文件？
6. 在 AutoCAD 中如何调用命令？
7. 如何选择对象和删除对象？
8. 在 AutoCAD 中如何定制工具栏？
9. 试绘制一个简单图形，练习图形的平移、放大和缩小操作。
10. 如何修改自动保存文件的间隔？

第 2 章　快速精确绘图

使用 AutoCAD 绘图时，如果不是绘制草图，那么应该使用快速精确绘图，以提高绘图的精确性和效率。精确绘图工具包括：光标捕捉、栅格、正交、对象捕捉、极轴追踪和对象追踪等。这些工具可以通过命令行调用，也可以通过设置来使用这些工具。

2.1　使用捕捉、栅格和正交功能

2.1.1　设置栅格和捕捉

栅格（GRID）是由许多点组成的矩形图案，很多点组成点阵，如图 2-1 所示，其作用是在图形下面放置了一张透明的坐标纸，以此来提供直观的距离和位置参照。栅格点只是一种视觉辅助工具，并不是图形的一部分，所以在输出图形时并不输出栅格点，也就是不会打印在图纸上。

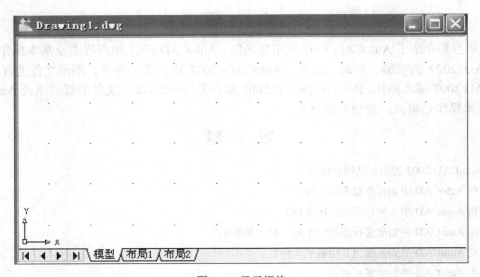

图 2-1　显示栅格

捕捉（SNAP）的功能是控制光标按照用户定义的间距移动，辅助使用鼠标进行精确定位点。

1. 打开或关闭栅格和捕捉功能

打开或关闭栅格和捕捉功能有以下几种方法。

（1）在程序窗口的状态栏中，单击“栅格”和“捕捉”按钮。对于这些按钮，再单击时，如果原来是打开，则关闭；如果原来是关闭，则打开。

（2）按 F7 键打开或关闭栅格，按 F9 键打开或关闭捕捉。

（3）单击“工具（T）”→“草图设置（F）”菜单命令，打开“草图设置”对话框。如图 2-2 所示，在“捕捉和栅格”选项卡中选中或取消“启用栅格（F7）（G）”和“启用捕捉（F9）（S）”复选框。注意：在命令行输入 DSETTINGS 或 DS 或 SE 或 DDRMODES 也可以打开“草图设置”对话框进行设置。

2. 设置栅格和捕捉参数

在如图 2-2 所示的对话框中的“捕捉和栅格”选项卡，可以设置栅格和捕捉参数，各选项功能如下。

（1）“捕捉间距”选项区域，可设置 *X*、*Y* 方向的捕捉间距，间距值必须为正值。

（2）“捕捉类型”选项区域，可设置捕捉类型和捕捉样式，包括“栅格捕捉（R）”和“极轴捕捉（O）”两种。

①“栅格捕捉（R）”单选按钮：用于设置栅格捕捉类型。选中“矩形捕捉（E）”单选按钮时，可将捕捉样式设置为标准捕捉模式，光标可以捕捉一个矩形栅格；当选中“等轴测捕捉（M）”时，可将捕捉样式设置为等轴测捕捉模式，光标将捕捉一个等轴测栅格；在“捕捉间距”和“栅格间距”选项区域中可以设置间距参数。

②“极轴捕捉（O）”单选按钮：选中该按钮，可以设置捕捉样式为极轴捕捉。此时，在启用了极轴追踪的情况下指定点，光标将沿极轴角或对象捕捉追踪角度进行捕捉，这些角度是相对最后指定的点或最后获取的对象捕捉点计算的，并且在“极轴间距”选项区域中的“极轴距离（D）”文本框中可以设置极轴捕捉间距。

（3）“栅格行为”选项区域：设置视觉样式下栅格线的显示样式（三维线框除外）。

①“自适应栅格（A）”复选框：限制缩放时栅格的密度。

②“允许以小于栅格间距的间距再拆分（B）”复选框：确定是否允许以小于栅格间距的

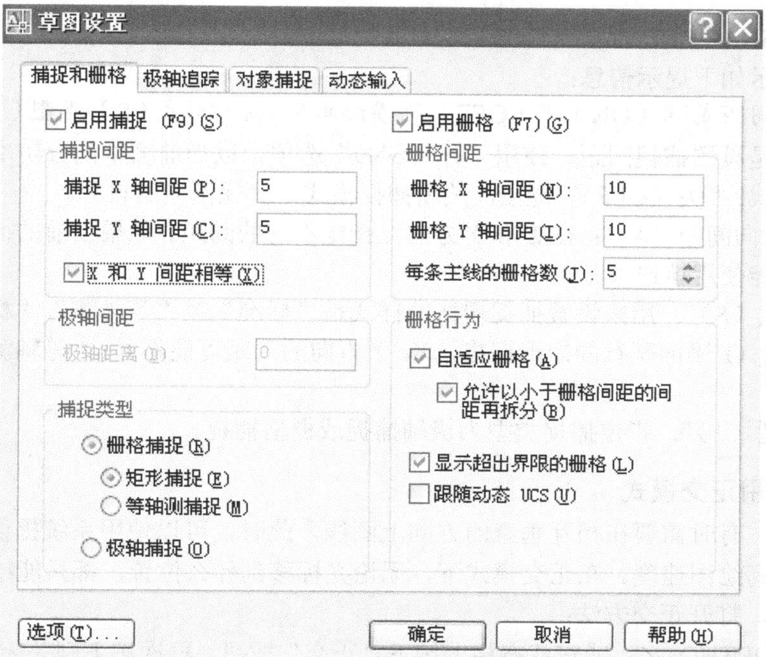

图 2-2　“草图设置”对话框中的“捕捉和栅格”选项卡

间距再拆分栅格。

③“显示超出界限的栅格（L）”复选框，如果选中此复选框，会在整个绘图屏幕中显示栅格，否则只在由LIMITS（图形界限）命令中设置的绘图界限中显示栅格。

④“跟踪动态UCS（U）”复选框：跟踪动态UCS的*XY*平面而改变栅格平面。

2.1.2 使用GRID和SNAP命令

栅格和捕捉命令除了可以通过“草图设置”对话框来设置外，还可以通过在命令行输入GRID和SNAP命令来设置。

1. GRID命令

命令行：GRID ↙

命令行显示如下提示信息：

指定栅格间距（X）或[开（ON）/关（OFF）/捕捉（S）/主（M）/自适应（D）/界限（L）/跟随（F）/纵横向间距（A）]<10.0000>:

默认选项是设置栅格的间距值。此间距不能太小，否则将导致图形模糊和屏幕重画太慢，甚至无法显示栅格。

(1)“开（ON）/关（OFF）”：打开或关闭栅格。

(2)“捕捉（S）”：将栅格间距设置为由SNAP命令指定的捕捉间距。

(3)“主（M）”：设置每个主栅格线的栅格分块数。

(4)“自适应（D）”：设置是否允许以小于栅格间距的间距再拆分栅格。

(5)“界限（L）”：设置是否显示超出绘图界限的栅格。

(6)“跟随（F）”：设置是否跟随动态UCS。

(7)“纵横向间距（A）”：设置栅格的*X*轴和*Y*轴间距值。

2. SNAP

命令行：SNAP↙

命令行显示如下提示信息：

指定捕捉间距或[开（ON）/关（OFF）/纵横向间距（A）/样式（S）/类型（T）]<10.0000>:

默认选项是设置捕捉间距，使用“开（ON）”选项，以当前栅格的分辨率、旋转角和样式激活捕捉方式；“关（OFF）”选项，关闭捕捉模式，但保留当前设置。

(1)“纵横向间距（A）”：在*X*和*Y*方向上指定不同的间距。如果当前的捕捉模式为等轴测捕捉，则不能使用该选项。

(2)“样式（S）”：用来设置捕捉栅格的样式是“标准”或“等轴测”。“标准”样式显示与当前UCS的*XY*平面平行的矩形栅格，*X*、*Y*方向的间距可能不同；“等轴测”样式则显示等轴测栅格。

(3)“类型（T）”：指定捕捉类型为极轴捕捉或栅格捕捉。

2.1.3 使用正交模式

在绘图时，有时需要在相互垂直的方向上画线，此时，可以使用系统提供的正交模式，它可以大大提高绘图速度。在正交模式下，无论光标移到什么位置，都只能绘制平行于*X*轴或*Y*轴的直线。打开正交方法：

命令行：ORTHO ↙；或在状态栏上按下“正交”按钮，再次按下则关闭；按F8键可以打开或关闭正交模式；按组合键CTRL+L键，也可以打开或关闭正交模式。

2.2　对象捕捉

对象捕捉是指鼠标等定点设备在屏幕上取点时，精确地将指定点定位在对象确切的特征几何位置上。利用对象捕捉功能，可以快速、准确地捕捉到某些特殊点（如端点、交点、圆心等），实现精确地绘制图形。

2.2.1　打开对象捕捉模式

要使用对象捕捉，必须先打开对象捕捉模式进行设置。有 2 种方法即“对象捕捉”工具栏和“草图设置”对话框，均可以调用对象捕捉功能。

1.“对象捕捉”工具栏

在绘图过程中，如果需要指定点时，单击“对象捕捉”工具栏中相应的特征点按钮，再把光标移动到需要捕捉对象的特征点附近，即可捕捉到相应的对象特征点。如图 2-3 所示即为“对象捕捉”工具栏。注意：此种方法只能临时使用一次，下次使用时仍需要再次指定。

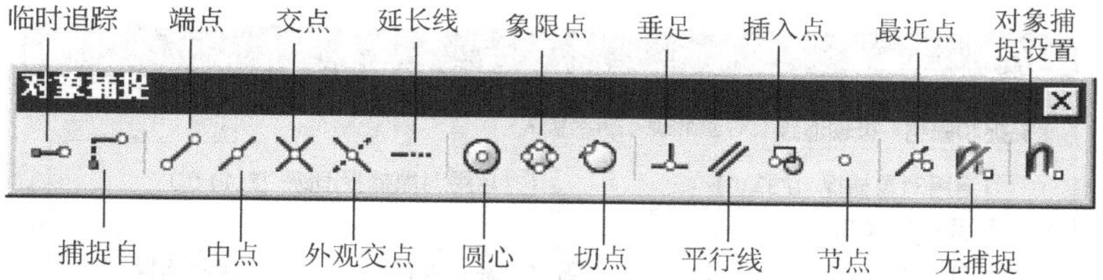

图 2-3　“对象捕捉”工具栏

（1）端点：捕捉一个对象的端点。可以捕捉圆弧、椭圆弧、直线、多线、多段线和射线等对象的最近端点。

（2）中点：捕捉对象的中点。可以捕捉圆弧、椭圆弧、直线、多线、多段线、样条曲线和构造线中点。

（3）交点：捕捉对象的相交点。可以捕捉圆、圆弧、椭圆、椭圆弧、直线、多线、多段线、样条曲线、射线和构造线交点。还可以捕捉延伸交点，它捕捉两个对象延长线的交点。

（4）外观交点：是指两个对象在三维空间不相交，但在图形显示看起来相交或者两个对象沿它们的自然方向延长后相交。即将对象假想地延长后，它们之间的交点。

（5）延长线：可以捕捉沿着直线或圆弧延长线上的点。即将已有直线或圆弧的端点假想地延长一定距离来确定另一点。

（6）圆心：捕捉对象的圆心点。可以捕捉圆、圆弧、椭圆、椭圆弧或多段线圆弧的圆心。圆心捕捉时光标可以移动到圆弧上，也可以移动到圆心上（如果圆心显示出来时）进行捕捉。

（7）象限点：可以捕捉圆、圆弧、椭圆、椭圆弧上的象限点。

（8）切点：可以捕捉圆、圆弧、椭圆、椭圆弧或样条曲线上的切点。

（9）垂足：捕捉到垂直于对象的点。

（10）平行线：捕捉到与指定直线平行的线上的点。

（11）插入点：捕捉块、文字或属性等对象的插入点。

（12）节点：捕捉使用 POINT、DIVIDE、MEASURE 等命令创建的点对象以及尺寸定义点、尺寸文字定义点等。

（13）最近点：捕捉到离拾取点最近的线段、圆、圆弧等对象上的点。

（14）临时追踪：创建极轴追踪时所使用的临时追踪点。

（15）捕捉自：临时指定一点作为基点，然后指定偏移来确定另一点。

（16）无捕捉：关闭对象捕捉模式。

（17）对象捕捉设置：设置自动捕捉模式。

2. 自动捕捉

在绘图过程中，要经常使用对象捕捉，如果每次都使用“对象捕捉”工具栏，会影响绘图速度，为此，AutoCAD 2007 提供了另外一种对象捕捉模式，即自动捕捉。

自动捕捉就是用户把光标放在一个对象上时，系统自动捕捉到对象上所有符合条件的几何特征点，并显示相应的标记。如果把光标放在捕捉点上多停留一会，系统还会显示捕捉的提示，这样，在选点之前，就可以预览和确定捕捉点。

要打开对象捕捉模式，可以在“草图设置”对话框的“对象捕捉”选项卡中，选中“启用对象捕捉（F3）（O）”复选框，然后在“对象捕捉模式”选项区域中选中相应的复选框，如图 2-4 所示。

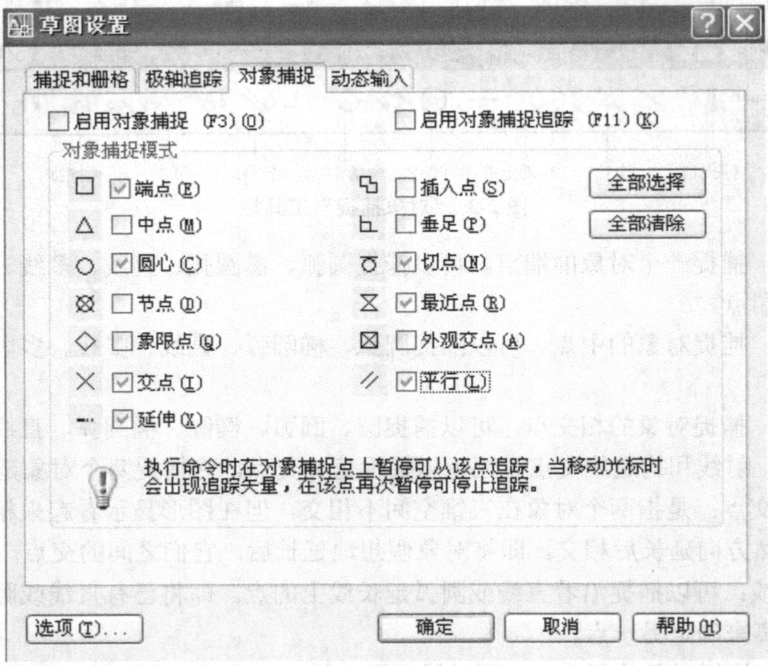

图 2-4 “对象捕捉”选项卡

要设置自动捕捉功能，执行“工具（T）”→“选项（N）”菜单命令，在弹出的“选项”对话框的“草图设置”选项卡中进行设置。也可以单击“对象捕捉”工具栏上的按钮进行设置。

3. 对象捕捉快捷菜单

当要求指定点时，可以按下 SHIFT 键或 CTRL 键，单击鼠标右键，打开对象捕捉快捷菜单，如图 2-5 所示。根据需要选择相应的子命令，再把光标移动到要捕捉对象的特征点附近，即可捕捉到相应的对象特征点。在对象捕捉快捷菜单中，除了“点过滤器（T）”菜单项中的各菜单命令用于捕捉满足指定坐标条件的点外，其余各项都与“对象捕捉”工具栏中的各种捕捉模式相对应。

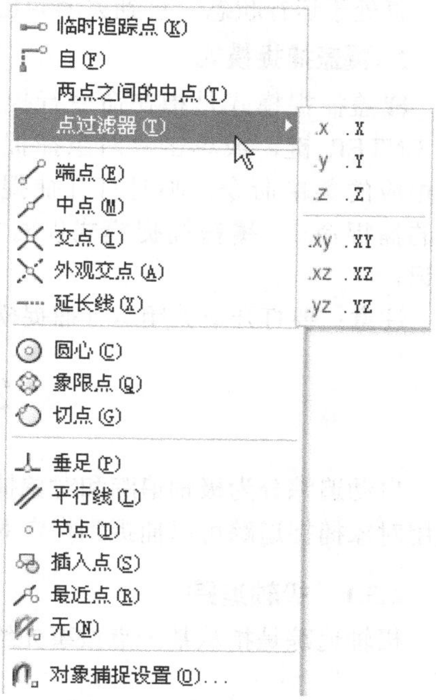

图 2-5 对象捕捉快捷菜单

“点过滤器（T）”功能如下。

在任意定位点的提示下，可以输入“点过滤器（T）”以通过提取几个点的 *X*、*Y* 和 *Z* 值来指定单个坐标。即从不同的点提取该点单独的 *X*、*Y* 和 *Z* 值，坐标过滤器可以使用一个点位置的 *X* 值、第二个点位置的 *Y* 值和第三个点位置的 *Z* 值来指定新的坐标位置。与对象捕捉一起使用时，坐标过滤从现有对象提取需要的坐标值。

要在命令行中指定过滤器，请输入一个句号以及一个或多个 *X*、*Y* 和 *Z* 字母，如.*X*。下一项输入将限定于特定的坐标值。也可以按下 SHIFT 键或 CTRL 键，单击鼠标右键，打开对象捕捉快捷菜单，选取“点过滤器（T）”选项即可。

下面实例是在二维中使用坐标过滤器绘制一个圆。在如图 2-6 所示的图中，定位面的孔位于矩形的中心，这是通过从定位面的水平直线段和垂直直线段的中点提取出 *X*、*Y* 坐标而实现的。

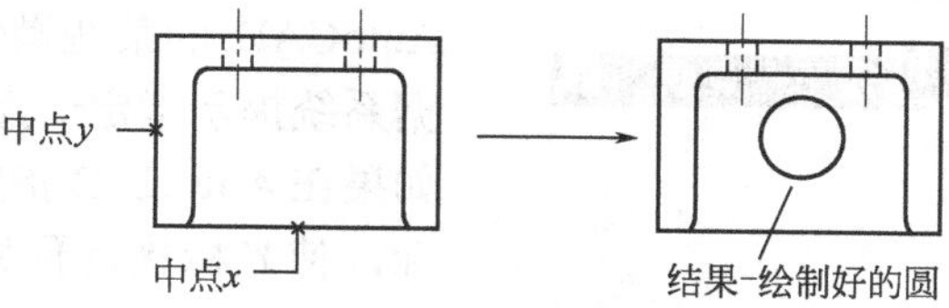

图 2-6 点过滤器使用例子

下面是命令行序列：

命令：CIRCLE

指定圆的圆心或[三点（3P）/两点（2P）/相切、相切、半径（T）]：.X↙

于：mid↙

于：选择定位面底边上的水平线↙

于：(需要 YZ)：mid↙

于：选择定位面左边上的垂直线↙

于：直径（D）/<半径>指定孔的半径↙

输入圆孔的半径即可完成圆孔的绘制。

注意：仅当程序提示输入点时，坐标过滤器才生效。如果试图在命令提示下使用坐标过滤器，则将显示错误信息。

2.2.2 运行和覆盖捕捉模式

1. 运行捕捉模式

运行捕捉模式是指在“草图设置”对话框的“对象捕捉”选项卡中，设置的对象捕捉模式一直处于运行状态，直到关闭为止。

2. 覆盖捕捉模式

覆盖捕捉模式是指在命令行提示输入点时，直接输入关键词（如 TAN、MID 等）后，按 ENTER 键，或单击“对象捕捉”工具栏中的某一个按钮或在对象捕捉快捷菜单中选择相应的菜单命令，临时打开捕捉模式，这时被输入的捕捉命令会暂时覆盖其他已经设置的捕捉命令。覆盖捕捉模式仅对本次捕捉点有效，在命令行中会显示一个“于”或“到”标记。

注意：要打开或关闭运行捕捉模式，需要单击状态栏上的“对象捕捉”按钮。

2.3 自动追踪

自动追踪分为极轴追踪和对象捕捉追踪。使用极轴追踪可以按事先指定的角度绘制图形；使用对象捕捉追踪可以捕捉到指定对象点及指定角度的线的延长线上的任意点。

2.3.1 极轴追踪

极轴追踪是指从某一点按事先给定的角度增量方向进行追踪，以确定特征点，在事先已经知道追踪角度的情况下使用。

注意：只有同时打开状态栏中的“对象追踪”和“极轴”按钮，极轴追踪才可使用。

启用极轴追踪功能后，设计者执行 AutoCAD 的某些操作（如绘制直线）时，根据系统提示指定一点（此点即为追踪点）后，如果在 AutoCAD 指定后续点的提示下移动光标，使光标接近预先设定的方向（即极轴追踪方向，也就是预先设定的角度增量方向），AutoCAD 会自动将橡皮筋线吸附到该方向，并沿此方向显示出极坐标参数，即极半径和极角（与 X 轴的夹角），此参数是相对于前一点的极坐标，如图 2-7 所示。

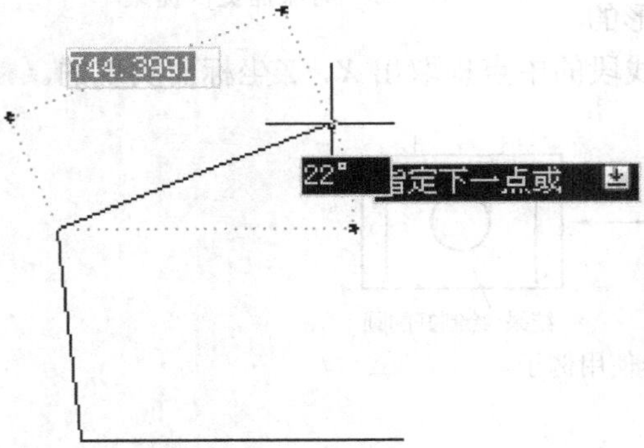

图 2-7 显示极轴追踪极坐标

用户可以在“草图设置”对话框中的“极轴追踪”选项卡对极轴追踪和对象捕捉追踪进行设置，如图 2-8 所示。

“极轴追踪”选项卡中各选项的功能如下。

（1）“启用极轴追踪（F10）（P）”复选框：打开或关闭极轴追踪。也可以使用 F10 键或单击状态栏中“极轴”按钮打开或关闭极轴追踪。

（2）“极轴角设置”选项区域：用来设置极轴角度。可以通过“增量角（I）”下拉列表框设置极轴追踪的角度增量。例如，如果选择 30°，当确定追踪点后移动光标，系统会在沿 30°、60°、90° 等以 30° 为增量的方向显示极轴追踪坐标。

如果“增量角（I）”下拉列表框中的角度不能满足要求，可以选中选项组的“附加角（D）”复选框，然后单击“新建（N）”按钮，在“附加角（D）”列表框中增加新的角度。附加角不是增量角度，而是绝对角度。单击“删除”按钮，可以删除附加角度。

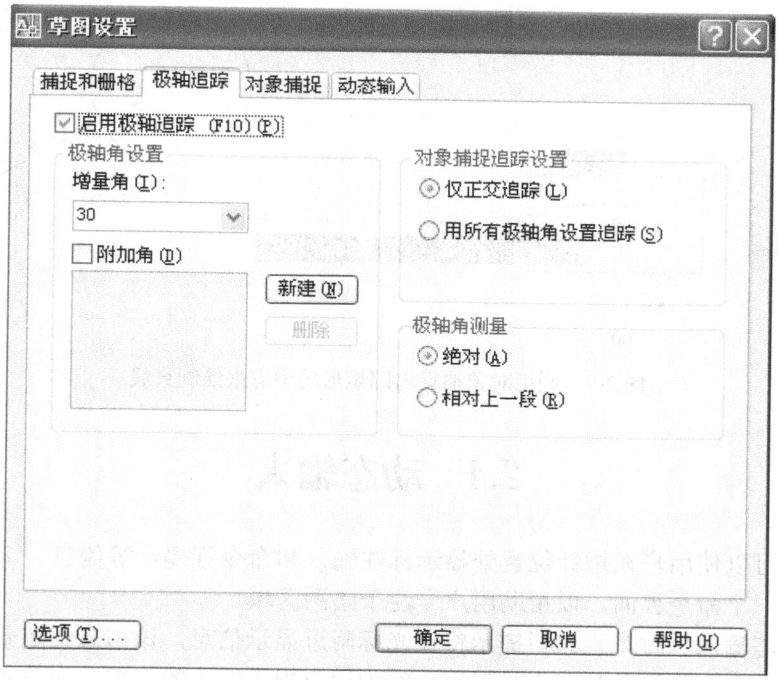

图 2-8 “极轴追踪”选项卡

（3）“对象捕捉追踪设置”选项区域：设置对象捕捉追踪。选中“仅正交追踪（L）”单选按钮，可以在启用对象捕捉追踪时，只显示获取的对象捕捉点的正交（即水平或垂直）对象捕捉追踪路径；如选中“用所有极轴角设置追踪（S）”单选按钮，可以将极轴追踪设置应用到对象捕捉追踪。使用对象捕捉追踪时，光标将从获取的对象捕捉点起沿极轴对齐角度进行追踪。

注意：只有同时打开状态栏中的“对象追踪”和“对象捕捉”按钮，对象捕捉追踪才可使用。打开正交模式，光标将被限制沿水平或垂直方向移动，因此，正交模式和极轴追踪模式不能同时打开。若一个打开，另一个将自动关闭。

（4）“极轴角测量”选项区域：用来设置极轴追踪对齐角度的测量基准。其中，选中“绝对（A）”单选按钮，可以根据当前用户坐标系（UCS）确定极轴追踪角度；如果选中“相对上一段（R）”单选按钮，可以根据最后绘制的线段确定极轴追踪角度。

2.3.2 对象捕捉追踪

对象捕捉追踪是指对象捕捉与极轴追踪的综合，即从对象的捕捉点进行极轴追踪。要使用捕捉追踪，必须首先打开对象捕捉功能并且设置一个或多个对象捕捉模式。

如图 2-9 所示是利用对象捕捉追踪获取矩形的中心点实例，要求绘制一条通过圆心和矩形中心的直线。执行命令时，首先选中圆心单击，然后移动光标捕捉到矩形竖直方向直线的中点，并在此点短暂停留（注意不要单击鼠标），系统将此点作为追踪点，并在该点显示一个小“+”号，同时出现虚线追踪线，继续移动光标到矩形上面水平方向直线的中点，往下继续移动光标到接近矩形中心点的位置时，将显示两条追踪线及其交点，此时两条追踪线的交点处显示一个“×”号，表示已经捕捉到矩形的中心点，单击即可绘制出需要的直线。最后结果如图 2-9（b）图形所示。

注意：在进行矩形中心点的捕捉前，需要在选中图 2-4 中的“中点（M）”复选框，并启动捕捉模式。

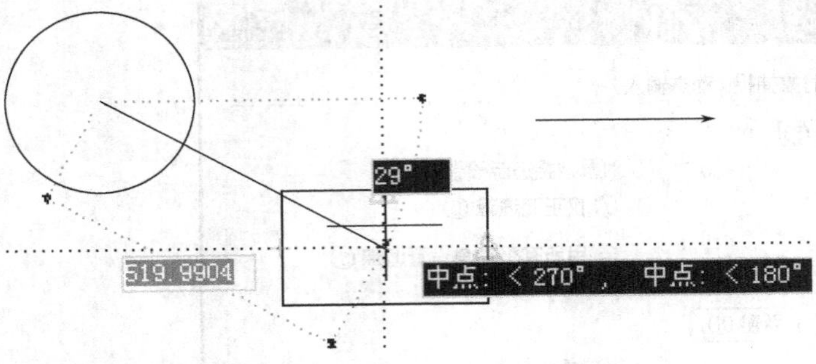

(a)

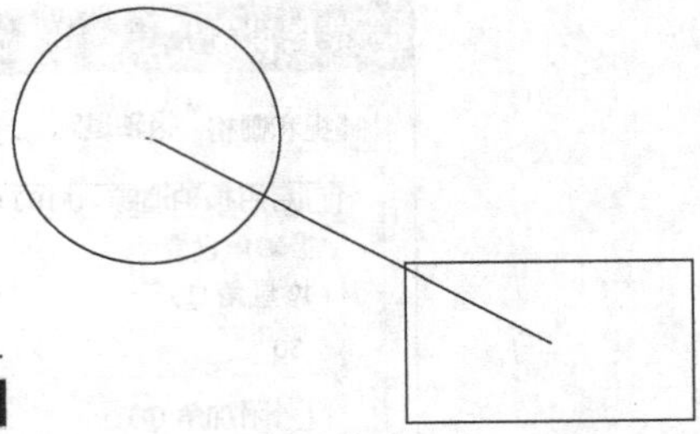

(b)

图 2-9　利用对象捕捉追踪矩形的中点来绘制直线

2.4　动态输入

动态输入可以使用户在指针位置处显示标注输入和命令行提示等信息。“动态输入”在光标附近提供了一个命令界面，以帮助用户专注于绘图区域。

启用“动态输入”时，工具栏提示将在光标附近显示信息，该信息会随着光标移动而动态更新。当某条命令为活动时，工具栏提示将为用户提供输入的位置。在输入字段中输入值并按“TAB”键后，该字段将显示一个锁定图标，并且光标会受用户输入的值约束。随后可以在第二个输入字段中输入值。另外，如果用户输入值然后按“ENTER”键，则第二个输入字段将被忽略，且该值将被视为直接距离。

完成命令或使用夹点所需的动作与命令行中的动作类似。区别是用户的注意力可以保持在光标附近。

“动态输入”不会取代命令窗口。可以隐藏命令窗口以增加绘图屏幕区域，但是在有些操作中还是需要显示命令窗口。按 F2 键可根据需要隐藏和显示命令提示和错误消息。另外，也可以浮动命令窗口，并使用“自动隐藏”功能来展开或卷起该窗口。

打开和关闭动态输入：

单击状态栏上的“DYN”来打开和关闭“动态输入”。按 F12 键可以临时将其关闭。“动态输入”有三个组件：指针输入、标注输入和动态提示。在“DYN”上单击鼠标右键，然后单击“设置”，可以控制启用“动态输入”时每个组件所显示的内容。

2.4.1　启用指针和标注输入

1. 启用指针输入

在如图 2-10 所示的“草图设置”对话框的“动态输入”选项卡中，选中“启用指针输入（P）”复选框，就可以启用指针输入功能。在“指针输入”选项区域中，单击“设置（S）”按钮，打开如图 2-11 所示的“指针输入设置”对话框，在此可以设置指针的格式和可见性。当启用指针输入且有命令在执行时，十字光标的位置将在光标附近的工具栏提示中显示为坐标。可以在工具栏提示中输入坐标值，而不用在命令行中输入。

2. 启用标注输入

在图 2-10 中，选中“可能时启用标注输入（D）”复选框可以启用标注输入功能。在该区域单击“设置（E）”按钮，会弹出如图 2-12 所示的“标注输入的设置”对话框，在对话框中

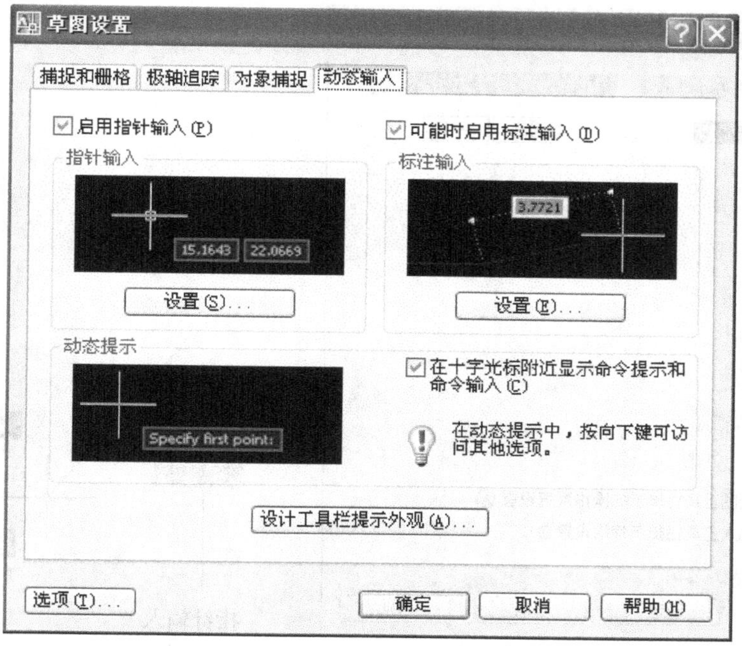

图 2-10　“动态输入”选项卡

可以设置标注的可见性。单击“设计工具栏提示外观（A）...”弹出如图 2-13 所示的“工具栏提示外观”对话框，可以对工具栏的颜色、大小以及透明度进行设置。

启用标注输入时，当命令提示输入第二点时，工具栏提示将显示距离和角度值。在工具栏提示中的值将随着光标移动而改变。按 TAB 键可以移动到要更改的值。

启用动态提示时，提示会显示在光标附近的工具栏提示中。用户可以在工具栏提示（而不是在命令行）中输入响应。按下箭头键可以查看和选择选项。按上箭头键可以显示最近的输入。

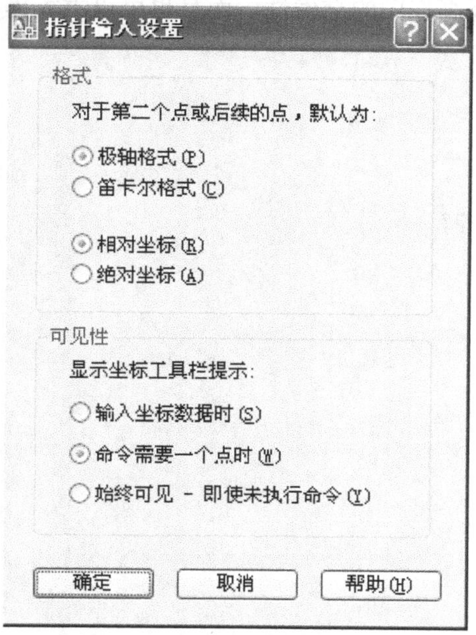

图 2-11　“指针输入设置”对话框

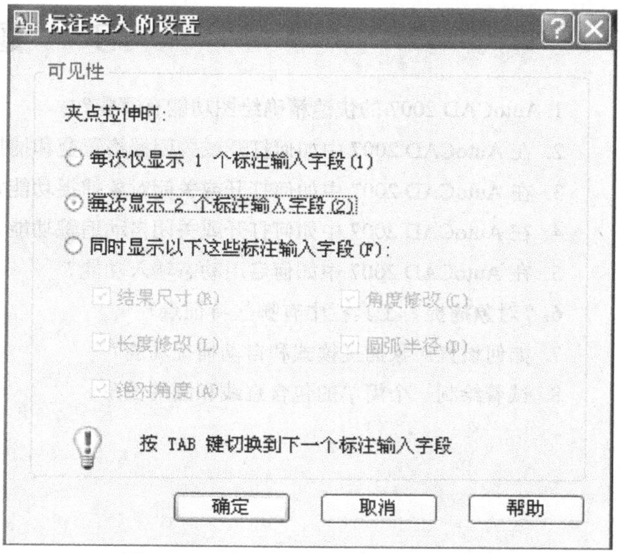

图 2-12　“标注输入的设置”对话框

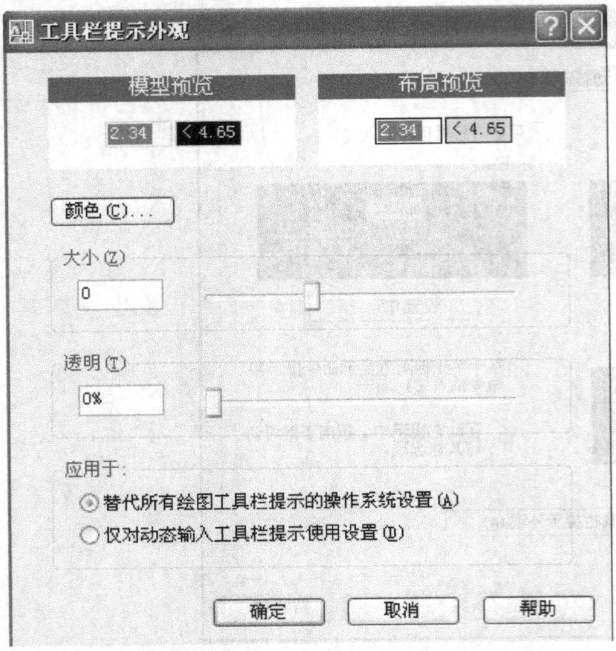

图 2-13 “工具栏提示外观”对话框

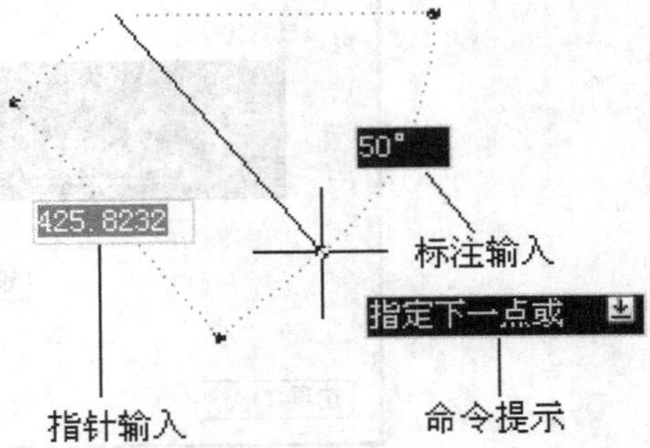

图 2-14 动态显示命令提示

2.4.2 显示动态提示

选中图 2-10 中“动态提示”选项区域中的“在十字光标附近显示命令提示和命令输入（C）”复选框，可以在光标附近显示命令提示，如图 2-14 所示。

小　结

本章主要介绍了 AutoCAD 2007 的快速精确绘图功能，包括捕捉、栅格、正交、自动追踪和动态输入功能，这些功能在绘制图形中不但可以提高作图的准确性，而且也可以大大提高作图效率，应该熟练掌握。

习　题

1. AutoCAD 2007 的快速精确绘图功能有哪些？
2. 在 AutoCAD 2007 中如何打开或关闭栅格正交和捕捉功能？
3. 在 AutoCAD 2007 中如何打开或关闭对象捕捉功能？
4. 在 AutoCAD 2007 中如何打开或关闭自动追踪功能？
5. 在 AutoCAD 2007 中如何启用动态输入功能？
6. “对象捕捉”工具栏中有哪些特征点？
7. 如何设置对象捕捉模式和自动捕捉功能？
8. 试着绘制一个简单的包含直线和圆的图形。

第 3 章　二维绘图

二维平面图形是工程图形的基础。二维平面图形都是由若干个简单的点、直线、圆、圆弧和复杂一些的曲线等组成。而在二维平面图形中，点、直线、射线、矩形、圆、椭圆、圆弧、多边形、多段线和样条曲线等又是最基本的内容。本章主要介绍了 AutoCAD 2007 中的各种基本二维绘图命令，它是整个 AutoCAD 的绘图基础，因此要熟练地掌握它们的绘制方法和技巧。

3.1　二维绘图的基本知识

3.1.1　绘图界限

1. 绘图界限

绘图界限（绘图区域）是指在绘图作业中设定的有效区域。在 AutoCAD 2007 中，如果用户不做任何设置，CAD 系统对作图范围不作限制。用户可以将绘图区看成是一副无穷大的图纸，但所绘图形的大小是有限的，为了更好地绘图，需要设定绘图的有效区域。在中文版 AutoCAD 2007 中，用户不仅可以通过设置参数选项和图形单位来设置绘图环境，还可以设置绘图界限。使用 LIMITS 命令可以在模型空间中设置一个想象的矩形绘图区域，也称为界限。它确定的区域是可见栅格指示的区域，也是选择“视图（V）”→“缩放（Z）”→“全部（A）”命令时决定显示多大图形的一个参数。

2. 设置绘图界限（LIMITS）

执行设置绘图界限命令的方法有以下两种。

（1）单击“格式（O）”→“图形界限（A）”，如图 3-1 所示。

（2）在命令行中输入命令：LIMITS↙

执行此命令后，命令行中提示如下：

重新设置模型空间界限：（系统提示）

指定左下角点或[开（ON）/关（OFF）]<0.0000，0.0000>：↙

指定右下角点<420.0000，297，0000>：

执行以上操作后，需要在命令行中输入 Z（即 ZOOM 命令），回车。再选择输入 A 选项，回车，以便将所设图形界限全部显示在屏幕上。

3.1.2　绘图单位

在 AutoCAD 2007 中，用户可以采用 1:1 的比例因子绘图，因此，所有的直线、圆和其他对象都可以以真实大小来绘制。例如，如果一个零件长 200cm，那么它也可以按 200cm 的真实大小来绘制，在需要打印出图时，再将图形按图纸大小进行缩放。

设置绘图单位和精度如下。

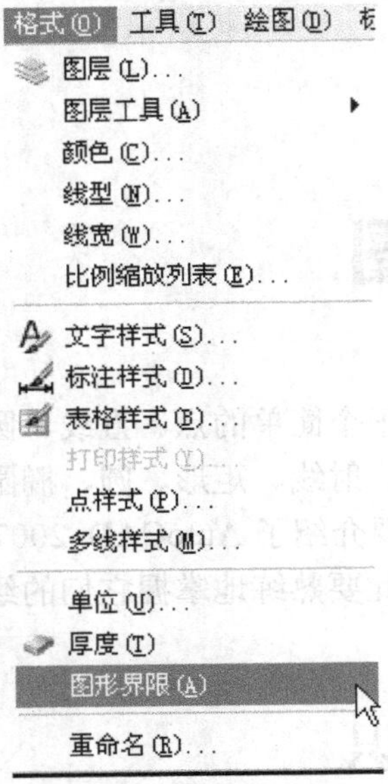

图 3-1　图形界限命令

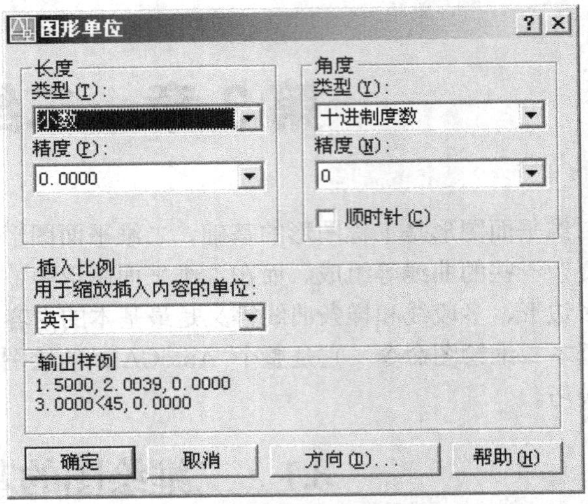

图 3-2　绘图单位的设置

（1）执行“格式（O）”→“单位（U）”命令，弹出一个“图形单位”对话框，如图 3-2 所示。

（2）在“长度”区内选择单位类型和精度，工程绘图中一般使用“小数”和“0.0”。

（3）在“角度”区内选择角度类型和精度，工程绘图中一般使用“十进制度数”和“0”。

（4）在“缩放插入内容的单位”列表框中选择图形单位，缺省为“毫米”。

（5）单击“确定”按钮。

3.1.3　常用的命令激活方式

在 AutoCAD 2007 中，命令可以有如下多种方式激活。

（1）选择菜单的菜单项。

（2）在工具栏中单击相应的命令按钮。

（3）利用快捷菜单中的选项选择相应的命令。

（4）在命令行中直接键入命令。

在这些激活方式中，使用工具栏和下拉菜单对于初学者来说既容易又直观。其实在命令行直接键入命令是最基本的输入方式。无论使用何种方式激活命令，在命令行都会有命令出现，实际上无论使用什么方式，都等同于从键盘键入命令。

3.1.4　重复和确定命令

1. 重复命令

如果用户希望多次重复执行同一个命令，则可将“MULTIPLE”命令与该命令组合使用，“MULTIPLE”将会自动重复执行此命令，直到被取消为止。此时，必须按 ESC 键才能终止这个重复的过程。该命令的调用方式为：

命令行：MULTIPLE↙

调用该命令后，系统提示用户输入需要重复执行的命令。

“MULTIPLE”命令可以与任何绘图、修改和查询命令组合使用，但是“PLOT”命令除外。

注意“MULTIPLE”命令只重复命令名，所以每次都必须指定所有的参数。

2. 确定命令

在 AutoCAD 中，确定命令除了常见的回车按键外，还可以单击鼠标右键。

3.1.5　透明命令

在 AutoCAD 2007 中，透明命令是指在执行其他命令的过程中可以执行的命令。常使用的透明命令多为修改图形设置的命令、绘图辅助工具命令，例如 SNAP、GRID、ZOOM 等。要以透明方式使用命令，应在输入命令之前输入单引号（'）。命令行中，透明命令的提示前有一个双折号（>>）。完成透明命令后，将继续执行原命令。

3.1.6　坐标系与坐标输入

在绘图过程中要精确定位某个对象时，必须以某个坐标系作为参照，以便精确拾取点的位置。通过 AutoCAD 的坐标系可以提供精确绘制图形的方法，可以按照非常高的精度标准准确地设计并绘制图形。

1. AutoCAD 2007 的坐标系及其图标

坐标系统的图标表示 AutoCAD 当前所使用的坐标系统以及坐标方向。AutoCAD 中包括 WCS（世界坐标系）和 UCS（用户坐标系）两种坐标系。正常启动 AutoCAD，可以看到默认情况下，在开始绘制新图形时，当前坐标系为世界坐标系即 WCS，它包括 *X* 轴和 *Y* 轴（如果在三维空间工作，还有一个 *Z* 轴）。WCS 坐标轴的交汇处显示“口”形标记，但坐标原点并不在坐标系的交汇点，而位于图形窗口的左下角，所有的位移都是相对于原点计算的，并且沿 *X* 轴正向及 *Y* 轴正向的位移规定为正方向。

在 AutoCAD 中，为了能够更好地辅助绘图，经常需要修改坐标系的原点和方向，这时世界坐标系将变为用户坐标系即 UCS。UCS 的原点以及 *X* 轴、*Y* 轴、*Z* 轴方向都可以移动及旋转，甚至可以依赖于图形中某个特定的对象。尽管用户坐标系中 3 个轴之间仍然互相垂直，但是在方向及位置上却都更灵活。另外，UCS 没有“口”形标记。

（1）世界坐标系（World Coordinate System，WCS）　当用户开机进入 AutoCAD 或开始绘制新图时，系统提供的是 WCS。绘图平面的左下角为坐标系原点“0，0，0”，水平向右为 *X* 轴的正向，垂直向上为 *Y* 轴的正向，由屏幕向外指向用户为 *Z* 轴正向。

（2）用户坐标系（User Coordinate System，UCS）　世界坐标系是固定的，不能改变。UCS 坐标系可以是在 WCS 坐标系中任意定义，它的原点可以在 WCS 内的任意位置上，也可以任意旋转、倾斜，它一般多用于三维应用上。

（3）坐标系图标　坐标系图标如图 3-3 所示。在不同的模型空间中，有时需要定义不同的坐标系统。选择“视图（V）”→“显示（L）”→“UCS 图标（U）”→“特性”命令，将打开如图 3-4 所示的“UCS 图标”对话框。在该对话框中可以对坐标系统的图标样式进行设置。

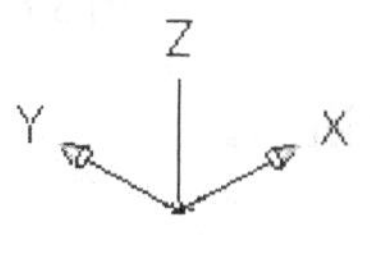

（a）UCS

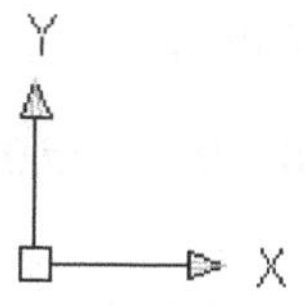

（b）WCS

图 3-3　坐标系图标

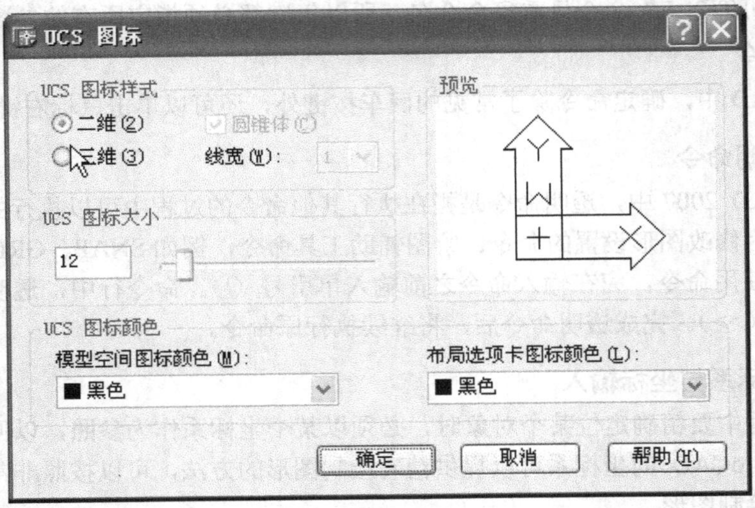

图 3-4 UCS 图标

2. AutoCAD 2007 的坐标及其输入

在 AutoCAD 2007 中，坐标可以使用绝对坐标和相对坐标 2 种方法表示，表示方法如下。

（1）绝对坐标

① 绝对直角坐标（横坐标，纵坐标，“0，0”）如图 3-5 所示。

命令: POINT↙

当前点模式: PDMODE=0 PDSIZE=0.0000

指定点: 50,40

② 绝对极坐标（距离<角度，“0<0”）如图 3-6 所示。

命令:LINE 指定第一点: 0<0

指定下一点或 [放弃（U）]: 50<30

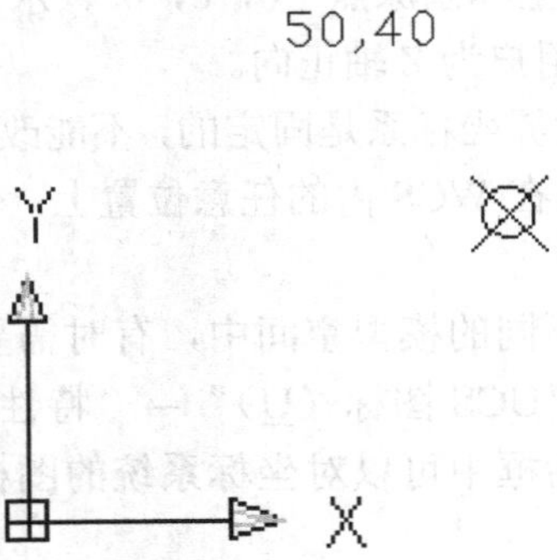

图 3-5 绝对直角坐标

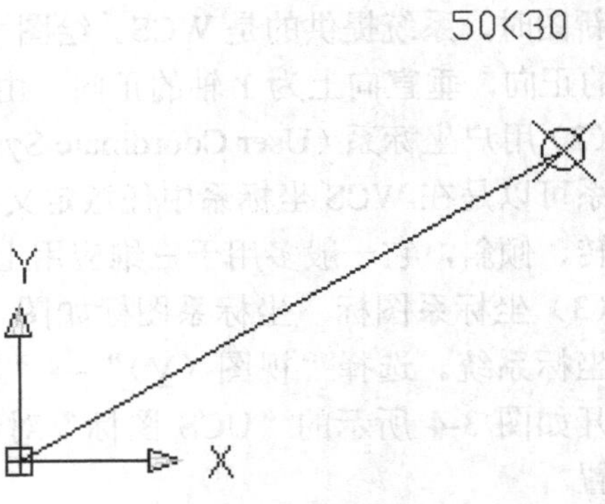

图 3-6 绝对极坐标

（2）相对坐标 （“@0，0”；“@0<0”）如图 3-7 所示。

① 相对直角坐标

命令:LINE 指定第一点: 20,20

指定下一点或 [放弃（U）]: @30,20

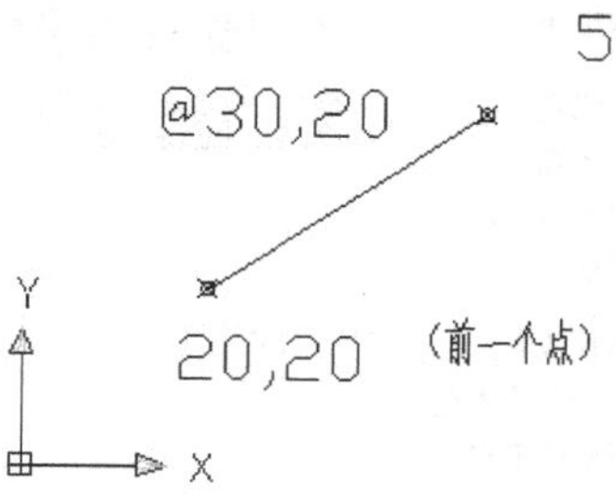

图 3-7　相对直角坐标

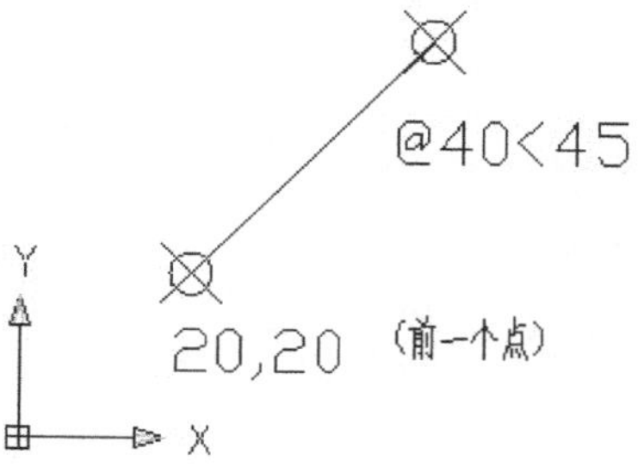

图 3-8　相对极坐标

② 相对极坐标，如图 3-8 所示。

命令: LINE 指定第一点: 20,20

指定下一点或 [放弃（U）]: @40<45

3.2 绘制点

在工程图中，“点”是最基本的图形元素，也是所有的基础。但在实际的绘图中，点的应用并不是很多，主要起到一个标示功能，如可以作为捕捉对象的节点，指定全部三维坐标。

3.2.1　设置点的显示样式

当需要使用点来标识和其他地方的不同时，系统默认的点的样式就和其他部分进行区分，这时就需要重新选择不同的点样式来表达。默认情况下，点对象显示为一个小圆点。

当需要设置点的类型与样式时，可以选择“格式（O）”→“点样式（P）”命令（或输入 DDPTYPE 命令），在弹出的“点样式”对话框中设置点的类型和尺寸，如图 3-9 所示。

AutoCAD 2007 提供了 20 种不同样式的点可供选择。设置点的步骤如下：在该对话框中，选取点的形式；输入点大小的百分比或单位；选择是 ⊙相对于屏幕设置大小(R) 还是 ○按绝对单位设置大小(A) 的单位；单击【确定】按钮。系统自动采用新的设定重新生成图形。

3.2.2　绘制单点

在绘图时，确定好坐标系后，可以采用键盘输入、鼠标在绘图区内拾取或利用对象捕捉方式捕捉一些特征点（如圆心、线段的端点、中点或切点）等方法确定位置。绘制点有以下 3 种方式。

（1）在命令行中输入命令 POINT。

（2）在下拉菜单中单击“绘图（D）”→“点（O）”→“单点（S）”，如图 3-10 所示。

（3）单击“绘图”工具栏中的“点”按钮 · 。

3.2.3　绘制多点

在创建多点时，可以通过选择“绘图（D）”→“点（O）”→“多点（P）”，如图 3-10 所示，实现多点创建。选择该命令后，可在绘图区多个位置单击，从而创建多个点。

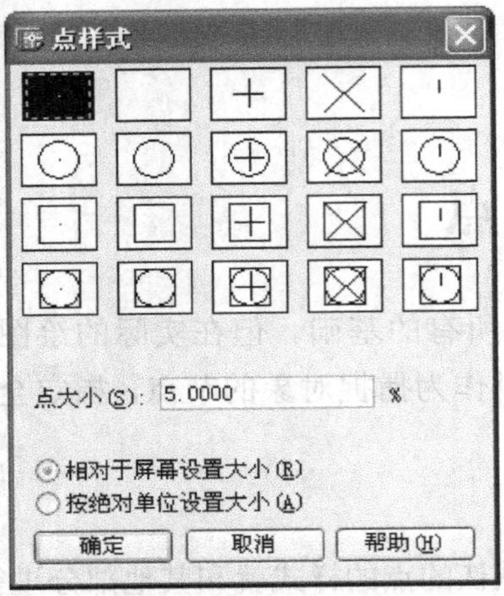

图 3-9 “点样式”对话框

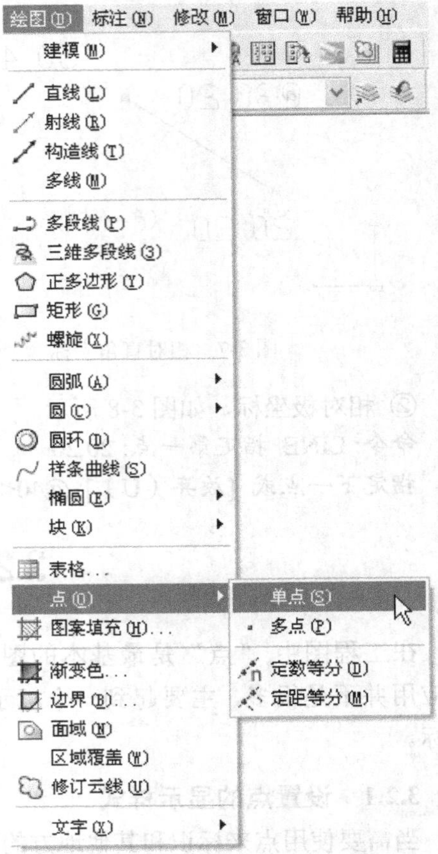

图 3-10 打开“单点”命令

3.2.4 定数等分对象

在创建定数等分对象时，可以通过选择“绘图（D）”→“点（O）”→“定数等分（D）”选项或在命令行输入 DIVIDE 命令，实现创建。执行该命令后，选择要等分的对象，然后在命令行的提示下输入等分数，按回车键后即可将选中的对象分成 N 等份，即生成 N−1 个点。使用定数等分命令绘制点时，一次只能等分一个对象，如对中轴进行 4 等分后，如图 3-11 所示。

3.2.5 定距等分对象

在 AutoCAD 2007 中，用户可以使用定距等分命令将对象按相同的距离进行划分。在创建定距等分对象时，可以通过选择“绘图（D）”→“点（O）”→“定距等分（M）”选项，实现创建。选择该命令后，命令行提示选择需要定距等分的对象，然后要求输入等分线段的长度。例如将中轴以 1 为单位进行定距等分，如图 3-12 所示。

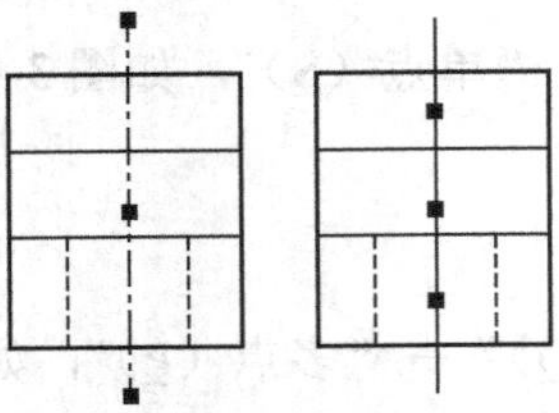

图 3-11 定数等分

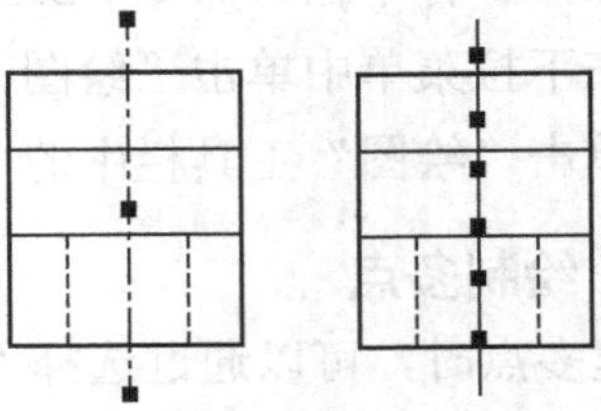

图 3-12 定距等分

3.3 绘制直线段、射线和构造线

在绘制图形的过程中，图形对象的轮廓都是由线性对象构成的。所以，在绘制图形之前，首先要掌握直线、射线、构造线等线性对象的绘制方法。

3.3.1 绘制直线段

直线是各种绘图中最常用、最简单的一类图形对象，只要指定了起点和终点即可绘制一条直线。每条线段都是一个单独的直线对象。在 AutoCAD 中，可以用二维坐标（x,y）或三维坐标（x,y,z）来指定端点，也可以混合使用二维坐标和三维坐标。如果输入二维坐标，AutoCAD 将会用当前的高度作为 *Z* 轴坐标值，默认值为 0。

绘制直线有以下三种方式。

（1）命令行输入

命令：LINE↙

指定第一点：

指定下一点或[放弃（U）]：@400<0

指定下一点或[放弃（U）]：@300<90

指定下一点或[闭合（C）/放弃（U）]：C

结果如图3-13所示。

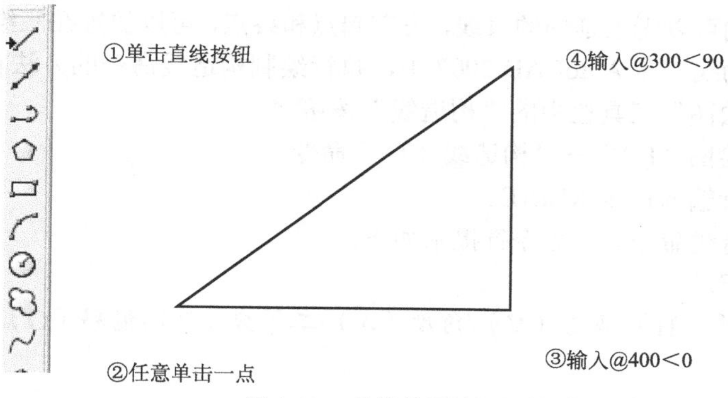

图 3-13 直线的画法

（2）菜单命令：“绘图（D）”→“直线（L）”命令。

（3）工具栏：“绘图”工具栏中单击“ （直线）”。

3.3.2 绘制射线

射线为一端固定，另一端无限延伸的直线，常用做创建其他对象的参照。在 AutoCAD 2007 中，执行绘制射线命令的方法有以下两种。

（1）选择“绘图（D）”→“射线（R）”命令。

（2）在命令行输入命令 RAY。

执行绘制射线命令后，命令行提示如下：

命令：RAY↙

指定起点：（指定射线的起点）

指定通过点：（指定射线通过的点）

指定通过点：（按回车键结束命令）

指定射线的起点后，每指定一个射线的通过点，即绘制一条射线。例如在绘制图 3-14 所示的图形时，可以用射线命令绘制如图 3-15 所示的辅助线，具体操作方法如下。

（1）执行绘制射线命令。

（2）捕捉如图 3-15 所示图形中的 *A* 点为射线起点。

（3）在命令行中输入（@10，10）指定射线的第一个通过点。

（4）在命令行中输入坐标（@10<135）指定射线的第二个通过点，按回车键结束命令。

利用射线绘制的辅助线如图 3-15 所示。

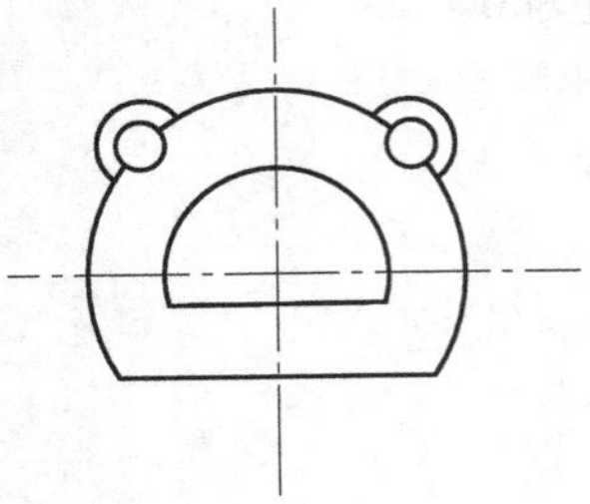

图 3-14　原始图形

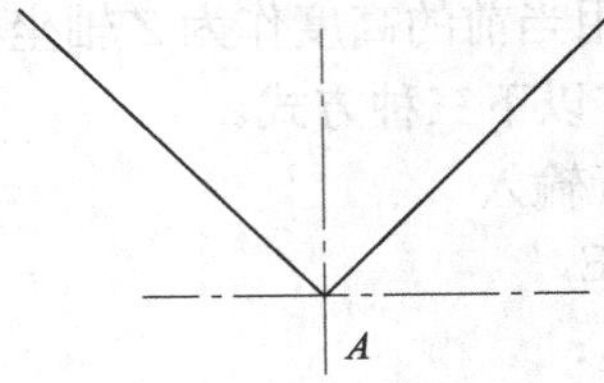

图 3-15　绘制射线

3.3.3　绘制构造线

构造线为两端可以无限延伸的直线，没有起点和终点，可以放置在三维空间的任何地方，主要用于绘制辅助线。在 AutoCAD 2007 中，执行绘制构造线命令的方法有以下三种。

（1）选择“绘图”工具栏中的“构造线”按钮。

（2）选择“绘图（D）”→“构造线（T）”命令。

（3）在命令行输入命令 XLINE。

执行绘制构造线命令后，命令行提示如下：

命令：XLINE↙

指定点或[水平（H）/垂直（V）/角度（A）/二等分（B）/偏移（O）]：（指定构造线通过的第一点）

指定通过点：（指定构造线通过的第二点）

指定通过点：（按回车键结束命令）

其中各命令选项功能介绍如下。

（1）水平（H）：选择该命令选项，创建一条通过选定点的水平参照线。

（2）垂直（V）：选择该命令选项，创建一条通过选定点的垂直参照线。

（3）角度（A）：选择该命令选项，以指定的角度创建一条参照线。

（4）二等分（B）：选择该命令选项，创建一条参照线，它经过选定的角顶点，并且将选定的两条线之间的夹角平分。

（5）偏移（O）：选择该命令选项，创建平行于另一个对象的参照线。

执行绘制构造线命令，如果直接在绘图区单击，则可通过指定两点创建任意方向的构造线。否则，如果输入 H、V、A、B、O 等，则可按照提示绘制水平、垂直、具有指定倾斜角度、二等分、偏移的构造线，如图 3-16 所示。

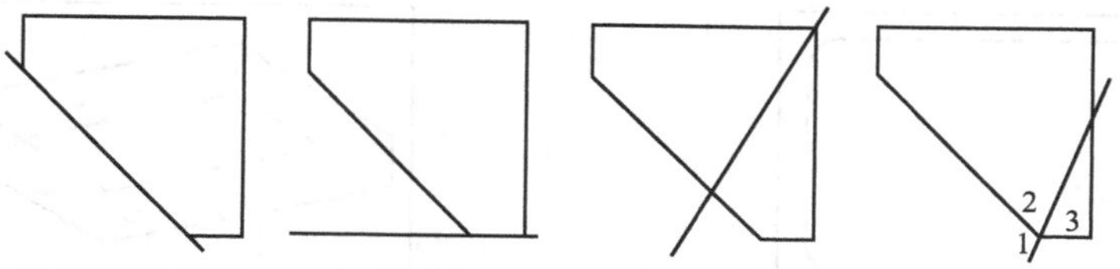

图 3-16 构造线

3.4 绘制矩形和正多边形

矩形和正多边形都是绘图中使用最频繁的基本图形，尤其是在工程制图中用得更多。本节将介绍矩形和正多边形的绘制方法。

3.4.1 绘制矩形

矩形是平面图形中的一个重要对象，在 AutoCAD 2007 中，执行绘制矩形命令的方法有以下三种。

（1）选择“绘图”工具栏中的“构造线”按钮▭。

（2）选择“绘图（D）”→“矩形（G）”命令。

（3）在命令行输入命令 RECTANG。

执行绘制矩形命令后，命令行提示如下：

指定第一个角点或[倒角（C）/标高（E）/圆角（F）/厚度（T）/宽度（W）]:（指定矩形的第一个角点）

指定另一个角点或[面积（A）/尺寸（D）/旋转（R）]:（指定矩形的另一个角点）

其中各命令选项功能介绍如下。

（1）倒角（C）：选择该命令选项，设置矩形的倒角距离，命令行提示如下：

指定矩形的第一个倒角距离<0.0000>:（输入第一个倒角距离）

指定矩形的第二个倒角距离<0.0000>:（输入第二个倒角距离）

绘制的倒角矩形如图 3-17 所示。

（2）标高（E）：选择该命令选项，指定矩形的标高，命令行提示如下：

指定矩形的标高<0.0000>:（输入矩形的标高）

标高是指当前图形相对于基准平面的高度。图形的标高在俯视图中无法显示，只有在侧视图或三维空间中才能观察到，如图 3-18 所示。

（3）圆角（F）：选择该命令选项，指定矩形的圆角半径，命令行提示如下：

指定矩形的圆角半径<0.0000>:（输入矩形的圆角半径）

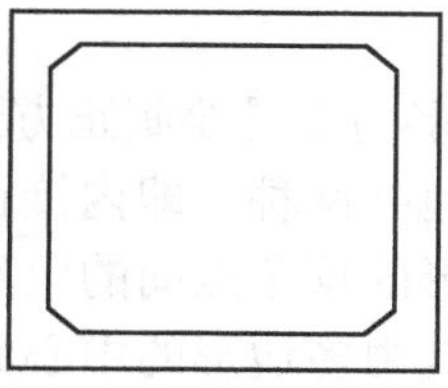

图 3-17 绘制的倒角矩形

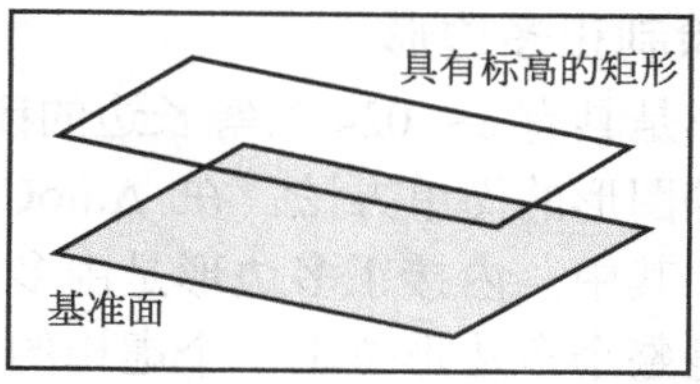

图 3-18 绘制标高为 10 的矩形

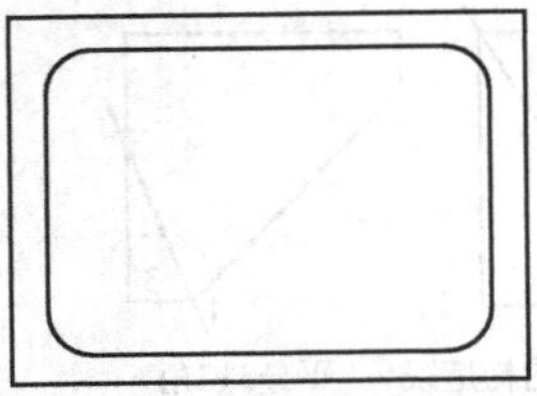

图 3-19 绘制的圆角矩形

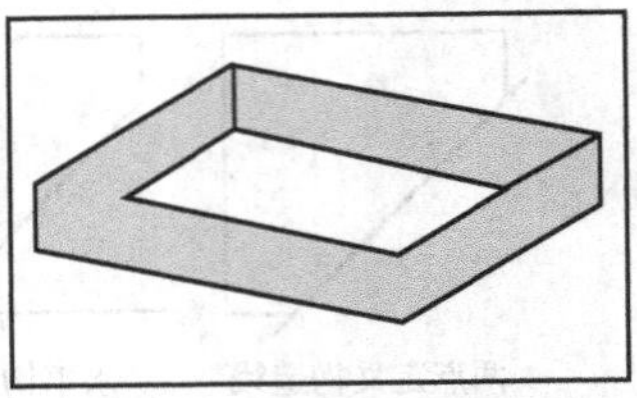

图 3-20 绘制具有厚度的矩形

绘制的圆角矩形如图 3-19 所示。

（4）厚度（T）：选择此命令选项，指定矩形的厚度，命令行提示如下：

指定矩形的厚度<0.0000>：（输入矩形的厚度）

如果输入的厚度值为正数，则矩形将沿着 *Z* 轴正方向增长；如果输入的厚度值为负值，则矩形将沿着 *Z* 轴负方向增长。矩形的厚度只有在三维空间中才能显示，如图 3-20 所示。

（5）宽度（W）：选此命令选项，为绘制的矩形指定多段线的宽度，命令行提示如下：

指定矩形的线宽<0.0000>：（输入矩形的线宽值）

绘制的具有宽度的矩形如图 3-21 所示。

（6）面积（A）：选择此命令选项，使用面积与长度或宽度创建矩形，命令行提示如下：

输入以当前单位计算的矩形面积<100.0000>：（输入矩形的面积）

计算矩形标注时依据[长度（L）/宽度（W）]<长度>：L（选择计算矩形面积的依据）

输入矩形长度<10.0000>：（输入矩形的长度）

（7）尺寸（D）：选择此命令选项，使用长和宽创建矩形，命令行提示如下：

指定矩形的长度<10.0000>：（输入矩形的长度）

指定矩形的宽度<10.0000>：（输入矩形的宽度）

指定另—个角点或[面积（A）/尺寸（D）/旋转（R）]：（指定矩形的另一个角点）

（8）旋转（R）：选择此命令选项，按指定的旋转角度创建矩形，命令行提示如下：

指定旋转角度或[拾取点（P）]<0>：（输入矩形旋转的角度）

指定另一个角点或[面积（A）/尺寸（D）/旋转（R）]：（指定矩形另一个角点的位置）

如果选择“拾取点”命令选项，则通过指定两个点来确定矩形的旋转角度。如图 3-22 所示为绘制旋转矩形的效果。

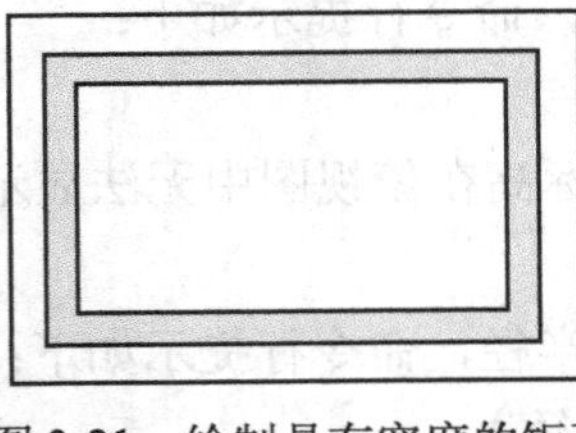

图 3-21 绘制具有宽度的矩形

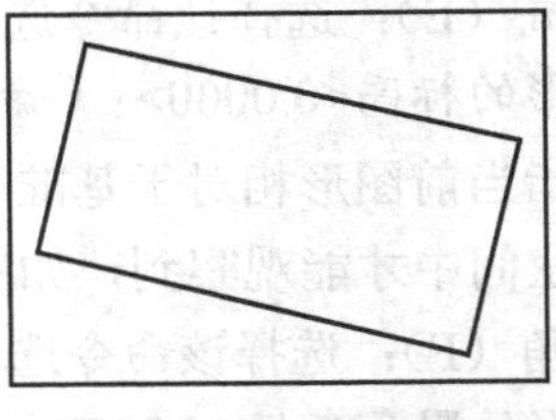

图 3-22 绘制旋转矩形

3.4.2 绘制正多边形

正多边形是具有 3~1024 条等长边的闭合多段线。创建正多边形是绘制正方形、等边三角形和八边形等图形的简单方法。在 AutoCAD 中，正多边形包括两种，即内接正多边形和外切正多边形。其中，内接正多边形是由多边形的中心到多边形的顶角点间的距离相等的边组成的。也就是整个多边形位于一个虚构的圆中。外切多边形是由多边形的中心到边中点的距离相等的边组成的。即整个多边形外切于一个指定半径的圆。

正多边形是另一个重要的基本实体，在 AutoCAD 2007 中，执行绘制正多边形命令的方法有以下 3 种：

（1）单击“绘图”工具栏的“正多边形”⬠按钮。

（2）选择“绘图（D）”→“正多边形（Y）”命令。

（3）在命令行输入命令 POLYGON。

执行绘制正多边形命令后，命令行提示如下：

命令：POLYGON↙

输入边的数目<6>：（输入正多边形的边数）

指定正多边形的中心点或[边（E）]：（指定正多边形的中心点）

输入选项[内接于圆（I）/外切于圆（C）]<I>：（选择绘制正多边形的方式）

指定圆的半径：（输入圆的半径）

其中各命令选项功能介绍如下。

（1）边（E）：选择此命令选项，通过指定第一条边的端点来定义正多边形。

（2）内接于圆（I）：选择此命令选项，指定正多边形外接圆的半径，正多边形所有的顶点都在此圆周上。

（3）外切于圆（C）：选择此命令选项，指定从正多边形中心点到各边中点的距离。

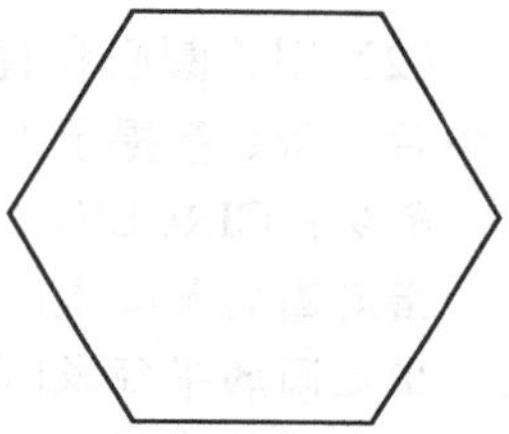

图 3-23　正六边形

如图 3-23 所示为绘制的正六边形。

3.5　绘制圆、圆弧、椭圆和椭圆弧

在 AutoCAD 中，除了可以绘制直线、多段线等这一类的平面对象外，还可绘制多种曲线对象，比如圆、椭圆、圆弧等。本节将详细介绍这一组曲线对象的绘制方法和技巧。

3.5.1　绘制圆

圆是 AutoCAD 曲线类图形中很常见的基本图形对象，也是一种特殊的平面曲线。AutoCAD 中提供了多种创建圆的方法，可以通过指定圆心坐标、直径等来创建圆形对象。从圆的下拉菜单可以看出，用 AutoCAD 绘制一个圆有 6 种选择方式，如图 3-24 所示。默认方式是指定圆心半径方式。

命令调用方法：

（1）在命令行输入 CIRCLE 命令。

（2）菜单输入：“绘图（D）”→“圆（C）”

（3）工具栏：单击“绘图”工具栏上的按钮⊙。

命令使用方法如下。

（1）用“圆心和半径”画圆。若已知圆心和半径，可以用此种方法画圆。具体步骤如下：

输入命令：CIRCLE

指定圆的圆心或[三点（3P）/两点（2P）/相切、相切、半径（T）]：（指定圆心）

指定圆的半径或[直径（D）]：40（输入圆的半径）

绘制结果如图 3-24（a）所示。

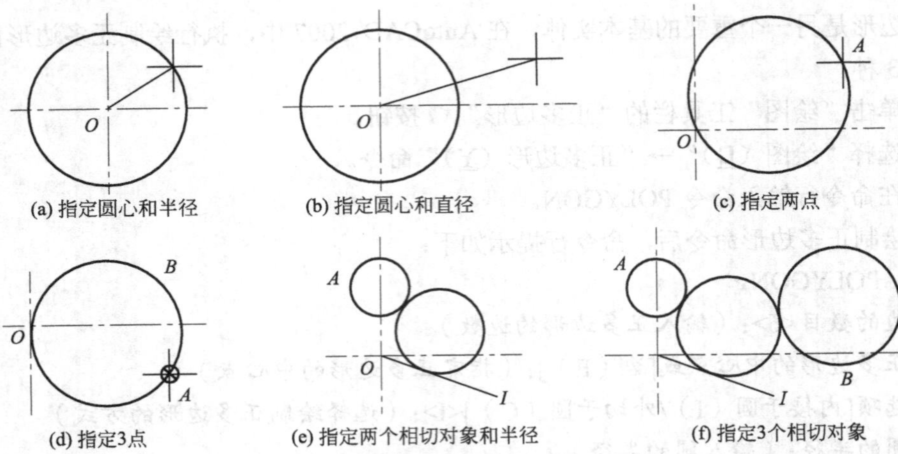

图3-24　圆的6种画法

（2）用“圆心和直径”方式画圆。若已知圆心和直径，可以用此种方法画圆。执行画圆命令后，命令行提示如下：

命令：CIRCLE↙

指定圆的圆心或[三点（3P）／两点（2P）／相切、相切、半径（T）]：（指定圆心）

指定圆的半径或[直径（D）]<10．0000>：D（选择输入圆的直径值）

指定圆的直径<20．0000>：80

绘制结果如图3-24（b）所示。

（3）用“两点”方式画圆。若已知圆直径的两个端点，则可用此方式画圆。执行画圆命令后，命令行提示如下：

命令：CIRCLE↙

指定圆的圆心或[三点（3P）／两点（2P）／相切、相切、半径（T）]：_2P

指定圆直径的第一个端点：（输入点P1）

指定圆直径的第二个端点：（输入点P2）

系统将以点*A*、*O*的连线为直径绘出所需的圆。

绘制结果如图3-24（c）所示。

（4）用“三点”方式。若想通过不在同直线上的三点画圆，即可通过这种方式执行。具体步骤如下：

命令：CIRCLE↙

指定圆的圆心或[三点（3P）／两点（2P）／相切、相切、半径（T）]：3P（选择三点方式画圆）

指定圆上的第一个点：（输入点P1）

指定圆上的第二个点：（输入点P2）

指定圆上的第三个点：（输入点P3）

绘制结果如图3-24（d）所示。

（5）用“相切、相切、半径”方式画圆。若想画一个与屏幕上的两个现存实体（圆、圆弧、直线等）相切的圆，即可采用此方式绘制。执行画圆命令后，命令行提示如下：

命令：CIRCLE↙

指定圆的圆心或[三点（3P）／两点（2P）／相切、相切、半径（T）]：_ttr（选择两个切点、一个半径方式画圆）

指定对象与圆的第一个切点：（选择一条直线，确定切点 T1）
指定对象与圆的第二个切点：（选择另一条直线，确定切点 T2）
指定圆的半径：35↙
绘制结果如图 3-24（e）所示。

（6）用“相切，相切，相切（A）”方式画圆。若想画一个与屏幕上的三个现存实体（圆、圆弧、直线等）相切的圆，即可采用此方式绘制。执行画圆命令后，命令行提示如下：

命令：CIRCLE↙
指定圆的圆心或[三点（3P）/两点（2P）/相切、相切、半径（T）]：_3p
指定圆上的第一个点：_tan 到（选取第一条直线，确定切点 T1）
指定圆上的第二个点：_tan 到（选取第二条直线，确定切点 T2）
指定圆上的第三个点：_tan 到（选取第三条直线，确定切点 T3）
绘制结果如图 3-24（f）所示。

3.5.2　绘制圆弧

圆弧也是绘制图形时使用最多的基本图形之一，它在实体元素之间起着光滑的过渡作用。AutoCAD 2007 提供了 11 种画圆弧的方法，如图 3-25 所示。

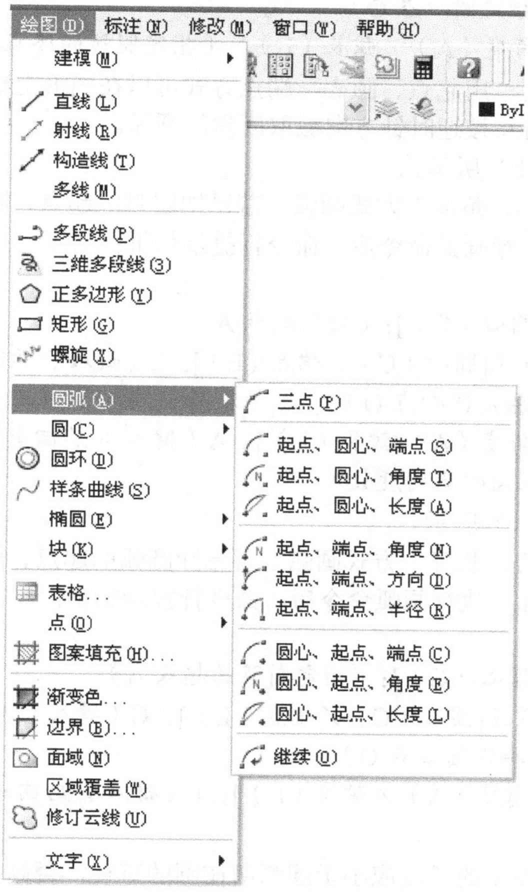

图 3-25　圆弧的 11 种画法

命令调用方法：

（1）在命令行输入ARC命令。

（2）菜单输入："绘图（D）"→"圆弧（A）"。

（3）工具栏：单击"绘图"工具栏上的按钮。

命令使用方法如下。

（1）三点画弧。若已知圆弧的起点、终点和圆弧上任一点，则可用ARC命令的默认方式"三点"画圆弧。执行画弧命令后，命令行提示如下：

命令:ARC↙

指定圆弧的起点或[圆心（C）]:（指定圆弧上的起点P1）

指定圆弧的第二个点或[圆心（C）／端点（E）]:（指定圆弧上的第二点P2）

指定圆弧的端点:（指定圆弧上的第三点P3）

绘制结果如图3-26（a）所示。

（2）用"起点、圆心、端点"方式画弧，若已知圆弧的起点、中心点和终点，则可以通过这种方式画弧。执行画弧命令后，命令行提示如下：

命令：ARC↙

指定圆弧的起点或[圆心（C）]:（指定起点A）

指定圆弧的第二个点或[圆心（C）／端点（E）]: C（键入C后回车以选择输入中心点）

指定圆弧的圆心:（指定圆心点O）

指定圆弧的端点或[角度（A）／弦长（L）]:（指定圆弧的终点B）

注意：从几何的角度，用起点、圆心、端点方式可以在图形上形成两段圆弧，为了准确绘图，默认情况下，系统将按逆时针方向截取所需的圆弧。

绘制结果如图3-26（b）所示。

（3）用"起点、圆心、角度"方式画弧。若已知圆弧的起点、圆心和圆心角的角度则可以利用这种方式画弧。执行画弧命令后，命令行提示如下：

命令：ARC↙

指定圆弧的起点或[圆心（C）]:（指定起点A）

指定圆弧的第二个点或[圆心（C）／端点（E）]: C（键入C后回车，选择输入中心点O）

指定圆弧的圆心:（指定圆心点O）

指定圆弧的端点或[角度（A）/弦长（L）]: A（键入A后回车，选择输入角度）

定包含角：90（输入圆心角的度数）

绘制结果如图3-26（c）所示。

（4）用"起点、圆心、长度"方式画弧。若已知圆弧的起点、圆心和所绘圆弧的弦长，则可以利用这种方式画弧。执行画弧命令后，命令行提示如下：

命令:ARC↙

指定圆弧的起点或[圆心（C）]:（指定圆弧的起点A）

指定圆弧的第二个点或[圆心（C）／端点（E）]: C（键入C后回车，选择输入圆心）

指定圆弧的圆心:（指定圆心点O）

指定圆弧的端点或[角度（A）／弦长（L）]: L（键入L后回车，选择输入弦长）

指定弦长：100↙

注意：在这里，所知弦的长度应小于圆弧所在圆的直径，否则，系统将给出错误提示。默认情况下，系统同样按逆时针方向截取圆弧。

绘制结果如图 3-26（d）所示。

（5）用“起点、端点、角度”方式画弧。若已知圆弧的起点、终点和所画圆弧的圆心角的角度，则可以利用这种方式画弧。执行画弧命令后，命令行提示如下：

命令：ARC↙

指定圆弧的起点或[圆心（C）]：（指定圆弧的起点 A）

指定圆弧的第二个点或[圆心（C）／端点（E）]：E（键入 E 后回车，选择端点方式）

指定圆弧的端点：（指定圆弧的端点 B）

指定圆弧的圆心或[角度（A）／方向（D）／半径（R）]：A（键入 A 后回车，选择输入圆心角的角度）

指定包含角：320 ↙

绘制结果如图 3-26（e）所示。

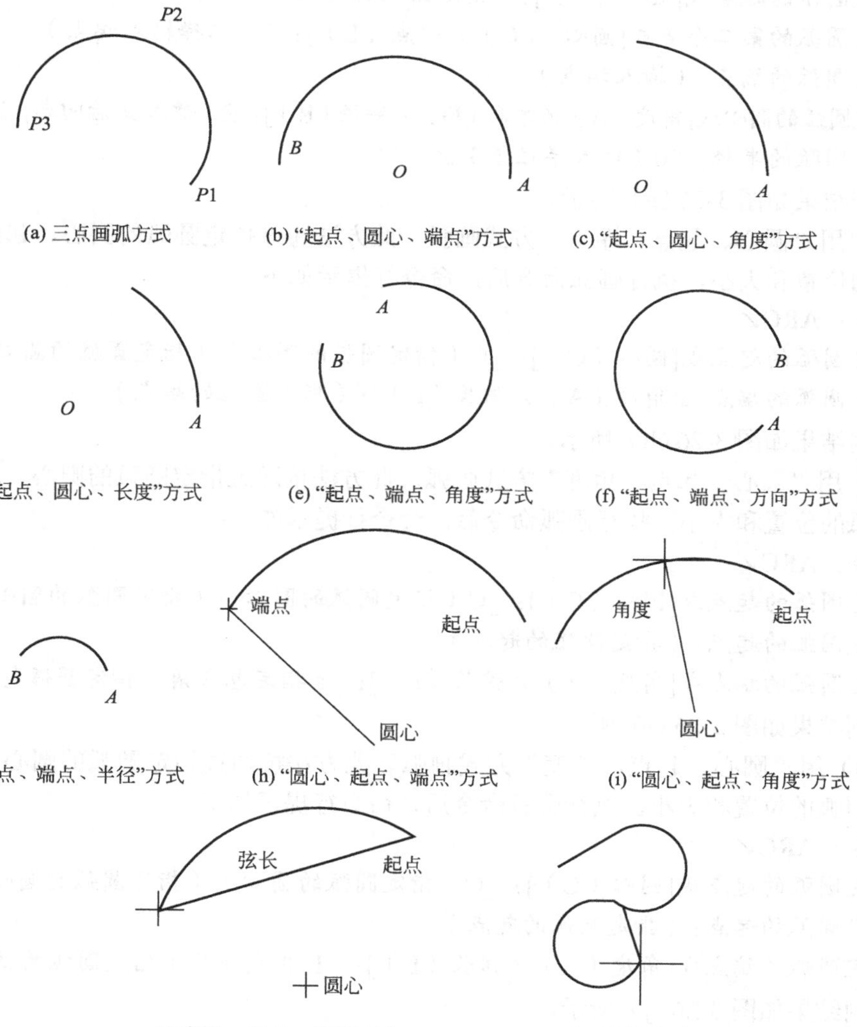

(a) 三点画弧方式　(b)“起点、圆心、端点”方式　(c)“起点、圆心、角度”方式

(d)“起点、圆心、长度”方式　(e)“起点、端点、角度”方式　(f)“起点、端点、方向”方式

(g)“起点、端点、半径”方式　(h)“圆心、起点、端点”方式　(i)“圆心、起点、角度”方式

(j)“圆心、起点、长度”方式　(k)“继续”方式

图 3-26　圆弧的画法

（6）用“起点、端点、方向”方式画弧。若已知圆弧的起点、终点和所画圆弧起点的切线方向，则可利用这种方式画弧。执行画弧命令后，命令行提示如下：

命令：ARC↙

指定圆弧的起点或[圆心（C）]：（指定圆弧的起点 A）

指定圆弧的第二个点或[圆心（C）／端点（E）]：E（选择输入端点）

指定圆弧的端点：（输入圆弧的端点 B）

指定圆弧的圆心或[角度（A）/方向（D）／半径（R）]：D（键入 D 后回车，选择输入切线方向）

指定圆弧的起点切向。

绘制结果如图 3-26（f）所示。

（7）用“起点、端点、半径”方式画弧。若已知圆弧的起点、终点和该段圆弧所在圆的半径，则可利用这种方式画弧。执行画弧命令后，命令行提示如下：

命令：ARC↙

指定圆弧的起点或[圆心（C）]：（指定圆弧的起点）

指定圆弧的第二个点或[圆心（C）／端点（E）]：E（选择输入端点）

指定圆弧的端点：（输入端点）

指定圆弧的圆心或[角度（A）／方向（D）／半径（R）]：R（键入 R 后回车，选择输入半径）

指定圆弧的半径：30（输入半径值）↙

绘制结果如图 3-26（g）所示。

（8）用“圆心、起点、端点”方式画弧。此方法通过指定圆弧的圆心、起点和端点来确定圆弧的位置和大小。执行画弧命令后，命令行提示如下：

命令：ARC↙

指定圆弧的起点或[圆心（C）]：_C（指定圆弧的圆心）：（指定圆弧的圆心）

指定圆弧的端点或[角度（A）／弦长（L）]：（指定圆弧的端点）

绘制结果如图 3-26（h）所示。

（9）用“圆心、起点、角度”方式画弧。此方法按通过指定圆弧的圆心、起点和角度来确定圆弧的位置和大小。执行画弧命令后，命令行提示如下：

命令：ARC↙

指定圆弧的起点或[圆心（C）]：_C（指定圆弧的圆心）：（指定圆弧的圆心）

指定圆弧的起点：（指定圆弧的起点）

指定圆弧的端点或[角度（A）／弦长（L）]：_a 指定包含角（指定圆弧包含的角度）

绘制结果如图 3-26（i）所示。

（10）用“圆心、起点，长度”方式画弧。此方法按通过指定圆弧的圆心、起点和弦长来确定圆弧的位置和大小。执行画弧命令后，命令行提示如下：

命令：ARC↙

指定圆弧的起点或[圆心（C）]：_C（指定圆弧的圆心）：（指定圆弧的圆心）

指定圆弧的起点：（指定圆弧的起点）

指定圆弧的端点或[角度（A）／弦长（L）]：_L 指定弦长（指定圆弧的弦长）

绘制结果如图 3-26（j）所示。

（11）用“继续”方式画弧。此命令用于衔接上一步操作，不能单独使用。选择执行该命令后，命令行提示如下：

命令：ARC↙

指定圆弧的起点或[圆心（C）]：（指定圆弧的起点）

指定圆弧的端点：（指定圆弧的端点）

绘制结果如图 3-26（k）所示。

3.5.3　绘制椭圆和椭圆弧

椭圆也是一种常见的图形。椭圆的圆心到圆周的距离是变化的。部分椭圆就是椭圆弧。在 AutoCAD 中，绘制椭圆和椭圆弧的命令均为 Ellipse，只是选项不同。

命令调用方法：

（1）命令行：ELLIPSE ↙

（2）菜单输入："绘图（D）" → "椭圆（C）"

（3）工具栏：单击"绘图"工具栏上的按钮（绘制椭圆），按钮（绘制椭圆弧）。

1. 绘制椭圆

AutoCAD 2007 提供了多种绘制椭圆的方式。默认方式下，可以利用椭圆某一轴上两个端点的位置以及另一轴的半长绘制椭圆，操作过程如下。

（1）中心点法绘制椭圆。用这种方法绘制椭圆，是指通过指定椭圆的中心点、一条轴的端点和另一条半轴的长度来确定椭圆的位置和大小。执行绘制椭圆命令后，命令行显示如下提示信息：

命令：ELLIPSE↙

指定椭圆的轴端点或[圆弧（A）/中心点（C）]：_c（执行中心点法绘制椭圆命令）

指定椭圆的中心点：↙

指定轴的端点：（指定椭圆一条轴的端点）

指定另一条半轴长度或[旋转（R）]：（输入半轴长度）

绘制结果如图 3-27（a）所示。

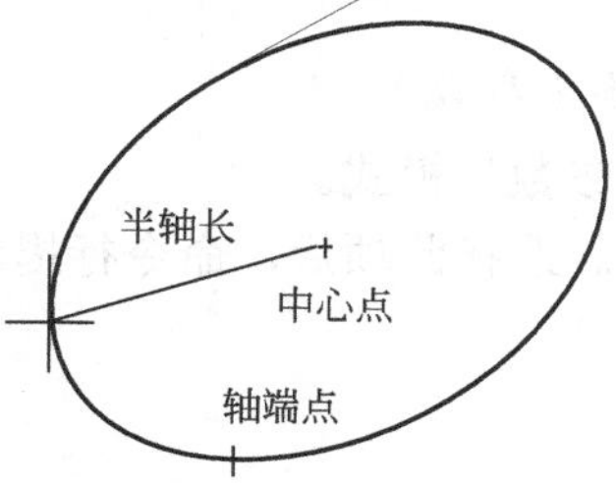

(a)"中心点"法绘制椭圆

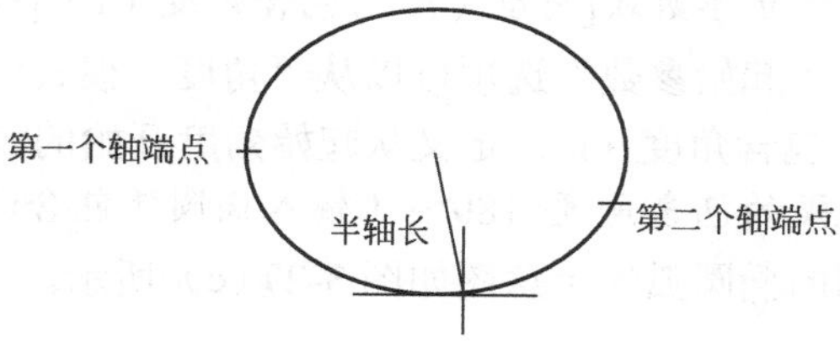

(b)"轴、端点"法绘制椭圆

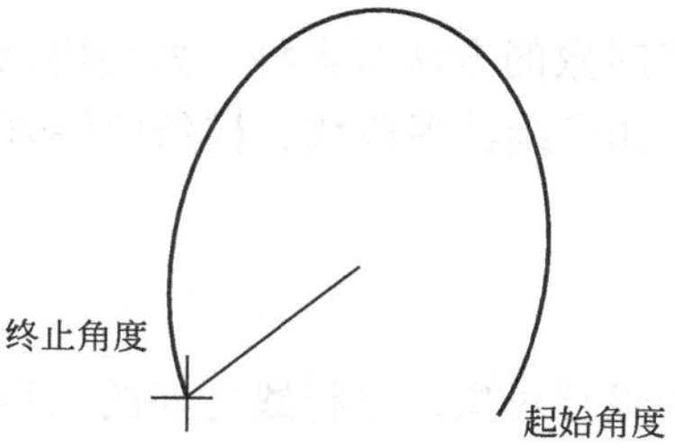

(c) 绘制椭圆弧

图 3-27　椭圆和椭圆弧的画法

（2）轴、端点法绘制椭圆。用这种方法绘制椭圆，是指通过指定椭圆一条轴的两个端点和另一条半轴的长度来确定椭圆的位置和大小。执行绘制椭圆命令后，命令行显示如下提示信息：

命令：ELLIPSE↙

指定椭圆的轴端点或[圆弧（A）/中心点（C）]:（指定轴的一个端点）

指定轴的另一个端点:（指定轴的另一个端点）

指定另一条半轴长度或[旋转（R）]:（指定椭圆的另一条半轴长度）

绘制结果如图 3-27（b）所示。

2. 绘制椭圆弧

椭圆弧是在椭圆的基础上绘制出来的，在绘制椭圆弧之前首先要绘制一个虚拟的椭圆，然后指定椭圆弧的起点和终点。

在 AutoCAD 2007 中，单击“绘图”工具栏中的“椭圆弧”按钮，或选择“绘图（D）”→“椭圆（C）”→“圆弧（A）”命令即可执行绘制圆弧命令。执行绘制椭圆命令后，命令行显示如下提示信息：

命令：ELLIPSE↙

指定椭圆的轴端点或[圆弧（A）/中心点（C）]: _a（系统提示）

指定椭圆弧的轴端点或[中心点（C）]:（指定椭圆弧的轴端点）

指定轴的另一个端点:（指定椭圆弧的另一个轴端点）

指定另一条半轴长度或[旋转（R）]:（指定椭圆的另一条半轴长度）

指定起始角度或[参数（P）]:（指定椭圆弧的起始角度）

指定终止角度或[参数（P）/包含角度（I）]:（指定椭圆弧的终止角度）

其中部分命令选项的功能介绍如下。

（1）参数（P）：此选项是 AutoCAD 绘制椭圆弧的另一种模式。选择此选项后，命令行提示如下：

指定起始参数或[角度（A）]:（指定起始参数）

指定终止参数或[角度（A）/包含角度（I）]:（指定终止参数）

使用“起始参数”选项可以从“角度”模式切换到“参数”模式。

（2）包含角度（I）：定义从起始角度开始的包含角度。选择此项后，命令行提示如下：

指定弧的包含角度<180>:（输入椭圆弧包含的角度值）

绘制的椭圆弧的示意图如图 3-27（c）所示。

3.6 绘制多线、多段线等复杂二维图形

在 AutoCAD 中，创建图形对象的方法有多种。如利用点、直线等创建，也可利用由基本元素组合而成的图形来创建，如多线、多段线、样条曲线来创建出各种不同的图形。

3.6.1 绘制多线

1. 绘制多线

多线是由多条平行线组成的组合对象，平行线之间的间距和数目是可以调整的，它常用于绘制建筑图中的墙体、电子线路图等平行线对象。

创建多线与创建直线的方法基本相似，在 AutoCAD 2007 中，执行绘制多线命令的方法

有以下两种：

（1）选择“绘图（D）”→“多线（M）”命令；

（2）在命令行输入命令 MLINE。

执行绘制多线命令后，命令行提示如下：

命令：MLINE↙

当前设置：对正＝上，比例＝1. 00，样式＝墙线（系统提示）

指定起点或[（J）/比例（S）/样式（ST）]：（指定多线的起点）

指定下一点：（指定多线的端点）

指定下一点或[（U）]：（按回车键结束命令）

其中各命令选项功能介绍如下。

① 对正（J）：该选项用于指定绘制多线的基准。选择该命令选项，命令行提示如下：

输入对正类型[上（T）/无（Z）/下（B）]<上>：

系统提供了 3 种对正类型，分别为“上”、“无”和“下”，其中“上”表示以多线上侧的线为基线，依此类推。

② 比例（S）：该选项用于指定多线间的宽度，选择该命令选项，命令行提示：“输入多线比例<20.00>”，要求用户输入平行线间的距离。输入值为零时平行线重合，值为负时多线的排列倒置。

③ 样式（ST）：该选项用于设置当前使用的多线样式。

2. 定义多线样式

在开始创建多线前，都要先设置多线样式，比如选择多线的数目、给多线指定比例因子等。在设置多线样式时可以选择“格式”中“多线样式”命令，或在命令行内输入 MLSTYLE 命令，将弹出如图 3-28 所示对话框。

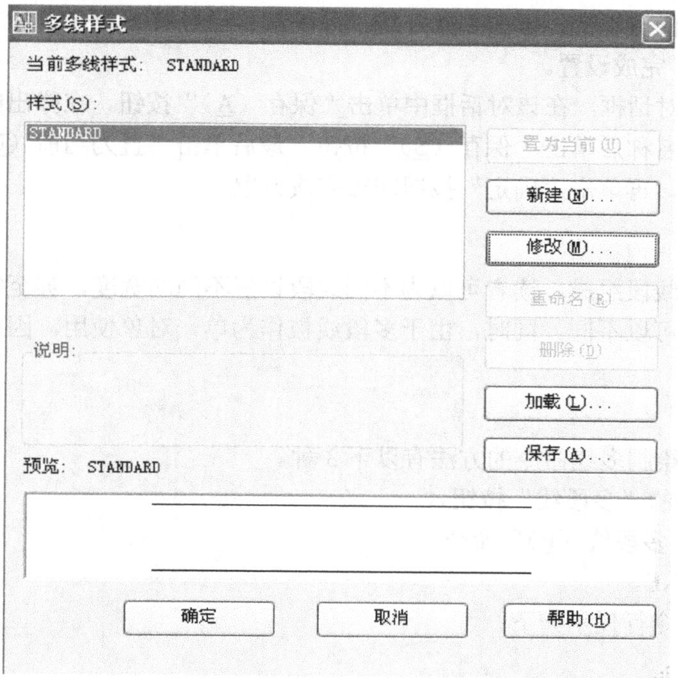

图 3-28 “多线样式”对话框

图 3-29　窗口线

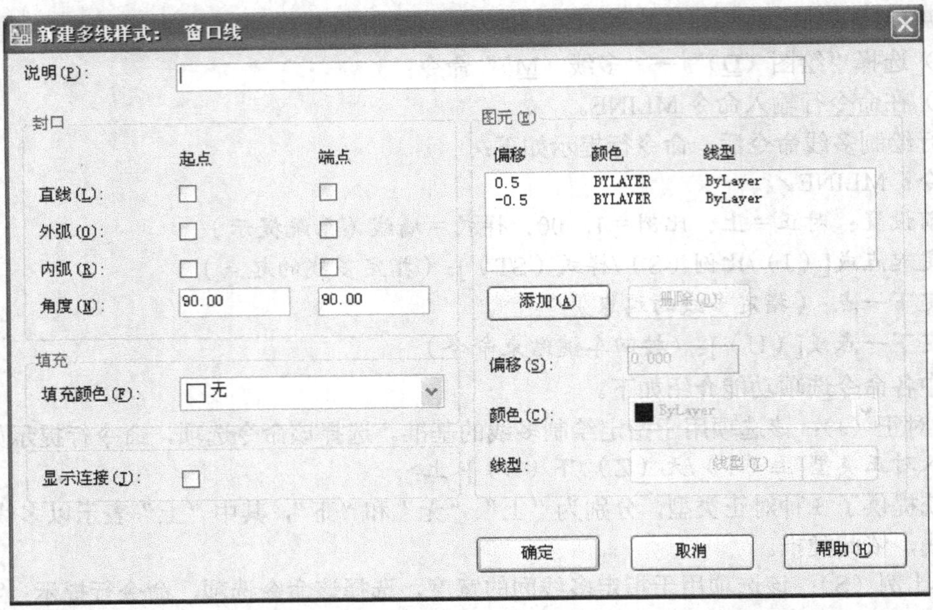

图 3-30 “窗口线”样式的“元素特性”对话框

例如在创建如图 3-29 所示的多线时，可以首先设置多线的样式，选择“格式（O）”→“多线样式（M）”命令，这时弹出如图 3-28 所示“多线样式”对话框，在该对话框单击“新建（N）”按钮，弹出“新建多线样式”对话框，输入新样式名“窗口线”，基础样式设置为“STANDARD”,单击“继续”按钮，弹出如图 3-30 所示的对话框，在“说明（P）”文本框内输入对该多线的说明。

在“图元”文本框内对该多线进行设置。单击“添加（A）”按钮，在“偏移（S）”文本框内输入 0 后按回车，其他值都保持不变，添加 1 条 0 线，系统默认已经有 1 条-0.5 和 1 条 0.5 的线条，单击“确定”按钮，完成设置。

这时将返回到“多线样式”对话框，在该对话框中单击“保存（A）”按钮，在弹出的对话框中输入所要保存多线样式的名称后单击“保存（S）”按钮。最后单击“置为当前（U）”按钮将设置好的多线添加到当前，再单击“确定”按钮即可完成设置。

3.6.2　绘制多段线

多段线由相连的直线段与弧线段组成，读者可以为不同线段设置不同的宽度，甚至每个线段的开始点和结束点的宽度都可以不同。同时，由于多段线被作为单一对象使用，因此，可方便地对其进行统一处理。

1. 绘制多段线

在 AutoCAD 2007 中，执行绘制多线命令的方法有以下 3 种。

（1）单击“绘图”工具栏中的“多段线”按钮。

（2）选择“绘图（D）”→“多段线（P）”命令。

（3）在命令行输入命令 PLINE。

执行绘制多段线命令后，命令行提示如下：

命令：PLINE↙

指定起点：（指定多段线的起点）

当前线宽为 0.0000（系统提示）

指定下一个点或[圆弧（A）/半宽（H）/长度（L）/放弃（U）/宽度（W）]:（指定多段线的下一个端点或选择其他命令选项）

指定下一点或[圆弧（A）/闭合（C）/半宽（H）/长度（L）/放弃（U）/宽度（W）]: ↙（按回车键结束命令）

其中各命令选项功能如下：

① 圆弧（A）：选择此命令选项，将弧线段添加到多段线中。

② 闭合（C）：选择此命令选项，绘制封闭多段线并结束命令。

③ 半宽（H）：选择此命令选项，指定具有宽度的多段线的线段中心到其一边的宽度。

④ 长度（L）：选择此命令选项，用于确定多段线下一段线段的长度。

⑤ 放弃（U）：选择此命令选项，删除最近一次添加到多段线上的直线段。

⑥ 宽度（W）：选择此命令选项，指定下一条直线段的宽度。

图 3-31　多段线

通过设置不同的线宽，绘制的多线段如图 3-31 所示。

2. 编辑多段线

绘制多段线后，用户还可以利用多段线编辑命令编辑绘制的多段线，在 AutoCAD 2007 中，用户可以一次编辑多条多段线。执行编辑二维多段线命令的方法有以下两种。

（1）选择“修改（M）”→“对象（O）”→“多段线（P）”命令。

（2）在命令行输入命令 PEDIT。

执行编辑多段线命令后，命令行提示如下：

命令：PEDIT↙

选择多段线或[多条（M）]:（选择要编辑的多段线）

输入选项[闭合（C）/合并（J）/宽度（W）/编辑顶点（E）/拟合（F）/样条曲线（S）/非曲线化（D）/线型生成（L）/放弃（U）]:（选择编辑方式）

其中各命令选项功能如下。

① 闭合（C）：创建多段线的闭合线，将首尾连接。

② 合并（J）：选择该命令选项，在开放的多段线的尾端点添加直线、圆弧或多段线和从曲线拟合多段线中删除曲线拟合。

③ 宽度（W）：选择该命令选项，为整个多段线指定新的统一宽度。

④ 编辑顶点（E）：选择该命令选项，编辑多段线的顶点。

⑤ 拟合（F）：选择该命令选项，将多段线用双圆弧曲线进行拟合。

⑥ 样条曲线（S）：选择该命令选项，用样条曲线对多段线进行拟合，此时多段线的各个顶点作为样条曲线的控制点。

⑦ 非曲线化（D）：选择该命令选项，删除由拟合曲线或样条曲线插入的多余顶点。拉直多段线的所有线段。

⑧ 线型生成（L）：选择该命令选项，生成经过多段线顶点的连续图案线型。关闭此选项，将在每个顶点处以点画线开始和结束生成线型。该选项不能用于线宽不统一的多段线。

⑨ 放弃（U）：选择该命令选项，撤消上一步操作，可一直返回到编辑多段线任务的开始状态。

3.6.3　绘制样条曲线

样条曲线通常用于创建机械图形中的断面及建筑图中的地形地貌等。它的形状是一条光滑曲线，主要由数据点、拟合点和控制点控制。其中数据点在创建样条曲线时由用户指定，拟合点由系统自动生成，而控制点是在创建样条曲线时指定的，这些点主要用于编辑样条曲线。另外，AutoCAD 提供了一个特殊的命令用于修改样条曲线的特性。

在 AutoCAD 中，样条曲线具有单一性，即整个样条曲线是一个单一的对象，针对这一点，与多段线相类似，采用标准的编辑命令编辑曲线时，将直接控制整个样条曲线。但二者又存在有一些差别，比如不能对样条曲线添加宽度特性等。

在 AutoCAD 2007 中，执行绘制多线命令的方法有以下 3 种。

（1）单击“绘图”工具栏中的“样条曲线”按钮。

（2）选择“绘图（D）”→“样条曲线（S）”命令。

（3）在命令行输入命令 SPLINE。

执行样条曲线命令后，命令行提示如下：

命令：SPLINE↙

指定第一个点或[对象（O）]:（指定样条曲线的第一个点）

指定下一点:（指定样条曲线的下一点）

指定下一点或[闭合（C）/拟合公差（F）]<起点切线>:（指定样条曲线的下一点）

指定下一点或[闭合（C）/拟合公差（F）]<起点切线>: ↙（按回车键结束指定）

指定起点切向:（拖动鼠标指定起点切问）

指定端点切向:（拖动鼠标指定端点切向）

其中各命令选项功能介绍如下。

① 对象（O）：选择此命令选项，将二维或三维的二次或三次样条拟合多段线转换成等价的样条曲线并删除多段线。

② 闭合（C）：选择此命令选项，将最后一点定义为与第一点一致并使它在连接处相切，这样可以闭合样条曲线。

③ 拟合公差（F）：选择此命令选项，修改拟合当前样条曲线的公差。

小　结

本章主要介绍了 AutoCAD 2007 的二维绘图的基本知识和基本绘图方法，包括点、线、圆、圆弧和多线等复杂二维图形的绘制，这些功能在绘制图形中不但可以提高作图的准确性，而且也可以大大提高作图效率，应该熟练掌握。

习　题

1. 有几种方法可以调用一个绘图命令？比较每种方法的特点。

2. 在命令行输入“LINE”，然后键入“回车”，然后试着响应 AutoCAD 2007 的提示，绘制出一条直线。

3. 在命令行输入“CIRCLE”，然后键入“回车”，然后试着响应 AutoCAD 2007 的提示，绘制出一个圆。

4. 试用下列方法画出给定条件的弧。

（1）起点、圆心、终点分别为（80，30）、（100，30）、（100，10）的弧；

（2）起点、圆心、夹角分别为（120，30）、（150，30）、120° 和−120° 的弧；

（3）起点、圆心、弦长分别为（180，30）、（200，30）、35和−35的弧；

（4）起点、终点、角度分别为（220，30）、（260，30）、−45° 和135° 的弧；

（5）起点、终点、半径分别为（20，100）、（50，120）、60和−60的弧；

（6）起点、终点、方向分别为（80，100）、（120，100）、90° 的弧；

5. 试绘制具有以下条件的圆。

（1）圆心、半径为（50，150）、50的圆；

（2）圆心、直径为（50，150）、50的圆；

（3）圆直径上的两点分别为（100，150）、（150，180）；

（4）圆通过的三点分别为（160，150）、（170，160）、（170，140）；

（5）试作一圆与（2）、（3）、（4）所作的圆相切。

6. 试绘制如图3-32所示的图形。

7. 试绘制如图3-33所示的图形。

8. 试绘制如图3-34所示的图形。

9. 试绘制如图3-35所示的图形。

10. 试绘制如图3-36所示的图形。

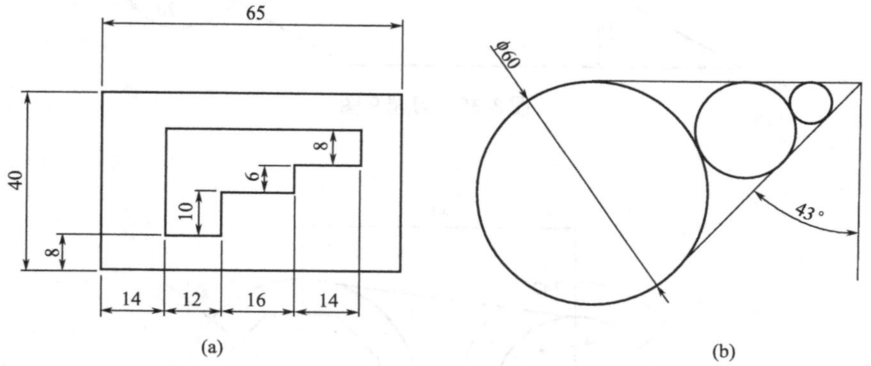

图3-32　习题6图

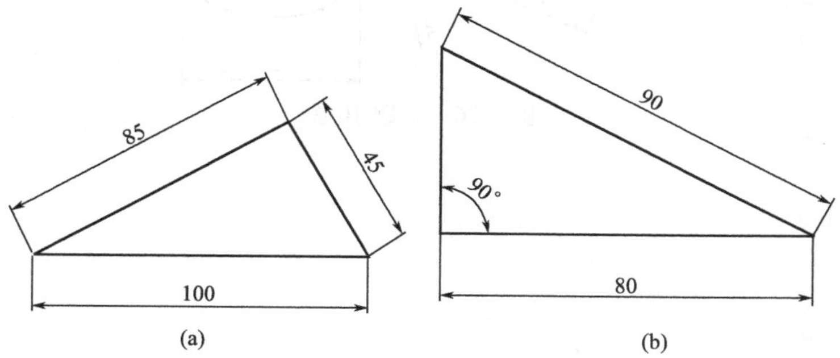

图3-33　习题7图

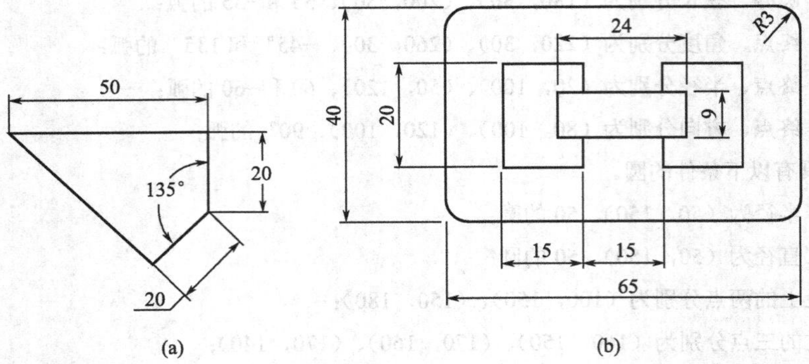

图 3-34 习题 8 图

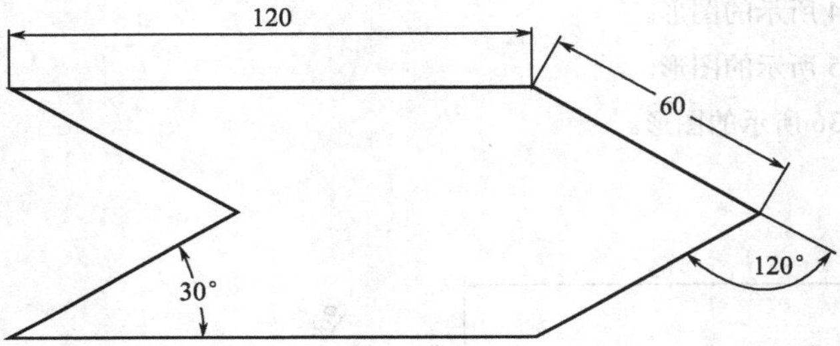

图 3-35 习题 9 图

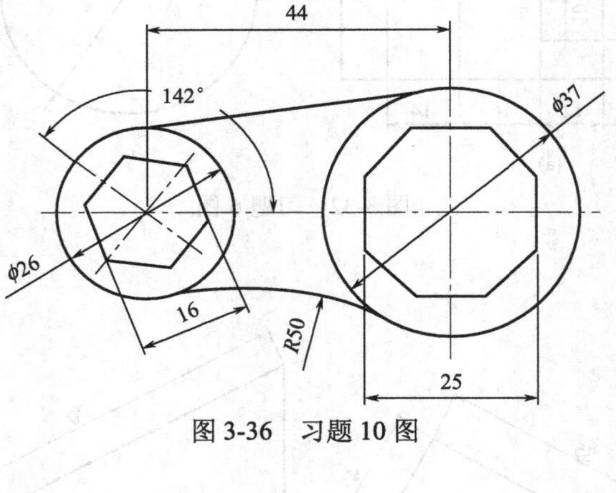

图 3-36 习题 10 图

第 4 章　二维图形的编辑

一般情况下，仅用绘图命令很难绘制出复杂的、高精度的图形。常常要通过调用各种编辑命令对图形进行组织、细化与加工，才可绘制出符合要求的图形。

AutoCAD 的图形编辑命令的操作过程通常包括以下两个阶段。

（1）选择目标对象：选中了的实体就构成了选择集。

（2）编辑图形：就是按意图对选择集内的实体进行编辑和修改操作。

另外，在绘图过程中，经常需要放大或缩小图形以便从不同角度仔细查看，或者将视图移动到图形的其他部分进行编辑或查看，这就需要用到图形显示控制命令。

通过本章的学习，主要掌握以下操作：

选择对象、图形显示控制、删除对象、基本变换操作、对象的复制、修改对象的形状、夹点模式编辑和编辑多线等复杂二维图形。

4.1　选择对象

AutoCAD 的图形编辑命令在操作过程中通常先要进行目标的选择，就是在已有的图形中选择一个或一组图形实体作为进行图形编辑的目标，选中了的实体就构成了选择集。也就是说，选择集中可以是一个实体，也可以是一组实体。

在 AutoCAD 中，准确选择目标是进行图形编辑的基础。要进行图形编辑，必须准确无误地明确要对图形文件中的哪些目标实体进行操作。

4.1.1　设置对象的选择模式

通过设置对象选择模式来控制选择对象时的操作方式，以便根据自己的习惯灵活地选择对象。

调用方法：在主菜单中单击“工具”→“选项”，再单击“选择”选项卡，出现如图 4-1 所示的对话框。下面对一些选项进行介绍。

1. 设置拾取框大小（P）

可以移动“拾取框大小（P）”区的滑动按钮来设定拾取框的大小。

2. 设置是否需要选择预览效果

选择预览效果是当拾取框光标滚动过对象时，亮显对象的一种选择辅助手段。“命令处于活动状态时”指仅当某个命令处于活动状态并显示“选择对象”提示时，才会显示选择预览。“未激活任何命令时”指即使未激活任何命令，也可显示选择预览。

3. 选择模式

控制与对象选择方法相关的设置共有 6 种模式如下。

（1）先选择后执行（默认选项）　选中此项，则允许在启动命令之前选择对象。被调用

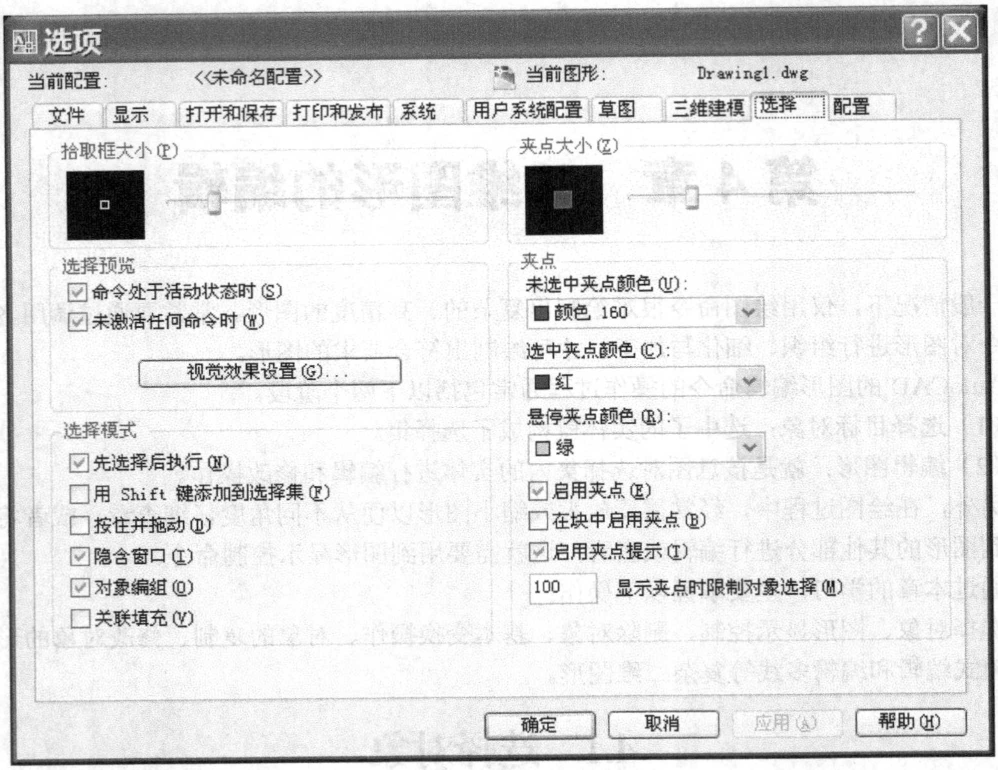

图 4-1 “选项”对话框

的命令对先前选定的对象产生影响；否则只能先输入命令，再按提示选择对象。大部分编辑命令可以使用此模式，但倒角、倒圆角、打断、延伸等命令不能使用这种模式。

（2）用 SHIFT 键添加至选择集　选中此项，则按 SHIFT 键并选择对象时，可以向选择集中添加对象或从选择集中删除对象；否则只有最后选择的对象被选中。

（3）按住并拖动　选中此项，则通过选择一点然后将光标拖动至第二点来绘制选择窗口。如果未选择此选项，则可以用鼠标选择两个单独的点来绘制选择窗口。

（4）隐含窗口（默认选项）　选中此项，则从左向右绘制选择窗口将选择完全处于窗口边界内的对象。从右向左绘制选择窗口将选择处于窗口边界内和与边界相交的对象。否则将不能使用窗口和交叉窗口两种选择方法。

（5）对象编组（默认选项）　选择编组中的一个对象就选择了编组中的所有对象。使用 GROUP 命令，可以创建和命名一组选择对象。

（6）关联填充　确定选择关联填充时将选定哪些对象。如果选择该选项，那么选择关联填充时也选定边界对象。

4.1.2　选择对象的方法

调用一条编辑命令时，通常在 AutoCAD 命令行会出现如下提示：

选择对象：

选择对象操作就是从已有图形中挑选被编辑的对象，这是所有图形编辑命令的必要操作。多数的编辑命令在出现“选择对象：”提示时，可以通过不同的选择状态、各种选择方式、多次选择，得到一个选择集。在选择过程中，每完成一次选择，在命令提示区都会出现找到×

××个、总计××个、××个重复等反馈信息，并再次出现“选择对象：”提示，直至用空格或回车响应该提示才完成整个选择操作，得到一个选择集。

1. 选择状态

有添加和删除两种选择状态。

（1）添加（A）　将选到的图形对象添加进选择集，是初始的选择状态。在添加状态下，出现的提示为“选择对象：”，此时键入 R，就改变为删除状态。

（2）删除（R）　将选到的图形对象从选择集移出。在删除状态下，出现的提示为“删除对象：”，此时键入 A，就改变为添加状态。删除状态与添加状态下的选择方式相同，只是增加了删除××个图形对象的提示信息。

2. 选择方式

当出现“选择对象：”或“删除对象：”提示时，可用下列选择方式。

（1）直接选择　此为默认的选项，此时光标为口字形拾取框，将拾取框移到要编辑的图形对象上，单击鼠标左键即可选中大圆，如图 4-2 所示。

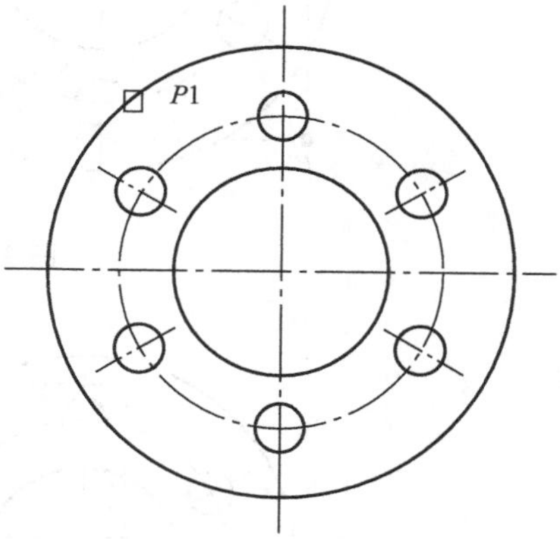

图 4-2　使用直接选择方式选择实体

（2）窗口（W）　选此项后，输入第一个角点 P1 和对角点 P2。P1 点和 P2 点形成一个浅灰色的矩形窗口，整体在这个窗口内的那些图形对象被选中，如图 4-3 所示。

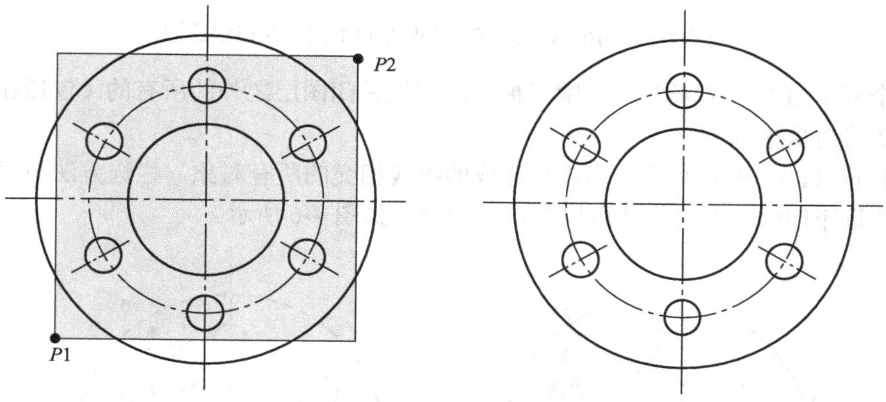

图 4-3　使用窗口选择方式选择的效果

（3）上一个（L）　键入 L，最后（最新、最近）生成的那个图形对象被选中。但是对象必须在当前空间（模型空间或图纸空间）中，并且一定不要将对象的图层设置为冻结或关闭状态。

（4）窗交（C）　选此项后，输入第一个角点 P1 和对角点 P2。P1 点和 P2 点形成一个浅绿色的矩形窗口，与窗口区域相交的那些图形对象被选中，如图 4-4 所示。

（5）框选（BOX）　选此项后，输入第一角点 P1，若随后输入的对角点 P2 在 P1 点的右方，同窗口（W）选择方式；若随后输入的对角点 P2 在 P1 点的左方，同窗交（C）选择方式，如图 4-5 所示。

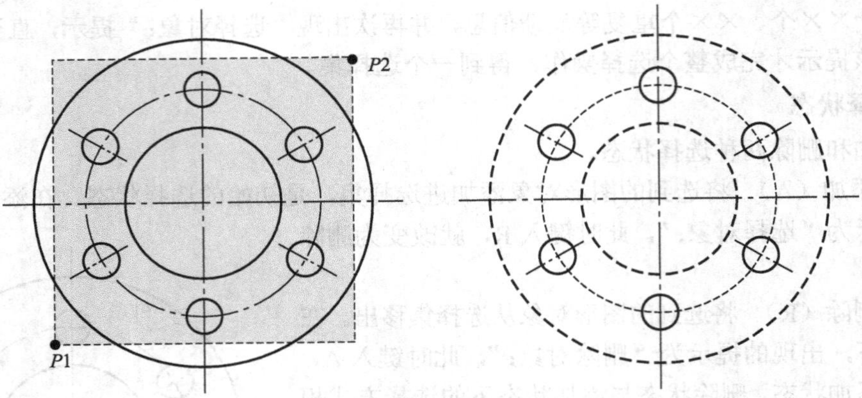

图 4-4 使用窗交选择方式选择的效果

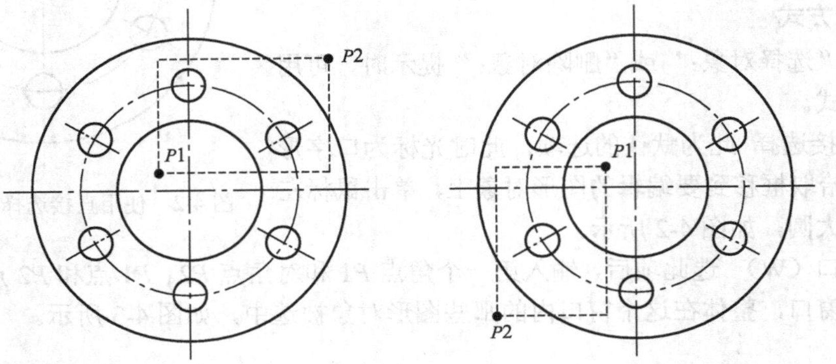

图 4-5 使用框选选择方式画框方向不同的操作示意图

（6）全部（ALL） 选此项后，除了被冻结和被关闭图层之外的所有的（包括在显示区域之外的）图形对象被选中。

（7）栏选（F） 选择与几个指定点连成的折线相交的所有对象。栏选方法与窗交方法相似，只是栏选不闭合，并且栏选可以与自己相交，如图 4-6 所示。

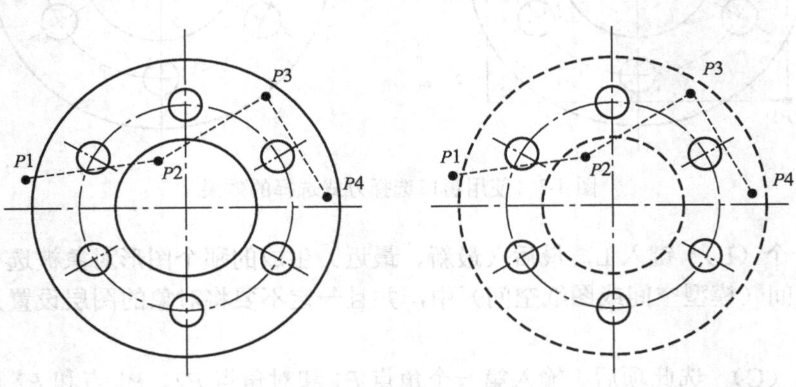

图 4-6 使用栏选选择方式的效果

（8）圈围（WP） 选择指定几点构成的多边形中的所有对象。该多边形可以为任意形状，但不能与自身相交或相切。系统将绘制多边形的最后一条线段，所以该多边形在任何时候都是闭合的。整体在多边形内的那些图形对象被选中。例如由 $P1$～$P9$ 点所构成的多边形选中

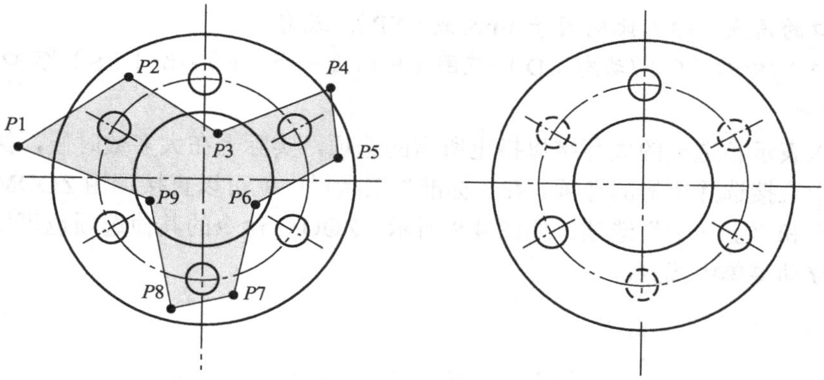

图 4-7　使用圈围选择方式的效果

了 3 个小圆及其中心线，如图 4-7 所示。

（9）圈交（CP）　操作同圈围（WP），区别是多边形为浅绿色，与该多边形区域相交的那些图形对象被选中。

（10）编组（G）　选此项后，有组名相应"输入编组名："的提示，该组的所有图形对象再次被选中。

（11）多个（M）　选此项后，用光标多次拾取图形对象，被拾取的图形对象暂不改变显示状态，直至键入回车键才完成该次选择。

（12）前一个（P）　选此项后，前一个图形编辑命令选取到的那些图形对象再次被选中。

（13）放弃（U）　放弃选择最近加到选择集中的对象。

（14）单个（SI）　选此项后，无论用哪种选择方式，只选择一次即完成选择操作。

4.2　图形显示

在绘图过程中，经常需要放大或缩小图形以便从不同角度仔细查看，或者将视图移动到图形的其他部分进行编辑或查看。这就需要用到图形显示控制命令。本节将详细讲解关于图形显示控制的一系列命令。

4.2.1　视图缩放

1. 功能

放大或缩小显示当前视口中对象的外观尺寸。

可以使用缩放命令随时修改图形的放大率，或者说绘图窗口显示的坐标范围。缩小放大率可以看到更多的图形；扩大放大率可以看清部分图形的细节。修改图形的缩放程度仅仅影响图形显示的大小，不影响图形中对象的实际尺寸。

2. 命令调用方法

命令输入：ZOOM（或'ZOOM，用于透明使用）↙

菜单操作："视图（V）"→"缩放（Z）"

工具栏：单击标准工具栏的图标

3. 命令使用

执行 ZOOM 命令，AutoCAD 提示如下：

指定窗口的角点，输入比例因子（nX 或 nXP），或者

[全部（A）/中心（C）/动态（D）/范围（E）/上一个（P）/比例（S）/窗口（W）/对象（O）]<实时>:

通过键入表示各选项的大写字母指定所需的选项，实际上在大多数时候，执行该命令时可从工具栏中直接选择所需的选项。在“标准”工具栏中就可以直接调用 ZOOM 命令的“实时”、“窗口”和“上一个”选项，如图 4-8 所示。ZOOM 命令的其他选项也可以在“窗口缩放”按钮的浮动菜单中找到。

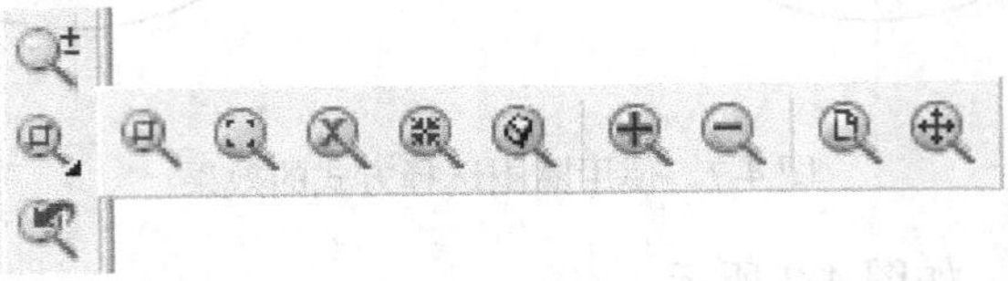

图 4-8 “实时缩放”、“窗口缩放”、“上一个”和浮动按钮

ZOOM 命令的选项很多，这里结合工具条介绍常用的几种。

（1）全部（A） 选此项将尽可能大地显示用 LIMITS 命令确定的图纸范围。当图形对象不超出图纸范围时，将图纸范围作为窗口；若图形对象越界，图纸范围再加上越界的部分为窗口。

（2）范围（E） 选此项将尽可能大地显示图形范围。包容图形的水平方向的最小矩形即为当前的图形范围，它是由系统自动确定的。常用于需要观察整个图形全貌时。

（3）对象（O） 此选项将缩放以便尽可能大地显示一个或多个选定的对象并使其位于绘图区域的中心。可以在启动 ZOOM 命令前后选择对象。

（4）窗口（W） 选此项将用随后指定的两个对角点作为窗口，尽可能大地显示这个窗口。这是最常用的选项。也可以键入 ZOOM 命令之后，直接指定窗口的两个角点。

（5）上一个（P） 选此项将回溯到前一个显示窗口，即返回到上一次的显示状态。

（6）实时 此为默认的选项。按回车键，光标的形状改变为“光标将变为带有加号（+）和减号（-）的放大镜”。命令行提示如下：

按 ESC 或 ENTER 键退出，或单击鼠标右键显示快捷菜单。

此时鼠标单击并按住不松，向上移动鼠标为放大显示，向下移动鼠标为缩小显示。松开左键，按 ENTER 或 ESC 键，结束 ZOOM 命令。

4.2.2 视图平移

1. 功能

将要编辑的图形部分在不进行缩放的情况下移到屏幕上适当的位置。

在图形绘制过程中经常要把需要编辑修改的部分移到屏幕上适当的位置，这就好像手工绘图时移动图纸，以更好地观察图纸的各个部分的细节。AutoCAD 提供了平移命令来实现这一点。

2. 命令调用方法

命令输入：PAN（或' PAN，用于透明使用）↙

菜单操作：“视图（V）”→“平移（P）”→“实时”

工具栏：单击标准工具栏的图标

3. 命令使用

当执行“实时平移”命令时，光标的形状改变为一只手的形状，单击并按住鼠标左键不松，图形将随着鼠标移动，拖动图形使其到所需位置上；松开鼠标左键停止平移图形；再按下鼠标左键，继续平移操作。例如，鼠标从 *P*1 点移动到 *P*2 点，得到的显示效果如图 4-9 所示。按 ESC 键或选择退出，结束该命令。

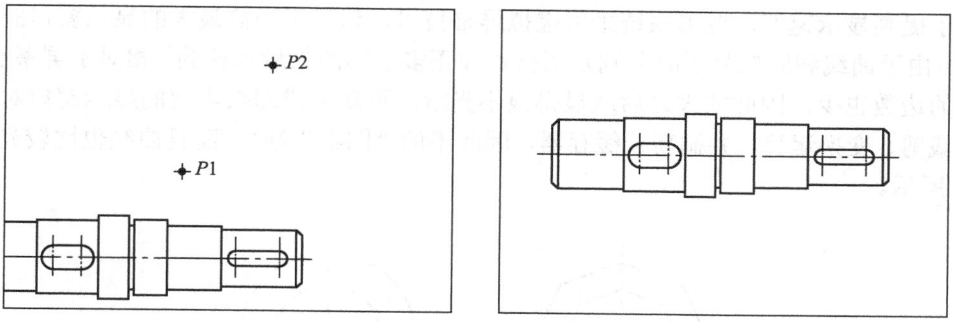

图 4-9　平移命令的使用

平移命令可以理解为移动的是整张图纸，并没有改变所画图形在图纸上的位置，这一点与移动命令（MOVE）是不同的。

AutoCAD 2007 可以用带有滚轮的鼠标简单地完成缩放和平移操作。当光标在绘图区内时，向前滚动滚轮将放大图形，向后滚动滚轮将缩小图形；按下滚轮不松，进入平移模式，松开滚轮，退出平移模式。拨动滚轮时整个图形动态地放大或缩小，但光标中心所在的位置图形不动，也就是动态缩放是以光标中心的位置为基准点的。利用这一点，在放大图形时，可将光标移动到需要观察的图形附近，防止该部分图形在放大过程中移到屏幕以外。调整滚轮的缩放比例的变化程度，可以修改系统变量 ZOOMFACTOR 的值，有效值为 3 到 100 之间的整数，数值越高，变化越大。

4.2.3　视图的重画

1. 功能

重画是指根据帧缓存区的当前数据刷新屏幕作图区。在图形编辑过程中，删除一个图形对象时，其他与之相交或重合的图形对象表面上看也受到影响，作图过程中可能出现了光标痕迹。用 REDRAW 刷新可达到图纸干净的效果，如图 4-10 所示。

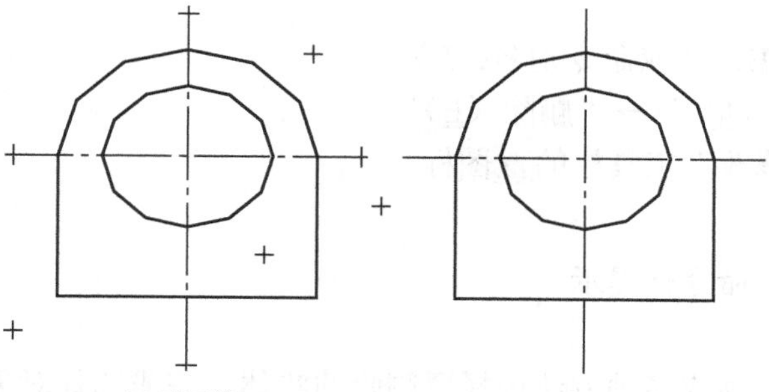

(a) 重画前　　(b) 重画后

图 4-10　重画命令的效果

2. 命令调用方法

命令输入：REDRAW（或命令别名：R）↙

菜单操作："视图（V）"→"重画（R）"

4.2.4 视图的重生成

1. 功能

为了提高显示速度，图形系统采用虚拟屏幕技术，保存了当前最大的显示窗口的图形矢量信息。由于曲线和圆在显示时分别是用折线和正多边形的矢量代替的，相对于屏幕小的圆，多边形的边数也少，因此放大之后就显得很不光滑。重新生成即按当前的显示窗口对图形重新进行裁剪、变换运算，并刷新帧缓存器，因此不但"图纸干净"，而且曲线也比较光滑，如图 4-11 所示。

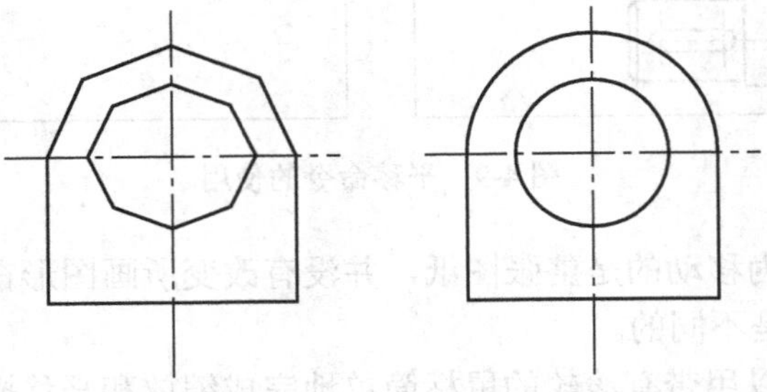

(a) 重新生成前　　(b) 重新生成后

图 4-11　重生成命令的效果

2. 命令调用方法

命令输入：REGEN↙

菜单操作："视图（V）"→"重生成（G）"

4.3 删　　除

4.3.1 删除对象

1. 功能

从图形中删除对象。

2. 命令调用方法

命令输入：ERASE↙（或命令别名：E）

菜单操作："修改（M）"→"删除（E）"

工具栏：单击"修改"工具栏的图标

3. 命令使用

执行删除命令后，命令行提示：

选择对象:

使用对象选择的一种或多种方法选择要删除的实体。完成选择对象后，按 ENTER 键，实体被删除，同时结束命令。

4.3.2　恢复删除误操作

命令行输入 OOPS 命令，可恢复由上一个 ERASE 命令删除的对象。也可以单击“标准”工具栏上的图标，调用“取消”命令来恢复刚删除的对象。

4.4　基本变换

4.4.1　移动对象

1. 功能

移动对象是指对象的重定位。可以在指定方向上按指定距离移动对象，对象在“图纸”上的位置发生了改变，但方向和大小不改变。

2. 命令调用方法

命令输入：MOVE（或命令别名：M）↙

菜单操作：“修改（M）”→“移动（V）”

工具栏：在“修改”工具栏中单击“移动”按钮

3. 命令使用

调用移动命令后，命令行提示：

选择对象:使用对象选择方法并在完成时↙

指定基点或[位移（D）]<位移>:

此时应输入一个点的坐标作为位移的基点，一般可捕捉位移对象中的特殊点。然后命令行提示：

指定第二个点或<使用第一个点作为位移>:

此时若再指定一个点，系统将按照此两点连线为矢量，移动目标对象。如直接输入↙，则以从原点到第一点的矢量移动目标对象。

如在指定基点是选择[位移（D）]选项，则系统提示如下：

指定位移<0.0000,0.0000,0.0000>:

此时再指定的点，也是决定了一条从原点出发的矢量，系统也将按此矢量移动目标。如图 4-12 所示，显示的就是把小圆以 *P*1 点为基点，移动到 *P*2 点后的效果。

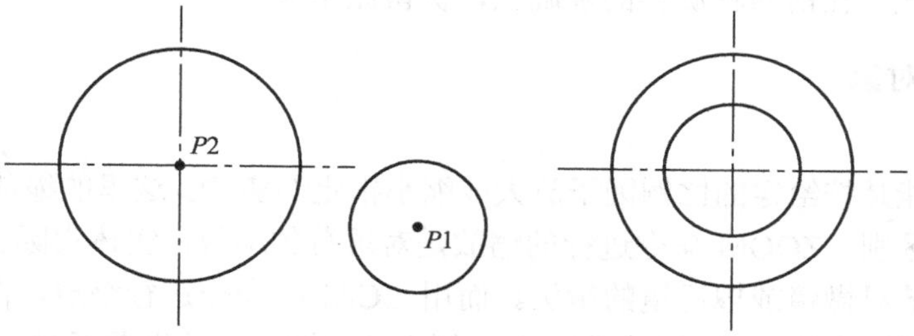

图 4-12　移动命令的效果

4.4.2　旋转对象

1. 功能

旋转对象是按指定基点和旋转角度对指定对象进行旋转，以改变实体的方向。

2. 命令调用方法

命令输入：ROTATE↙

菜单操作："修改（M）"→"旋转（R）"

工具栏：在"修改"工具栏中单击"旋转"按钮

3. 命令使用

调用移动命令后，命令行提示：

选择对象:使用对象选择方法并在完成时↙

指定基点:指定点

基点就是对象旋转时的回转中心，可以在对象内也可以在对象外部。

（1）直接指定旋转角模式

指定旋转角度或[复制（C）/参照（R）]:

旋转角度就是决定对象绕基点旋转的角度。正值，按逆时针方向旋转；反之，按顺时针方向旋转。也可以移动鼠标来决定旋转角度，光标和基点之间的连线与 X 轴正向之间的夹角就是旋转角度。

（2）按参考角旋转模式　如果输入"R"，则转入参考模式，命令提示如下：

指定参照角<0>:输入数值或用两点确定参照角

指定新角度或[点（P）]<0>:

输入数值或用两点确定新角度，则该对象的旋转角度将等于"新角度-参考角"。此模式适用于对象初始位置不定，但旋转的目标是使之与其他对象对齐的时候。例如在图 4-13 中，将螺钉上的 $P1$ 点指定为基点，以旋转前轴线为参考角，以水平向右（0 度）为新角度，即可将螺钉旋转到水平位置，而不必细究螺钉原来所处的角度。

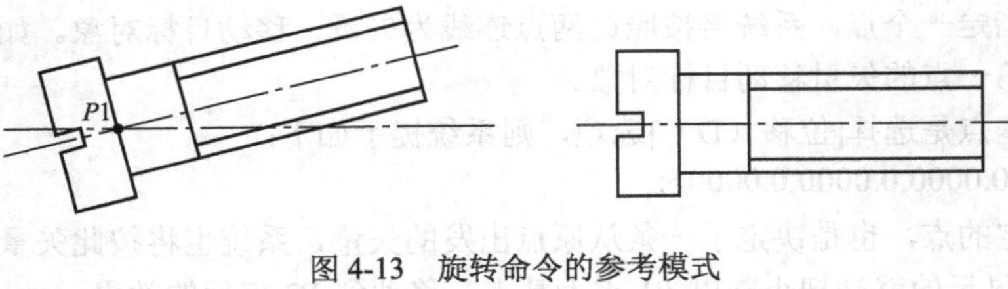

图 4-13　旋转命令的参考模式

（3）复制模式　在前两种旋转的基础上，保留原始对象。

4.4.3　缩放对象

1. 功能

该命令的功能是按给定的比例因子放大或缩小指定的实体。这里的缩放实体与用 ZOOM 缩放实体有本质区别。ZOOM 命令进行的缩放是对屏幕的缩放，实体实际占据的单位数没有变化，类似于调节显微镜或望远镜的镜头。而用 SCALE 命令进行缩放，图形实体尺寸将要发生变化。例如可以在绘图过程中按照 1:1 比例设计绘图，但输出图纸时，1:1 的图形可能最大的图框也无法装下，就需要把图形按照一定的比例缩小。

2. 命令调用方法

命令输入：SCALE↙

菜单操作："修改（M）"→"缩放（L）"

工具栏：在“修改”工具栏中单击“缩放”按钮

3. 命令使用

调用移动命令后，命令行提示：

选择对象:使用对象选择方法并在完成时↙

指定基点:指定点

基点就是对象大小变化时的坐标不变的点，可以在对象内也可以在对象外部。

指定比例因子或[复制（C）/参照（R）]<1.0000>:

（1）比例因子缩放模式　输入的比例因子大于 1，对象被放大；比例因子在 0 到 1 之间，对象被缩小。

（2）参照缩放模式　输入“R”，进入参照模式，命令行提示：

指定参照长度<1.0000>:输入数值或用两点确定参照长度

指定新的长度或[点（P）]<1.0000>:

输入数值或用两点确定新长度，则该对象的缩放比例将等于“新长度/参考长度”。与旋转的参照模式类似，缩放操作的参考模式，只需要知道操作对象最终需要的大小即可，不必理会原始大小、也不必计算缩放比例。如图 4-14 所示就是将 *P*1 到 *P*2 的距离作为参考长度，缩放到 *P*1 到 *P*3 的距离的结果。

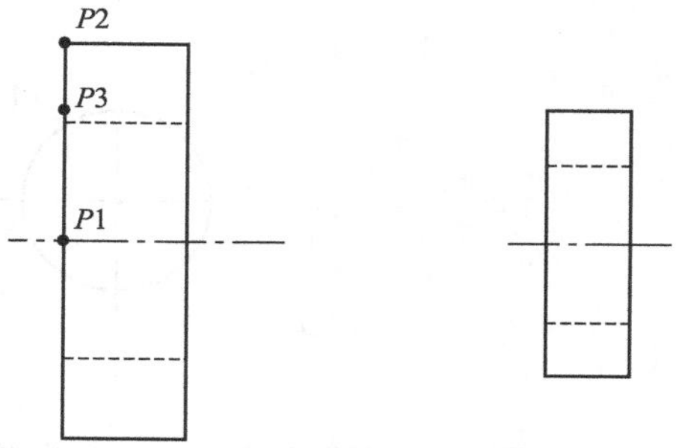

图 4-14　缩放命令的参考模式

（3）复制模式　在前两种缩放的基础上，保留原始对象。

4.5 对象的复制

在一张图纸中，往往有一些相同的实体，本节就讲解 AutoCAD 提供的几个可以复制出目标实体的命令。

4.5.1 复制对象

1. 功能

复制命令可以轻松地将实体目标复制到新的位置。

2. 命令调用方法

命令输入：COPY↙

菜单操作：“修改（<u>M</u>）”→“复制（<u>Y</u>）”

工具栏：在“修改”工具栏中单击“复制”按钮

3. 命令使用

调用复制命令后，命令行提示：

选择对象:使用对象选择方法并在完成时↙

指定基点或[位移（D）]<位移>:

此时应输入一个点的坐标作为位移的基点，一般可捕捉位移对象中的特殊点。然后命令行提示：

指定第二个点或<使用第一个点作为位移>:

此时若再指定一个点，系统将按照此两点连线为矢量，复制目标对象。如直接输入↙，则以从原点到第一点的矢量复制目标对象。

指定第二个点或[退出（E）/放弃（U）]<退出>:

此时再指定一次“第二点”，则又决定了一条从原点出发的矢量，系统也将按此矢量再次复制目标。输入“U”，则取消最后一次复制出的实体；输入“E”或回车，则结束复制命令。

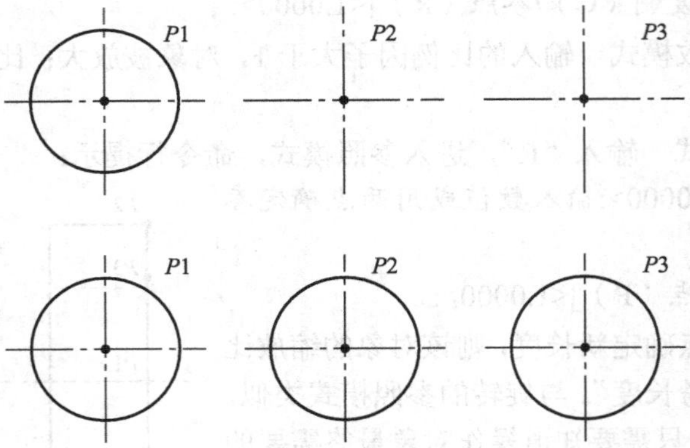

图 4-15 复制命令

如图 4-15 所示就是以 *P*1 点为基点，分别以 *P*2 点和 *P*3 点为“第二点”复制圆的结果。

4.5.2 镜像对象

1. 功能

将制定的对象按给定的镜像线作对称复制，生成反方向的拷贝。多用于对称图案的绘制。

2. 命令调用方法

命令输入：MIRROR↙

菜单操作：“修改（M）”→“镜像（I）”

工具栏：在“修改”工具栏中单击“镜像”按钮

3. 命令使用

在进行图形镜像时，只需要告诉 AutoCAD 要对哪些实体目标进行对称复制，以及对称线的位置即可。调用镜像命令后，命令行提示：

选择对象:使用对象选择方法并在完成时↙

指定镜像线的第一点:

指定镜像线的第二点:

分别指定两个点，以形成一条镜像轴线，系统会生成对称图案，并提示：

要删除源对象吗？[是（Y）/否（N）]<N>:

输入“Y”，则删除原对象，只保留生成的对称图案；输入“N”或↙，则保留原对象。

说明：

（1）镜像线可以是任意角度的。若是以已经存在的线为镜像线，请打开目标捕捉来选取线上的点，若是以 *X* 轴或 *Y* 轴的平行方向为镜像线，请在选择第二点之前打开正交模式；

（2）对文字和块的属性进行镜像时，分为两种状态：一种是文本完全镜像，此时文本内容将不便于阅读；另一种是文本可读镜像，只是将文本的位置做镜像处理，内容依然是可读的。这两种状态由系统变量 MIRRTEXT 来决定。

MIRRTEXT=0，保持文字方向不变；MIRRTEXT=1，镜像显示文字。镜像命令中文字镜像的两种效果如图 4-16 所示。

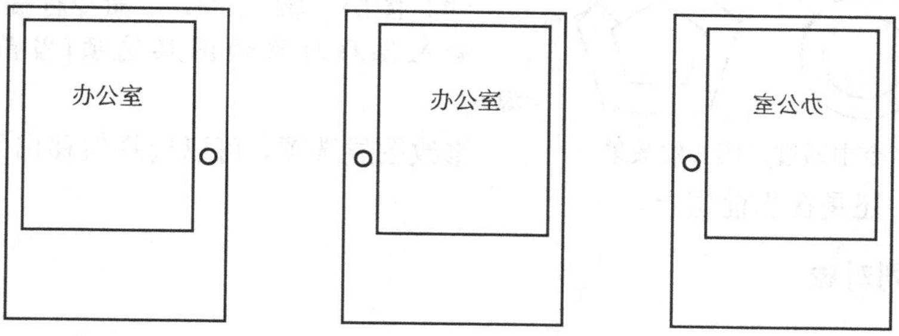

原图　　MIRRTEXT=0　　MIRRTEXT=1

图 4-16　镜像命令中文字镜像的两种效果

4.5.3　偏移对象

1. 功能

偏移命令用于创建造型与选定对象造型平行的新对象。偏移直线可以创建平行线；偏移圆或圆弧可以创建更大或更小的圆或圆弧，取决于向哪一侧偏移。偏移命令可以对直线、圆弧、圆、椭圆和椭圆弧（形成椭圆形样条曲线）、二维多段线、构造线（参照线）射线和样条曲线操作。

2. 命令调用方法

命令输入：OFFSET↙

菜单操作："修改（M）" → "偏移（S）"

工具栏：在"修改"工具栏中单击"偏移"按钮

3. 命令使用

在进行图形偏移时，只需要告诉 AutoCAD 要对哪些实体目标进行偏移，以及偏移的方向和距离即可。调用偏移命令后，命令行提示：

当前设置:删除源=否　图层=源 OFFSETGAPTYPE=0

指定偏移距离或[通过（T）/删除（E）/图层（L）]<通过>:

（1）指定偏移距离模式　输入偏移距离后，命令行提示：

选择要偏移的对象，或[退出（E）/放弃（U）]<退出>:使用对象选择方法↙

指定要偏移的那一侧上的点，或[退出（E）/多个（M）/放弃（U）]<退出>:单击被偏移对象的某一侧

在指定一侧的指定距离上就会出现被偏移出的新对象。还可继续重复最后两步，一直按照同样的偏移距离继续偏移操作。

（2）指定偏移实体的通过点模式　输入"T"响应上面的提示，进入"通过点"模式：

选择要偏移的对象，或[退出（E）/放弃（U）]<退出>:使用对象选择方法↙

指定通过点或[退出（E）/多个（M）/放弃（U）]<退出>:单击实体将要通过的点

所有实体，通过指定点的偏移结果是唯一的，系统将生成此唯一结果。还可继续重复最后两步，一直按照同样的模式继续偏移操作，如图 4-17 所示。

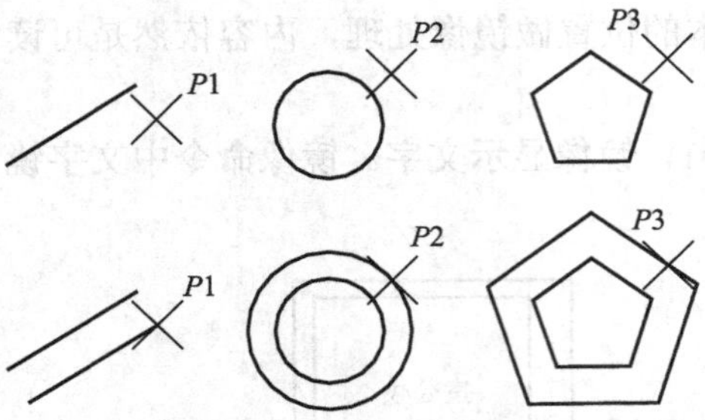

图 4-17 偏移命令中通过点模式的效果

（3）删除源 输入“E”，命令行提示：

要在偏移后删除源对象吗？[是(Y)/否(N)] <否>:

修改删除源模式，可以选择是否删除原始对象。

（4）图层 输入“L”，命令行提示：

输入偏移对象的图层选项[当前(C)/源(S)] <源>:

修改图层选项，可以选择偏移出的新对象是跟源对象在同一层，还是在当前层上。

4.5.4 阵列对象

1. 功能

AutoCAD 提供的图形阵列命令可以在矩形或环形（圆形）阵列中创建对象的副本。对于创建多个定间距的对象，阵列比复制要快。

2. 命令调用方法

命令输入：ARRAY↙

命令别名：AR

菜单操作：“修改（M）”→“阵列（A）...”

工具栏：在“修改”工具栏中单击“阵列”按钮

3. 命令使用

执行阵列命令后，会出现如图 4-18 所示窗口。在 AutoCAD 中，图形阵列如图 4-18 所示，分为矩形阵列和环形阵列两种类型。

（1）矩形阵列 单击“选择对象”按钮，回到绘图区选择要阵列的对象。在窗口中分别填入阵列的行数和列数，然后输入阵列行偏移距离、列偏移距离和阵列角度。输入的距离可以有正负，分别按照 *X* 轴和 *Y* 轴的正负方向复制。偏移距离和阵列角度也可以通过后面的按钮，用鼠标来确定。

如图 4-19 所示就是对所选对象，以 *P*1 点和 *P*2 点确定偏移距离，阵列为 2 行 3 列的结果。

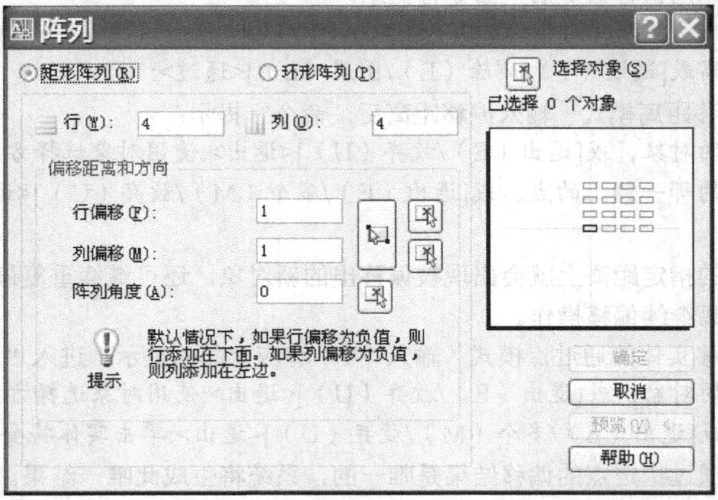

图 4-18 阵列命令窗口

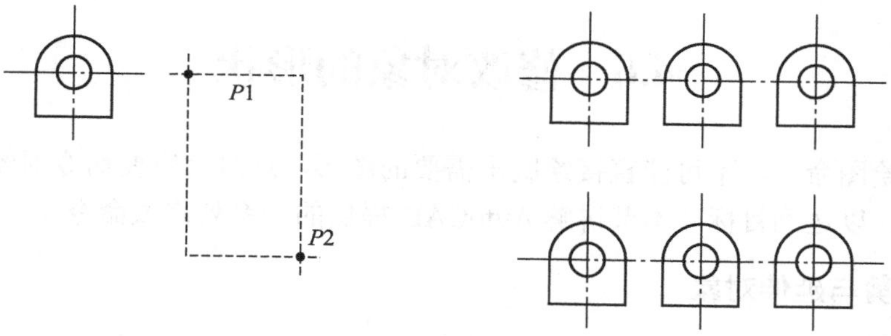

图 4-19　矩形阵列

（2）环形阵列　在图 4-18 中单击“环形阵列”后，窗口如图 4-20 所示。单击“选择对象”按钮，回到绘图区选择要阵列的对象。在窗口中分别填入阵列的中心坐标，然后输入阵列的项目总数（注意，项目总数个数包括原始图形）和填充角度。输入的角度可以有正负，分别按照逆时针和顺时针方向复制。中心点坐标和填充角度也可以通过后面的按钮，用鼠标来确定。“复制时旋转”选项用来控制环形阵列时，对象与中心点之间的方向是否保持不变。

如图 4-21 所示是对所选对象，以 *P* 点为中心，阵列为 5 个填充 360 度的结果。

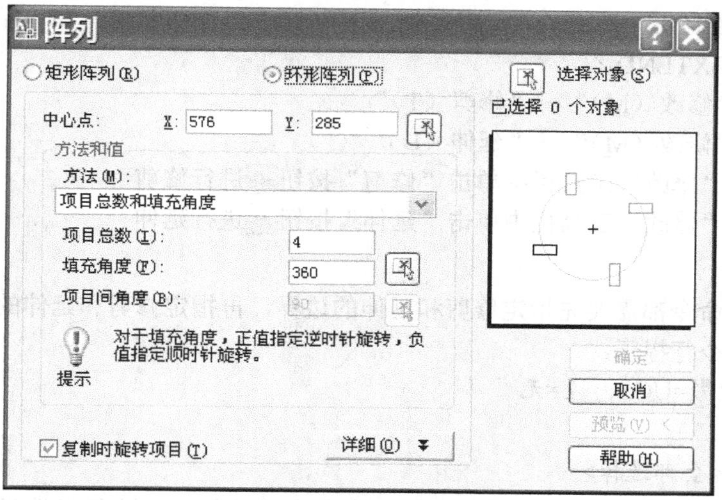

图 4-20　环形阵列窗口

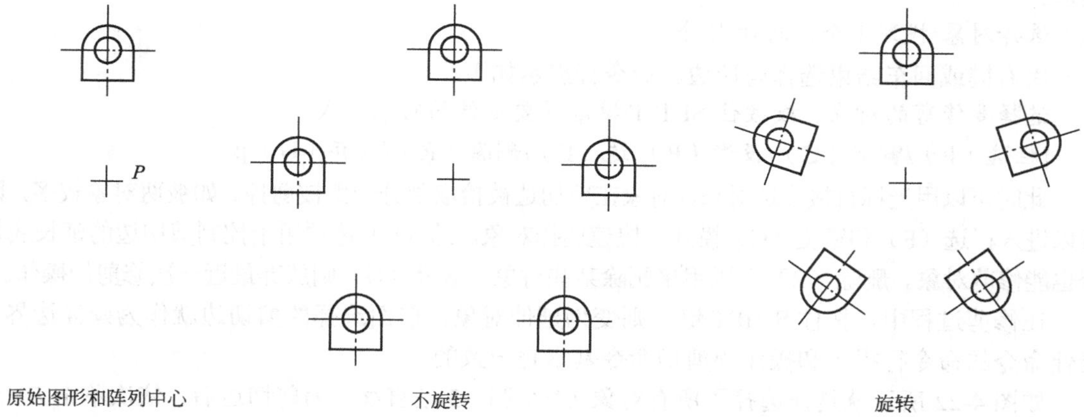

图 4-21　环形阵列窗口

4.6　修改对象的形状

使用基本绘图命令，不可能直接绘制出需要的图形，这时就需要命令对绘制好的对象进行必要的修改，以达到目标。本节讲解 AutoCAD 提供的一系列修改命令。

4.6.1　修剪与延伸对象

1. 功能

AutoCAD 提供的修剪和延伸命令都是为了使两个实体能够准确地相接。在绘图过程中，如果绘制每一个对象都先确定准确的端点，再输入坐标绘制，不仅效率低下，甚至有时是不可能做到的。掌握了修剪和延伸命令后，只需要在准确的位置绘制出简单的基本图形，而不用考虑它们的交点在哪里，绘制图形的精度和效率都可以提高。例如需要一条直线和一段圆弧相接，直接根据圆心位置和半径绘制圆，再用直线和圆互相修剪，比用绘圆弧命令直接画圆弧要快速和准确得多。延伸命令也可以达到类似效果。

2. 命令调用方法

命令输入：TRIM↙
　　　　　EXTEND↙

菜单操作：“修改（M）”→“修剪（T）”
　　　　　“修改（M）”→“延伸（D）”

工具栏：在“修改”工具栏中单击“修剪”按钮进行修剪
　　　　在“修改”工具栏中单击“延伸”按钮进行延伸

3. 命令使用

修剪和延伸命令都需要先指定修剪和延伸的边界，再指定修剪和延伸的对象。所以执行修剪命令后，命令行提示：

当前设置:投影=UCS，边=无
选择剪切边...
选择对象或<全部选择>:

此时可以用回车键选择所有对象，也可以用选择对象的方法任意选择对象，命令行会显示：

选择对象:找到 1 个，总计 X 个

用右键或回车结束选择剪切边。命令行提示如下：

选择要修剪的对象，或按住 SHIFT 键选择要延伸的对象，或
[栏选（F）/窗交（C）/投影（P）/边（E）/删除（R）/放弃（U）]:

此时可以用光标直接点选对象，对象在剪切边被拾取部分一侧被剪掉。如被剪对象较多，则可以进入栏选（F）和窗交（C）模式，快速选择对象。边（E）选项用于控制剪切边的延长线是否也能修剪对象。删除（R）可以用来删除某些对象。放弃（U）则放弃最近一次修剪的操作。

在修剪过程中，按住 SHIFT 键，则变为延伸对象，前面选择的剪切边就作为延伸边界。延伸命令的命令行提示和操作跟剪切命令基本是一致的。

如图 4-22 所示就是在选择了所有对象（1 个圆、3 条直线）为剪切边后，依次单击 *P*1 点到 *P*7 点选择剪切对象后的效果。

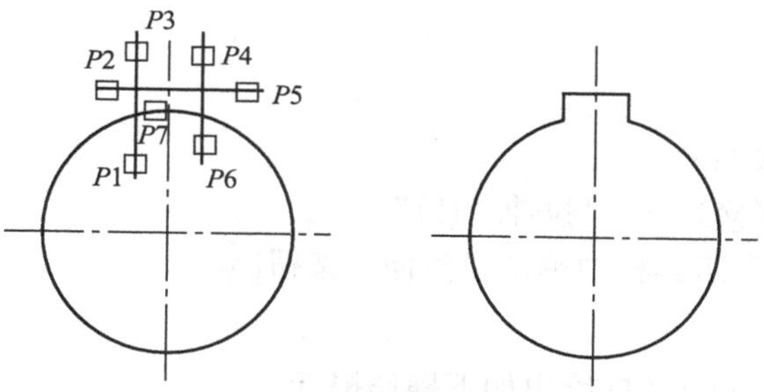

图 4-22　修剪命令

4.6.2　打断对象

1. 功能

打断命令的功能是将对象打断成两个单独部分或删除其中一部分。

2. 命令调用方法

命令输入：BREAK↙

菜单操作："修改（M）"→"打断（K）"

工具栏：在"修改"工具栏中单击"打断"按钮

3. 命令使用

执行打断命令后，命令行提示：

选择对象:

此时只能选择一个对象，然后系统马上提示：

指定第二个打断点或[第一点（F）]:

（1）直接点取对象上第二个点，则选取对象时的拾取点和该点之间的部分被删除。实际上用光标点中一根线上的点几乎是不可能的，系统是按指定点到对象的垂足为打断点的。第二打断点也可以在端点之外，那样对象从拾取点到该端点的部分将被删除。

（2）输入"@"，则对象在拾取点处被一分为二。

（3）输入"F"，则重新提示：

指定第一个打断点:

指定第二个打断点:

此方式用于断开点有准确位置的场合。

当被操作对象是圆或椭圆时，则从第一点沿逆时针到第二点部分被删除，如图 4-23 所示。

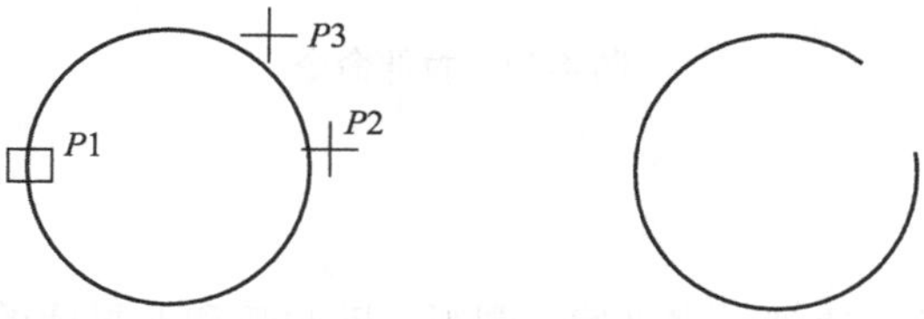

图 4-23　打断命令

4.6.3　拉伸对象

1. 功能

拉伸命令功能是使图形的一部分受到拉伸、压缩或变形，同时保持与图形未动部分相连接。

2. 命令调用方法

命令输入：STRETCH↙

菜单操作："修改（M）"→"拉伸（H）"

工具栏：在"修改"工具栏中单击"拉伸"按钮

3. 命令使用

启动拉伸命令后，AutoCAD 给出如下操作提示：

以交叉窗口或交叉多边形选择要拉伸的对象...

选择对象:

选择对象时至少用一次"交叉窗口"或"交叉多边形"方式选择拉伸对象。如使用多次，以最后一次作为"拉伸窗口"。交叉窗口必须至少包含一个顶点或端点。

指定基点或 [位移（D）]<位移>:

指定第二个点或<使用第一个点作为位移>:

这两个提示跟复制、移动命令类似，都是要确定一个矢量的，这个矢量就是接下来拉伸操作的矢量。拉伸操作对至少有一个顶点或端点包含在交叉窗口内部的任何对象有效。对于完全包含在交叉窗口中的或单独选择的所有对象等效于移动命令。

拉伸时，直线在交叉窗口内的端点移动，外面的端点不动；圆弧和直线类似，但拉伸过程中圆弧的弦高不变；圆的圆心若在交叉窗口内则移动，圆心不在交叉窗口内则不动。如图 4-24 所示就是用从 *P*1 点到 *P*2 点的交叉窗口选择对象，然后从 *P*3 点拉伸到 *P*4 点后的效果。

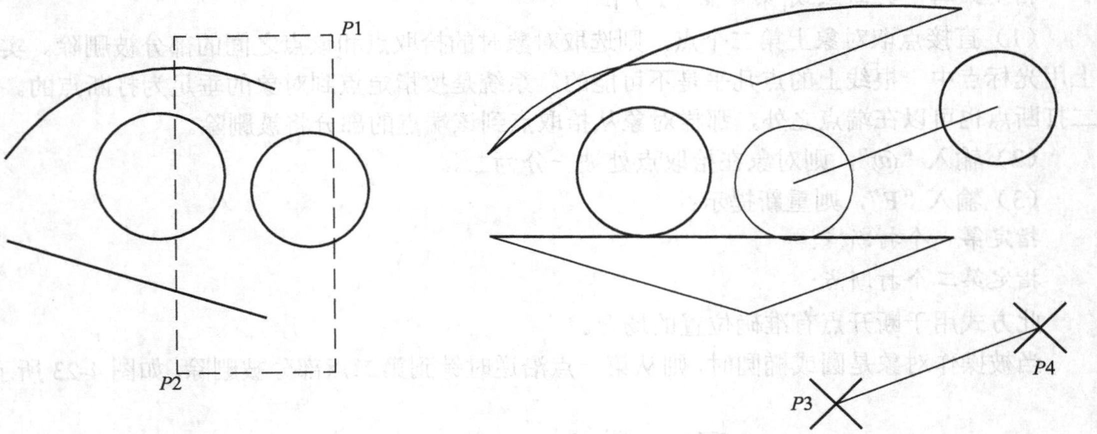

图 4-24 拉伸命令

4.6.4 拉长对象

1. 功能

拉长命令可以用于改变直线、多义线、圆弧、椭圆弧和非封闭的曲线的长度，既可延伸，也可剪切。

2. 命令调用方法

命令输入：LENGTHEN↙

菜单操作："修改（M）"→"拉长（G）"

3. 命令使用

启动拉长命令后，AutoCAD 给出如下操作提示：

选择对象或[增量（DE）/百分数（P）/全部（T）/动态（DY）]:

此处的默认选项是“选择对象”，但此时选择对象仅仅是查询一下对象的长度或包含角，单击一段圆弧和一条直线，分别会提示如下：

选择对象或[增量（DE）/百分数（P）/全部（T）/动态（DY）]:单击一段圆弧

当前长度:157.1695，包含角:49

选择对象或[增量（DE）/百分数（P）/全部（T）/动态（DY）]:单击一条直线

当前长度:67.0141

真正拉长对象的 4 种模式如下。命令行提示如下：

（1）增量（DE）

选择对象或[增量（DE）/百分数（P）/全部（T）/动态（DY）]:de↙

输入长度增量或[角度（A）]<0.0000>:10↙

选择要修改的对象或[放弃（U）]:单击对象

增量可以是正值也可以是负值。所选对象靠紧拾取点一端立刻就会按照设定的增量被改变。可以连续操作，以连续改变对象的长度和包含角。

（2）百分数（P）　以总长百分数来改变线长或包含角，输入的值就是改变后的总值，即大于 100 时增加，小于 100 时减少。

（3）全部（T）　指定改变后的总线长或包含角。

（4）动态（DY）　命令行提示如下：

选择对象或[增量（DE）/百分数（P）/全部（T）/动态（DY）]:dy

选择要修改的对象或[放弃（U）]:拾取对象

指定新端点:

由光标拖动的模式确定新端点的位置，另一端保持不动。

4.6.5　倒角

1. 功能

倒角命令功能是用倒角连接两个非平行对象，这些对象可以是直线、射线、构造线和多义线。

2. 命令调用方法

命令输入：CHAMFER↙

菜单操作：“修改（M）” → “倒角（C）”

工具栏：在“修改”工具栏中单击“倒角”按钮

3. 命令使用

启动倒角命令后，AutoCAD 给出如下操作提示：

（“修剪”模式）当前倒角距离 1=当前，距离 2=当前

选择第一条直线或[放弃（U）/多段线（P）/距离（D）/角度（A）/修剪（T）/方式（E）/多个（M）]:

（1）多段线（P）对整个二维多段线倒角。

选择二维多段线:

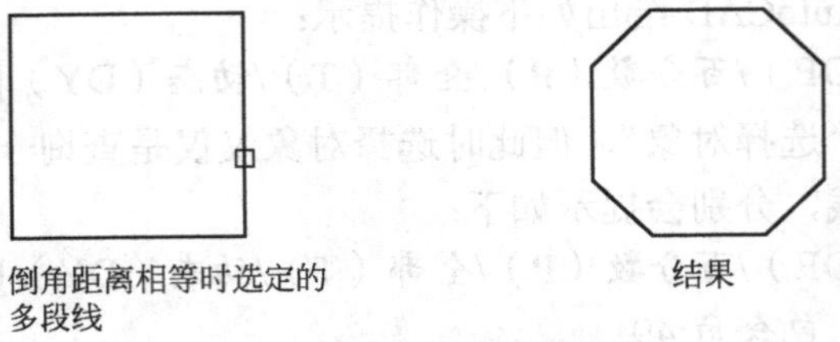

图 4-25　对二维多段线倒角

相交多段线线段在每个多段线顶点被倒角。倒角成为多段线的新线段，如图 4-25 所示。如果多段线包含的线段过短以至于无法容纳倒角距离，则不对这些线段倒角。

（2）距离（D）　设置倒角至选定边端点的距离，如图 4-26 所示。

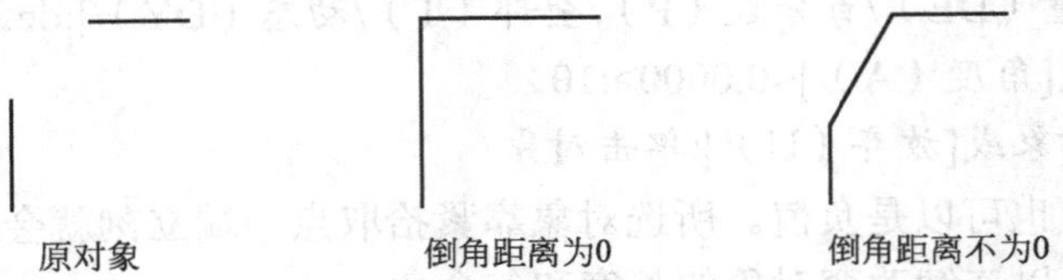

图 4-26　倒角距离

指定第一个倒角距离 <当前>:

指定第二个倒角距离<当前>:

如果将两个距离均设置为零，将延伸或修剪两条直线，以使它们终止于同一点。

（3）角度（A）　用第一条线的倒角距离和第二条线的角度设置倒角距离，如图 4-27 所示。

图 4-27　倒角距离和倒角角度

指定第一条直线的倒角长度<当前>:

指定第一条直线的倒角角度<当前>:

（4）修剪（T）　控制是否将选定的边修剪到倒角直线的端点。

输入修剪模式选项[修剪（T）/不修剪（N）]<当前>:

“修剪”选项将 TRIMMODE 系统变量设置为 1；“不修剪”选项将 TRIMMODE 设置为 0。如果将 TRIMMODE 系统变量设置为 1，则会将相交的直线修剪至倒角直线的端点。如果选定的直线不相交，CHAMFER 将延伸或修剪这些直线，使它们相交。如果将 TRIMMODE 设置为 0，则创建倒角而不修剪选定的直线。

（5）方式（E）　控制使用两个距离还是一个距离和一个角度来创建倒角。

输入修剪方法[距离（D）/角度（A）]<当前>:

（6）多个（M）　为多组对象的边倒角。将重复显示主提示和“选择第二个对象”的提示，直到用户按回车键结束命令。

4.6.6 圆角

1. 功能

圆角和倒角有些类似，用一端圆弧在两个对象之间光滑连接。这些对象可以是直线、圆弧、构造线、射线、多段线和样条曲线。

2. 命令调用方法

命令输入：FILLET↙

菜单操作："修改（M）"→"圆角（F）"

工具栏：在"修改"工具栏中单击"圆角"按钮

3. 命令使用

启动圆角命令后，AutoCAD 给出如下操作提示：

当前设置：模式=当前值，半径=当前值

选择第一个对象或[放弃（U）/多段线（P）/半径（R）/修剪（T）/多选（M）]:

（1）直接选择对象　选择定义二维圆角所需的两个对象中的第一个对象。

选择第二个对象，或按住 SHIFT 键并选择要应用角点的对象:

如果选择直线、圆弧或多段线，它们的长度将进行调整以适应圆角弧度。如果选定对象是二维多段线的两个直线段，则它们可以相邻或者被另一条线段隔开。如果它们被另一条多段线分开，将删除分开它们的线段并代之以圆角。

在圆之间和圆弧之间可以有多个圆角存在。选择靠近期望的圆角端点的对象。

（2）多段线（P）

选择二维多段线:

在二维多段线中两条线段相交的每个顶点处插入圆角弧。如果一条弧线段将会聚于该弧线段的两条直线段分开，则将删除该弧线段并代之以圆角弧。

（3）半径（R）　定义圆角弧的半径。

指定圆角半径<当前>:指定距离或按 ENTER 键

输入的值将成为后续 FILLET 命令的当前半径。修改此值并不影响现有的圆角弧，如图 4-28 所示。

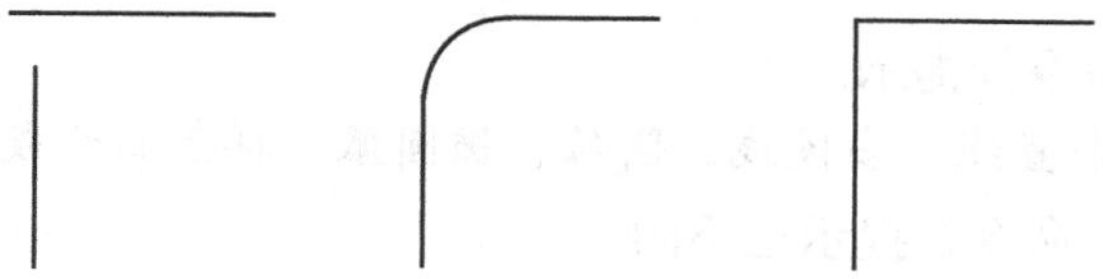

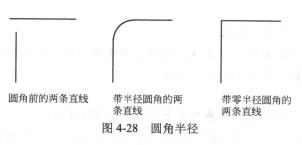

圆角前的两条直线　　带半径圆角的两条直线　　带零半径圆角的两条直线

图 4-28　圆角半径

（4）修剪（T）　控制是否将选定的边修剪到圆角弧的端点。

输入修剪模式选项[修剪（T）/不修剪（N）]<当前>:输入选项或按 ENTER 键

修剪，则修剪选定的边到圆角弧端点。不修剪，则不修剪选定边，如图 4-29 所示。

设置了"修剪"选项的两条已圆角的直线　　设置了"不修剪"选项的两条已圆角的直线

图 4-29　圆角修剪模式

（5）多选（M） 给多个对象集加圆角。将重复显示主提示和“选择第二个对象”提示，直到用户按回车键结束该命令。

4.6.7 分解对象

1. 功能

分解对象是将块、填充图案、尺寸标注和多边形分解成一个个简单的实体，也可以使多义线分解成独立的简单的直线和圆弧对象，块和尺寸标注分解后，图形不变，但由于图层的变化，某些实体的颜色和线型可能发生变化。

2. 命令调用方法

命令输入：EXPLODE↙

菜单操作：“修改（M）”→“分解（X）”

工具栏：在“修改”工具栏中单击“分解”按钮

3. 命令使用

启动分解命令后，AutoCAD 给出如下操作提示：

选择对象:使用对象选择方法并在完成时按 ENTER 键

当对象被分解后，原图中的每一个实体都可以被单独编辑。任何分解对象的颜色、线型和线宽都可能会改变。其他结果将根据分解的合成对象类型的不同而有所不同，所以请谨慎使用分解命令。

4.6.8 合并对象

1. 功能

合并命令的功能是将多个相似的对象合并为一个对象。

2. 命令调用方法

命令输入：JOIN↙

菜单操作：“修改（M）”→“合并（J）”

工具栏：在“修改”工具栏中单击“合并”按钮

3. 命令使用

执行合并命令后，命令行提示：

选择源对象:选择一条直线、多段线、圆弧、椭圆弧、样条曲线或螺旋

根据选定的源对象，命令行提示也不同。

（1）选取直线

选择要合并到源的直线:选择一条或多条直线并按 ENTER 键

直线对象必须共线（位于同一无限长的直线上），但是它们之间可以有间隙。

（2）选取多段线

选择要合并到源的对象:选择一个或多个对象并按 ENTER 键

对象可以是直线、多段线或圆弧。对象之间不能有间隙，并且必须位于与 UCS 的 *XY* 平面平行的同一平面上。

（3）选取圆弧

选择圆弧，以合并到源或进行[闭合（L）]:选择一个或多个圆弧并按 ENTER 键，或输入 L

圆弧对象必须位于同一假想的圆上，但是它们之间可以有间隙。“闭合”选项可将源圆弧转换成圆。合并两条或多条圆弧时，将从源对象开始按逆时针方向合并圆弧。

（4）选取椭圆弧

选择椭圆弧，以合并到源或进行[闭合（L）]:选择一个或多个椭圆弧并按 ENTER 键，或输入 L

椭圆弧必须位于同一椭圆上，但是它们之间可以有间隙。“闭合”选项可将源椭圆弧闭合成完整的椭圆。合并两条或多条椭圆弧时，将从源对象开始按逆时针方向合并椭圆弧。

（5）选取样条曲线

选择要合并到源的样条曲线或螺旋:选择一条或多条样条曲线或螺旋并按 ENTER 键

样条曲线和螺旋对象必须相接（端点对端点）。结果对象是单个样条曲线。

（6）选取螺旋

选择要合并到源的样条曲线或螺旋:选择一条或多条样条曲线或螺旋并按 ENTER 键

螺旋对象必须相接（端点对端点）。结果对象是单个样条曲线。

4.7　夹点模式编辑

使用夹点模式，可以不输入命令，仅拖动夹点执行拉伸、移动、旋转、缩放或镜像操作。

夹点是一些实心的小方框，使用光标指定对象时，对象关键点上将出现夹点。AutoCAD 为每一种实体定义了一些特征点作为夹点，如图 4-30 所示。

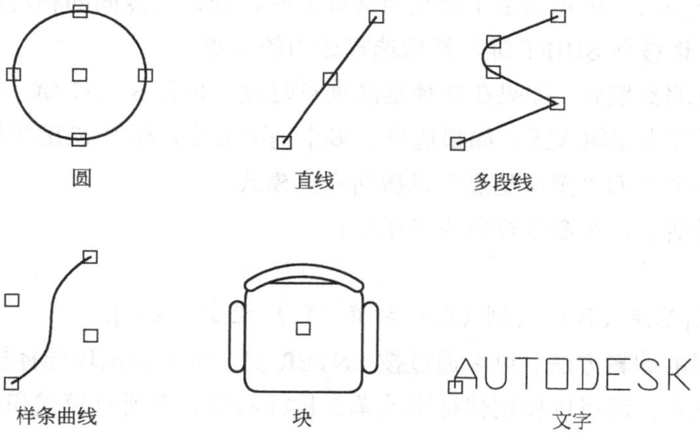

图 4-30　常见对象的夹点位置

4.7.1　控制夹点显示

1. 功能

用“选项”对话框设置是否使用夹点编辑功能及设置夹点标记的大小与颜色。

2. 命令调用方法

命令输入：OPTIONS↙

菜单操作：“工具（T）”→“选项（N）”，再单击“选择”选项卡

执行上述操作后，会显示如图 4-1 所示的窗口。

3. 说明

（1）“夹点大小”：用光标拖动滑动按钮，可以改变夹点框的大小。左侧的图标实时显示它的变化。

（2）“未选中夹点颜色”、“选中夹点颜色”、“悬停夹点颜色”，后面分别有下拉菜单，可以自定义它们的颜色，但不建议修改默认设置。

（3）“启用夹点”，默认选项，选择此选项后，在没有命令执行时选择对象，就显示夹点并启动夹点编辑模式。可能会降低系统性能，如不需要夹点编辑模式可以清除此选项。

（4）“在块中启用夹点”，控制如何在块上显示夹点，若不选则只在块的插入点位置显示一个夹点；若选上则显示块中的每个对象的夹点。

（5）“启用夹点提示”，当光标悬停在支持夹点提示的自定义对象的夹点上时，显示夹点的特定提示。

（6）“显示夹点时限制对象选择”，当初始选择集包括多于指定数目的对象时，抑制夹点的显示。显示夹点时限制对象选择。有效值的范围从 1 到 32767。

4.7.2 用夹点模式编辑对象

（1）用光标拾取待编辑的图形对象。被拾取对象将虚线显示，并显示出蓝色的夹点，表示已被选入待编辑的选择集中。可以选取多个对象。

（2）在夹点中选取“基准夹点”。用鼠标左键单击选择作为操作基点的夹点，也就是基准夹点。选定的夹点也称为热夹点。蓝色夹点将变为红色。可以使用多个夹点作为操作的基准夹点。选择多个夹点（也称为多个热夹点选择）时，选定夹点间的相对位置将保持不变。要选择多个夹点，请按住 SHIFT 键，然后选择适当的夹点。

（3）激活夹点编辑模式。如果在选择基准夹点时没有按住 SHIFT 键，那么选择完一个基点，就已经激活了夹点编辑模式；如果选择了多个基准夹点，松开 SHIFT 键后还要在多个基准夹点中再选择一个作为“操作基点”以激活夹点模式。

夹点模式被激活后，在命令行首先显示出：

拉伸

指定拉伸点或[基点（B）/复制（C）/放弃（U）/退出（X）]:

（4）选择所需的编辑方法。可以通过按 ENTER 键或空格键循环选择拉伸、移动、旋转、缩放或镜像这些模式。还可以使用快捷键或单击鼠标右键查看所有模式和选项。

（5）进行各种编辑操作。

（6）任何时候按 ESC 键都可退出操作。

在夹点编辑模式下，进行拉伸、移动、旋转、缩放或镜像操作，跟前面介绍的独立命令没有什么不同，下面再简单说明。

使用夹点拉伸，可以通过将选定夹点移动到新位置来拉伸对象。文字、块参照、直线中点、圆心和点对象上的夹点将不能拉伸只能移动对象。常用于移动块参照和调整标注。

使用夹点移动，可以通过选定的夹点移动对象。选定的对象被亮显并按指定的下一点位置移动一定的方向和距离。

使用夹点旋转，可以通过拖动和指定点位置来绕基准夹点旋转选定对象。还可以输入角度值。常用于旋转块参照。

使用夹点缩放，可以相对于基点缩放选定对象。通过从基夹点向外拖动并指定点位置来增大对象尺寸，或通过向内拖动减小尺寸。也可以为相对缩放输入一个值。

使用夹点创建镜像，可以沿临时镜像线为选定对象创建镜像。打开“正交”有助于指定垂直或水平的镜像线。

4.8　编辑多线等复杂二维图形

4.8.1　编辑多线

1. 功能

编辑多线，实际上就是编辑多线的交点、打断多线和增减多线顶点。

2. 命令调用方法

命令输入：MLEDIT↙

菜单操作：“修改（M）”→“对象（O）”→“多线（M）…”

3. 命令使用

MLEDIT 命令中可用的特殊多线编辑功能有：添加或删除顶点、控制角点结合的可见性、控制与其他多线的相交样式、打开或闭合多线对象中的间隔。

执行该命令，会显示如图 4-31 所示对话框，该对话框将显示工具，并以四列显示样例图像。

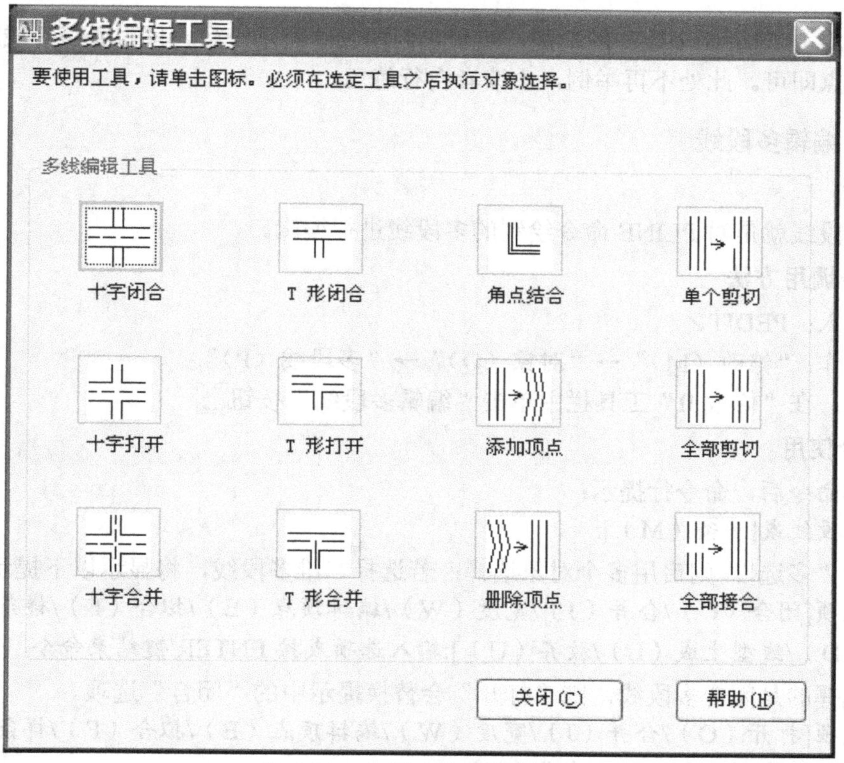

图 4-31　多线编辑工具对话框

第一列控制交叉的多线，第二列控制 T 形相交的多线，第三列控制角点结合和顶点，第四列控制多线中的打断。单击前两列加上“角点结合”中的任何一个图形控件，命令行都会提示：

选择第一条多线：

选择第二条多线：

依次选取两条多线后，操作的结果如图 4-32 所示。

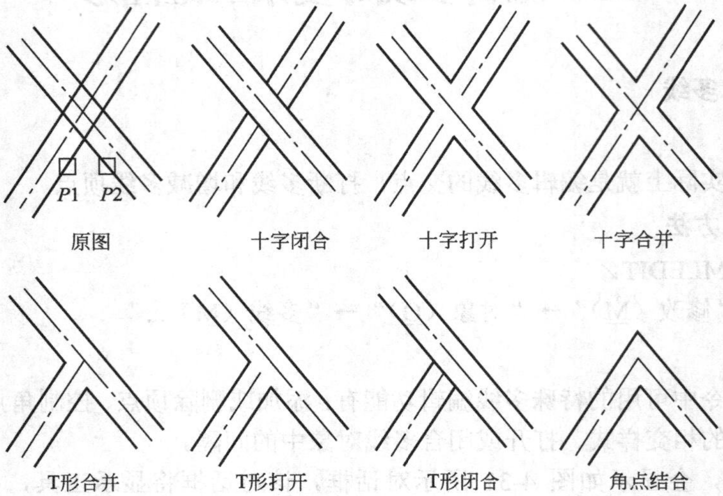

图 4-32 多线编辑示例

在图 4-31 中剩余 5 个控件的功能，就和它们图表中所示一致，只需要在多线上按提示选取 1 到 2 个点即可。此处不再举例，由读者自行练习。

4.8.2 编辑多段线

1. 功能

编辑多段线就是对 PLINE 命令绘制的多段线进行编辑。

2. 命令调用方法

命令输入：PEDIT↙

菜单操作：“修改（M）”→“对象（O）”→“多段线（P）”

工具栏：在“修改 II”工具栏中单击“编辑多段线”按钮

3. 命令使用

执行该命令后，命令行提示：

选择多段线或[多条（M）]：

若选择“多选”，则启用多个对象选择；若选择二维多段线，将显示以下提示：

输入选项[闭合（C）/合并（J）/宽度（W）/编辑顶点（E）/拟合（F）/样条曲线（S）/非曲线化（D）/线型生成（L）/放弃（U）]:输入选项或按 ENTER 键结束命令

如果选择的是闭合多段线，则“打开”会替换提示中的“闭合”选项。

输入选项[打开（O）/合并（J）/宽度（W）/编辑顶点（E）/拟合（F）/样条曲线（S）/非曲线化（D）/线型生成（L）/放弃（U）]：

（1）闭合/打开　闭合将创建多段线的闭合线，将首尾连接。打开将删除多段线的闭合线段。

（2）合并　在开放的多段线的尾端点添加直线、圆弧或多段线和从曲线拟合多段线中删除曲线拟合。对于要合并多段线的对象，它们的端点必须重合。

（3）宽度　为整个多段线指定新的统一宽度。

指定所有线段的新宽度:

也可以使用“编辑顶点”选项的“宽度”选项来更改线段的起点宽度和端点宽度。

（4）编辑顶点　在屏幕上绘制 X 标记多段线的第一个顶点。如果已指定此顶点的切线方向，则在此方向上绘制箭头。将显示以下提示:

[下一个（N）/上一个（P）/打断（B）/插入（I）/移动（M）/重生成（R）/拉直（S）/切向（T）/宽度（W）/退出（X）]<当前>:输入选项或按 ENTER 键

按 ENTER 键将接受当前默认选项：“下一个”或“上一个”。

① “下一个”将标记 X 移动到下一个顶点。即使多段线闭合，标记也不会从端点绕回到起点。“上一个”将标记 X 移动到上一个顶点。即使多段线闭合，标记也不会从起点绕回到端点。

② 打断（B）如果只指定一个顶点，且它不是端点，则从此点把单多段线分成两个多段线；如果指定两个顶点，且不都是端点，则指定两端点间的任何线段和顶点都将被清除，单多段线也被分成两个多段线。

（5）拟合　创建圆弧拟合多段线（由圆弧连接每对顶点的平滑曲线）。曲线经过多段线的所有顶点并使用任何指定的切线方向。

（6）样条曲线　使用选定多段线的顶点作为近似 B 样条曲线的曲线控制点或控制框架。该曲线（称为样条曲线拟合多段线）将通过第一个和最后一个控制点，除非原多段线是闭合的。曲线将会被拉向其他控制点但并不一定通过它们。在框架特定部分指定的控制点越多，曲线上这种拉拽的倾向就越大。可以生成二次和三次拟合样条曲线多段线。

样条曲线拟合多段线与用“拟合”选项产生的曲线有很大差别。“拟合”构造通过每个控制点的圆弧对。这两种曲线与用 SPLINE 命令生成的真实 B 样条曲线又有所不同。

如果原多段线包括弧线段，形成样条曲线的框架时它们将被拉直。如果该框架有宽度，则生成的样条曲线将由第一个顶点的宽度平滑过渡到最后一个顶点的宽度。所有中间宽度信息都将被忽略。一旦框架执行了样条曲线拟合，如显示框架，其宽度将为零，线型将为 CONTINUOUS。控制点上的切向规格不影响样条拟合。

当样条拟合曲线拟合成多段线时，存储样条拟合曲线的框架，以便可通过随后的非曲线化操作调用。使用 PEDIT “非曲线化”选项可将样条拟合曲线恢复为它的框架多段线。此选项对于拟合曲线和样条曲线作用方式相同。

样条曲线的框架通常不在屏幕上显示。如果要显示它们，可以将 SPLFRAME 系统变量设置为 1。下次重新生成图形时，将绘制框架和样条曲线。

多数编辑命令对样条拟合多段线和拟合曲线的作用是相同的。

（7）非曲线化　删除由拟合曲线或样条曲线插入的多余顶点，拉直多段线的所有线段。保留指定给多段线顶点的切向信息，用于随后的曲线拟合。使用命令（例如 BREAK 或 TRIM）编辑样条曲线拟合多段线时，不能使用“非曲线化”选项。

（8）线型生成　生成经过多段线顶点的连续图案线型。关闭此选项，将在每个顶点处以点划线开始和结束生成线型。“线型生成”不能用于带变宽线段的多段线。

输入多段线线型生成选项[开（ON）/关（OFF）]<当前>:输入 on 或 off，或按 ENTER 键

（9）放弃　还原操作，可一直返回到 PEDIT 任务开始时的状态。

4.8.3　编辑样条曲线

1. 功能

修改样条曲线对象的形状。也可以改变样条曲线的公差。公差表示样条曲线拟合所指定的拟合点集时的拟合精度。公差越小，样条曲线与拟合点越接近。

2. 命令调用方法

命令输入：SPLINEEDIT↙

菜单操作：“修改（M）”→“对象（O）”→“样条曲线（S）”

工具栏：在“修改 II”工具栏中单击“编辑样条曲线”按钮

3. 命令使用

执行该命令后，命令行提示：

选择样条曲线:

输入选项[拟合数据（F）//闭合（C）/移动顶点（M）/精度（R）/反转（E）/放弃（U）]:

选择样条曲线对象或样条曲线拟合多段线时，夹点将出现在控制点上。

如果选定样条曲线为闭合，则“闭合”选项变为“打开”。如果选定样条曲线无拟合数据，则不能使用“拟合数据”选项。拟合数据由所有的拟合点、拟合公差以及与由 SPLINE 命令创建的样条曲线相关联的切线组成。

（1）拟合数据　使用下列选项编辑拟合数据。

[添加（A）/闭合（C）/删除（D）/移动（M）/清理（P）/相切（T）/公差（L）/退出（X）]<退出>:输入选项或按 ENTER 键

① 添加：在样条曲线中增加拟合点。

② 闭合/打开：如果选定的样条曲线为闭合，则“闭合”选项将由“打开”选项替换。

关闭，将闭合开放的样条曲线，使其在端点处切向连续（平滑）。如果样条曲线的起点和端点相同，则此选项将使样条曲线在两点处都切向连续。

打开，将打开闭合的样条曲线。如果在使用“闭合”选项使样条曲线在起点和端点处切向连续之前样条曲线的起点和端点相同，则“打开”选项将使样条曲线返回其原始状态，起点和端点保持不变，但失去其切向连续性（平滑）。如果在使用“闭合”选项使样条曲线在起点和端点相交处切向连续之前样条曲线是打开的（即起点和端点不相同），则“打开”选项将使样条曲线返回原始状态并删除切向连续性。

③ 删除：从样条曲线中删除拟合点并且用其余点重新拟合样条曲线。

④ 移动：把拟合点移动到新位置。

⑤ 清理：从图形数据库中删除样条曲线的拟合数据。清理样条曲线的拟合数据后，将显示不包括“拟合数据”选项的 SPLINEDIT 主提示。

⑥ 相切：编辑样条曲线的起点和端点切向。

⑦ 公差：使用新的公差值将样条曲线重新拟合至现有点。

⑧ 退出：返回到命令主提示。

（2）闭合/打开　与“拟合数据”选项中的“闭合/打开”功能完全一致。

（3）移动顶点　重新定位样条曲线的控制顶点并清理拟合点。

（4）精度　精密调整样条曲线定义。命令行提示如下：

输入精度选项[添加控制点（A）/提高阶数（E）/权值（W）/退出（X）]<退出>:

① 添加控制点：将增加控制部分样条曲线的控制点数。

② 提高阶数：将增加样条曲线上控制点的数目。

③ 权值：将修改不同样条曲线控制点的权值。较大的权值将样条曲线拉近其控制点。

④ 退出：返回到命令主提示。

⑤ 反转　反转样条曲线的方向。此选项主要适用于第三方应用程序。

（5）放弃　取消上一编辑操作。

4.9 图形编辑实例

绘制如图 4-33 所示图形。

步骤 1：搭出主体框架，如图 4-34 所示。此步中画线时可以用对象捕捉和临时追踪，提高效率。

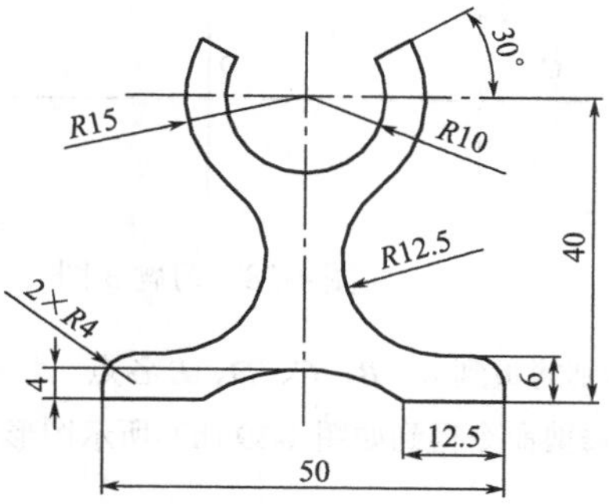

图 4-33　图形编辑实例（一）

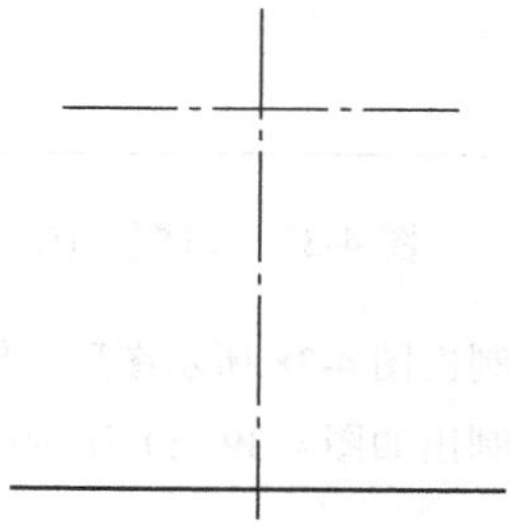

图 4-34　图形编辑实例（二）

步骤 2：画出主体部分，如图 4-35 所示。此步中除了基本绘图命令，还要用到偏移命令。

步骤 3：绘制出图形中对称部分的左半边和底部圆弧，如图 4-36 所示。此步中除了基本绘图命令，还要用到修剪命令。

步骤 4：镜像并进一步修剪，底部倒圆角，结果如图 4-33 所示。

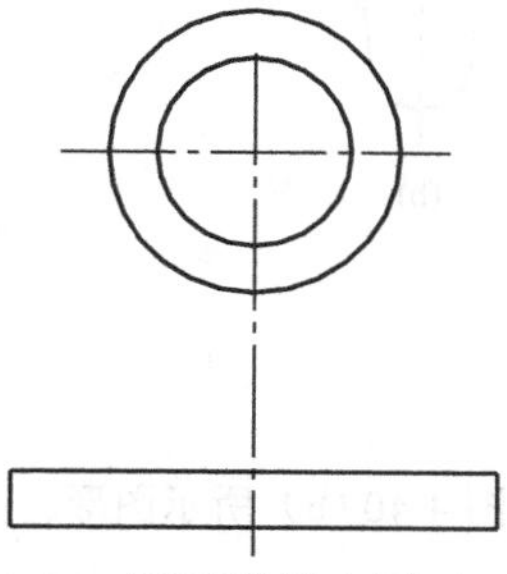

图 4-35　图形编辑实例（三）

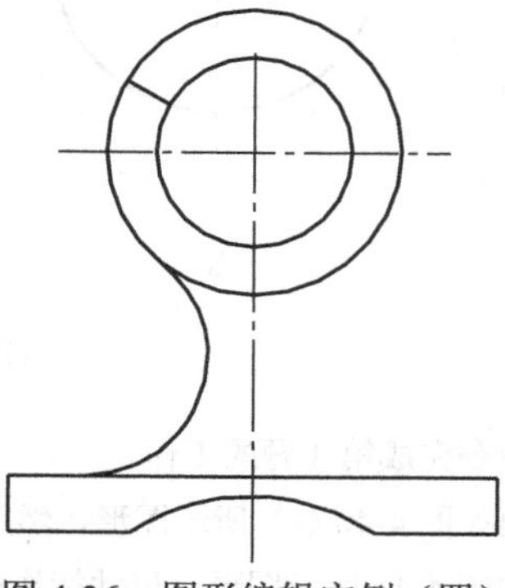

图 4-36　图形编辑实例（四）

小 结

本章重点介绍了图形编辑命令、编辑命令中对象的选择、绘图区图形的显示。在最后给出了操作实例，以加深对理论的理解，提高图形编辑能力。

对象的选择、对象的复制以及修改对象的形状是本章的重点。书中给出了一些编辑图形的技巧，希望读者在实际应用中加以应用，以提高效率。

特别注意的是，图形的绘制一般没有定式，多种编辑命令都可以达到同样的效果，选择时取决于使用者的习惯和对各种命令的理解，所以请读者在学习过程中多加思考，绘图时多加分析。

习 题

1. 运用各种选择集的构造方法来选择实体，分析各种构造方法的特点和应用场合。
2. 先绘制出如图 4-37 所示图形，然后将轴上的键槽移动到轴线上，再将整个图形旋转 90 度。

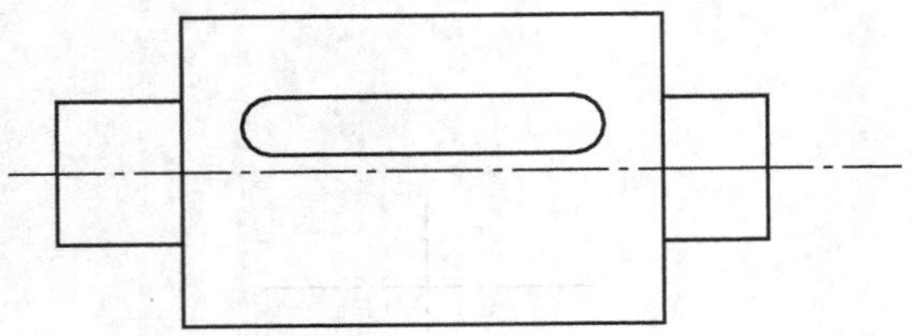

图 4-37 习题 2 图

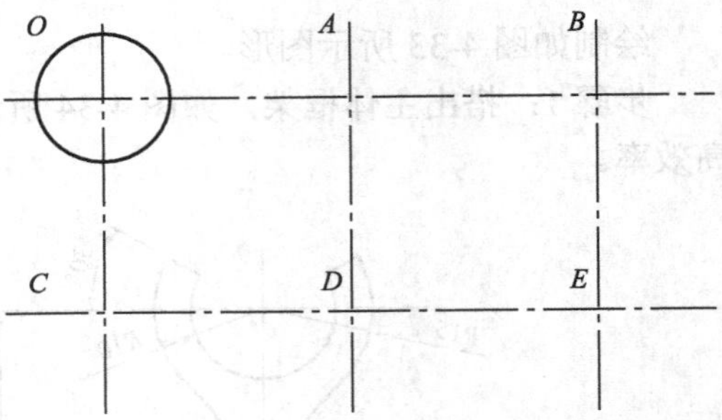

图 4-38 习题 3 图

3. 先绘制出图 4-38 所示图形，然后将 O 点处的圆分别拷贝到 *A*、*B*、*C*、*D*、*E* 各点。
4. 先绘制出如图 4-39（a）所示图形，然后用阵列和修剪命令得到如图 4-39（b）所示图形。

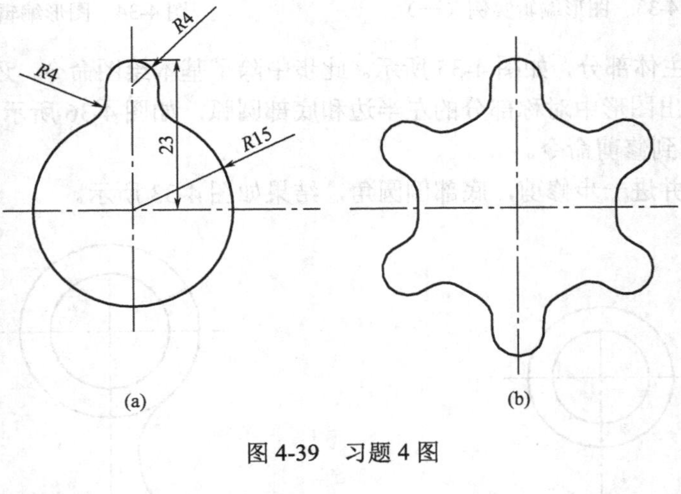

图 4-39 习题 4 图

5. 用阵列命令完成第 3 题的工作。
6. 先绘制出如图 4-40（a）所示图形，然后用旋转命令得到如图 4-40（b）所示图形。
7. 绘制出如图 4-41 所示图形。尺寸标注可不绘制。

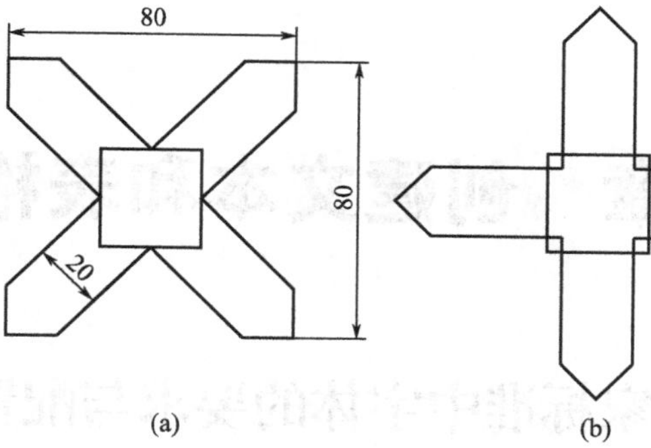

图 4-40　习题 6 图

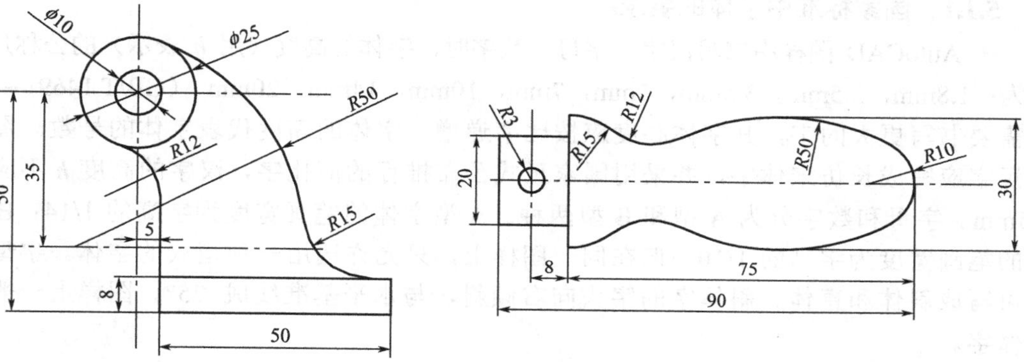

图 4-41　习题 7 图

第 5 章 创建文本和表格

5.1 国家标准中字体的要求与配置

5.1.1 国家标准中字体的要求

在 AutoCAD 图样中书写汉字、字母、数字时，字体的高度（用 h 表示）的公称尺寸系列为：1.8mm，2.5mm，3.5mm，5mm，7mm，10mm，14mm，20mm （GB/T 14691—93），如需要书写更大的字，其字体高度应按比率递增，字体的高度代表字体的号数。图样上的汉字应写成长仿宋体字，并采用国家正式公布推行的简化字，汉字的高度 h 不应小于 3.5mm。字母和数字分为 A 型和 B 型两种。A 型字体的笔画宽度为字高的 1/14；B 型字体的笔画宽度为字高的 1/10，但在同一图样上，只允许选用一种型式的字体。字母和数字可写成斜体和直体。斜体字的字头向右倾斜，与水平基准线成 75°。图样上一般采用斜体字。

5.1.2 国家标准中字体的配置

GB/T 18229 在“CAD 工程图的字体高度与图纸幅面之间的关系”及“CAD 工程制图的字体选用范围”两项内容与现行标准不同。GB/T 18229 规定，不论图幅大小，图样中字母和数字一律采用 3.5 号字，汉字一律采用 5 号字。GB/T 18229 与 GB/T 14665 的对比见表 5-1。

表 5-1 GB/T 18229 与 GB/T 14665 的对比

标准	图幅	字号大小	
		字母与数字	汉字
GB/T 18229—2000	A0	3.5	5
	A1		
	A2		
	A3		
	A4		
GB/T 14665—1998	A0	5	5
	A1		
	A2	3.5	3.5
	A3		
	A4		

GB/T 18229 关于 CAD 工程制图中字体选用范围的规定，如表 5-2 所示是新增加的。现行技术制图和机械制图国家标准中均未有相应的内容。

表 5-2　字体选用范围

汉字字形	国家标准	字体文件名	应用范围
长仿宋体	GB/T 13362.4-13362.5—1992	HZCF	图中标注及说明的汉字、标题栏、明细栏等
单线宋体	GB/T 13844—1992	HZDX	大标题、小标题、图册封面、目录清单、标题栏中设计单位名称、图样名称、工程名称和地形图等
宋体	GB/T 13845—1992	HZST	
仿宋体	GB/T 13846—1992	HZFS	
楷体	GB/T 13847—1992	HZKT	
黑体	GB/T 13848—1992	HZHT	

5.2　文本标注

在同一张图纸中，对于不同的对象或不同位置的标注应该使用不同的文字样式。在为图纸书写说明书及工程预算计划书时可以使用不同的文字输入方式，在有的情况下还需要对一些文字进行特效处理。

在 AutoCAD 中，用户可以标注单行文字也可以标注多行文字。其中单行文字主要用于标注一些不需要使用多种字体的简短内容，如标签、规格说明等。多行文字主要用于标注比较复杂的说明。用户还可以设置不同的字体、尺寸等，同时用户还可以在这些文字中间插一些特殊符号。

5.2.1　标注单行文字

使用单行文字标注图形，一次只能输入一行文字，系统不会自动换行。在 AutoCAD 2007 中，执行创建单行文字命令的方法有以下 3 种。

（1）单击“文字”工具栏中的“单行文字”按钮 A。

（2）选择“绘图（D）”→“文字（X）”→“单行文字（S）”命令，如图 5-1 所示。

（3）在命令行中输入 DTEXT 命令。

执行该命令后，将在命令行给出如下的提示：

命令：DTEXT ↙

当前文字样式：Standard　当前文字高度：2.5000（系统提示）

指定文字的起点或[对正（J）/样式（S）]：（指定单行文字的起点）

指定高度<2.5000>：（输入单行文字的高度）

指定文字的旋转角度<0>：（输入单行文字的旋转角度）

此时在指定文字的起点处会出现一个闪动的光标，直接输入文字，按回车键结束命令。

如果选择“对正（J）”命令选项，则可以设置单行文字的对齐方式，显示命令行提示如下：

输入选项[对齐（A）/调整（F）/中心（C）/中间（M）/右（R）/左上（TL）/中上（TC）/右上（TR）/左中（ML）/正中（MC）/右中（MR）/左下（BL）/中下（BC）/右下（BR）]：

其中各命令选项功能介绍如表 5-3 所示。

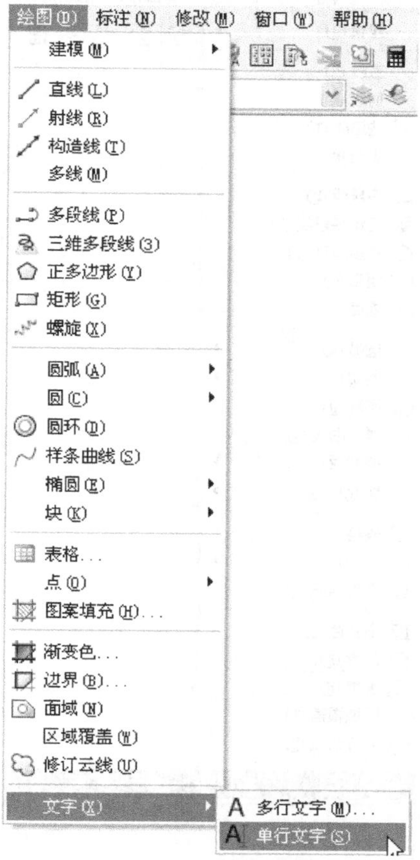

图 5-1　创建单行文字

表 5-3 对正方式

方 式	含 义
对齐（A）	通过指定基线端点来指定文字的高度和方向
调整（F）	指定文字按照由两点定义的方向和一个高度值布满一个区域。此项仅用于水平方向的文字
中心（C）	确定文本基线的水平中点
中间（M）	文字在基线的水平中点和指定高度的垂直中点上对齐，中间对齐的文字不保持在基线上
右（R）	在由用户给出的点指定的基线上右对齐文字
左上（TL）	在指定为文字顶点的点上左对齐文字，此选项只适用于水平方向的文字
中上（TC）	在指定为文字顶点的点上居中对齐文字，此选项只适用于水平方向的文字
右上（TR）	在指定为文字顶点的点上右对齐文字，此选项只适用于水平方向的文字
左中（ML）	在指定为文字中间点的点上靠左对齐文字，此选项只适用于水平方向的文字
正中（MC）	在文字的中央水平和垂直居中对齐文字，此选项只适用于水平方向的文字
右中（MR）	以指定为文字的中间点的点右对齐文字，此选项只适用于水平方向的文字
左下（BL）	以指定为基线的点左对齐文字，此选项只适用于水平方向的文字
中下（BC）	以指定为基线的点居中对齐文字，此选项只适用于水平方向的文字
右下（BR）	以指定为基线的点靠右对齐文字，此选项只适用于水平方向的文字

默认情况下，通过指定单行文字行基线的起点位置创建文字。如果当前文字样式的高度设置为 0，系统将显示“指定高度:”提示信息，要求指定文字高度，否则不显示该提示信息，而使用“文字样式”对话框中设置的文字高度。

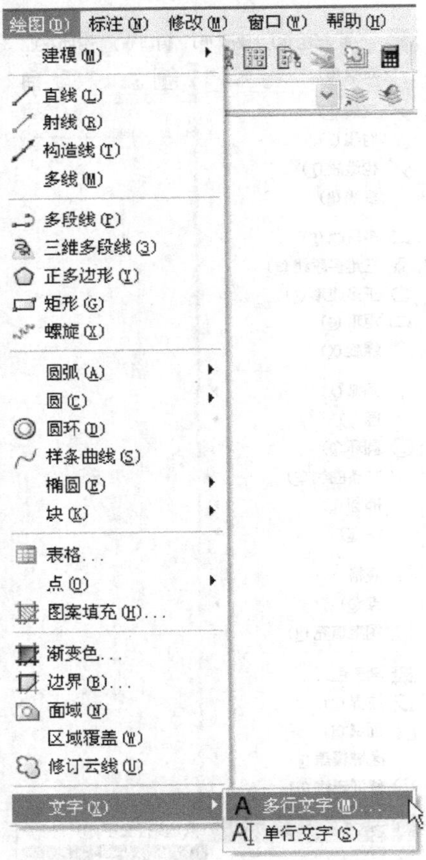

图 5-2 创建多行文字

然后系统显示“指定文字的旋转角度<0>:”提示信息，要求指定文字的旋转角度。文字旋转角度是指文字行排列方向与水平线的夹角，默认角度为 0°。输入文字旋转角度，或按 Enter 键使用默认角度 0°，最后输入文字即可。也可以切换到 Windows 的中文输入方式下，输入中文文字。

5.2.2 标注多行文字

在 AutoCAD 中，多行文字常用来标注一些段落性的文字。使用多行文字标注图形时，在多行文字中可以使用不同的字体和字号。在 AutoCAD 2007 中，执行创建多行文字命令的方法有以下 3 种。

（1）单击“文字”工具栏中的“多行文字”按钮 A。

（2）选择“绘图（D）”→“文字（X）”→“多行文字（M）”命令，如图 5-2 所示。

（3）在命令行中输入 MTEXT 命令。

执行该命令后，将在命令行给出如下的提示：

命令：MTEXT↙

当前文字样式：“样式 1”当前文字高度：30（系统提示）

指定第一角点：（在绘图窗口中指定多行文本编辑窗口的第一个角点）

指定对角点或[高度（H）/对正（J）/行距（L）/旋转（R）/样式（S）/宽度（W）]：（指定多行文本编辑窗口的第二个角点）

其中各命令选项功能介绍如下。

（1）高度（H）：指定用于多行文字字符的文字高度。

（2）对正（J）：根据文字边界确定新文字或选定文字的对齐方式和文字走向。

（3）行距（L）：指定多行文字对象的行距。行距是一行文字的底部（或基线）与下一行文字底部之间的垂直距离。

（4）旋转（R）：指定文字边界的旋转角度。

（5）样式（S）：指定用于多行文字的文字样式。

（6）宽度（W）：指定文字边界的宽度。

指定第二个角点后，在绘图窗口中弹出如图 5-3 所示的多行文本编辑器。

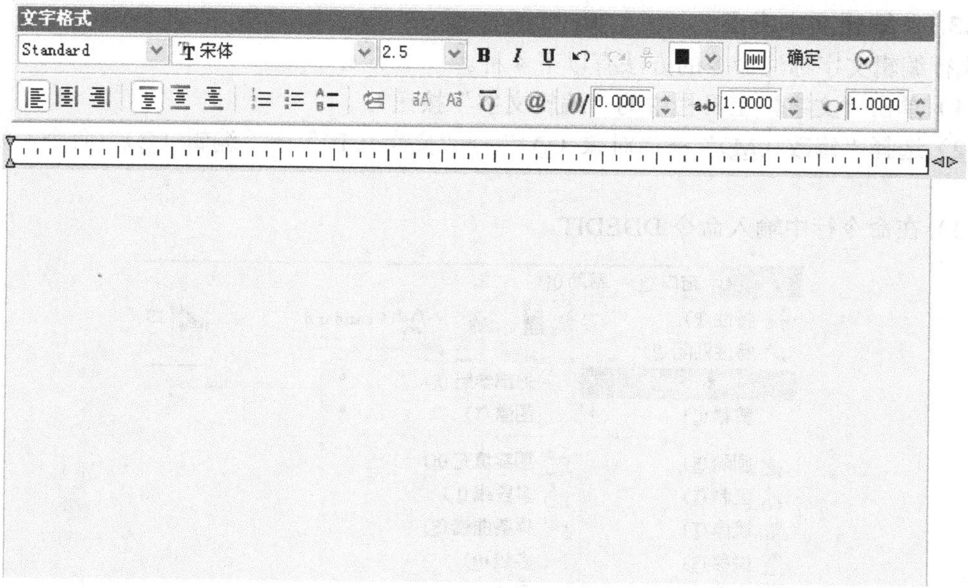

图 5-3　多行文字编辑器

该编辑器由“文字样式”面板和一个文本输入框组成。用户可以直接输入文字内容，对文字的字体、大小、颜色等进行编辑。在文本输入框中单击右键打开快捷菜单。选择相应的命令，用户可以方便地在标注文字中插入字段、符号，控制段落格式，导入文字以及为文字添加背景颜色等。其中各选项的功能介绍如下。

（1）“文字样式（如 Standard）”下拉列表框：用于设置多行文字的文字样式。

（2）“字体（如宋体）”下拉列表框：用于设置多行文字的字体。

（3）“文字高度”下拉列表框 2.5 ：用于确定文字的字符高度。在其下拉列表中可选择文字高度或直接在下拉列表框中输入文字高度。

（4）“堆叠/非堆叠文字”按钮 :单击此按钮，创建堆叠文字。例如，在多行文本编辑器中输入：“%%C6+0.02^-0.02”,然后选中“+0.02^-0.02”，单击此按钮，效果如图 5-4（a）所示。如图 5-4 所示为文字堆叠的三种效果，其中后两种效果的原始输入格式为“%%C8H2/H5”和“41#3”。

（5）“文字颜色”下拉列表框 ：用来设置或改变文本颜色。

（a）　　（b）　　（c）

图 5-4　文字堆叠效果

5.3　文本编辑

对于标注文字，不只在首次输入时可以进行编辑，当输入完毕后，如用户觉得其内容或文本特性不太理想，此时仍然可以重新编辑。

5.3.1　编辑文本内容

执行编辑文字标注命令的方法有以下 4 种。

（1）单击“文字”工具栏中的“编辑文字”按钮 A/。

（2）选择“修改（M）”→“对象（O）”→“文字（T）”→“编辑（E）”命令，如图 5-5 所示。

（3）在命令行中输入命令 DDEDIT。

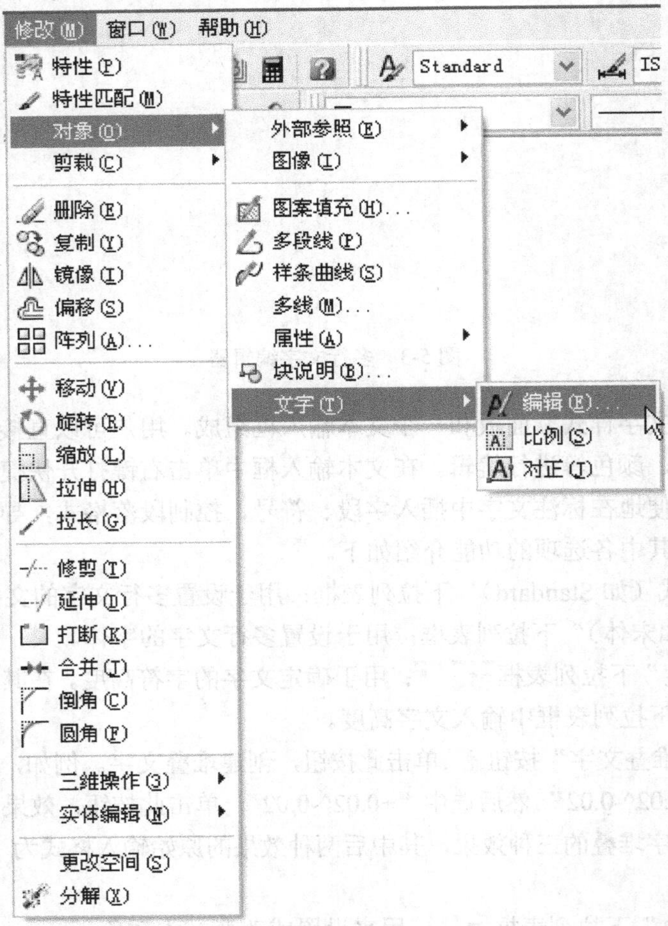

图 5-5　编辑文字

（4）用鼠标双击需要编辑的文字对象。

如果编辑的文字对象是单行文字，执行以上命令后，被编辑的文字对象效果如图 5-6 所示，用户可以对该文本框中的文字进行修改，完成后按ESC键结束编辑文字命令。

图 5-6　编辑单行文字

如果要编辑的文字对象是多行文字，执行以上命令后，则弹出“文字格式”编辑器，如图 5-7 所示。用户可以在该编辑器中对多行文字的样式、字体、文字高度和颜色等属性进行编辑，完成后单击“文字格式”编辑器中的“确定”按钮结束编辑文字命令。

图 5-7　编辑多行文字

5.3.2　编辑文本特性

利用对象特性管理器可以查看 AutoCAD 中所有对象的特性，单击“标准”工具栏中的“对象特性”按钮，打开“特性”选项板，如图 5-8 所示。在图形中选中要编辑的文字对象后，该选项板中就会显示出该文字的内容、样式、对正方式、方向、高度和旋转等特性，选择需要编辑的选项后即可进行编辑，如图 5-9 所示。

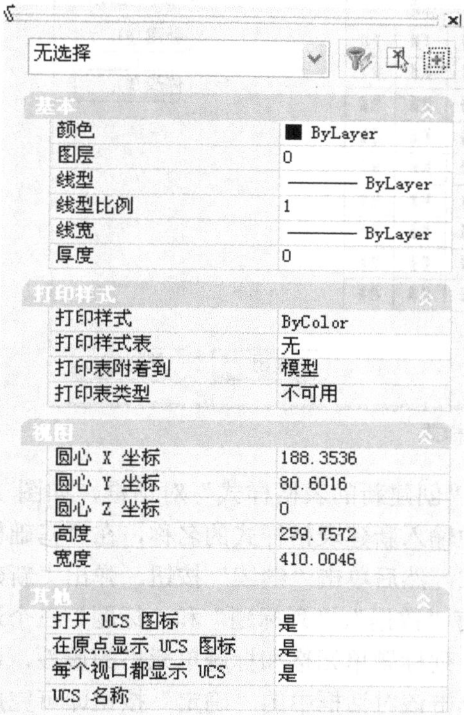

图 5-8　“特性”面板

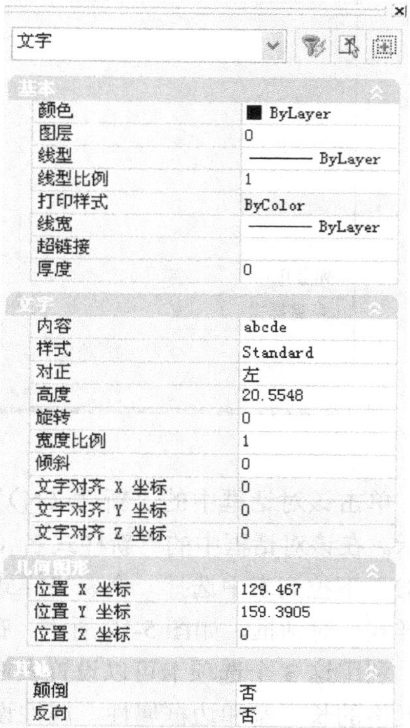

图 5-9　单行特性面板

5.4　创建表格和编辑表格

表格使用行和列以一种简洁清晰的形式提供信息，常用于一些组件的图形中。表格样式控制一个表格的外观，用于保证标准的字体、颜色、文本、高度和行距。用户可以使用默认的表格样式，也可以根据需要自定义表格样式。在 AutoCAD 2007 中，用户可以直接在绘图窗口中创建表格并对其进行编辑。另外，还可以从 Microsoft Excel 中直接复制表格，并将其作为 AutoCAD 表格粘贴到图形中。此外，还可以输出来自 AutoCAD 的表格数据，以供在 Microsoft Excel 或其他应用程序中使用。

5.4.1　设置表格样式

与文字标注一样，AutoCAD 中的表格也与表格样式关联。创建表格样式可以设置表格的标题栏与数据栏中文字的样式、高度、颜色以及单元格的长度、宽度和边框特性。执行创建表格样式命令的方法有以下两种。

（1）选择“格式（O）”→“表格样式（S）”命令。

（2）在命令行中输入命令 TABLESTYLE。

执行该命令后，弹出“表格样式”对话框，如图 5-10 所示。

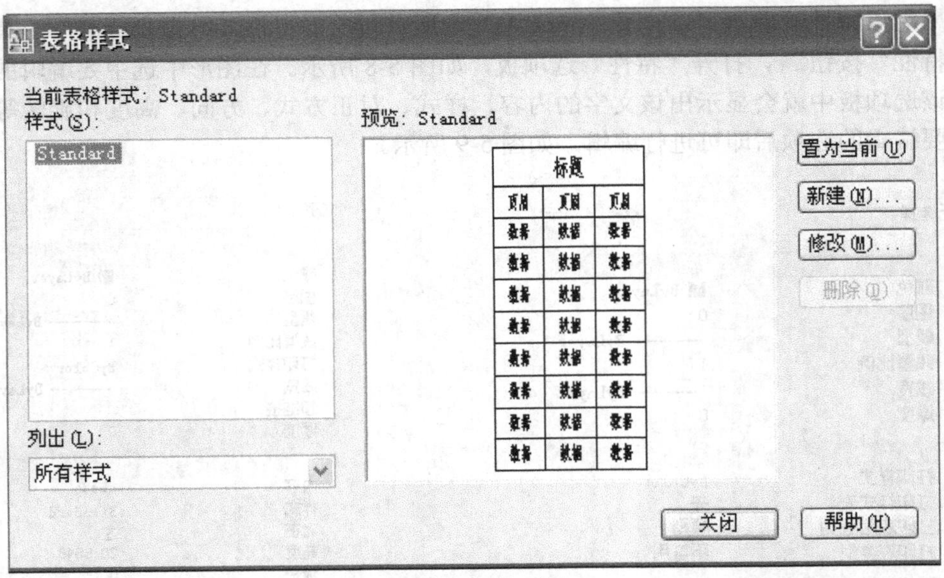

图 5-10　表格样式

单击该对话框中的“新建（N）”按钮，弹出“创建新的表格样式”对话框，如图 5-11 所示。在该对话框中的“新样式名（N）”文本框中输入新建表格样式的名称，在“基础样式（S）”下拉列表中选择一个表格样式作为基础样式，然后单击“继续”按钮，弹出“新建表格样式”对话框，如图 5-12 所示。在该对话框中有“数据”、“列标题”和“标题”三个选项卡，利用这 3 个选项卡可以设置表格数据单元格、列标题单元格和标题单元格的属性，以及单元格的长、宽和边框属性。属性设置完成后，单击该对话框中的“确定”按钮即可完成表格样式的设置。

图 5-11　创建新的表格样式

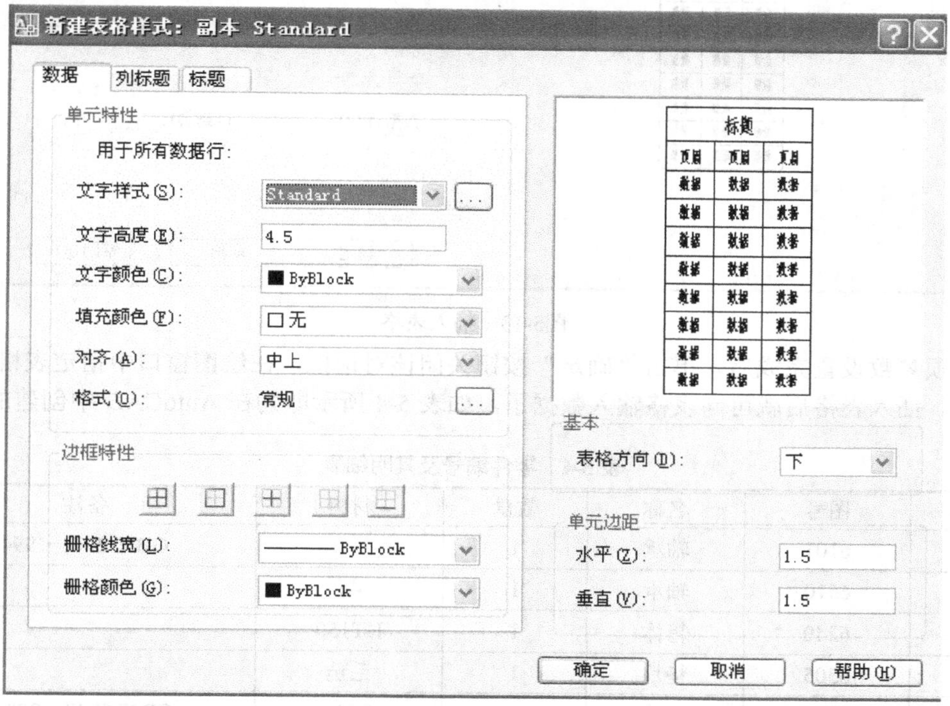

图 5-12　新建表格样式

5.4.2　创建表格

执行绘制表格命令的方式有以下 3 种。

（1）单击“绘图”工具栏中的“表格”按钮。

（2）选择选择“绘图（D）”→“表格…”命令。

（3）在命令行中输入命令 TABLE。

执行该命令后，弹出“插入表格”对话框，如图 5-13 所示。

该对话框中各选项功能介绍如下。

（1）“表格样式设置”选项组：设置表格的外观，可以在“表格样式名称（S）”下拉列表框中指定表格样式名，或单击该下拉列表框右边的按钮，在弹出的“表格样式”对话框中新建或修改表格样式。

（2）“插入方式”选项组：指定表格的插入位置，其中包括“指定插入点”和“指定窗口”两种方式。

（3）“列和行设置”选项组：设置列和行的数目以及列宽和行高。

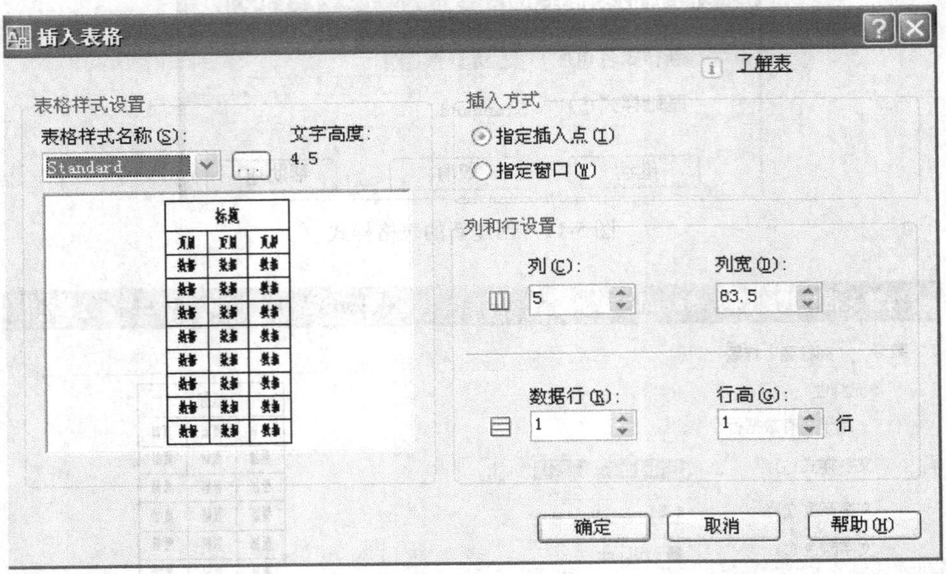

图5-13 插入表格

各项参数设置完成后，单击“确定”按钮关闭该对话框，在绘图窗口中指定表格的插入点即可。插入表格后就可向表格输入数据了，如表 5-4 所示即为在 AutoCAD 中创建的表格。

表 5-4 零件编号及其明细表

序号	图号	名称	数量	材料	备注
1	6101	轴承	1		GB/T 297—1994
2	6510	轴承	1	45	
3	6240	箱体	1	HT150	
4	6305	垫片	1	毛毡	
5	6701	螺栓	1	Q235	GB/T 5780—2000
6	6812	端盖	1	HT150	

5.4.3 编辑表格

在表格中输入文字时，还可以利用“文字格式”编辑器对表格中的内容进行编辑，如图 5-14 所示。在“文字格式”编辑器中，可以设置表格内容的样式、对齐方式、字体、字号等属性。另外，当用户选中表格或单元格时，单击鼠标右键，在弹出的快捷菜单中可以对表格或单元格进行编辑，如图 5-15（a）所示。

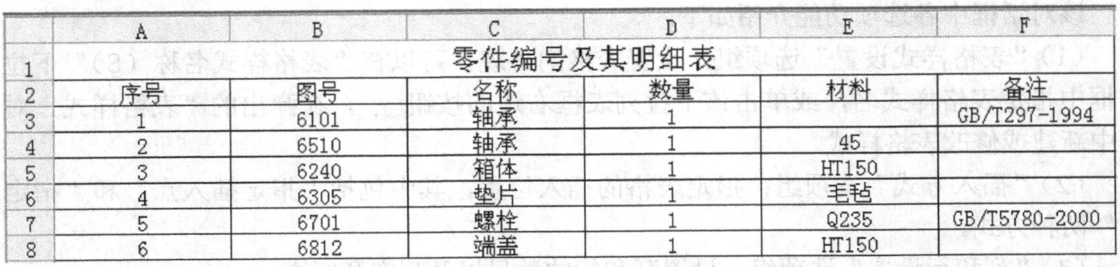

	A	B	C	D	E	F
1	零件编号及其明细表					
2	序号	图号	名称	数量	材料	备注
3	1	6101	轴承	1		GB/T297-1994
4	2	6510	轴承	1	45	
5	3	6240	箱体	1	HT150	
6	4	6305	垫片	1	毛毡	
7	5	6701	螺栓	1	Q235	GB/T5780-2000
8	6	6812	端盖	1	HT150	

图5-14 利用“文字格式”编辑器编辑表格内容

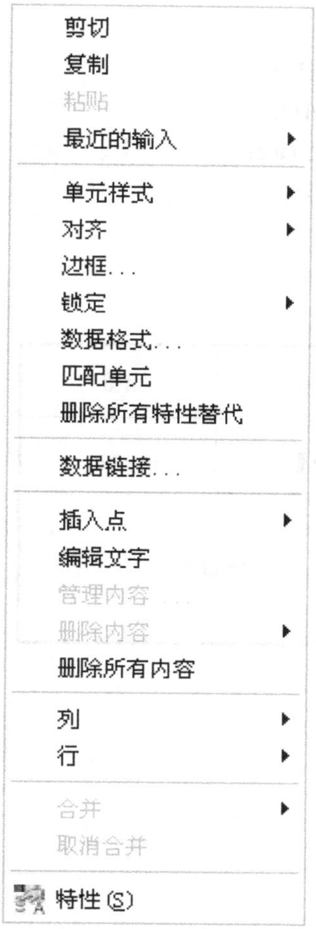

（a）选中表格时的快捷菜单

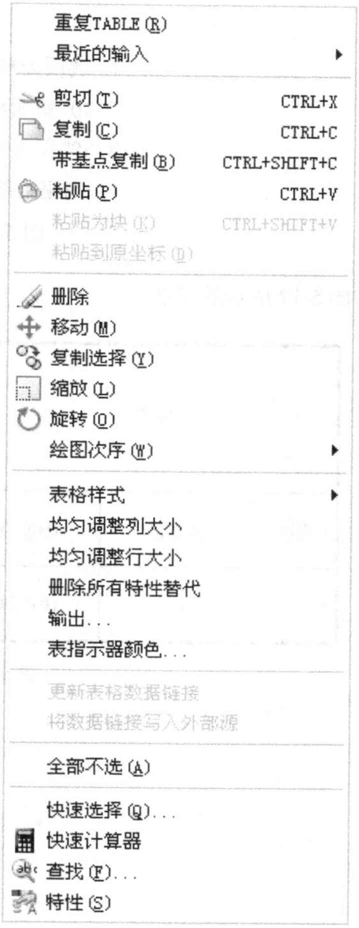

（b）选中单元格时的快捷菜单

图 5-15　选中表格时的快捷菜单

利用快捷菜单可以对表格进行剪切、复制、删除、移动、缩放和旋转等简单操作，还可以均匀调整表格的行、列大小或删除所有特定替代。当一次选中多个单元格时，还可以利用如图 5-15（b）所示的快捷菜单将选中的单元格合并，从而创建出多种形式的表格。

小　　结

本章主要介绍了 AutoCAD 中文字标注与表格的创建和编辑方法。无论是在创建文字标注还是在创建表格之前，都应首先确定文字样式或表格样式，使创建的文字标注或表格具有统一的格式。在进行文字标注时，应掌握单行文字、多行文字的输入方法。通过本章的学习，读者应熟练掌握 AutoCAD 中文字标注与表格的创建和编辑的方法。

习　　题

1. 在 AutoCAD 2007 中，如何创建文字样式?
2. 在 AutoCAD 2007 中，如何输入特殊字符?
3. 在 AutoCAD 2007 中，如何创建与编辑表格?
4. 创建如图 5-16 所示的文字标注。

技术要求

1. 调质处理（220～280）HBS；

2. 30º 斜面和底座达到 H8/H7；

3. 30º 斜面与锥孔公差为±0.0.2；

4. 底座全部倒角 0.5×45º。

图 5-16　习题 4 图

5. 绘制如图 5-17 所示的表格。

<table>
<tr><td colspan="3" rowspan="2">(图名)</td><td>比例</td><td>(比例值)</td></tr>
<tr><td>数量</td><td>(数量值)</td></tr>
<tr><td>制图</td><td>(制图者)</td><td>(制图日期)</td><td colspan="2" rowspan="2">(单位名称)</td></tr>
<tr><td></td><td></td><td>(审核日期)</td></tr>
</table>

图 5-17　习题 5 图

第 6 章　图案填充

图案填充是一种使用指定线条图案来充满指定区域的图形对象，常常用于表达剖切面和不同类型物体对象的外观纹理。

通过本章的学习，主要学习如何设置和编辑图案填充。

6.1　图案填充的概念

在绘制图形时经常会遇到这种情况，比如绘制物体的剖面或断面时，需要使用某一种图案来充满某个指定区域，这个过程就叫做图案填充（Hatch）。图案填充经常用于在剖视图中表达对象的材料类型，从而增加了图形的可读性。

在 AutoCAD 中，无论一个图案填充是多么复杂，系统都将其认为是一个独立的图形对象，可作为一个整体进行各种操作。但是，如果使用“Explode”命令将其分解，则图案填充将按其图案的构成分解成许多相互独立的直线对象。因此，分解图案填充将大大增加文件的数据量，建议用户除了特殊情况不要将其分解。

在 AutoCAD 中绘制的填充图案可以与边界具有关联性（Associative）。一个具有关联性的填充图案是和其边界联系在一起的，当其边界发生改变时会自动更新以适合新的边界；而非关联性的填充图案则独立于它们的边界。如果对一个具有关联性填充图案进行移动、旋转、缩放和分解等操作，该填充图案与原边界对象将不再具有关联性。如果对其进行复制或带有复制的镜像、阵列等操作，则该填充图案本身仍具有关联性，而其拷贝则不具有关联性。

6.2　图案填充

6.2.1　图案填充操作

1. 调用命令

命令输入：BHATCH↙（或 HATCH↙）

菜单操作：“绘图（D）”→“图案填充（H）”

工具栏：在“绘图”工具栏中单击“图案填充”按钮

2. 命令使用

（1）执行命令后，会弹出如图 6-1 所示的“图案填充和渐变色”对话框，其包括以下内容。

“图案填充”选项卡、“渐变色”选项卡，其他选项区域有“添加：拾取点”、“添加:选择对象”、重新创建边界、删除边界、查看选择集、选项、继承特性、预览。

（2）在“图案填充和渐变色”对话框中，单击“添加：拾取点”。

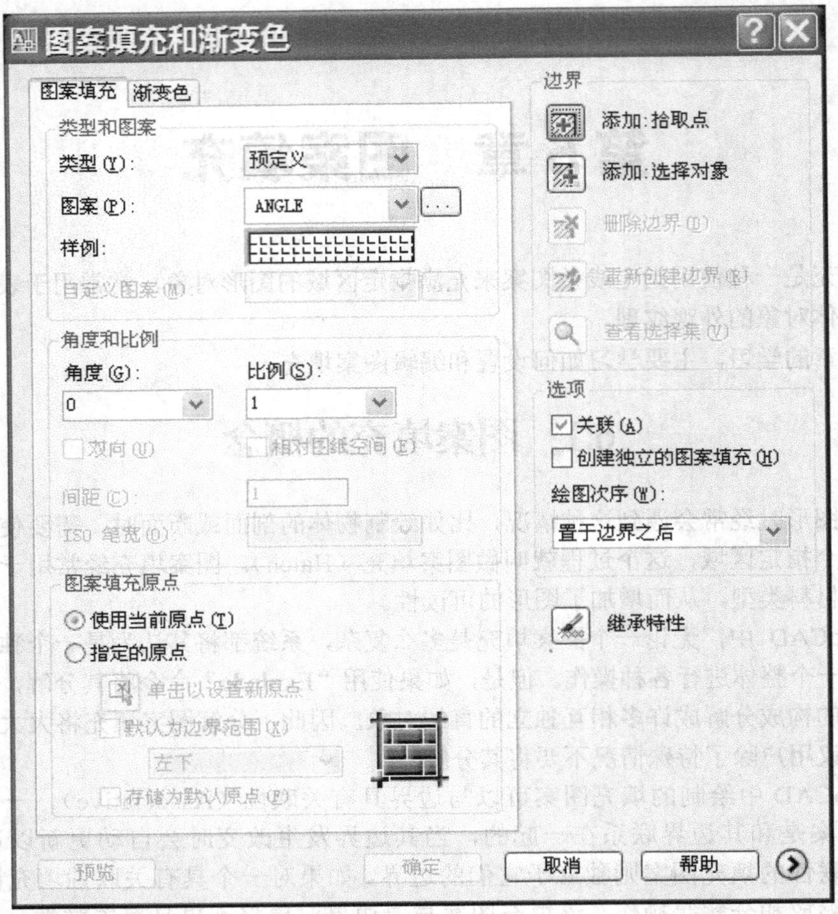

图 6-1 “图案填充和渐变色”对话框

（3）在图形中，在要填充的每个区域内指定一点，然后按 ENTER 键。此点称为内部点。

（4）在“图案填充和渐变色”对话框的“图案填充”选项卡的样例框中，验证该样例图案是否是要使用的图案。要更改图案，请从“图案”列表中选择另一个图案。要查看填充图案的外观，请单击“图案”旁边的“...”按钮。完成预览后，单击“确定”。

（5）如果需要，在“图案填充和渐变色”对话框中进行调整。通过单击“添加边界”或“删除边界”可以指定新的图案填充边界。

（6）在“绘制次序”下，单击某个选项，可以更改填充绘制顺序，将其绘制在填充边界的后面或前面，或者其他所有对象的后面或前面。

（7）单击“预览”或“确定”按钮。

3. 说明

（1）类型和图案　指定图案填充的类型和图案。

① 类型。设置图案类型。用户定义的图案基于图形中的当前线型。自定义图案是在任何自定义 PAT 文件中定义的图案，这些文件已添加到搜索路径中。可以控制任何图案的角度和比例。预定义图案存储在产品附带的 acad.pat 或 acadiso.pat 文件中。

② 图案。列出可用的预定义图案。最近使用的六个用户预定义图案出现在列表顶部。

HATCH 将选定的图案存储在 HPNAME 系统变量中。只有将“类型”设置为“预定义”，该“图案”选项才可用。后面的“...”按钮可以显示如图 6-2 所示的“填充图案选项板”对话框，从中可以同时查看所有预定义图案的预览图像，这将有助于用户做出选择。系统提供了实体填充及 50 多种行业标准填充图案，可用于区分对象的部件或表示对象的材质。还提供了符合 ISO（国际标准化组织）标准的 14 种填充图案。当选择 ISO 图案时，可以指定笔宽。笔宽决定了图案中的线宽。

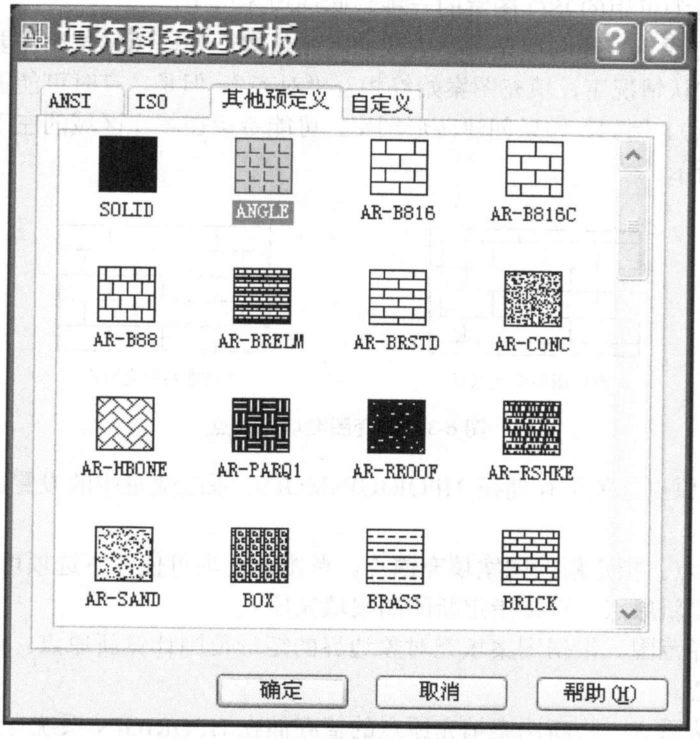

图 6-2 “填充图案选项板”对话框

③ 样例。显示选定图案的预览图像。可以单击“样例”以显示“填充图案选项板”对话框。选定 SOLID 图案时，可以单击右箭头以显示颜色列表或“选择颜色”对话框。

④ 自定义图案。列出可用的自定义图案。六个最近使用的自定义图案将出现在列表顶部。选定图案的名称存储在 HPNAME 系统变量中。只有在“类型”中选择了“自定义”，此选项才可用。后面的“...”按钮可以显示“填充图案选项板”对话框，从中可以同时查看所有自定义图案的预览图像，这将有助于用户做出选择。设计填充图案定义要求具备一定的知识、经验和耐心。因为自定义填充图案需要对填充图案比较熟悉，建议新用户不要这样做。

（2）角度和比例　指定选定填充图案的角度和比例。

① 角度。指定填充图案的角度（相对当前 UCS 坐标系的 X 轴）。HATCH 将角度存储在 HPANG 系统变量中。

② 比例。放大或缩小预定义或自定义图案。HATCH 将比例存储在 HPSCALE 系统变量中。只有将“类型”设置为“预定义”或“自定义”，此选项才可用。

③ 双向。对于用户定义的图案，将绘制第二组直线，这些直线与原来的直线成 90°角，从而构成交叉线。只有在“图案填充”选项卡上将“类型”设置为“用户定义”时，此选项

才可用。

④ 相对图纸空间。相对于图纸空间单位缩放填充图案。使用此选项，可很容易地做到以适合于布局的比例显示填充图案。

⑤ 间距。指定用户定义图案中的直线间距。HATCH 将间距存储在 HPSPACE 系统变量中。只有将“类型”设置为“用户定义”，此选项才可用。

⑥ ISO 笔宽。基于选定笔宽缩放 ISO 预定义图案。只有将“类型”设置为“预定义”，并将“图案”设置为可用的 ISO 图案的一种，此选项才可用。

（3）图案填充原点　控制填充图案生成的起始位置。某些图案填充需要与图案填充边界上的一点对齐。默认情况下，填充图案始终相互“对齐”。但是，有时可能需要移动图案填充的起点（称为原点）。例如，如果创建砖形图案，可能希望在填充区域的左下角以完整的砖块开始，如图 6-3 所示。

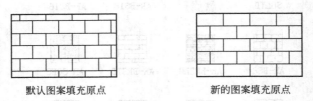

默认图案填充原点　　新的图案填充原点

图 6-3　改变图案填充原点

① 使用当前原点。使用存储在 HPORIGINMODE 系统变量中的设置。默认情况下，原点设置为（0,0）。

② 指定的原点。指定新的图案填充原点。单击此选项可使以下选项可用。

- 单击以设置新原点。直接指定新的图案填充原点。
- 默认为边界范围。根据图案填充对象边界的矩形范围计算新原点。可以选择该范围的四个角点及其中心。
- 存储为默认原点。将新图案填充原点的值存储在 HPORIGIN 系统变量中。

（4）边界

①“添加：拾取点”：根据围绕指定点构成封闭区域的现有对象确定边界。对话框将暂时关闭，系统将会提示拾取一个点，如图 6-4 所示。

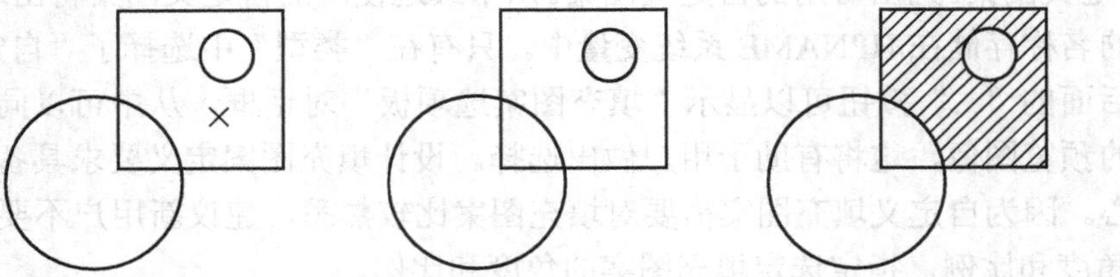

选定内部点　　图案填充边界　　结果

图 6-4　通过点选取填充区域

拾取内部点或 [选择对象（S）/删除边界（B）]：单击要进行图案填充或填充的区域，或指定选项，输入 u 或 undo 放弃上一选择，或按 ENTER 键返回对话框

拾取内部点时，可以随时在绘图区域单击鼠标右键以显示包含多个选项的快捷菜单。

如果打开了“孤岛检测”，最外层边界内的封闭区域对象将被检测为孤岛。HATCH 使用此选项检测对象的方式取决于在对话框的“其他选项”区域中选择的孤岛检测方法。

②“添加：选择对象”：根据构成封闭区域的选定对象确定边界。对话框将暂时关闭，系统将会提示选择对象。

选择对象或 [拾取内部点（K）/删除边界（B）]：选择定义要进行图案填充或填充的区域的对象，指定选项，输入 U 或 UNDO 放弃上一选择，或按 ENTER 键返回对话框

使用“选择对象”选项时，HATCH 不自动检测内部对象。如需排除已选对象内部某个区域，必须选择选定边界内的对象，以按照当前孤岛检测样式填充这些对象，如图 6-5 所示。

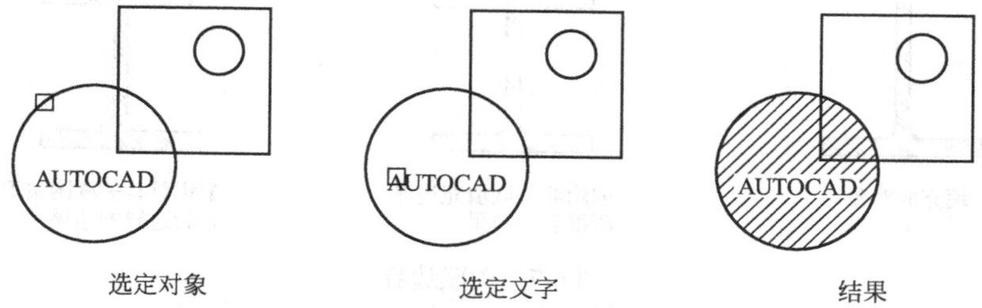

图 6-5　通过对象选取填充区域

每次单击“选择对象”时，HATCH 将清除上一选择集。选择对象时，可以随时在绘图区域单击鼠标右键以显示快捷菜单。可以利用此快捷菜单放弃最后一个或所定对象、更改选择方式、更改孤岛检测样式或预览图案填充或渐变填充。

③ 删除边界：从边界定义中删除以前添加的任何对象。单击“删除边界”时，对话框将暂时关闭，命令行将显示提示。

选择对象或 [添加边界（A）]：选择要从边界定义中删除的对象，指定选项或按 ENTER 键返回对话框

“选择对象”将选择图案填充或填充的临时边界对象并将它们删除，如图 6-6 所示。

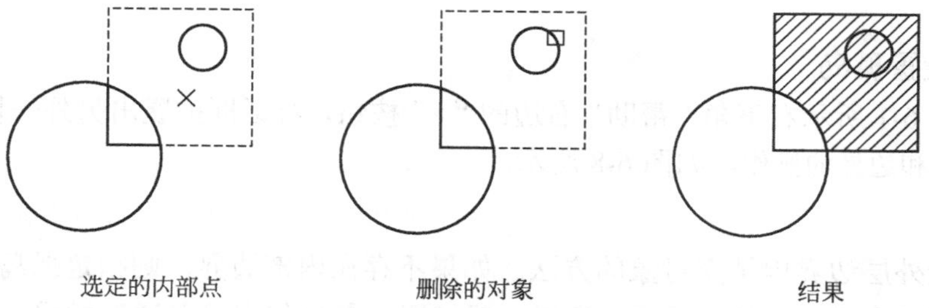

图 6-6　删除填充区域边界

“添加边界”将选择图案填充或填充的临时边界对象并添加它们。

④ 重新创建边界：围绕选定的图案填充或填充对象创建多段线或面域，并使其与图案填充对象相关联（可选）。单击“重新创建边界”时，对话框暂时关闭，命令行将显示提示。

输入边界对象类型 [面域（R）/多段线（P）] <当前>：输入 r 创建面域或 p 创建多段线

是否将图案填充与新边界重新关联？ [是（Y）/否（N）] <当前>：输入 y 或 n

⑤ 查看选择集：暂时关闭对话框，并使用当前的图案填充或填充设置显示当前定义的边

界。如果未定义边界，则此选项不可用。

（5）选项 控制几个常用的图案填充或填充选项。

① 关联：控制图案填充或填充的关联。关联的图案填充或填充在用户修改其边界时将会更新。关联图案填充会随边界的更改自动更新，如图 6-7 所示。默认情况下，用 HATCH 创建的图案填充区域是关联的。该设置存储在系统变量 HPASSOC 中。任何时候都可以删除图案填充的关联性，或者使用 HATCH 创建无关联填充。

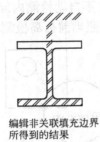

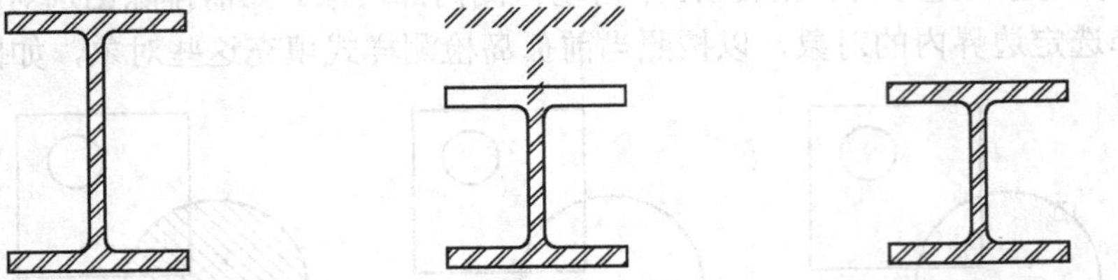

图 6-7 关联边界

② 创建独立的图案填充：控制当指定了几个单独的闭合边界时，是创建单个图案填充对象，还是创建多个图案填充对象。

③ 绘图次序：为图案填充或填充指定绘图次序。图案填充可以放在所有其他对象之后、所有其他对象之前、图案填充边界之后或图案填充边界之前。

（6）继承特性 使用选定图案填充对象的图案填充或填充特性对指定的边界进行图案填充。在选定图案填充要继承其特性的图案填充对象之后，可以在绘图区域中单击鼠标右键，并使用快捷菜单在"选择对象"和"拾取内部点"选项之间进行切换以创建边界。单击"继承特性"时，对话框将暂时关闭，命令行将显示提示。

选择图案填充对象：单击图案填充或填充区域，以选择要将其特性用于新图案填充对象的图案填充。

6.2.2 设置孤岛

单击如图 6-1 所示右下角"帮助"右边的">"按钮，对话框扩展出另外一块"其他选项"专门控制孤岛和边界的操作，如图 6-8 所示。

1. 孤岛

指定在最外层边界内填充对象的方法。如果不存在内部边界，则指定孤岛检测样式没有意义。因为可以定义精确的边界集，所以一般情况下最好使用"普通"样式。

（1）孤岛检测。控制是否检测内部闭合边界（称为孤岛）。

（2）普通。从外部边界向内填充。如果 HATCH 遇到内部孤岛，将关闭图案填充，直到遇到该孤岛内的另一个孤岛。

（3）外部。从外部边界向内填充。如果 HATCH 遇到内部孤岛，将关闭图案填充。此选项只对结构的最外层进行图案填充或填充，而结构内部保留空白。

（4）忽略。忽略所有内部的对象，填充图案时将通过这些对象。

当指定点或选择对象定义填充边界时，在绘图区域单击鼠标右键，可以从快捷菜单中选择"普通"、"外部"和"忽略"选项。

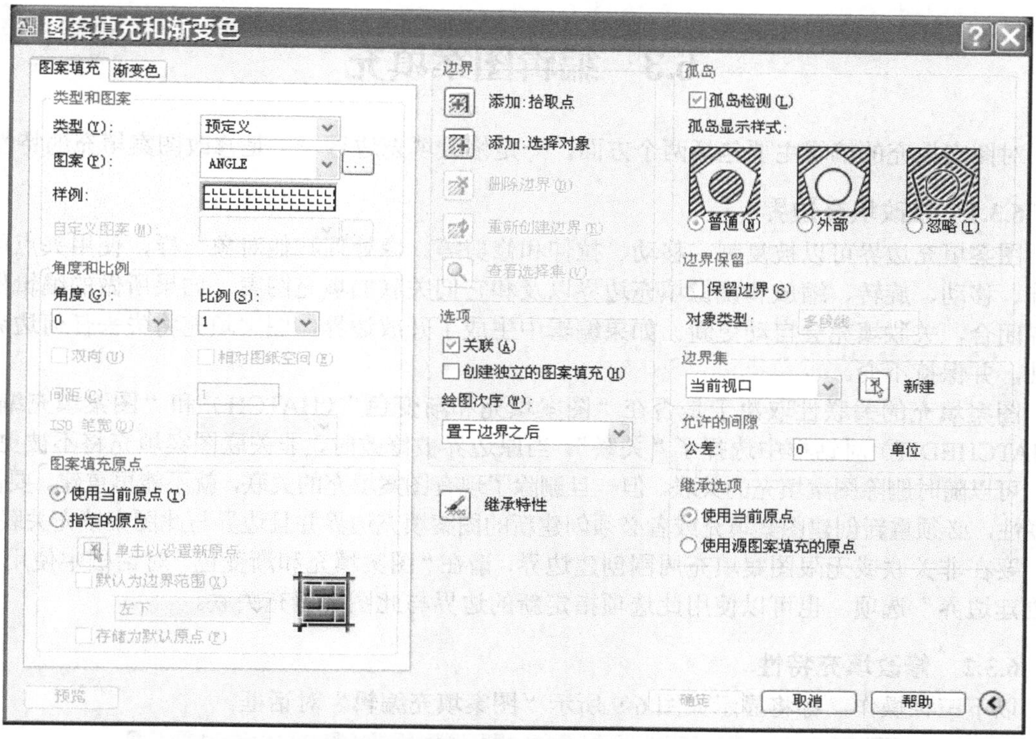

图 6-8 “图案填充和渐变色”对话框扩展后

2. 边界保留

指定是否将边界保留为对象，并确定应用于这些对象的对象类型。

（1）保留边界。根据临时图案填充边界创建边界对象，并将它们添加到图形中。

（2）对象类型。控制新边界对象的类型。生成的边界对象可以是面域或多段线对象。仅当选中“保留边界”时，此选项才可用。

3. 边界集

定义当从指定点定义边界时要分析的对象集。当使用“选择对象”定义边界时，选定的边界集无效。

默认情况下，使用“添加:拾取点”选项来定义边界时，HATCH 将分析当前视口范围内的所有对象。通过重定义边界集，可以在定义边界时忽略某些对象，而不必隐藏或删除这些对象。对于大图形，重定义边界集也可以加快生成边界的速度，因为 HATCH 检查较少的对象。

4. 允许的间隙

设置将对象用作图案填充边界时可以忽略的最大间隙。默认值为 0，此值指定对象必须封闭区域而没有间隙。按图形单位输入一个值（从 0 到 5000），以设置将对象用作图案填充边界时可以忽略的最大间隙。任何小于等于指定值的间隙都将被忽略，并将边界视为封闭。

5. 继承选项

使用“继承特性”创建图案填充时，这些设置将控制图案填充原点的位置。

（1）使用当前原点：使用当前的图案填充原点设置。

（2）使用源图案填充的原点：使用源图案填充的图案填充原点。

6.3 编辑图案填充

对图案填充的编辑主要包括两个方面，一是修改填充边界，二是修改图案填充的特性。

6.3.1 修改填充边界

图案填充边界可以被复制、移动、拉伸和修剪等。像处理其他对象一样，使用夹点可以拉伸、移动、旋转、缩放和镜像填充边界以及和它们关联的填充图案。如果所做的编辑保持边界闭合，关联填充会自动更新。如果编辑中生成了开放边界，图案填充将失去任何边界关联性，并保持不变。

图案填充的关联性取决于是否在“图案填充和渐变色”（HATCH）和“图案填充编辑”（HATCHEDIT）对话框中选择了“关联”。当原边界被修改时，非关联图案填充将不被更新。

可以随时删除图案填充的关联，但一旦删除了现有图案填充的关联，就不能再重建。要恢复关联性，必须重新创建图案填充或者必须创建新的图案填充边界并且边界与此图案填充关联。

要在非关联或无限图案填充周围创建边界，请在“图案填充和渐变色”对话框中使用“重新创建边界”选项。也可以使用此选项指定新的边界与此图案填充关联。

6.3.2 修改填充特性

以下三种操作，都将显示如图 6-9 所示“图案填充编辑”对话框。

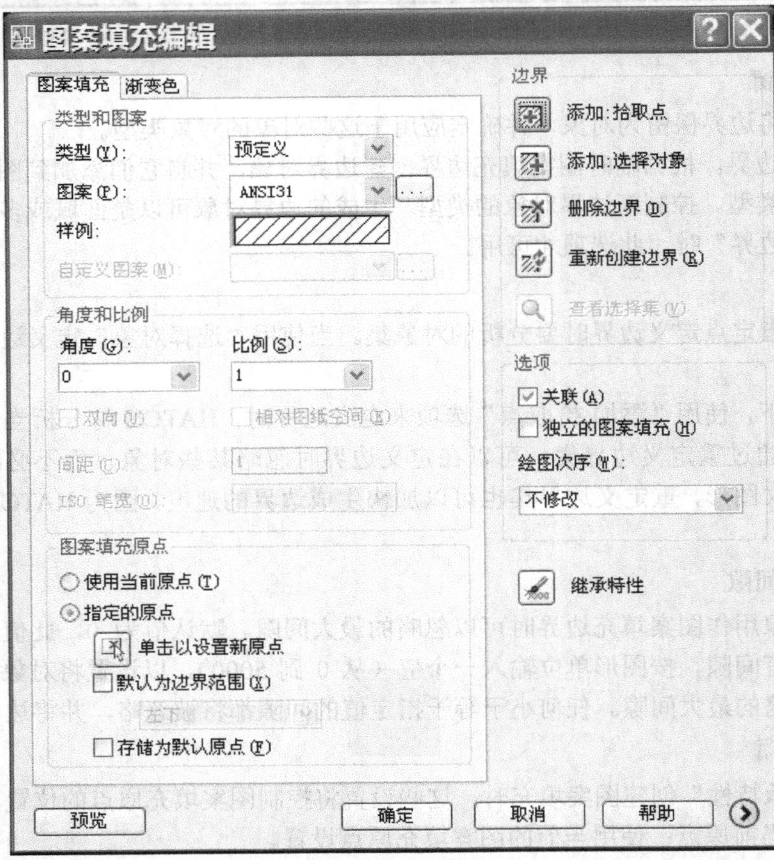

图 6-9 “图案填充编辑”对话框

命令输入：HATCHEDIT↙

菜单操作："修改（M）"→"对象（O）"→"图案填充（H）"

工具栏：在"修改II"工具栏中单击"编辑图案填充"按钮

使用此对话框可以修改现有图案填充或填充的特性。"图案填充编辑"对话框显示了选定图案填充或填充对象的当前特性，只能修改在"图案填充编辑"对话框中可用的特性。

另外还可以用"特性"选项板对图案填充的特性进行编辑。

小　结

本章主要介绍了AutoCAD 2007的图案填充和编辑功能，这些功能在绘制图形中经常使用，应该熟练掌握。

习　题

1. 绘制如图6-10所示的图形并填充，注意相邻矩形填充图案的关系。
2. 绘制如图6-11所示的图形并填充，注意要使墙面填充的左下角从一块完整砖块开始。
3. 绘制如图6-12所示的图形并填充，注意球拍线与拍柄的角度。

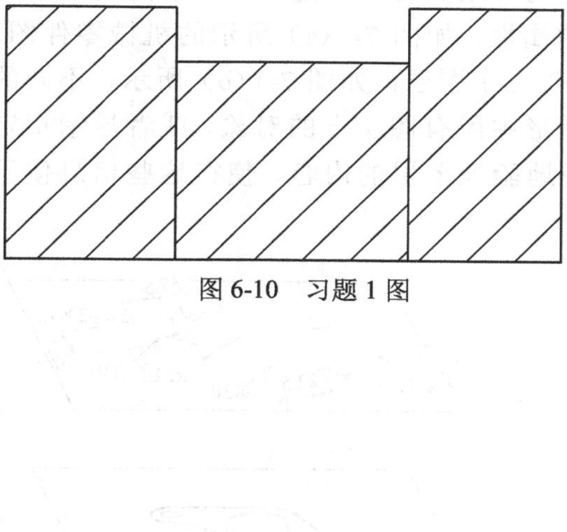

图6-10　习题1图

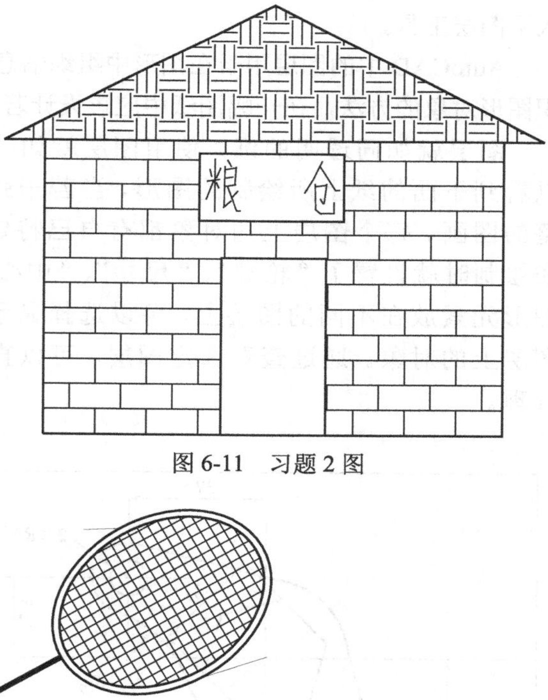

图6-11　习题2图

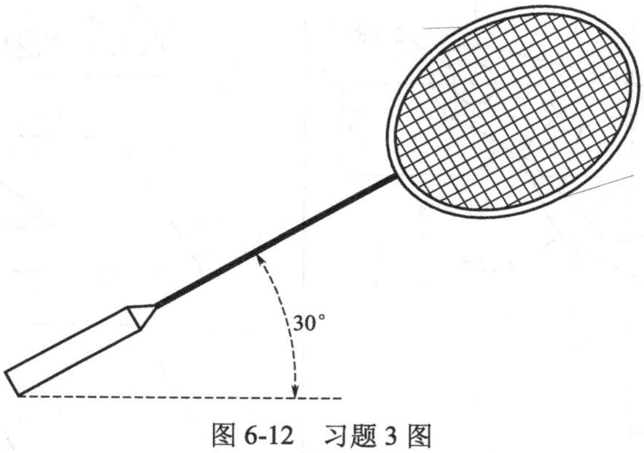

图6-12　习题3图

第 7 章 图层的设置与管理

在传统的工程图纸中，有很多不同类型的图线，他们代表了不同的含义，每一类图线都有线型和线宽等不同的特性。图层用于管理和组织图中不同特性的图形对象，它对设计图形进行分类管理。本章主要介绍图层的设置、应用以及对象特性，读者应该熟练掌握。

7.1 图层的概念

每一类对象都有多种特性，如果绘制每一个对象都需要对其特性进行一系列设定的话，是一件比较繁琐的工作，那么，如何方便地设置和管理这些不同类型的对象呢？AutoCAD 引入了图层工具。

AutoCAD 中的图层用于在图形中组织信息以及执行线型、颜色及其他标准。它是一种组织图形对象的方法，在一幅图纸中应该设计若干个图层。

图层就如同透明的纸，使用图层就如同在不同的纸上绘图，透过上面的一层纸可以看到下面的纸上所绘制的图形，当若干张透明的纸叠合在一起时，显示的是一幅完整的图画。每个图层上的对象都有自己特定的属性，如图 7-1（a）所示的机械零件图，在绘制时就设置了“轮廓”、“尺寸”、“中心线”三个图层，如图 7-1（b）所示，不同的图形元素放在不同的图层上，可以选择显示图形中所有图层上的对象，或者显示指定图层上的对象。通过查看选定图层，可以直观地验证图层的内容，使得这些信息便于管理。

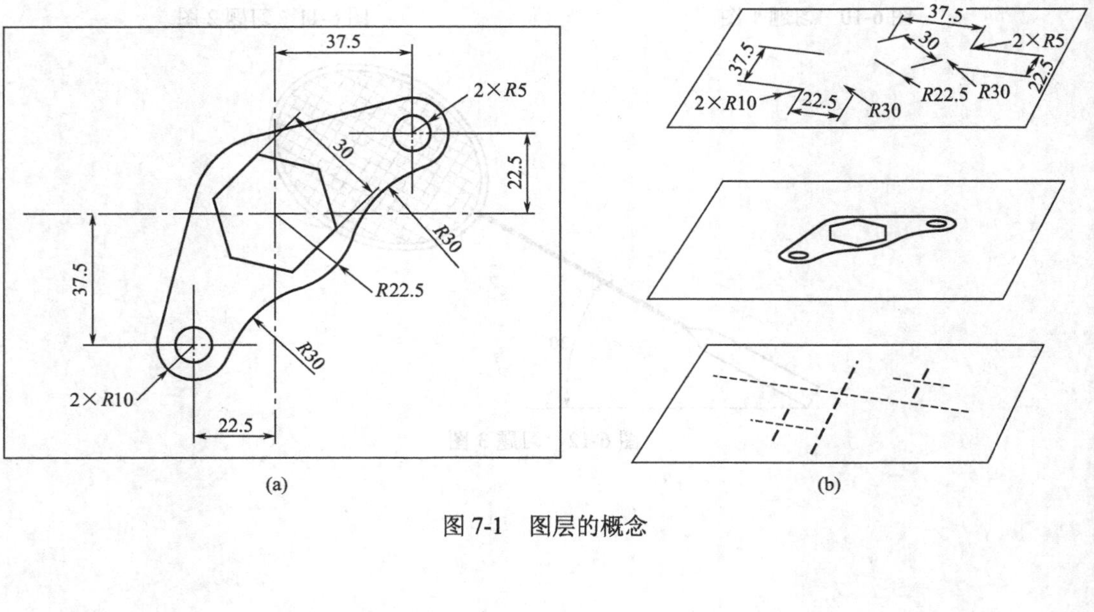

(a) (b)

图 7-1 图层的概念

7.2　规划设置图层

可以为设计概念上相关的图形对象创建和命名图层，并为这些图层指定通用的特性。通过将对象分类到各自的图层中，可以更方便更有效地进行编辑和管理。

在开始绘制一个新图形时，系统创建一个名为“0”的图层，“0”层无法被删除或重命名，当前图层也不能被删除。

启用“图层特性管理器”，可以创建新的图层、指定图层的各种特性、设置当前图层、选择图层和管理图层。

在主菜单中单击“格式（O）”→“图层（L）”或左键单击上工具箱中的按钮，出现如图 7-2 所示的“图层特性管理器”对话框，该对话框用于显示图形中的图层列表及其特性。可以添加、删除和重命名图层，修改其特性或添加说明，如状态、名称等。

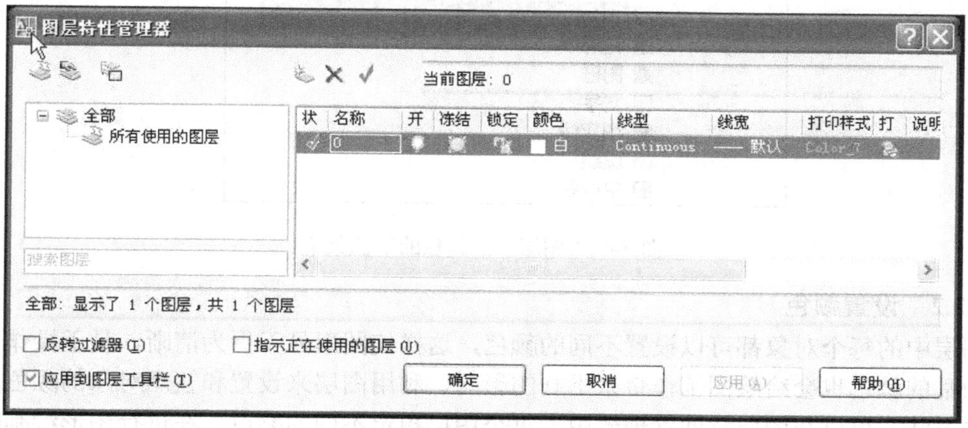

图 7-2 “图层特性管理器”对话框

7.2.1　创建新图层

（1）单击“格式（O）”→“图层（L）”或单击上工具箱中的按钮，弹出“图层特性管理器”对话框，如图 7-3 所示。

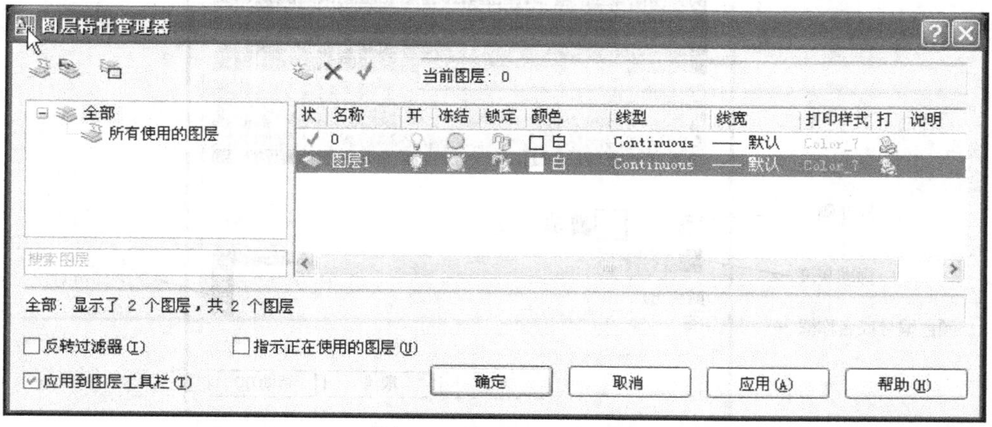

图 7-3 “新建”对话框

（2）在“图层特性管理器”中单击“新建”按钮，新的图层以临时名称“图层 1”显示于列表中，并采用默认设置的特性。

（3）输入新的图层名。图层的命名规则是：名称最长可以达到 255 个字符，包括字母、数字和三个特殊字符“$”、“-”（连接符）、“_”（下划线），但不能包含“< >∧: ? * =”这些字符。

（4）单击相应的图层颜色、线型、线宽等特性，可以修改该图层上对象的基本特性。

（5）需要创建多个图层时，要再次单击“新建”按钮，并进行新的图层设置。

（6）完成后单击“应用”按钮，将修改应用到当前图形的图层中。

（7）最后单击“确定”按钮，将修改应用到当前图形的图层中并关闭对话框。

图层创建完毕，在“图层”工具栏的下拉列表中可以看到新建的图层，如图 7-4 所示。

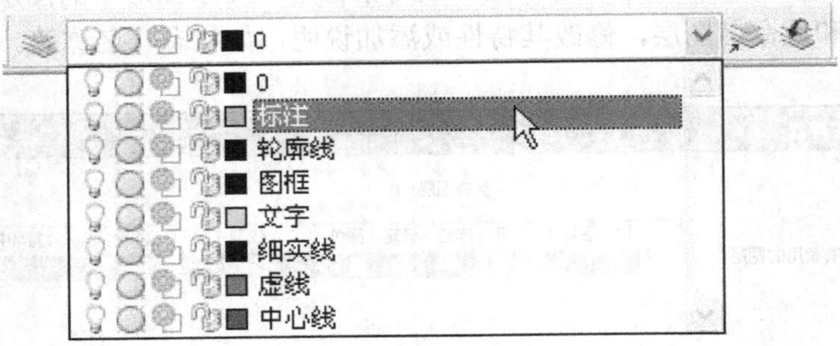

图 7-4 “图层”工具栏的下拉菜单

7.2.2 设置颜色

图层中的每个对象都可以设置不同的颜色，这样使图形显示更为清晰，易于操作。但是过于杂乱的颜色也会给绘图工作带来不利的影响，利用图层来设置和管理对象的颜色是一种常用的方法。可以在图层特性管理器中为每个图层指定不同的颜色，在进行图形绘制时，如果颜色的设置为“ByLayer”（在“对象特性”工具栏“颜色控制”下拉列表中显示为“ByLayer”），

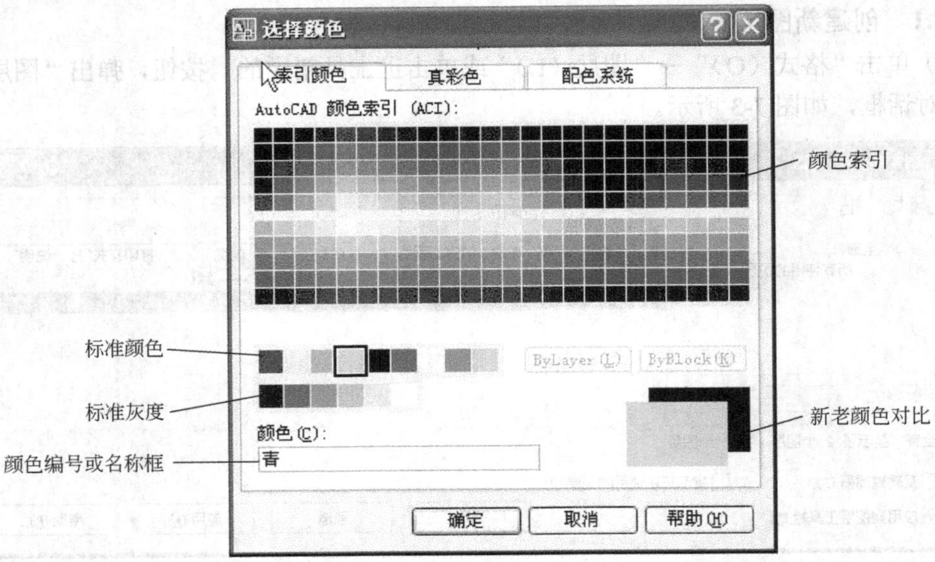

图 7-5 “选择颜色”对话框

即通过图层的颜色来控制图形对象颜色，那么图形对象的颜色将与图层的颜色一致；当改变了图层的颜色后，该图层上的所有对象的颜色都会改变。例如，绘制了一个圆，同时当前图层的颜色为红色，则这个圆显示为红色；如果以后将图层的颜色改为绿色，则这个圆以及其他在这个图层上绘制的颜色属性为“ByLayer”的对象也都显示为绿色。

利用图层来管理图形对象的颜色更重要的目的是便于打印出图，AutoCAD 提供了两种打印模式，其中一种就是利用颜色来确定打印对象的线宽。

将不同的对象组织到不同的图层上，再将图层颜色设置为不同颜色，就可以实现对不同类型的图形对象以不同的宽度输出。

在图层特性管理器中指定图层的颜色的方法：单击图层“颜色”栏下的颜色方块，弹出如图 7-5 所示的“选择颜色”对话框。设定颜色时，从该颜色对话框中的“索引颜色”选项卡中选择合适的颜色，单击“确定”。该选项卡显示了 256 种颜色。对话框中的颜色按 0～255 编号，为了方便打印时根据颜色来设置线宽，尽可能选择“索引颜色”选项卡中部的“标准颜色”，参见表 7-1。

表 7-1　标准颜色

颜色值	颜色名称	颜色值	颜色名称
1	红色	5	蓝色
2	黄色	6	洋红
3	绿色	7	白色
4	青色		

此窗口中的后两个选项卡中，如图 7-6（a）所示，“真彩色”选项卡可以利用 RGB 模式或 HSL 模式分别在 16777216 种和 3600000 种颜色中选择；如图 7-6（b）“配色系统”选项卡则可以利用某些第三方公司为某些特定产品定义好的配色系统中选择已经编号的颜色，这样利于保证整个产品的设计、生产过程中颜色的准确性。

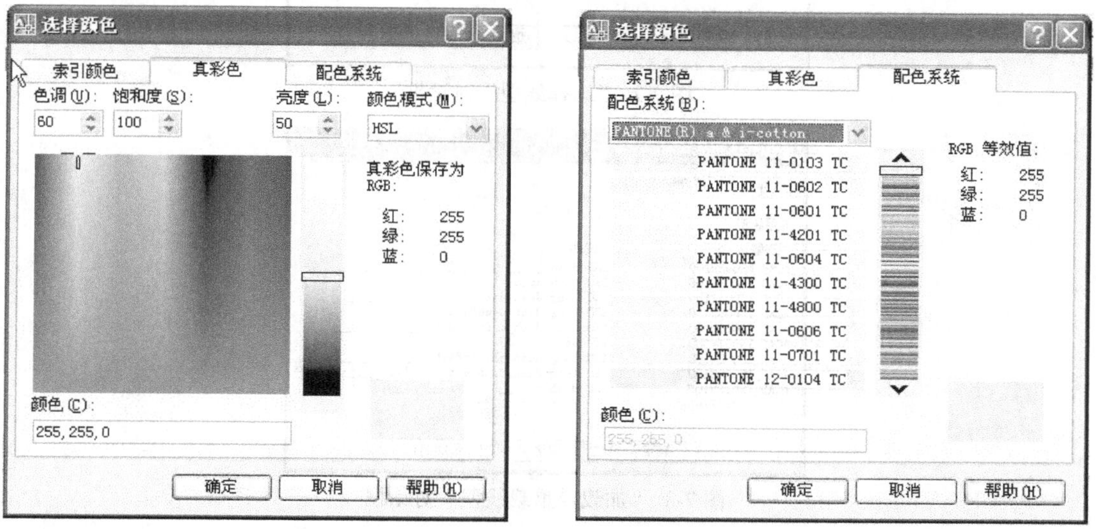

（a）　　　　（b）

图 7-6　“选择颜色”对话框的

特别强调：在普通机械或建筑绘图中，为了方便打印时根据颜色来设置线宽，尽量选择“索引颜色”选项卡中部“标准颜色”，“颜色（C）”名称框中将显示汉字颜色名，如前面图7-5所示。

7.2.3 设置线型

不同性质的图形对象在工程应用中，有不同的线型表示方式，在绘图过程中可能会用到虚线、中心线、点画线、双点画线等。前面提到过将不同的对象组织到不同的图层上，这些对象的不同之处也包括它们的线型，这样我们就需要为不同的层设置线型。如果当前 AutoCAD 线型为“ByLayer”，则所有新绘制的对象使用其所在图层的线型。例如，绘制一条直线并且当前图层的线型是虚线线型，则这条直线是虚线；如果将图层线型改变为点画线，则这条直线以及其他所有在这个图层上的对象的线型都是点画线。

可以使用“图层特性管理器”对话框设置图层线型。单击“图层特性管理器”对话框中“线型”栏下的线型名称，弹出“选择线型”对话框，如图 7-7 所示。缺省情况下，第一次打开该对话框时，只有连续线线型（continuous），单击“加载”，弹出“加载或重载线型”对话框，如图 7-8 所示。文件中定义的线型显示在下面的列表中，选择需要的线型单击“确定”，回到图 7-7 所示的“选择线型”对话框。重复此过程可将所需线型依次加载到内存中。“选择线型”对话框显示的是已经加载的线型，选择需要的线型后单击“确定”回到“图层特性管理器”对话框即可。

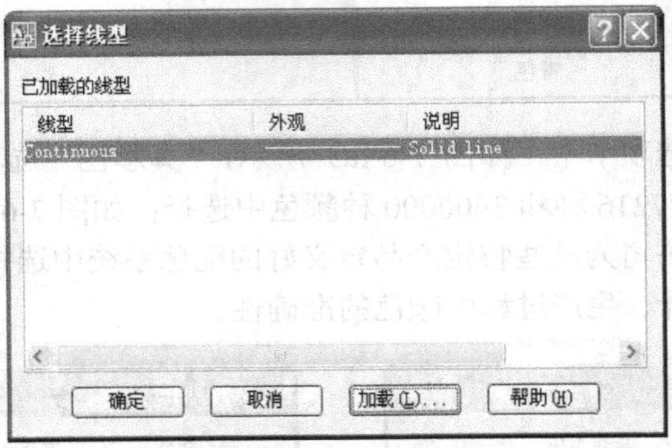

图 7-7 “选择线型”对话框

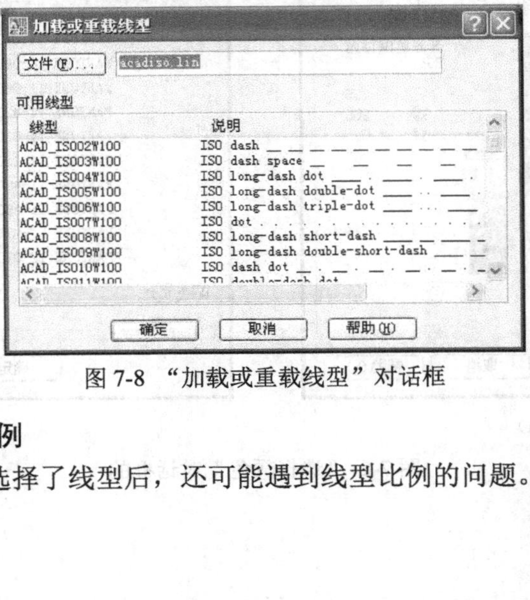

图 7-8 “加载或重载线型”对话框

7.2.4 设置线型比例

在实际绘图当中，选择了线型后，还可能遇到线型比例的问题。

线型的定义存放在 Acad.Lin 和 Acadiso.Lin 两个线型库文件中，里面记录了线型定义的原始数据，利用文本编辑器打开可以观察线型的定义。例如对于虚线 Hidden，短划的长度是 6.35，空白的长度是 3.175，如图 7-9 所示。使用该线型绘制图形时，如果绘制窗口显示的坐标范围较大（比如 X 方向 2000 个绘图单位），那么线型中空白部分的长度因为太短，屏幕显示为连续线。反之，如果绘制窗口显示的坐标范围较小（比如 X 方向 5 个绘图单位），那么空白或短线部分就显示得太长，看起来不像虚线。在图形输出时也是如此，为了解决这个问题就需要调整线型比例。

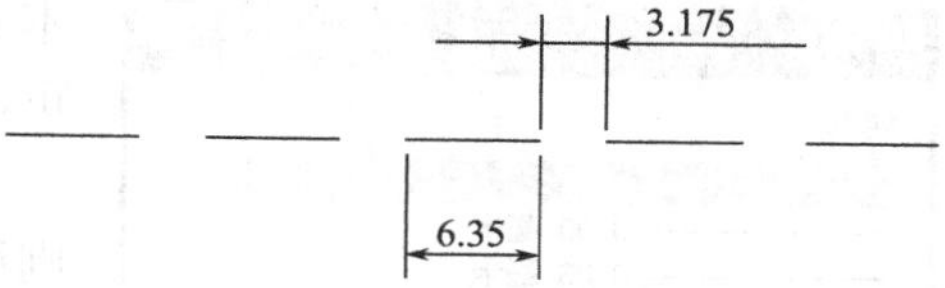

图 7-9　虚线的定义长度

线型比例是一个系数，在显示线型时，对其定义数据都要乘以线型比例系数。对于上述虚线，如果线型比例是 10，则绘制图形时空白长度为 31.75，短划长度为 63.5。也就是说对于因窗口显示范围大导致线型不能正确显示的情况，应该设置一个大于 1 的线型比例；反之应设置一个小于 1 的线型比例。

单击线型控制区域，弹出线型列表如图 7-10（a）所示，在列表中显示的是已经加载的线型，如果单击“其他”项，则会弹出如图 7-10（b）所示的“线型管理器”对话框。该对话框类似于“图层特性管理器”对话框，可以加载需要的线型到内存。单击“显示细节”按钮，对话框显示如图 7-10（b）所示。在对话框中有两个比例系数：全局比例因子、当前对象缩放比例。全局比例因子可以修改图形中的所有新创建的和已经存在的线条的线型比例。当前对象缩放比例仅仅影响随后新绘制的对象。

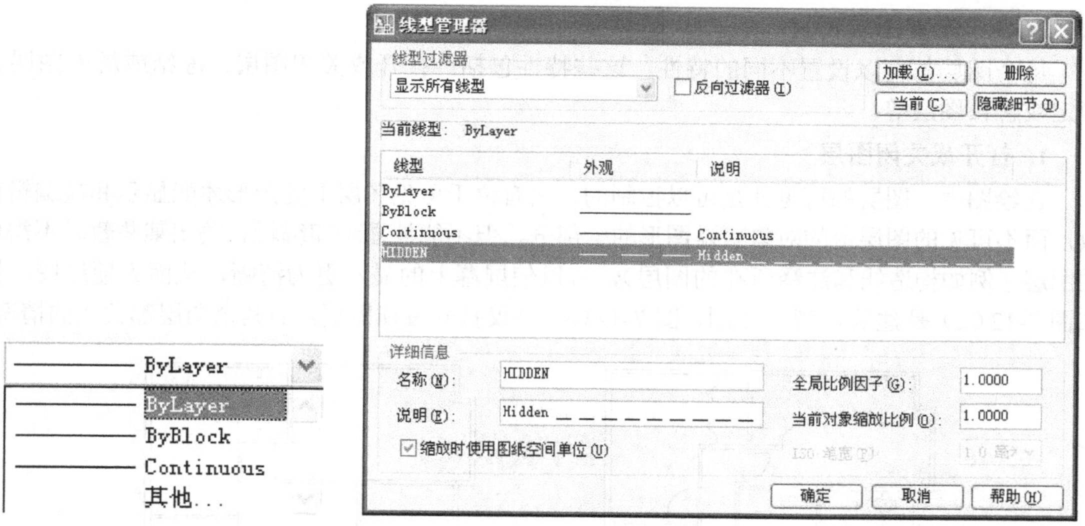

（a）　　（b）

图 7-10　“线型管理器”对话框

另外，选择不同的线型定义也很重要，例如有三种个不同的 Hidden 线型，名为：HIDDEN、HIDDEN2 和 HIDDENX2；HIDDEN2 表示虚线的短划和空白间距是 HIDDEN 线型的一半，HIDDENX2 表示虚线的短划和空白间距是 HIDDEN 的二倍。

7.2.5　设置线宽

在 AutoCAD 中，除了可以根据颜色决定图形对象的打印宽度外，还可以根据图形对象

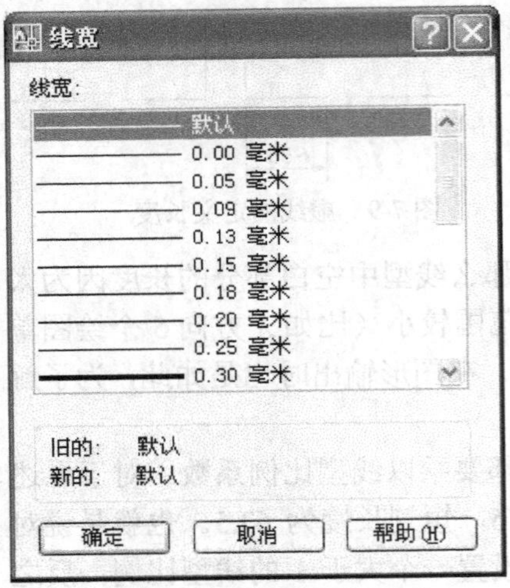

图 7-11 “线宽”对话框

本身的线宽设置来打印。在“图层特性管理器”对话框中可以对每个图层设置线宽。

如果图层被赋予了线宽，且当前线宽为“ByLayer”，则所绘制的对象使用其所在图层的线宽。例如，绘制了一条直线，并且当前图层的线宽是 0.8mm，这条直线将具有这个线宽。如果以后将图层的线宽改变为 0.25mm，则这条直线以及它所在图层的所有对象的线宽变为 0.25mm。

改变图层线宽的方法是：在“图层特性管理器”对话框中，单击要改变线宽的图层的“线宽”栏，弹出“线宽”对话框，如图 7-11 所示，选择需要的线宽单击“确定”按钮即可。

需要注意的是：在图形中可能看不到实际的线宽。因为在默认状态下，AutoCAD 设置为不按线宽来显示对象，原因是使用多个像素显示线宽将降低 AutoCAD 的执行速度。为了使对象显示线宽，应单击状态行中的“线宽”线宽按钮，使用这个按钮可以打开或关闭线宽的显示。

7.3 管理图层

AutoCAD 可以控制图层里的对象，还可以对纯粹图层而不是图层里的对象进行管理。

7.3.1 设置图层特性

每个图层都可以设置不同的特性，这些特性包括：打开或关闭图层、冻结或解冻图层、锁定或解锁图层等。

1. 打开或关闭图层

在绘图中，图层的可见性是可以控制的，只有位于可见图层上的图形才能显示和被编辑修改，而不可见的图层上的对象虽是图形的一部分，但不能被显示和编辑。关闭某些暂时不需要的图层（例如构造线和注释所在的图层），可以使屏幕上的显示更为清晰，从而方便绘图。例如图 7-12（a）是建筑户型平面图，图 7-12（b）是仅打开墙体图层，而其余图层都关闭的情况。

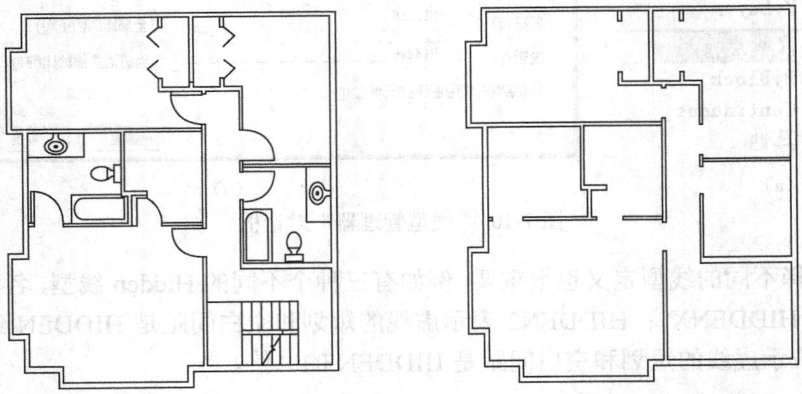

(a) 建筑户型平面图　　(b) 墙体图层的单独显示

图 7-12 图层的关闭

所有的图层都可以被关闭，包括当前图层。当前图层被关闭时，屏幕上会弹出图 7-13 所示的一个警告提示对话框，因为此时再绘制的对象将无法看见。在一般情况下，当前层是不需要关闭的。

图 7-13　当前层关闭警告对话框

要在图层特性管理器中关闭图层，只需将鼠标移到需要关闭的图层上，单击“开”栏下的灯泡图案，当灯泡由黄色亮显变成了灰蓝色，如图 7-14 所示，那么此图层就被关闭了。需要打开已被关闭的图层，只要单击灯泡，使其从灰蓝色变成黄色即可。

2. 锁定和解锁图形

图层被锁定后，该图层上的对象依然可见，可以对其进行对象捕捉，但不能对其进行编辑和修改。锁定一个图层，可以保护该图层中包含的信息，并且可以避免错误地修改或删除在该图层上已经绘制的对象。当一个图层被锁定后，如果没有关闭或冻结，图层上的对象依然可见，仍然可以将这个图层设置为当前图层并且在该图层上添加对象。另外，还可以改变图层的颜色和线型。解锁图层将恢复所有的编辑能力。

例如，试图删除在锁定图层上的对象，命令行提示为：

命令: ERASE

选择对象:（选择锁定图层上的对象）

××个在锁定的图层上。

在图层特性管理器中锁定图层，只单击需要锁定图层上“锁定”栏下的挂锁符号，当挂锁锁上了后，则表明该图层已被锁定，反之则被解锁（图 7-14）。

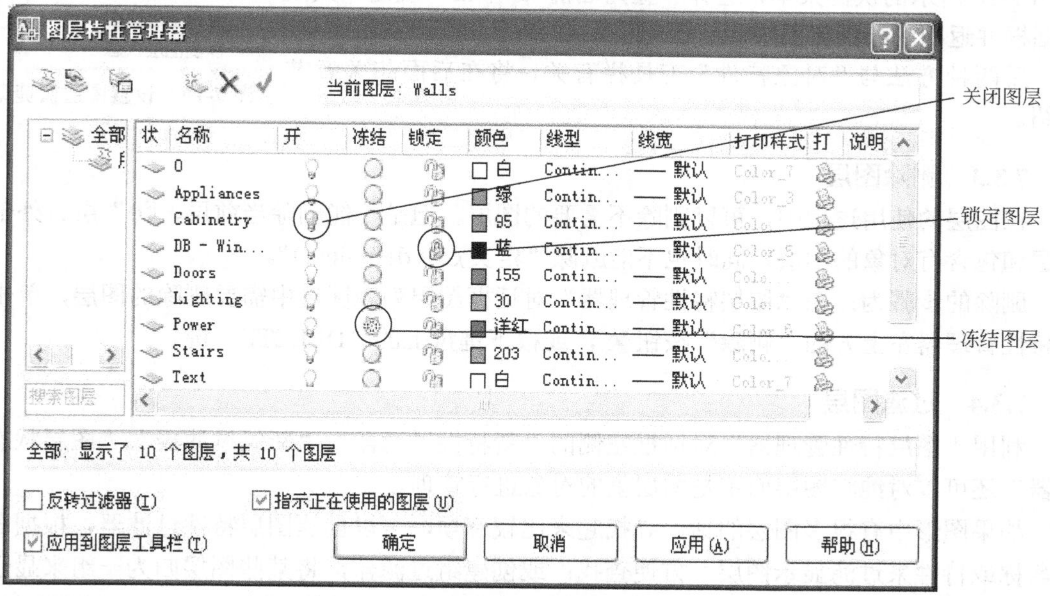

图 7-14　图层关闭、解锁、解冻的显示

3. 冻结和解冻图层

当图层冻结后，图层上的对象和图层也是不可见的，但与图层的关闭不同的是：绘图过程中，关闭图层中的对象仍然参与图形的计算与重生成；而冻结图层上的对象则不参与图形的计算和重生成，当使用“重生成（regen）”命令时，冻结图层上的对象不被

图 7-15 冻结当前图层警告

重生成。同时，当前图层不能被冻结，试图冻结当前图层时，屏幕上会显示如图 7-15 所示的警告提示。因此，当某个图形的文件量较大时，将某些不需要进行操作的图层冻结，能提高绘图的速度。

在图层特性管理器中冻结某些图层，只需单击该图层“在所有视口冻结”栏下的太阳符号，当太阳符号变成了雪花符号，则该图层被冻结，如图 7-14 所示。再次单击使雪花符号变成太阳符号，则图层被解冻。

7.3.2 切换当前图层

在绘制图像时，对象绘制在当前图层上。为了将对象绘制在不同的图层上，必须将不同的图层设置为当前图层。如果将图层理解为一叠透明的纸的话，当前图层就是最上面的一张纸，设置当前图层就是将任意一张纸抽出来放在最上面。AutoCAD 提供了三种方法来切换当前图层：

（1）使用“图层特性管理器”对话框；

（2）使用“对象特性”工具栏上的“图层控制”下拉列表；

（3）将选定的对象位于的图层设置为当前图层。

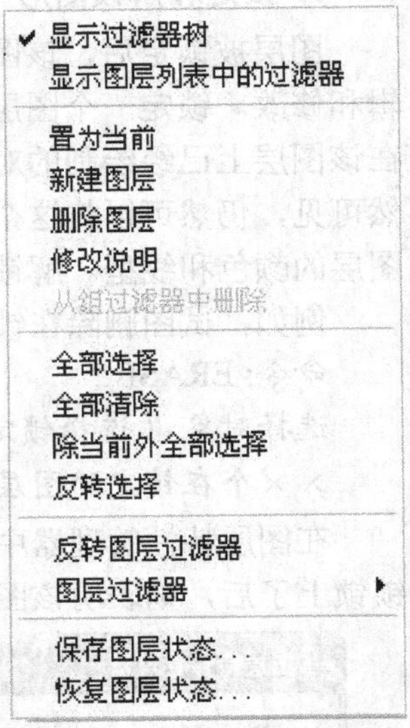

图 7-16 设置图层快捷菜单

使用“图层特性管理器”对话框切换当前图层的过程是：打开“图层特性管理器”对话框，选择要设置为当前图层的图层，再单击“当前”✔按钮；或双击图层名；或在图层名上单击右键，弹出如图 7-16 所示的快捷菜单，选择“置为当前”。单击“确定”关闭对话框并返回到绘图界面中。

后两种方法与“对象特性”工具栏有关，将在后面相关章节介绍。

7.3.3 删除图层

在图层的使用过程中，可以删除不需要的图层。但是不能删除当前层、“0”层、外部引用层和包含有对象的图层，同时也不能删除“定义点（defpoints）”。

删除的步骤为：在“图层特性管理器”对话框图层列表区选中需要删除的图层，单击图层特性管理器左上方的“删除”按钮✕，或按下键盘上的“DELETE”键。

7.3.4 过滤图层

利用“图层特性管理器”对话框左侧的“新特性过滤器”、“新组过滤器”、“图层状态管理器”还可以对纯粹图层而不是图层里的对象进行管理。

如果图形中有很多图层的话，寻找起来比较麻烦，可以创建图层特性过滤器，根据图层的名称或特性来过滤显示图层、方便查找；或创建组过滤器，将某些图层归为一组来显示；还可以将图层控制开关的状态保存到“图层状态管理器”，需要的时候可以方便的调用，比如将除了轮廓线以外的其他图层全部关闭的状态和全部打开的状态分别保存起来，这样可以随时切换这两种状态，以方便观察图形和继续设计。

图层过滤器可限制“图层特性管理器”和“图层”工具栏上的“图层”控件中显示的图层名，在较大图形文件中，利用图层过滤器，可以仅显示要处理的图层，并且可以按图层名或图层特性对其进行排序。图层特性管理器中左侧的树状图显示了默认的图层过滤器以及当前图层中创建并保存的所有命名过滤器，如图7-17所示。图层过滤器旁边的图标表明过滤器的类型。AutoCAD有三个默认过滤器。

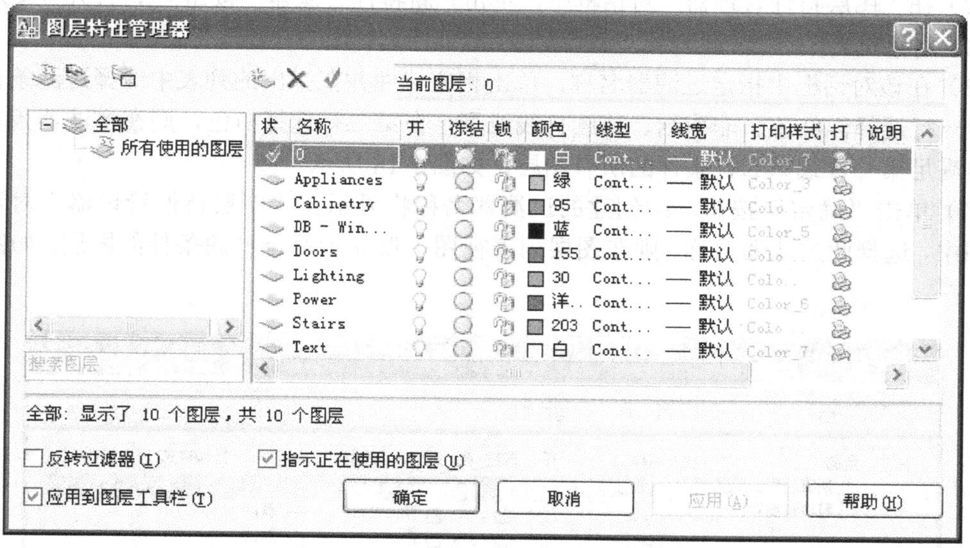

图7-17 “图层特性管理器”对话框

（1）全部：显示所有图形中的所有图层。

（2）所有使用的图层：显示当前图形中的对象所在的所有图层。

（3）外部参照：如果图形附着了外部参照，将显示从其他图形参照的所有图层。

一旦命名并定义了图层过滤器，就可以在树状图中选择过滤器，以便在列表视图中显示图层。还可以将过滤器应用于“图层”工具栏，以使“图层”控件仅显示当前过滤器中的图层。

1. 图层特性过滤器的创建

可以根据图层名或图层的一个或多个特性创建图层特性过滤器。图层特性过滤器可以嵌

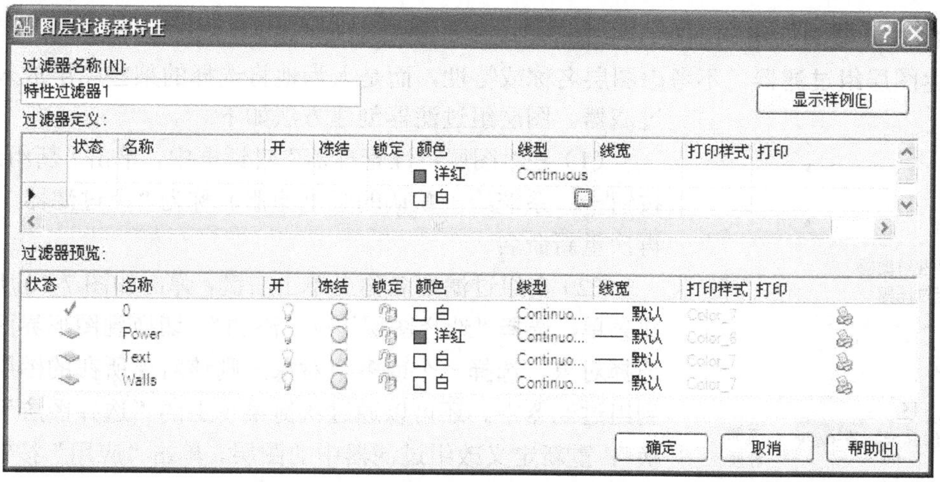

图7-18 “图层过滤器特性”对话框

套在其他特性过滤器或组过滤器下。图层特性过滤器创建方法如下。

（1）单击“图层”工具栏的“图层特性管理器”按钮，打开“图层特性管理器”对话框。

（2）在“图层特性管理器”对话框中，单击“新特性过滤器”按钮，打开“图层过滤器特性”对话框。

（3）在该对话框中指定过滤器名称，单击相应特性并在弹出的列表中选择过滤条件。例如在第一行选择洋红色、非冻结、连续直线线型，在第二行选择白色，则在过滤器预览表中显示出满足第一行或第二行条件的所有图层，如图 7-18 所示。

（4）单击“确定”按钮，刚创建的过滤器名称将显示在“图层特性管理器”对话框的树状图中，选择此过滤器名称，则在图层列表视图中仅显示符合过滤条件的图层，如图 7-19 所示。

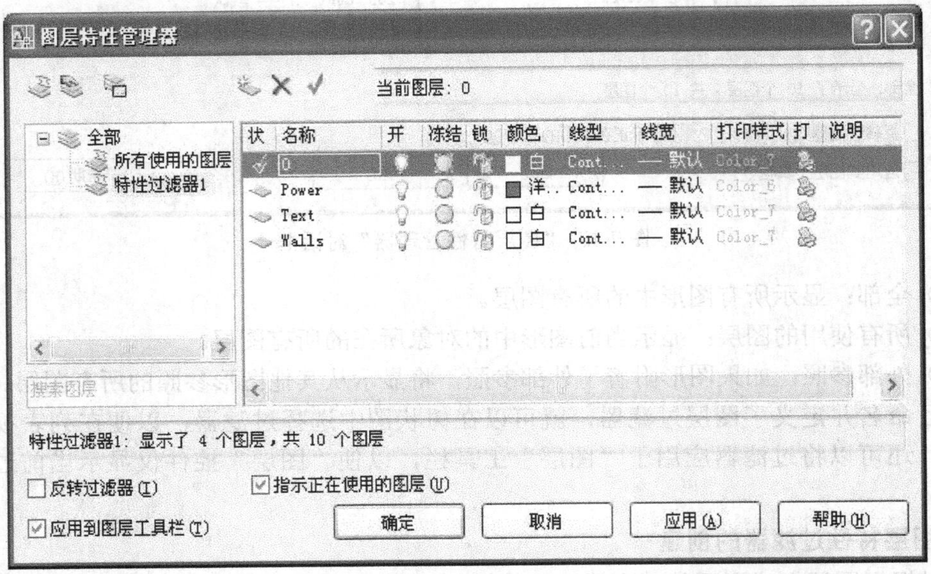

图 7-19 “图层特性管理器”对话框

2. 组过滤器的创建

创建图层组过滤器，不考虑图层名称或特性，而是人为地将选择的某些图层放入的一种过滤器。图层组过滤器创建方法如下。

（1）在“图层特性管理器”对话框中，单击“新组过滤器”按钮，系统给出默认的组过滤器名称为“组过滤器 1”，可以再次重新命名。

（2）在组过滤器名称上单击右键，弹出如图 7-20 所示的快捷菜单，选择“选择图层”→“添加”，切换到图形界面并提示选择对象，选择一个或多个对象，则该对象所在的图层被添加到组过滤器中。还可以通过快捷菜单上的“选择图层”→“替换”，重新定义改组过滤器中的图层。单击“应用”按钮，完成组过滤器的创建。

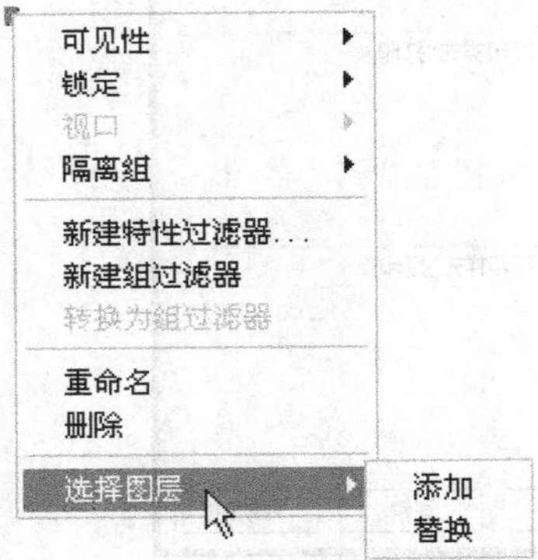

图 7-20 “组过滤器”快捷菜单

3. 图层状态管理器的创建

（1）在“图层特性管理器”对话框中，单击“图层状态管理器”按钮，弹出“图层状态管理器”对话框。

（2）单击“图层状态管理器”对话框的“新建”按钮，系统弹出“要保存的新图层状态”对话框，在该对话框中为图层状态管理器定义的图层状态指定名称和说明，如图 7-21 所示。

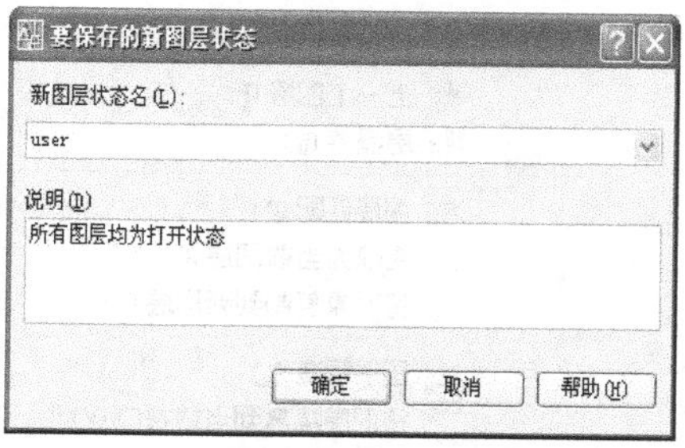

图 7-21　“要保存的新图层状态”对话框

（3）单击“确定”按钮，系统回到“图层状态管理器”对话框，如图 7-22 所示。在此对话框中的“要恢复的图层设置”选项中，选择要恢复的图层的状态设置和图层特性设置。单击“关闭”按钮。系统回到“图层特性管理器”对话框。

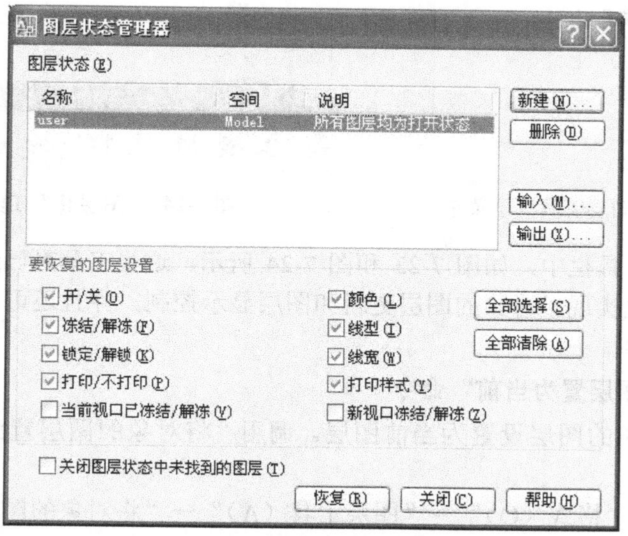

图 7-22　“图层状态管理器”对话框

（4）在“图层特性管理器”对话框中，修改图层状态和特性，如关闭所有的图层或对一些图层的颜色或线型进行修改，确认并应用。

（5）当需要恢复刚才设置的图层状态时，打开“图层状态管理器”对话框。在图层状态列表中选择要恢复的图层状态名称，单击恢复按钮，则恢复原来的图层状态设置。也可以单击图层工具栏上的“上一个图层”按钮，同样放弃对图层设置所做的修改。

7.3.5　改变对象所在图层

在绘图过程中，有时需要修改对象所在的图层，AutoCAD 提供了 3 种方法。

（1）选择要修改的对象，在“对象特性”工具栏上的“图层控制”下拉列表中单击目标图层。

（2）选择要修改的对象，单击“特性”按钮，弹出“特性”对话框，在图层下拉列表中单击目标图层。关闭“特性”对话框。

（3）利用“图层匹配”工具或“特性匹配”工具（后面章节介绍）。

7.3.6　使用图层工具管理图层

在 AutoCAD 2007 中，修改对象图层、修改图层状态和管理图层常用命令在“图层工具”

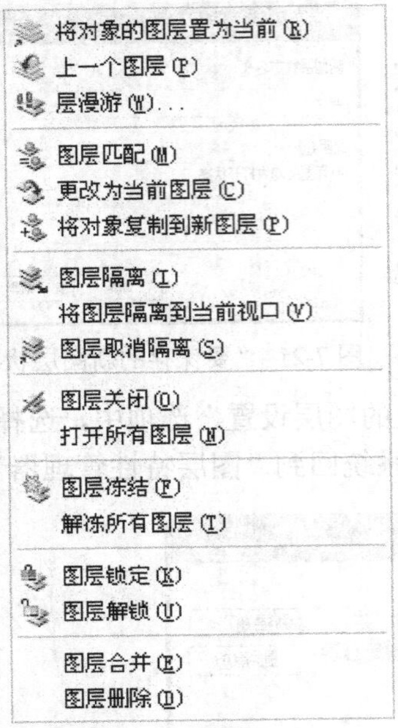

图 7-23 “图层工具”子菜单

图 7-24 “图层Ⅱ”工具栏

菜单和“图层Ⅱ”工具栏中，如图 7-23 和图 7-24 所示。这些工具对已绘制了大量对象的图形文件来说，简单地实现了对象的图层更新和图层显示控制，并且还可以实现将图层合并及删除包含对象的图层。

1. 将“对象的图层置为当前”命令

将选定对象所在的图层设置为当前图层。调用“将对象的图层置为当前”命令的方法如下。

（1）选择菜单：“格式（O）”→“图层工具（A）”→“将对象的图层置为当前”。

（2）单击“图层”工具栏 “将对象的图层置为当前”按钮。

（3）命令行：LAYMCUR↙

将对象的图层设置为当前步骤：

（1）选择菜单：“格式（O）”→“图层工具（A）”→“将对象的图层置为当前”，激活“将对象的图层置为当前”命令；

（2）单击“图层”工具栏上的“将对象的图层置为当前”按钮，选择对象，则该对象所在的图层成为当前图层。

2.“上一个图层”命令

放弃使用“图层”控件或图层管理器对图层设置所做的上一个或一组修改。调用“上一个图层”命令的方法如下。

（1）选择菜单：“格式（O）”→“图层工具（A）”→“上一个图层”。

（2）单击“图层”工具栏“上一个图层”按钮。

（3）命令行：LAYERP↙

3.“层漫游”命令

动态显示在“图层”列表中选择的图层上的对象。

调用“层漫游”命令的方法如下。

（1）选择菜单：“格式（O）”→“图层工具（A）”→“层漫游”。

（2）单击“图层Ⅱ”工具栏“层漫游”按钮。

（3）命令行：LAYWALK↙

层漫游的操作步骤：

（1）选择菜单：“格式（O）”→“图层工具（A）”→“层漫游”，弹出“层漫游”对话框，如图7-25所示；

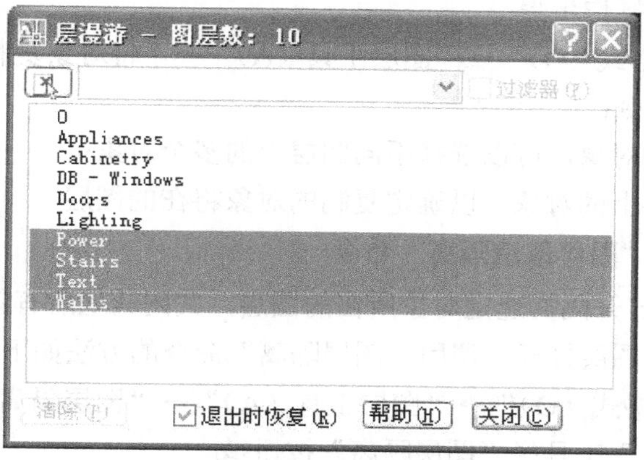

图7-25 “层漫游”对话框

（2）在该对话框中选择一个或多个图层，则在图形屏幕上仅显示被选择图层上的对象。

4.“图层匹配”命令

更改选定对象所在的图层，以使其匹配到目标图层。调用“图层匹配”命令的方法如下。

（1）选择菜单：“格式（O）”→“图层工具（A）”→“图层匹配”。

（2）单击“图层Ⅱ”工具栏“图层匹配”按钮。

（3）命令行：LAYMCH↙

图层匹配的操作步骤：

（1）选择菜单：“格式（O）”→“图层工具（A）”→“图层匹配”，激活“图层匹配”命令；

（2）选择要改变图层的对象；

（3）选择目标图层上的对象。

5.“更改为当前图层”命令

将选定对象所在的图层更改为当前图层。调用“更改为当前图层”命令的方法如下。

（1）选择菜单：“格式（O）”→“图层工具（A）”→“更改为当前图层”。

（2）单击“图层Ⅱ”工具栏“更改为当前图层”按钮。

（3）命令行：LAYCUR↙

更改为当前图层的操作步骤：

（1）选择菜单：“格式（O）”→“图层工具（A）”→“更改为当前图层”，激活“更改为当前图层”命令；

（2）选择要更改到当前图层的对象，可以选择不同图层上的多个对象；回车确认后，则选择的对象成为当前图层上的对象。

6.“将对象复制到新图层”命令

将选定对象所在的图层更改为当前图层。调用“将对象复制到新图层”命令的方法如下。

（1）选择菜单：“格式（O）”→“图层工具（A）”→“将对象复制到新图层”。

（2）单击“图层Ⅱ”工具栏“将对象复制到新图层”按钮。

（3）命令行：COPYTOLAYER↙

更改为当前图层的操作步骤：

（1）选择菜单：“格式（O）”→“图层工具（A）”→“将对象复制到新图层”，激活“将对象复制到新图层”命令；

（2）选择要复制的对象，可以选择不同图层上的多个对象；

（3）选择目标图层上的对象，以确定复制的对象将在的图层。

7.“图层隔离”和“图层取消隔离”命令

“图层隔离”是仅打开隔离选定对象所在的图层，关闭其他所有图层。“图层取消隔离”是将图层隔离中关闭的图层打开。调用“图层隔离”命令的方法如下。

（1）选择菜单：“格式（O）”→“图层工具（A）”→“图层隔离”。

（2）单击“图层Ⅱ”工具栏“图层隔离”按钮。

（3）命令行：LAYISO↙

图层隔离与图层取消隔离的操作步骤：

（1）选择菜单：“格式（O）”→“图层工具（A）”→“图层隔离”，激活“图层隔离”命令；

（2）选择要隔离的图层上的对象，可以选择不同图层上的多个对象；回车确认后，其余图层被关闭。

（3）单击“图层Ⅱ”工具栏“图层取消隔离”按钮，关闭的图层重新被打开。

8.“图层合并”命令

将选定的图层合并到目标图层，使原图层上的对象成为目标图层上的对象，原图层被删除。调用“图层合并”命令的方法如下。

（1）选择菜单：“格式（O）”→“图层工具（A）”→“图层合并”。

（2）命令行：LAYMRG↙

图层合并的操作步骤：

（1）选择菜单：“格式（O）”→“图层工具（A）”→“图层合并”，激活“图层合并”命令；

（2）选择要合并的图层上的对象，可以选择不同图层上的多个对象；

（3）选择目标图层上的对象，以确定选定的对象将在的图层，原图层被删除。

9.“图层删除”命令

将选定的对象所在的图层和图层上的所有对象删除。调用“图层删除”命令的方法如下。

（1）选择菜单：“格式（O）”→“图层工具（A）”→“图层删除”。

（2）命令行：LAYDEL↙

图层删除的操作步骤：

（1）选择菜单：“格式（O）”→“图层工具（A）”→“图层删除”，激活“图层删除”命令；

（2）选择要删除的图层上的对象，可以选择不同图层上的多个对象；则删除被选定对象所在的图层和图层上的所有对象。

10.“图层关闭”与“打开所有图层”命令

“图层关闭”是关闭选定对象所在的图层，执行“打开所有图层”命令将打开图形中的所有图层。调用“图层关闭”命令的方法如下。

（1）选择菜单：“格式（O）”→“图层工具（A）”→“图层关闭”。

（2）单击“图层Ⅱ”工具栏“图层关闭”按钮。

（3）命令行：LAYOFF↙

图层关闭与打开所有图层的操作步骤：

（1）选择菜单：“格式（O）”→“图层工具（A）”→“图层关闭”，激活“图层关闭”命令；

（2）选择要关闭的图层上的对象，可以选择不同图层上的多个对象；则关闭被选对象所在的图层。

（3）选择菜单：“格式（O）”→“图层工具（A）”→“打开所有图层”，激活“打开所有图层”命令；则当前图形中所有图层全部被打开。

11.“图层冻结”与“解冻所有图层”命令

“图层冻结”是冻结选定对象所在的图层，执行“解冻所有图层”命令将解冻图形中的所有图层。

调用“图层冻结”命令的方法如下。

（1）选择菜单：“格式（O）”→“图层工具（A）”→“图层冻结”。

（2）单击“图层Ⅱ”工具栏“图层冻结”按钮。

（3）命令行：LAYFRZ↙

图层冻结与解冻所有图层的操作步骤：

（1）选择菜单：“格式（O）”→“图层工具（A）”→“图层冻结”，激活“图层冻结”命令；

（2）选择要冻结的图层上的对象，可以选择不同图层上的多个对象；则冻结被选对象所在的图层。

（3）选择菜单：“格式（O）”→“图层工具（A）”→“解冻所有图层”，激活“解冻所有图层”命令；则当前图形中所有图层全部被解冻。

12.“图层锁定”与“图层解锁”命令

“图层锁定”是锁定选定对象所在的图层，执行“图层解锁”命令将解锁选定对象所在的图层。

调用“图层锁定”与“图层解锁”命令的方法如下。

（1）选择菜单：“格式（O）”→“图层工具（A）”→“图层锁定”或“图层解锁”。

（2）单击“图层Ⅱ”工具栏“图层锁定”按钮或“图层解锁”按钮。

（3）命令行：LAYLCK或LAYULK↙

图层锁定与图层解锁的操作步骤：

（1）选择菜单："格式（O）"→"图层工具（A）"→"图层锁定"，激活"图层锁定"命令；

（2）选择要锁定图层上的对象，则锁定被选对象所在的图层。

（3）选择菜单："格式（O）"→"图层工具（A）"→"图层解锁"，激活"图层解锁"命令；

（4）选择要解锁图层上的对象，则解锁被选对象所在的图层。

7.4 对象特性的修改

在AutoCAD中，每个对象都有自己的特性。有些特性属于基本特性，适用于多数对象，例如图层、颜色、线型、线宽和打印样式；有些特性则专用于某一类对象的特性，例如圆的特性包括圆的半径和面积，直线的特性包括长度和角度。

默认的"特性"工具栏有4个下拉列表，如图7-26所示，分别控制对象的颜色、线型、线宽和打印样式。颜色、线型和线宽的默认设置都是"ByLayer"，即"随层"，表示当前的对象特性随图层而定，并不单独设置。

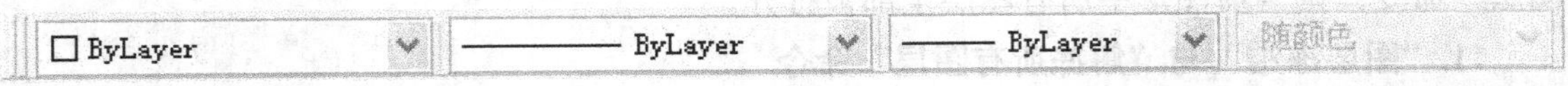

图7-26 "特性"工具栏

打印样式的当前设定为"随颜色"，但此列表为虚，也就是说，不能在此状态下进行设置。打印样式只有两种选择，颜色相关和命名相关，一般情况下都是用默认的颜色相关打印样式。有关打印样式详见打印章节。

对于已经创建好的对象，如果想要改变其特性，可以使用"特性"工具栏、"特性"选项板、特性匹配工具来进行修改。

7.4.1 修改对象的特性

使用"特性"工具栏可以显示和修改对象特性，如图层、颜色、线型和线宽。操作过程为：实现选择图形对象，将对象加入选择集，此时"特性"工具栏显示被选择对象的特性，接着在"特性"工具栏相应的下拉菜单中选择想要更改成的特性。

7.4.2 使用特性选项板

可以在"特性"选项板中修改和查看对象的特性。包括颜色、图层、线型、线型比例、线宽、厚度等基本特性，也包括半径和面积、长度和角度等专有特性，用户可以直接修改，如图7-27所示。

例如要将图中两个圆孔直径由3改为4，先选择这两个圆孔，然后调出"特性"选项板，在"几何图形"选项区域的"半径"文本框中将3改为4即可。甚至还可以直接修改圆的面积，AutoCAD会自动计算圆的半径以获得已知面积的圆。

调用对象特性管理器的方法如下。

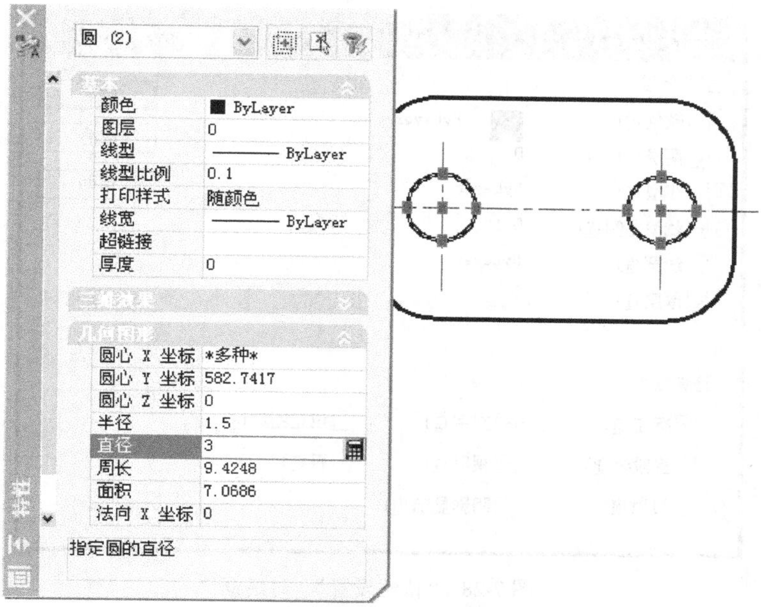

图 7-27 “特性”选项卡

（1）选择菜单：“工具（T）”→“选项板”→“特性（P）”。

（2）单击“标准”工具栏“对象特性”按钮。

（3）命令行：PROPERTIES↙

（4）快捷键：CTRL+1

7.4.3 对象特性匹配

使用“特性匹配”可以将一个对象的某些或所有特性复制到其他对象。可以复制的特性类型包括：颜色、图层、线型、线型比例、线宽、打印样式和厚度等。这样可以使图形能够具有规范性，而且操作极为方便，类似于 Word 中的格式刷。

默认情况下，所有可应用的特性都自动地从选定的第一个对象复制到其他对象。如果不希望复制某些特定的特性，则选用“设置”选项禁止复制该特性。可以在执行命令的过程中随时选择并修改“设置”选项。

调用对象特性匹配的方法如下。

（1）选择菜单：“修改（M）”→“特性匹配”。

（2）单击“标准”工具栏“特性匹配”按钮。

（3）命令行：MATCHPROP↙

将一个对象特性复制到其他对象的步骤为：

（1）选择菜单：“修改（M）”→“特性匹配”，激活“特性匹配”命令；

（2）选择要复制其特性的对象；

（3）如果要控制传递某些特性，在“选择目标对象或[设置（S）]：”提示下输入 S（设置）。出现如图 7-28 所示的“特性设置”对话框。在对话框中清除不需要复制的项目，单击“确定”

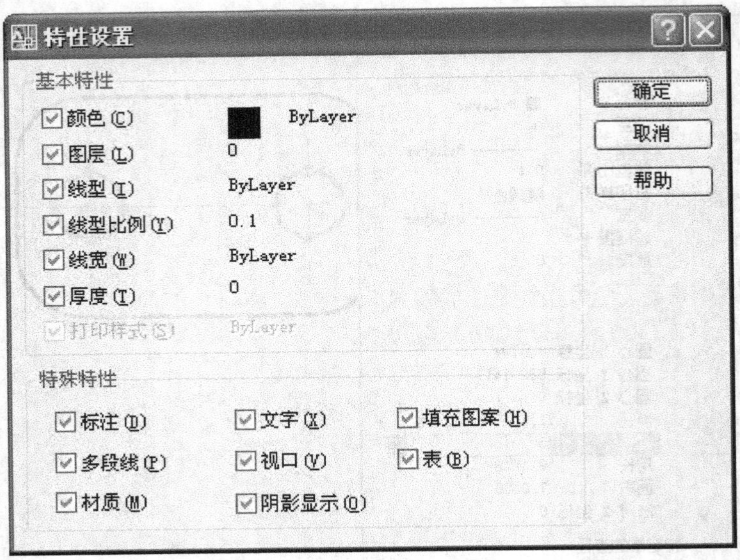

图 7-28 “特性设置” 对话框

按钮。

（4）选择应用选定特性的对象，被选择的对象将采用指定对象的特性。

小 结

本章重点介绍了图层的设置与管理以及对象特性的修改。图层的设置是本章的重点。书中给出了图层设置的技巧，希望读者在实际中应用，以提高设计效率。特别注意的是，在绘制图形的时候，如果发现无论如何新绘制的对象都看不到，这时候应该检查一下当前图层是否关闭。

习 题

1. 图层有什么用途？

2. 图层如何被关闭、冻结？

3. 建立如表 7-2 所示图层，并设置层名、层描述、层状态、颜色和线型。按所设置图层绘制图 7-29 所示的图形。

表 7-2 图层设置

图层名	层描述	颜色	线型	线宽
粗实线	轮廓线	白色	实线	0.35
细实线	剖切线	白色	实线	0.15
中心线	中心线	红色	点划线	0.15
填充线	图案填充	蓝色	实线	0.15
标注	标注线	绿色	实线	0.15

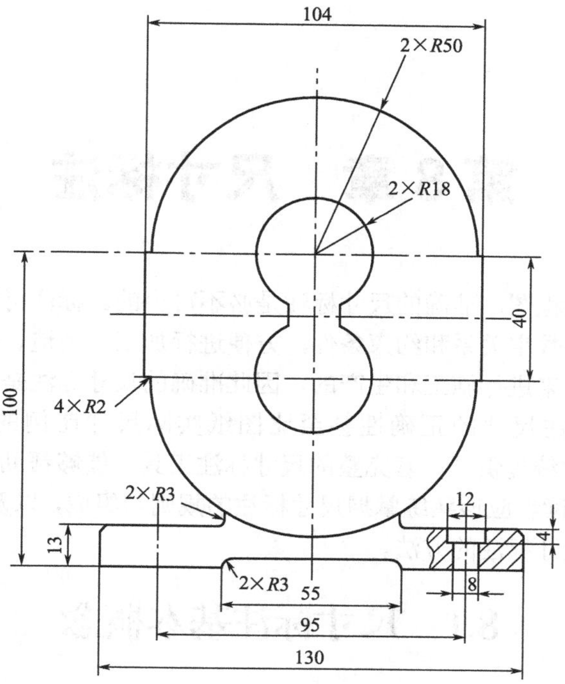

图 7-29　习题 3 图

第 8 章　尺寸标注

对于一张完整的工程图，准确的尺寸标注是必不可少的。标注可以让其他工程人员清楚地知道几何图形的严格数字关系和约束条件，方便进行加工、制造、检验和备案工作。人们是依靠工程图中的尺寸来进行施工和生产的，因此准确的尺寸标注是工程图纸的关键所在，从某种意义上讲，标注尺寸的正确性甚至比图纸实际尺寸比例的正确性更为重要。在 AutoCAD 2007 中，系统提供了一套完整的尺寸标注工具，能够帮助用户创建和编辑各种尺寸。通过本章的学习，读者应该熟练掌握尺寸标注的规则与组成，以及创建尺寸标注的样式、标注图形尺寸和编辑尺寸标注的方法。

8.1　尺寸标注基本概念

尺寸标注是 AutoCAD 图形的重要组成部分，AutoCAD 2007 为用户提供了一套完整的尺寸标注工具，使用这些工具，用户可以对各类图形进行标注。在对图形进行尺寸标注之前，首先要了解一下尺寸标注的组成。

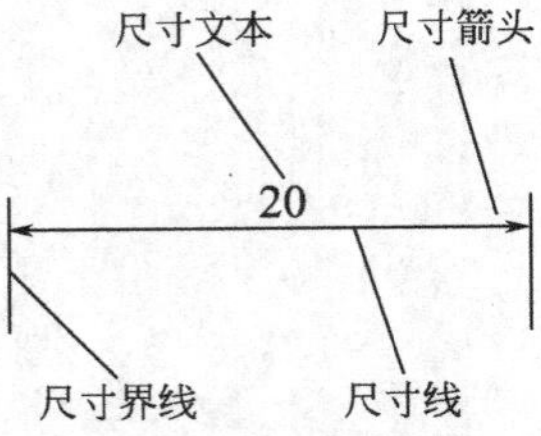

图 8-1　尺寸标注的组成

尺寸标注通常由 4 部分组成，分别是尺寸线、尺寸界限、箭头和标注文字，如图 8-1 所示。缺省情况下这四部分组成的尺寸以一个块的形式存放在图形文件中，因此一个尺寸就是一个对象。

（1）尺寸线：表示尺寸标注的范围，通常使用箭头或短斜线来指出尺寸线的起点和终点。尺寸文本可以放在尺寸线上或置于尺寸线中。当标注的是角度时，尺寸线不再是一条直线，而是一段圆弧。

（2）尺寸界线：表示尺寸线的开始和结束位置，从标注物体的两个端点处引出两条线段表示尺寸标注范围的界限。缺省情况下，尺寸界线是垂直于尺寸线的，但也可以用“倾斜”命令来倾斜尺寸线。

（3）箭头：位于尺寸线两端的符号，表示尺寸测量的开始和结束位置。缺省的符号是闭合的实心箭头，在标注尺寸时，可以根据需要选择不同的箭头和种类，包括建筑标线、斜线、点等，还可以使用自定义的符号。

（4）文本：尺寸标注中的文字内容，表示几何要素的大小。可以是 AutoCAD 系统计算的值，也可以是用户指定的值，还可以取消标注文字。尺寸文本的高度在考虑到国家标准的前提下按出图比例来设置。

8.2　尺寸标注的样式

在进行尺寸标注时，尺寸的外观取决于当前尺寸标注样式的设定，样式中定义了标注的尺寸线与界线、箭头、文字、对齐方式、标注比例等各种参数，由于不同国家或不同行业对于尺寸标注的标准不尽相同，因此需要使用标注样式来定义不同的尺寸标注标准。

8.2.1 标注样式的设置

尺寸标注样式的设置可以在“标注样式管理器”中进行，一个图形文件中可以根据需要定义多个尺寸样式，AutoCAD 使用当前尺寸样式进行标注。

激活“标注样式管理器”方式如下。

（1）选择菜单：“标注”→“样式”。

（2）选择菜单：“格式”→“标注样式”。

（3）“样式”或“标注”工具栏：“标注样式”按钮。

（4）命令行：DDIM↙

激活命令后，弹出“标注样式管理器”对话框，如图 8-2 所示，如果使用了 acadiso.dwt 作为样板图来新建图形文件，则在“标注样式管理器”的“样式”列表中有一个名为“ISO-25”的标注样式，也就是当前默认的标注样式，这是一个符合 ISO 标准的标注样式。

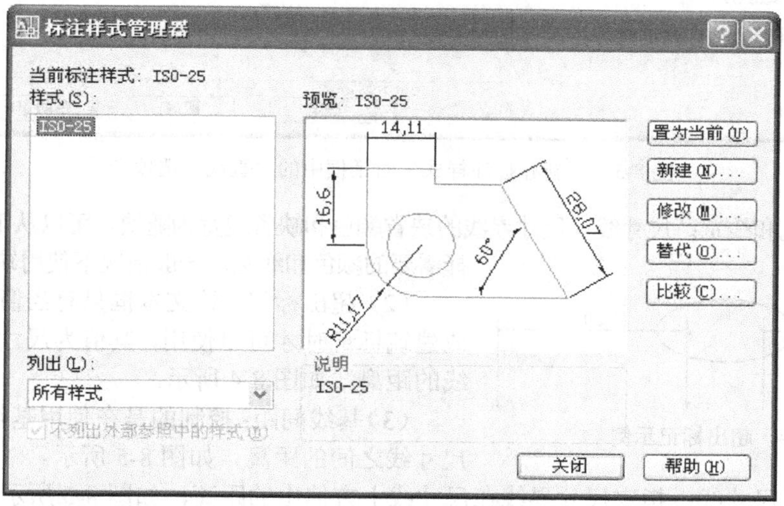

图 8-2 “标注样式管理器”对话框

在“标注样式管理器”的右边有几个按钮，其中含义如下。

（1）“置为当前”：将在“样式”列表下选定的标注样式设置为当前标注样式。

（2）“新建”：创建新的标注样式。

（3）“修改”：修改在“样式”列表下选定的标注样式。

（4）“替代”：在当前尺寸标注样式的基础上临时改变某些设置内容，以满足某些特殊尺寸的标注需要。

（5）“比较”：比较两种标注样式的特性或列出一种样式的所有特性。

单击“新建”、“比较”或“替代”，激活“**标注样式”对话框，在“**标注样式”对话框中有 7 个选项卡，分别是：直线、符号和箭头、文字、调整、主单位、换算单位、公差。在这 7 个选项卡中分别对标注样式进行设置。

1. “直线”选项卡

如图 8-3 所示为“直线”选项卡，这个选项卡用来设置尺寸线、尺寸界线的格式和特性。

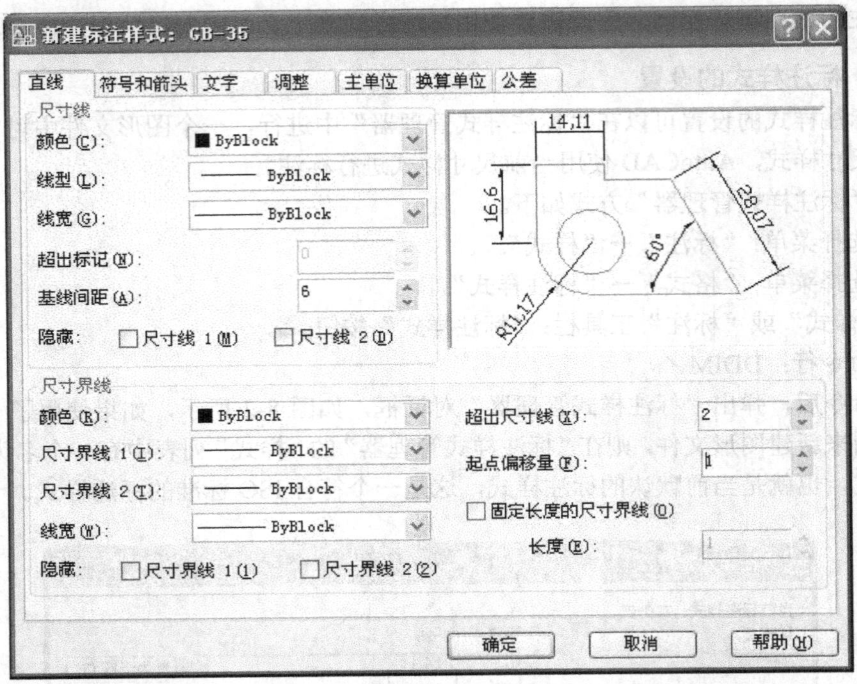

图 8-3　“新建标注样式”对话框中的“直线”选项卡

（1）颜色和线宽：尺寸线、尺寸界线的缺省颜色和缺省线宽为随块，可以从下拉列表框中选择需要的颜色和线宽。一般情况下使用缺省值即可。

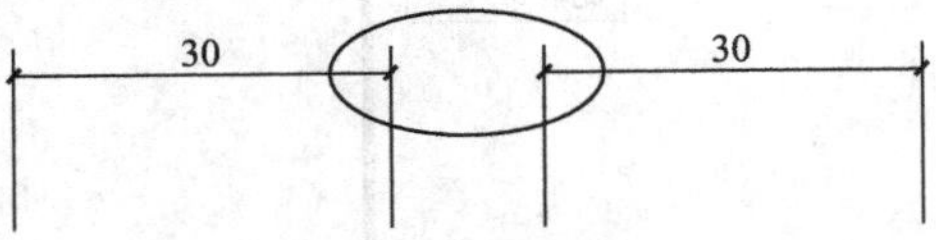

图 8-4　超出标记示例

（2）超出标记：该文本框只有当箭头类型为斜线或建筑标记时才可以使用，其值为尺寸线超出尺寸界线的距离，如图 8-4 所示。

（3）基线间距：控制的是在使用基线标注尺寸时，尺寸线之间的距离，如图 8-5 所示。

（4）超出尺寸线：指定尺寸界线在尺寸线上方伸出的距离，如图 8-5 所示。

（5）起点偏移量：指定尺寸界线到定义该标注的定义点的偏移距离，如图 8-5 所示。

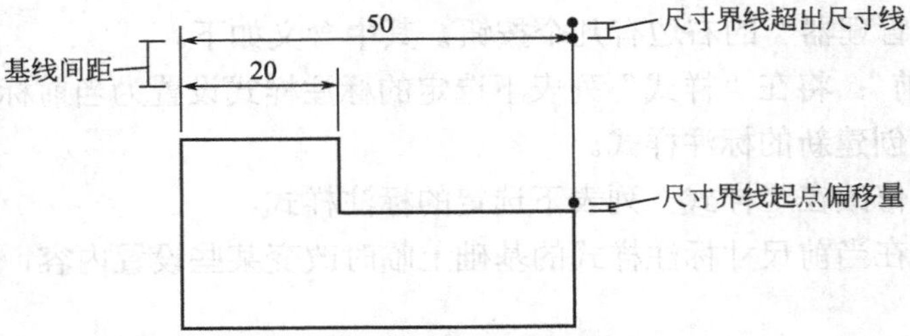

图 8-5　标注样式中部分选项的含义

（6）隐藏：控制的是尺寸线的两个部分以及两个尺寸界线的显示，如图 8-6 所示。图 8-6（c）的用法常用于半剖视图中。

2.“符号和箭头”选项卡

如图 8-7 所示为“符号和箭头”选项卡，这个选项卡用来设置标注中箭头和其他符号的类型、大小和位置。

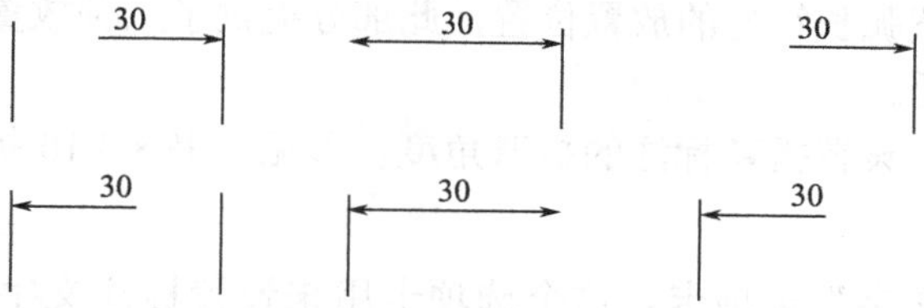

(a) 隐藏尺寸线　(b) 隐藏尺寸界线　(c) 隐藏尺寸线、界线

图 8-6　隐藏功能示例

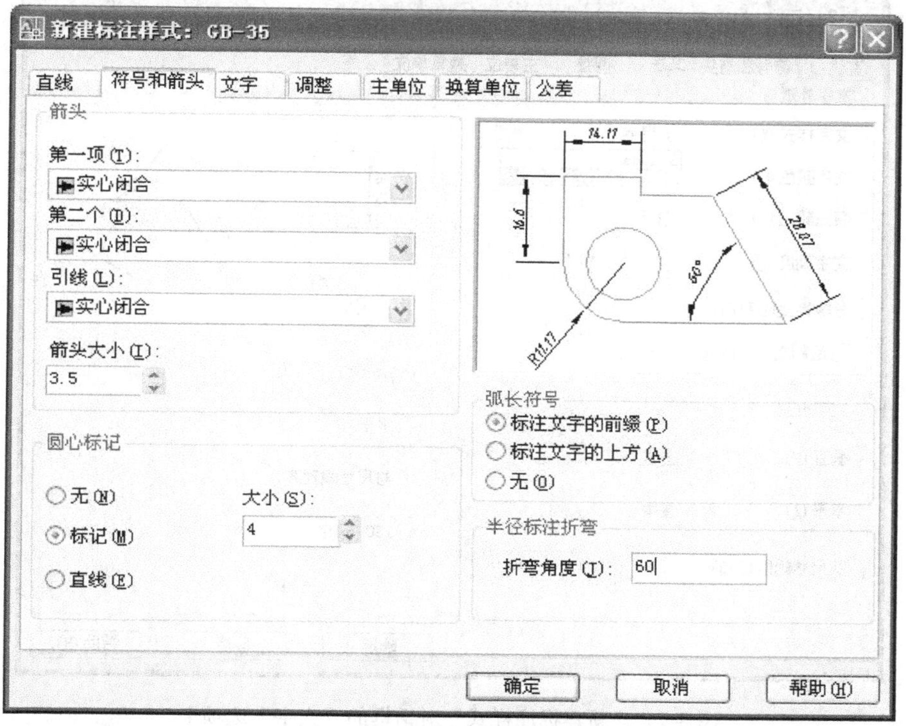

图 8-7　“新建标注样式”对话框中的“符号和箭头”选项卡

（1）箭头：设置尺寸标注及引线标注中箭头的类型和大小。AutoCAD 提供了 19 种可供选择的箭头形式，尺寸线两端的箭头形式也可以不同。此外，还可以选择用户自定义的箭头形式。

（2）圆心标记：此部分提供了三种圆心标记类型，无、标记、直线，同时还可以设置标记的大小。对于不同的标记类型，大小的含义也不同，如图 8-8 所示。

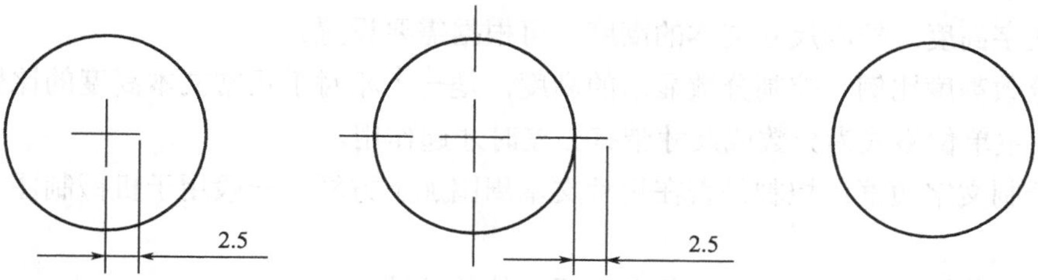

类型：标记　大小：2.5　　类型：直线　大小：2.5　　类型：无

图 8-8　圆心标记设置示例

（3）弧长符号：设置弧长符号的放置位置，此部分提供了三种放置位置，标注文字的前缀、标注文字的上方、无。

（4）半径标注折弯：设置折弯标注的折弯角度，参见本书8.3.10折弯标注。

3. “文字”选项卡

如图8-9所示为“文字”选项卡，这个选项卡用来设置标注文字的格式、位置和对齐方式。

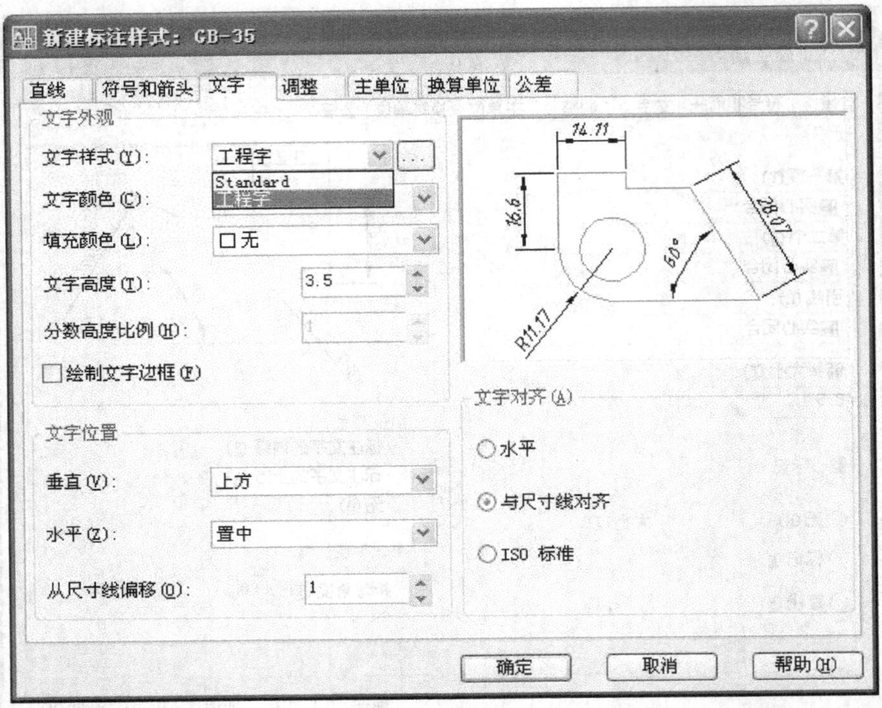

图8-9 “新建标注样式”对话框的“文字”选项卡

（1）文字样式：选择尺寸文本使用的文字样式。单击下拉按钮，在下拉列表中列出了当前图形文件中定义的所有文字样式，可以从中选择需要的文字样式；或者单击后面的按钮，在弹出的“文字样式”对话框中新建文字样式，或修改当前标注文字样式。

（2）文字颜色：控制尺寸文本的颜色，一般可设为“随层”或“随块”。

（3）文字高度：控制尺寸文本的高度，可根据需要设置。

（4）分数高度比例：控制分数显示的高度，是一个相对于正常文本高度的比例系数。该系数只能在主单位格式为分数或尺寸带有公差时才起作用。

（5）绘制文字边框：控制是否在尺寸文本周围加上方框，一般用于机械制图中完全尺寸的标注。

（6）文字位置：控制尺寸文本相对于尺寸线的位置。

“垂直”控制尺寸文本与尺寸线在垂直方向上的位置。这里提供四种位置：上方、置中、外部、JIS（日本工业标准中的标注位置）。前三种放置方式如图8-10所示。

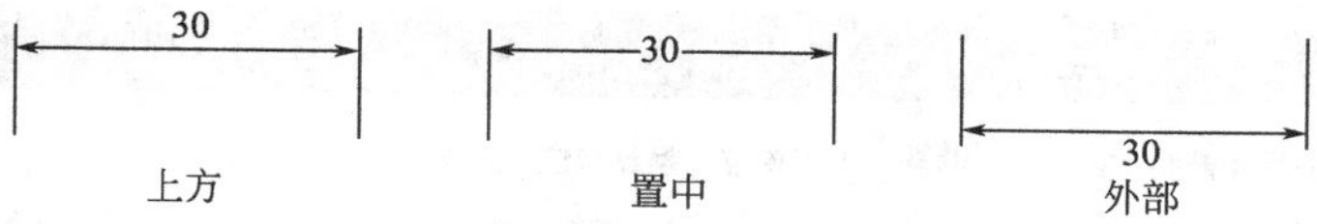

图 8-10 文本垂直方向位置控制示例

“水平”控制尺寸文本与尺寸线在水平方向上的位置。这里提供五种位置：置中、第一条尺寸界线、第二条尺寸界线、第一条尺寸界线上方、第二条尺寸界线上方，如图 8-11 所示。

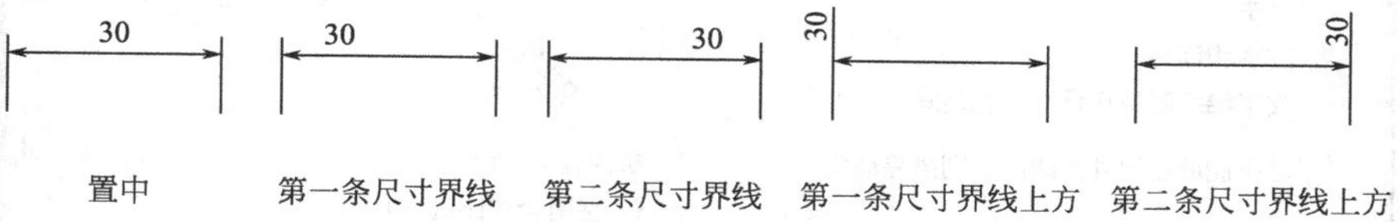

图 8-11 文本水平方向位置控制示例

“从尺寸线偏移”设置尺寸文字到尺寸线的距离，如图 8-12 所示。

（7）文字对齐：控制尺寸文字相对于尺寸线的对齐方向。这里提供了三种对齐方式：水平、与尺寸线对齐、ISO 标准。

“水平”方式规定所有的尺寸文本都是水平的。

“与尺寸线对齐”方式规定尺寸文本的方向是与尺寸线平行的。

“ISO 标准”方式规定当文字在尺寸界线内时，文字与尺寸线对齐，当文字在尺寸界线外时，文字水平排列，如图 8-13 所示。

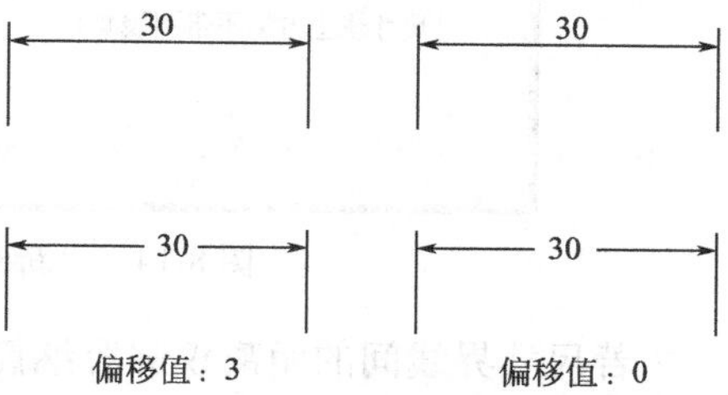

图 8-12 文本偏移值示例

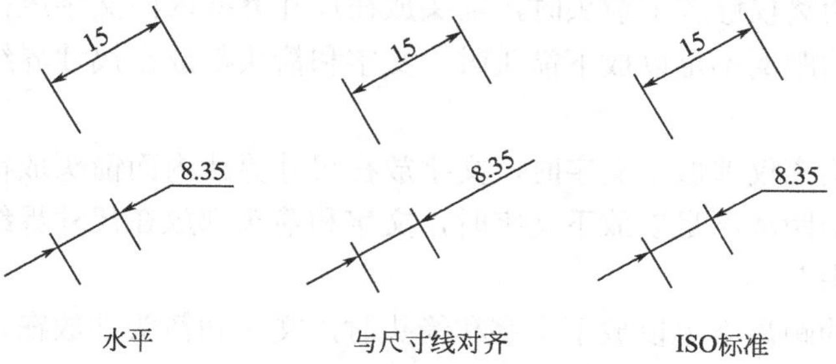

图 8-13 文字对齐方式示例

4. “调整”选项卡

如图 8-14 所示为“调整”选项卡，这个选项卡控制的是尺寸文本、尺寸线、尺寸界线的相互位置关系。

（1）调整选项：通常，AutoCAD 将文本、箭头放置于尺寸界线之间，如果尺寸界线之间没有足够空间，则尺寸文字或尺寸箭头被放置于尺寸界线之外。调整选项控制的是文字和箭头在这种情况下的位置关系。

- “文字或箭头（最佳效果）”

若尺寸界线间的距离仅够容纳文字，文字放在尺寸界线内而箭头放在尺寸界线外。

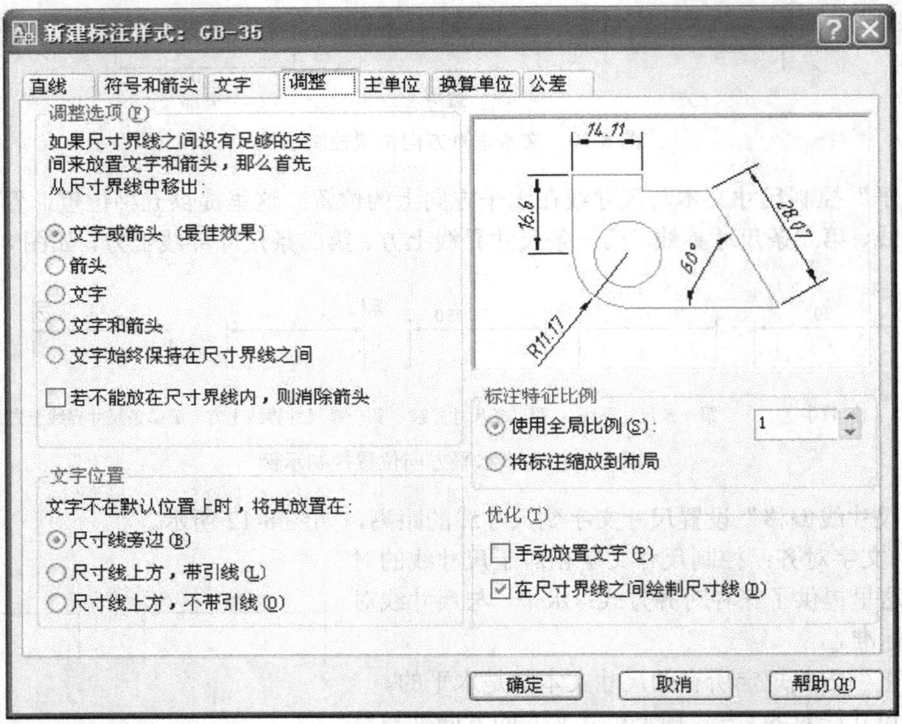

图 8-14 “新建标注样式”对话框的“调整”选项卡

若尺寸界线间的距离仅够容纳箭头，箭头放在尺寸界线内而文字放在尺寸界线外。

若尺寸界线间的距离既不够放文字又不够放箭头，文字和箭头都放在尺寸界线外。

- “箭头”

当尺寸界线间距离仅够放下箭头时，箭头放在尺寸界线内而文字放在尺寸界线外。

若尺寸界线间的距离不足以放下箭头时，文字和箭头都放在尺寸界线外。

- “文字”

当尺寸界线间距离仅够放下文字时，文字放在尺寸界线内而箭头放在尺寸界线外。

若尺寸界线间的距离不足以放下文字时，文字和箭头都放在尺寸界线外。

- “文字和箭头”

若尺寸界线间的距离不足以放下文字和箭头时，文字和箭头都放在尺寸界线外。

- “文字始终保持在尺寸界线之间”

强制文字始终保持在尺寸界线之间。

- “若不能放在尺寸界线内，则消除箭头”

如果尺寸界线内没有足够的空间，则隐藏箭头。

（2）文字位置：此选项控制的是当用夹点编辑或其他方法改变尺寸文本的位置时，文本位置及引线的变化规律。

（3）标注特征比例：控制的是尺寸标注的整体比例或按图纸空间比例缩放。

“使用全局比例”，则标注样式中指定的文字、箭头大小或尺寸线间距等长度数值，都将按照全局比例中指定的比例因子缩放，使用全局比例不会改变标注的测量值。在绘制不同图幅的图纸时，可以通过调整全局比例系数来控制尺寸的外观大小。

使用“按照布局（图纸）空间缩放”比例，指的是基于在当前模型空间视口和图纸空间之间的比例决定缩放因子。

（4）优化：标注时“手动放置文字”复选框如被选中，则 AutoCAD 忽略尺寸文本的水平方向位置的设置。在指定尺寸线位置的同时，也指定尺寸文本相对于尺寸线在水平方向上的位置。

“在尺寸界线之间绘制尺寸线”是缺省选项，使用此选项，即使箭头符号由于需要放置于尺寸界线外时，尺寸界线之间不再绘制尺寸线。

5. “主单位”选项卡

如图 8-15 所示为“主单位”选项卡，这个选项卡控制的是文字标注单位的设置。该对话框分成两部分，分别是对线性标注的单位和角度标注的单位进行设置。

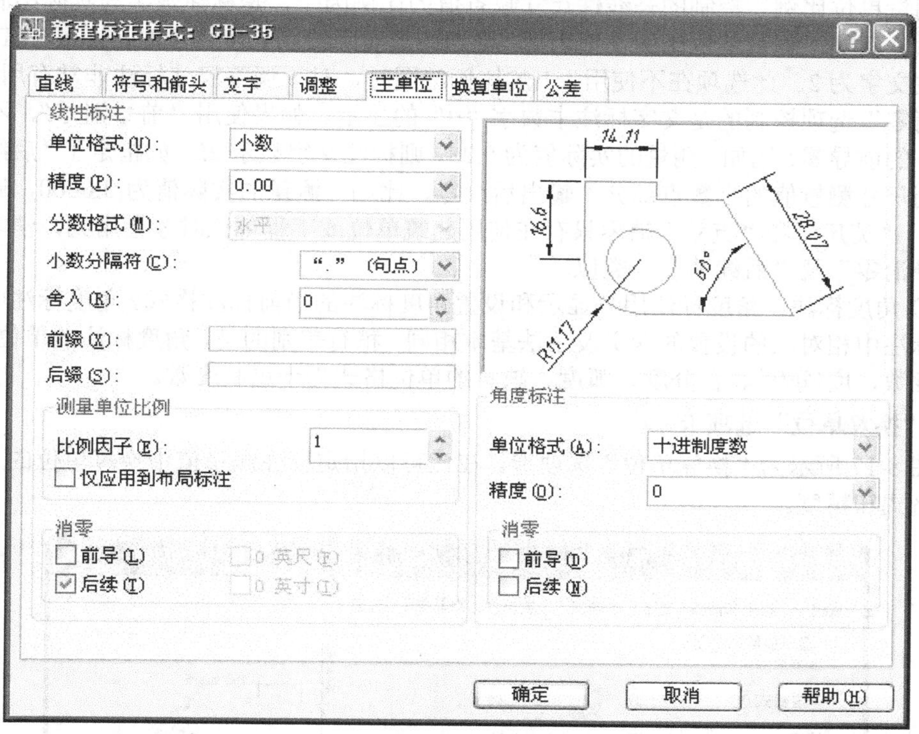

图 8-15　“新建标注样式”对话框的“主单位”选项卡

（1）线性标注

“单位格式”下拉框列出了 AutoCAD 提供的六种单位格式，即科学计数法、小数、工程、建筑、分数和 Windows 桌面，如图 8-16 所示。

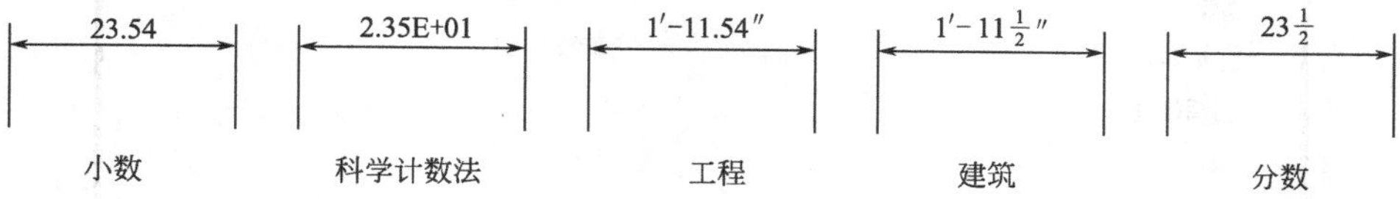

图 8-16　不同的单位格式

“精度”下拉框显示和设置标注文字里的小数位数。

“分数格式”只有在单位格式选择了分数时，才可以使用。分数格式有水平、对角和非堆叠三类。

“小数分隔符”只有在选择了小数作为单位格式时，才能使用。这里提供了句点（.）、逗点（,）或空格（ ）三种分隔符，缺省情况下小数的分隔符是逗点，按照我国的制图标准，应设为句点。

“舍入”项设置的是线性尺寸测量的舍入值，如果输入的值为“0.25”，那么所有的测量值都将以 0.25 为单位，当测量得到的实际尺寸值为 3.30，则尺寸文本显示 3.25。如果输入 1.0，所有标注距离四舍五入成整数，小数点后显示的位数取决于在“精度”里设置的精度值。

“前缀”、“后缀”是指为标注加上前缀或后缀。例如，在前缀中输入控制代码%%c，那么当使用该尺寸样式进行标注时，所有的尺寸文本前都将加上直径符号。

“测量单位比例”控制的是线性尺寸缺省值的比例因子，是标注数字与实际绘制单位的比例关系。例如：测量单位比例设置为 2，则当图形实际绘制长度为 1 时，AutoCAD 显示的尺寸标注文字为 2。此选项在不使用 1:1 的比例绘图时，对于调整尺寸标注非常有用。

“消零”选项控制的是文字标注中数字“0”的显示。如果使用“前导消零”，不输出十进制尺寸的前导零，比如，测量的实际值为 0.25，则标注文字显示.25；如指定了“后续消零”，则十进制尺寸测量值的小数点部分不输出后续零，比如，测量的实际值为 3.0000，则标注文字显示 3。“英尺”和“英寸”消零只有在使用建筑单位或工程单位时才会用到，消零的效果与“前导消零”及“后续消零”类似。

（2）角度标注　角度标注用来显示和设置角度标注的当前标注格式。角度标注中的设置和线性标注中相对应的设置的含义及用法基本相同，稍有差别的是，角度标注的单位格式为：十进制度数、度/分/秒、百分度、弧度，缺省的单位格式为十进制度数。

6. “换算单位”选项卡

如图 8-17 所示为“换算单位”选项卡。在此可以指定标注测量值中换算单位的显示，并设置其格式和精度。

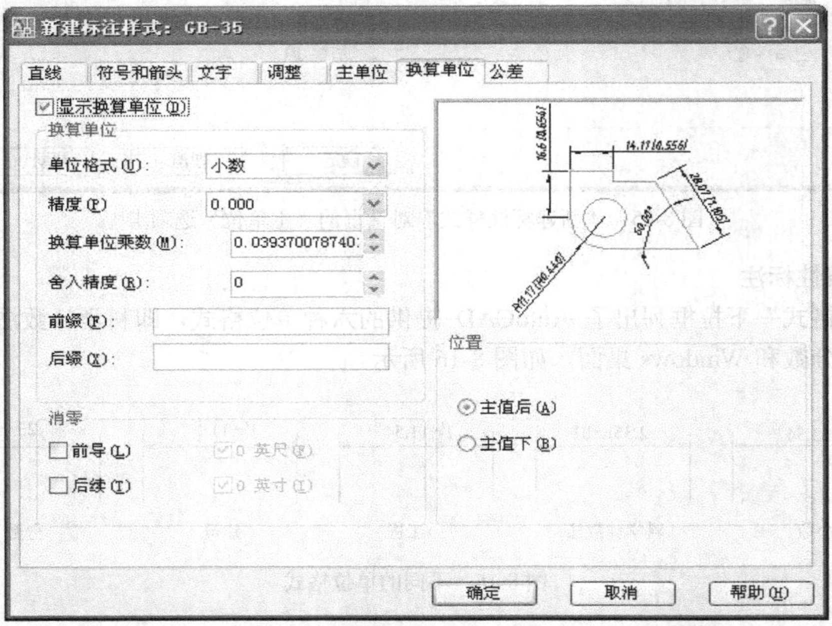

图 8-17　“新建标注样式”对话框的“换算单位”选项卡

如果选择了“显示换算单位”复选框，则为标注文字添加换算测量单位。此选项卡中所有的选项将被激活。换算单位以“[ ]”括起，可以指定换算单位的格式、精度等，以及显示的位置是在主单位后或是主单位下。

如果需要指定主单位和换算单位之间的换算比例因子，可以使用“换算单位乘法器”，在“换算单位乘数（M）”编辑框输入比例因子，方括号中使用换算单位的测量值即为主单位的测量值乘以换算比例因子。缺省比例因子是通用的指定的主单位与换算单位的换算关系，在一般情况下，无需改变。同时，对于角度标注的测量值，此换算比例因子不起作用。另外，此处指定的换算比例因子不能用于标注公差值。

这个选项卡在公、英制图纸之间进行交流的时候非常有用，可以将所有标注尺寸同时标注上公制和英制的尺寸，以方便不同国家的工程人员进行交流。

7. “公差”选项卡

如图 8-18 所示为“公差”选项卡。在此可以控制标注文字中公差的显示与格式。这里提供了四种公差格式：对称、极限偏差、极限尺寸、基本尺寸，如图 8-19 所示。

使用对称公差时，上下偏差值是相同的，在设定上下偏差值的框中，只有上偏差值可用。

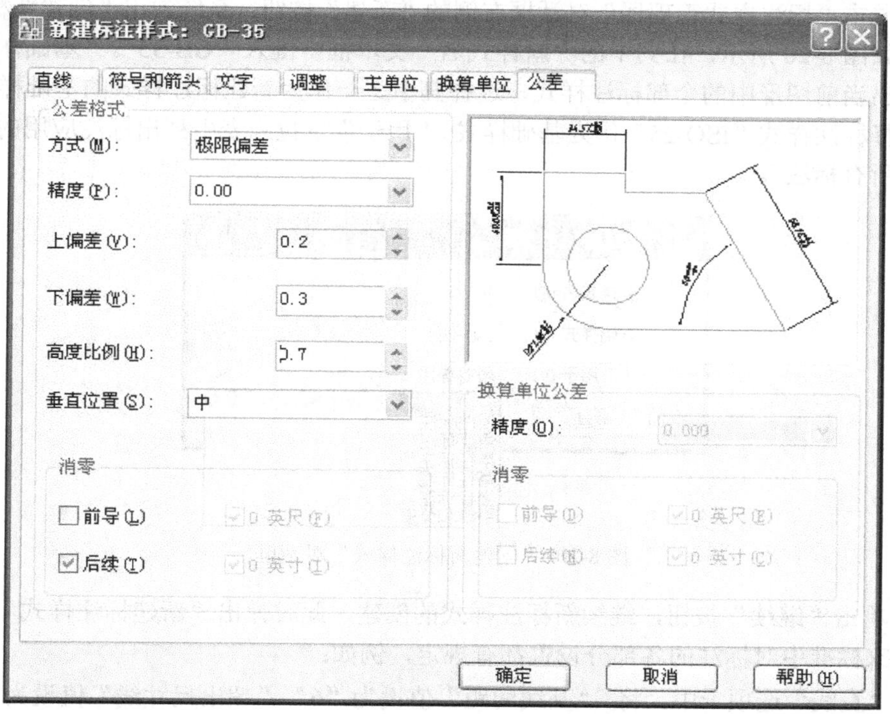

图 8-18　“新建标注样式”对话框的“公差”选项卡

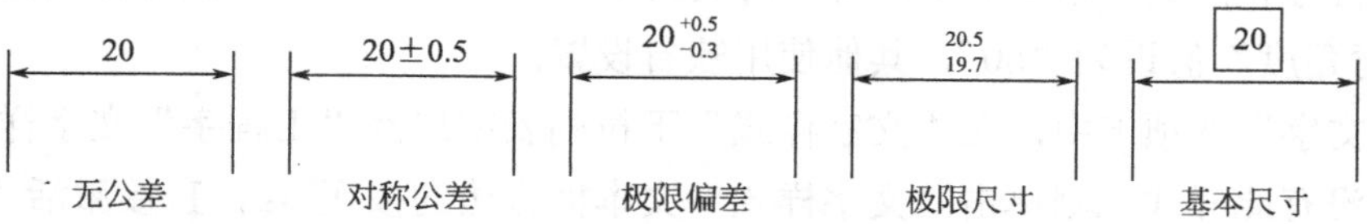

图 8-19　公差格式

如果需要指定的上下偏差值不同，可以使用极限偏差或极限尺寸格式。二者不同的是，前者将偏差值在测量基准值后以正负号分别表示，后者则将偏差值直接加在测量基准值上，显示两个标注文本。“基本尺寸”与不使用公差的尺寸标注比较相似，它们都没有在标注文字中显示公差值，但“基本尺寸”的标注文字加上的方框，表示此标注值是可以在一定范围内有所偏差的，是一个参考尺寸。

在缺省状态下，公差的文字与基本尺寸的标注文字的高度是相同的，如果需要改变公差文字的高度可以在“高度比例”框中设定相对于基本尺寸的高度比例因子，AutoCAD 会通过制定的比例因子对公差文字进行高度缩放。还可以根据需要指定公差文字相对于基本尺寸字垂直方向的位置。

需要注意的是，如果在标注样式中设置了尺寸公差，那么用该样式标注的所有尺寸都会带上公差，且公差数值都与样式中设置的数值相同。实际上一般使用替代尺寸样式或多行文字编辑器来完成尺寸公差的标注。

8.2.2 新建标注样式

下面以新建一个名为“GB-35”的符合国家标准的标注样式为例，介绍如何新建标注样式。

（1）单击“标注样式管理器”对话框右侧的“新建”按钮，系统弹出“创建新标注样式”对话框，如图 8-20 所示，在其中的“新样式名”文本框中键入“GB-35”。“基础样式”下拉列表中列出当前图形中的全部标注样式，选择其中之一作为新建标注样式的基础样式，当前图形中选择标注样式“ISO-25”作为基础样式。“用于”下拉列表中列出标注应用的范围，默认选择“所有标注”。

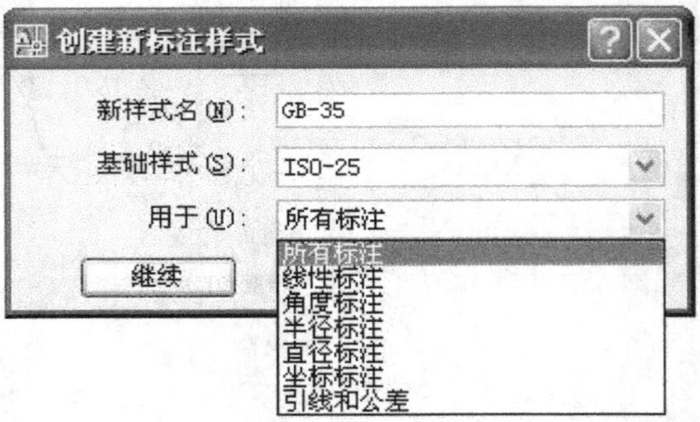

图 8-20 “创建新标注样式”对话框

（2）单击“继续”按钮，继续新标注样式的创建，此时弹出“新建标注样式”对话框，在制图国家标准中对标注的各部分设置都有规定，例如：

- 在“直线”选项卡中，将 “基线间距”值设为“6”，“超出尺寸线”值设为“2”，“起点偏移量”值设为“1”，其他使用缺省设置；
- 在“符号和箭头”选项卡中，将“箭头大小”值设为“3.5”，“圆心标记大小”值设为“4”，“折弯角度”值设为“60”，其他使用缺省设置；
- 在“文字”选项卡中，在“文字样式”下拉列表中选择“工程字”文字样式，而当前文字样式中没有此样式，则单击“文字样式”文本框旁边的按钮...，直接激活“文字样式”对话框，如图 8-21 所示，新建“工程字”文字样式。在此文字样式设置中选择“大字体”复

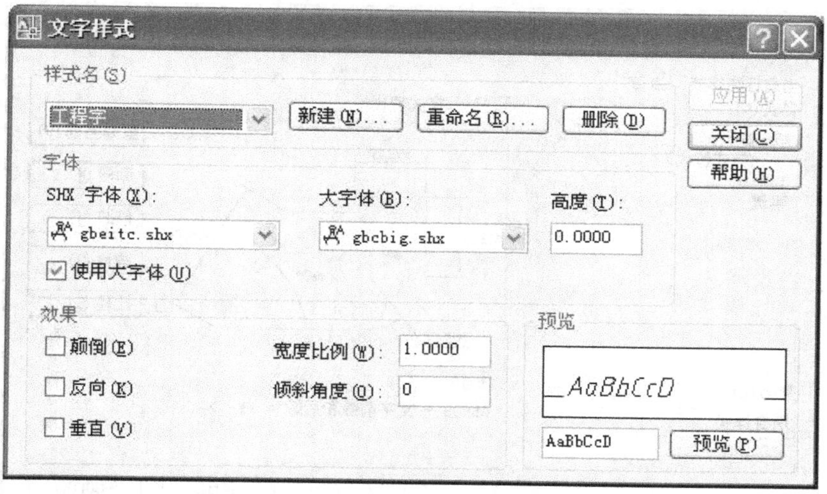

图 8-21　“文字样式”对话框

选框，并在“SHX 字体”下拉列表中选择“gbeitc.shx”，在“大字体”下拉列表中选择“gbcbig.shx”，单击“应用（A）”按钮，关闭此对话框，此时，在“文字样式”下拉列表中选择“工程字”，“文字高度”值设为“3.5”，“此尺寸线偏移”值设为“1”，其他使用缺省设置。

- 在“调整”选项卡中，使用缺省设置。
- 在“主单位”选项卡中，将“小数分隔符”设为“.”（句点），其他使用缺省设置。
- 在“换算单位”选项卡中，使用缺省设置。
- 在“公差”选项卡中，使用缺省设置。

所有的设置完成之后，单击“确定”按钮，完成新标注样式的设置，退回到“标注样式管理器”对话框。选中这个标注样式，单击“置为当前”，然后单击“关闭”，回到绘图界面。此时“样式”工具栏“标注样式”下拉列表上会出现“GB-35”，表明“GB-35”将作为当前标注样式对图形进行标注。

8.2.3　修改、替代及比较标注样式

在图 8-2 所示的标注样式管理器对话框左侧的标注样式中选择一个尺寸样式，单击“修改”按钮，弹出修改样式对话框，直接对已经定义过标注样式的各个设置进行修改。修改样式对话框与新建样式对话框完全相同。需要注意的是，对尺寸样式的修改会影响使用该样式标注的所有尺寸。

如果需要临时修改标注样式，可以使用样式替代。样式替代只对当前尺寸样式有效，其作用是在当前尺寸样式设置的基础上临时改变某些设置内容，以满足某些特殊尺寸的标注需要，这种方法不会影响已标注的尺寸。

在标注样式管理器对话框单击“替代”按钮，显示“替代当前样式”对话框，在此可以设置标注样式的临时替代值。该对话框的内容与新建标注样式对话框的内容相同。在修改了设置后，在样式列表中原选择的标注样式下，出现了“<样式替代>”子样式；在“说明”区域出现替代样式的修改内容，如图 8-22 所示。接下来的标注将使用“<样式替代>”进行。

如前所述，样式替代仅仅是对当前尺寸样式中某些设置的临时性修改，可以用于某些比较特殊的尺寸标注。例如在对轴类零件的径向尺寸文本前加上“ ϕ”，而往往这些尺寸并非标注在轴向投影的视图上（见本章习题 7），所以需要手动添加，这些情况都可以使用样式替代来完成。

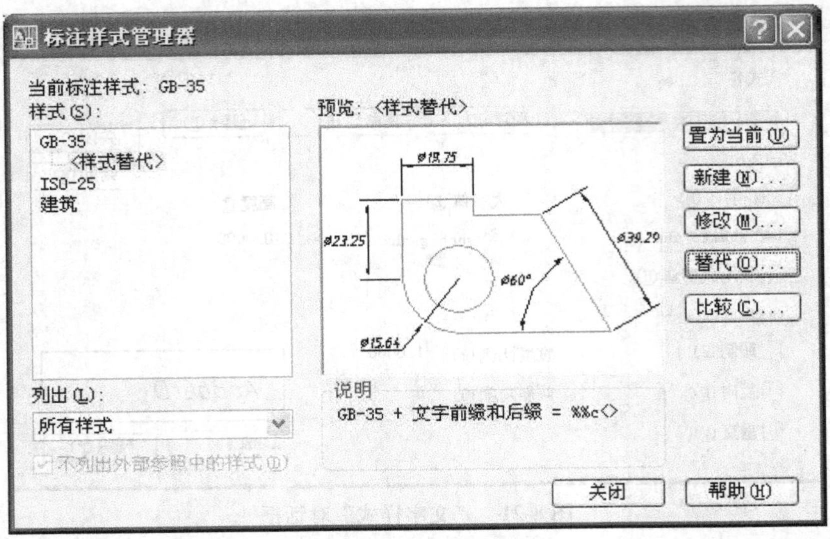

图 8-22 尺寸样式的替代

当不再需要标注带“ϕ”尺寸时，可以在尺寸样式管理器中改变当前标注样式，这时会弹出如图 8-23 所示的警告对话框，单击“确定”按钮，取消样式替代。

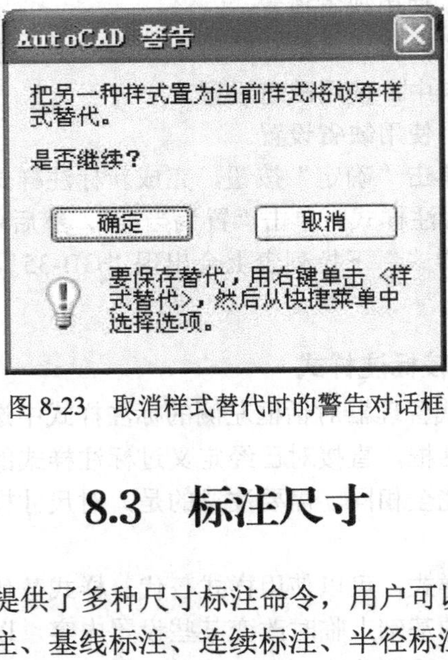

图 8-23 取消样式替代时的警告对话框

8.3 标注尺寸

AutoCAD 2007 为用户提供了多种尺寸标注命令，用户可以利用这些命令对图形进行线性标注、对齐标注、角度标注、基线标注、连续标注、半径标注、直径标注、快速标注、快速引线标注、坐标标注、圆心标注、形位公差标注、弧长标注和折弯标注。从“标注”工具栏来选择尺寸标注命令是最快捷的方法。缺省界面中并不显示“标注”工具栏，此时将光标移至已经显示的任意一个工具栏的上面，单击右键，从弹出的快捷菜单中选取“标注”项，则显示如图 8-24 所示的工具栏，可以将此工具栏固定在某个位置。

8.3.1 线性标注

使用线性标注可以用指定的位置或对象的水平或垂直部分来创建标注。如图 8-25 所示为创建的线性标注。执行线性标注命令的方法有以下 3 种。

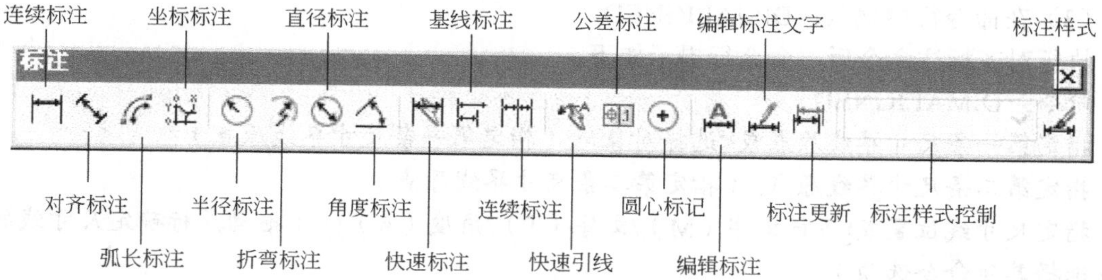

图 8-24　尺寸标注工具条

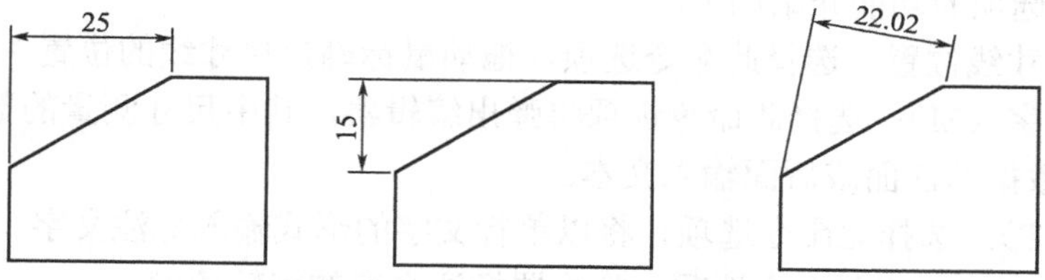

图 8-25　线性标注的 3 种形式

（1）单击“标注”工具栏中的“线性标注”按钮。

（2）在菜单单击“标注（N）”→“线性（L）”。

（3）在命令行中输入：DIMLINEAR↙。

执行线性标注命令后，命令行提示如下：

命令:_ DIMLINEAR（执行线性标注命令）

指定第一条尺寸界线原点或<选择对象>:（指定第一条尺寸界线原点）

指定第二条尺寸界线原点:（指定第二条尺寸界线原点）

指定尺寸线位置或[多行文字（M）/文字（T）/角度（A）/水平（H）/垂直（V）/旋转（R）]:（拖动鼠标指定尺寸线的位置）

标注文字=25（系统提示测量数据）

其中各命令选项的功能介绍如下。

（1）指定尺寸线位置：拖动鼠标确定尺寸线位置。

（2）多行文字（M）：选择此命令选项，弹出编辑器，其中尺寸测量的数据已经被固定，用户可以在数据的前面或后面输入文本。

（3）文字（T）：选择此命令选项，将在命令行自定义标注文字。

（4）角度（A）：选择此命令选项，将修改标注文字的角度。

（5）水平（H）：选择此命令选项，将创建水平线性标注。

（6）垂直（V）：选择此命令选项，将创建垂直线性标注。

（7）旋转（R）：选择此命令选项，将创建旋转线性标注。

8.3.2 对齐标注

使用对齐标注可以创建与指定位置或对象平行的标注。对齐标注的效果如图 8-26 所示。执行对齐标注命令的方法有以下 3 种。

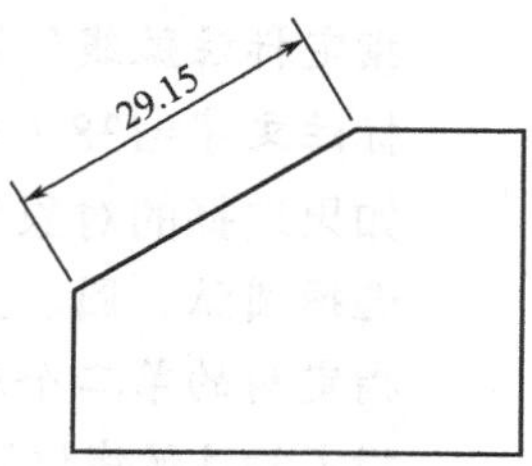

图 8-26　对齐标注

（1）单击“标注”工具栏中的“对齐标注”按钮。

（2）在菜单单击“标注（N）”→“对齐（G）”。

（3）在命令行中输入：DIMALIGNED↙。

执行对齐标注命令后，命令行提示如下：

命令:_ DIMALIGNED

指定第一条尺寸界线原点或<选择对象>:（指定第一条尺寸界线原点）

指定第二条尺寸界线原点:（指定第二条尺寸界线原点）

指定尺寸线位置或[多行文字（M）/文字（T）/角度（A）]:（拖动鼠标确定尺寸线的位置或选择其他命令选项）

标注文字=29.15（系统显示测量数据）

其中各命令选项的功能介绍如下。

（1）指定尺寸线位置：选择此命令选项，拖动鼠标确定尺寸线的位置。

（2）多行文字（M）：选择此命令选项将弹出编辑器，其中尺寸测量的数据已经被固定，用户可以在数据的前面或后面输入文本。

（3）文字（T）：选择此命令选项，将以单行文字的形式输入标注文字。

（4）角度（A）：选择此命令选项，将设置标注文字的旋转角度。

8.3.3 角度标注

角度标注用于测量圆和圆弧的角度、两条直线间的角度以及三点间的角度。角度标注的效果如图 8-27 所示。

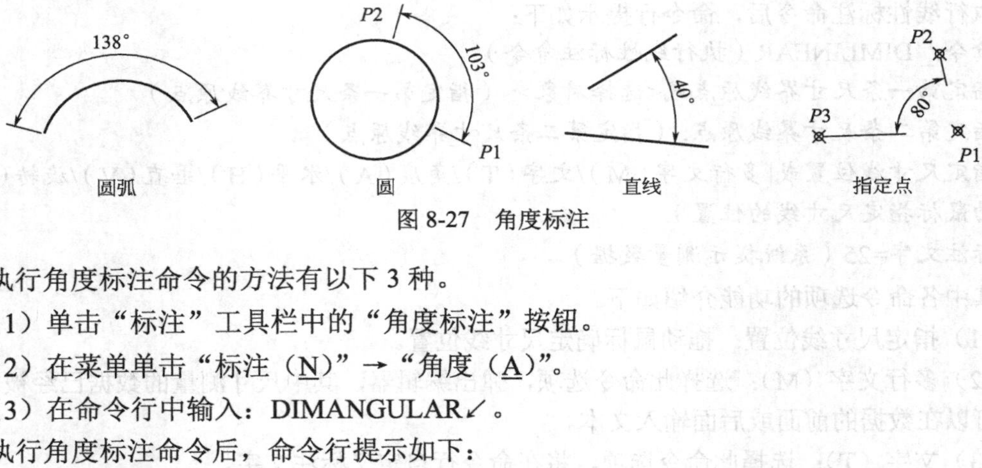

图 8-27 角度标注

执行角度标注命令的方法有以下 3 种。

（1）单击“标注”工具栏中的“角度标注”按钮。

（2）在菜单单击“标注（N）”→“角度（A）”。

（3）在命令行中输入：DIMANGULAR↙。

执行角度标注命令后，命令行提示如下：

命令: _ DIMANGULAR

选择圆弧、圆、直线或<指定顶点>:（选择要标注的对象）

选择的对象不同，命令行提示也不同。如果选择的对象为圆弧，则命令行提示如下：

指定标注弧线位置或[多行文字（M）/文字（T）/角度（A）]:（选择圆弧）

标注文字=138（系统显示测量数据）

如果选择的对象为圆，则命令行提示如下：

选择圆弧、圆、直线或<指定顶点>:（选择圆上一点 P1）

指定角的第二个端点:（在该圆上指定另一个测量端点 P2）

指定标注弧线位置或[多行文字（M）/文字（T）/角度（A）]:（拖动鼠标确定尺寸线的位置）

标注文字=103（系统显示测量数据）

如果选择的对象为直线，则命令行提示如下：

选择圆弧、圆、直线或<指定顶点>:（选择角的一条边）

选择第二条直线:（选择角的另一条边）

指定标注弧线位置或[多行文字（M）/文字（T）/角度（A）]:（拖动鼠标确定尺寸线的位置）

标注文字=40（系统显示测量数据）

执行角度标注命令后，如果直接按回车键，则选择“指定顶点”选项，命令行提示如下：

命令:_ DIMLINEAR

选择圆弧、圆、直线或<指定顶点>:（直接按回车键）

指定角的顶点:（捕捉测量角的顶点P1）

指定角的第一个端点:（捕捉测量角的第一个端点P2）

指定角的第二个端点:（捕捉测量角的第二个端点P3）

指定标注弧线位置或[多行文字（M）/文字（T）/角度（A）]:（拖动鼠标确定尺寸线的位置）

标注文字=80（系统显示测量数据）

8.3.4　半径标注

半径标注是使用可选的中心线或中心标记测量圆弧和圆的半径。执行半径标注命令的方法有以下3种。

（1）单击“标注”工具栏中的“半径标注”按钮。

（2）在菜单单击“标注（N）”→“半径（R）”。

（3）在命令行中输入：DIMRADIUS↙。

执行半径标注命令后，半径标注的效果如图8-28所示，命令行提示如下：

命令:_ DIMRADIUS

选择圆弧或圆:（选择要测量的圆弧或圆）

标注文字=5（系统显示测量数据）

指定尺寸线位置或[多行文字（M）/文字（T）/角度（A）]:（拖动鼠标确定尺寸线位置）

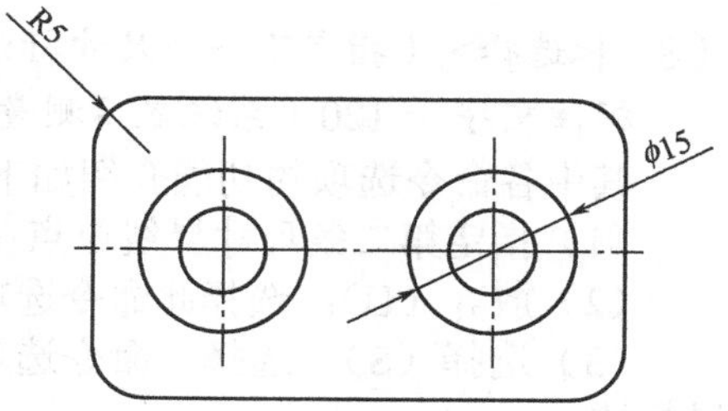

图8-28　半径与直径标注

其中各命令选项的功能介绍如下。

（1）指定尺寸线位置：选择此命令选项，拖动鼠标确定尺寸线的位置。

（2）多行文字（M）：选择此命令选项将弹出编辑器，其中尺寸测量的数据已经被固定，用户可以在数据的前面或后面输入文本，但必须在输入的半径值前加符号“R”，否则半径值前没有该符号。

（3）文字（T）：选择此命令选项，将以单行文字的形式输入标注文字。

（4）角度（A）：选择此命令选项，将设置标注文字的旋转角度。

8.3.5　直径标注

直径标注是使用可选的中心线或中心标记测量圆弧和圆的直径。在AutoCAD 2007中，执行直径标注命令的方法有以下3种。

（1）单击“标注”工具栏中的“直径标注”按钮。

（2）在菜单单击“标注（N）”→“直径（D）”。

（3）在命令行中输入命令DIMDIAMETER↙。

执行直径标注命令后，直径标注的效果如图 8-28 所示。命令行提示如下：

命令:_ DIMDIAMETER

选择圆弧或圆:（选择要测量的圆或圆弧）

标注文字=12（系统显示测量数据）

指定尺寸线位置或[多行文字（M）/文字（T）/角度（A）]:（拖动鼠标确定尺寸线位置）

8.3.6 基线标注

基线标注是从同一基线处测量的多个标注。在创建基线标注之前，必须创建线性、对齐或角度标注。在 AutoCAD 2007 中，执行基线标注命令的方法有以下 3 种。

（1）单击“标注”工具栏中的“基线标注”按钮。

（2）在菜单单击“标注（N）”→“基线（B）”。

（3）在命令行中输入：DIMBASELINE↙。

执行基线标注命令后，基线标注的效果如图 8-29 所示。命令行提示如下：

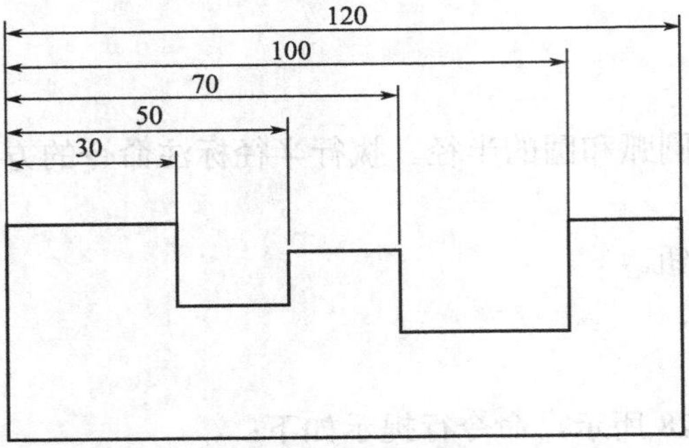

图 8-29 基线标注

命令:_ DIMBASELINE

指定第二条尺寸界线原点或[放弃（U）/选择（S）]<选择>:（指定下一个尺寸标注原点）

标注文字 = 50（系统显示测量数据）

指定第二条尺寸界线原点或[放弃（U）/选择（S）]<选择>:（指定下一个尺寸标注原点）

标注文字 = 70（系统显示测量数据）

指定第二条尺寸界线原点或[放弃（U）/选择（S）]<选择>:（指定下一个尺寸标注原点）

标注文字 = 100（系统显示测量数据）

指定第二条尺寸界线原点或[放弃（U）/选择（S）]<选择>:（指定下一个尺寸标注原点）

标注文字 = 120（系统显示测量数据）

其中各命令选项的功能介绍如下。

（1）指定第二条尺寸界线原点：选择此命令选项，将确定第二条尺寸界线。

（2）放弃（U）：选择此命令选项，取消最近一次操作。

（3）选择（S）：选择此命令选项，命令行提示“选择基准标注”，用拾取框选择新的基准标注。

8.3.7 连续标注

连续标注是指创建首尾相连的多个标注。在创建连续标注之前，必须创建线性、对齐或角度标注。

在 AutoCAD 2007 中，执行连续标注命令的方法有以下 3 种。

（1）单击“标注”工具栏中的“连续标注”按钮。

（2）在菜单单击“标注（N）”→“连续（C）”。

（3）在命令行中输入：DIMCONTINUE↙。

和基线标注一样，在执行连续标注之前要建立或选择一个线性、坐标或角度标注作为基准标注，然后执行连续标注命令。连续标注的效果如图 8-30 所示。命令行提示如下：

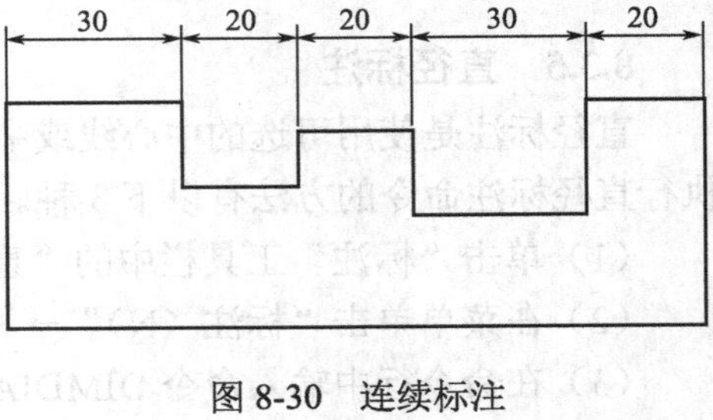

图 8-30 连续标注

命令:_ DIMCONTINUE

指定第二条尺寸界线原点或[放弃（U）/选择（S）<选择>:（指定第二条尺寸界线原点）
标注文字=20（系统显示测量数据）
指定第二条尺寸界线原点或[放弃（U）/选择（S）]<选择>:（指定第二条尺寸界线原点）
标注文字=20（系统显示测量数据）
指定第二条尺寸界线原点或[放弃（U）/选择（S）]<选择>:（指定第二条尺寸界线原点）
标注文字=30（系统显示测量数据）
指定第二条尺寸界线原点或[放弃（U）/选择（S）]<选择>:（指定第二条尺寸界线原点）
标注文字=20（系统显示测量数据）

其中各命令选项的功能介绍如下。

（1）指定第二条尺寸界线原点：选择此命令选项，将确定第二条尺寸界线。

（2）放弃（U）：选择此命令选项，返回到最近上一次操作。

（3）选择（S）：选择此命令选项，命令行提示"选择连续标注"，用拾取框选择新的连续标注。

8.3.8　引线标注

快速引线标注由带箭头的引线和注释文字两部分组成，多用于标注文字或形位公差。在 AutoCAD 2007 中，执行快速引线标注命令的方式有以下 3 种。

（1）单击"标注"工具栏中的"引线标注"按钮。

（2）在菜单单击"标注（N）"→"引线（E）"。

（3）在命令行中输入：QLEADER↙。

执行引线标注命令后，命令行提示如下：

命令:_ QLEADER
指定第一个引线点或[设置（S）]<设置>:（指定引线的起点）
如果选择"指定第一个引线点"命令选项，则命令行提示如下：
指定下一点:（指定引线的转折点）
指定下一点:（指定引线的另一个端点）
指定文字宽度<0>:（指定文字的宽度）
输入注释文字的第一行<多行文字（M）>:（输入文字，按回车键结束标注）

直接按回车键选择"设置（S）"命令选项，弹出对话框，如图 8-31 所示。

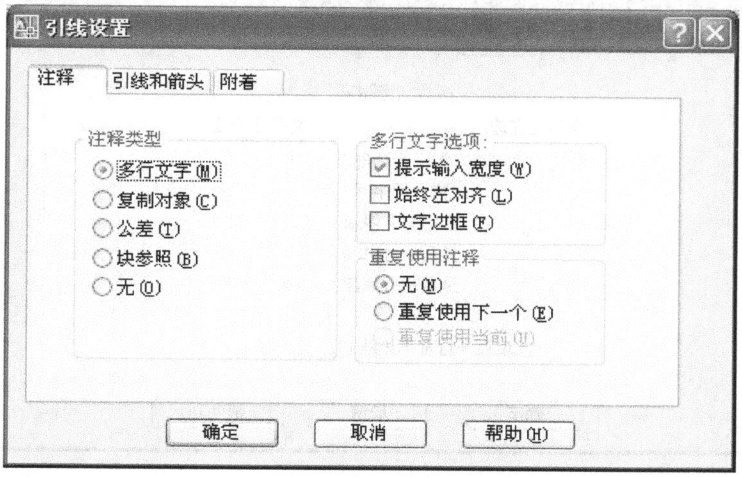

图 8-31　"引线设置"对话框

该对话框中包含 3 个选项卡，其功能介绍如下。

（1）“注释”选项卡：该选项卡用于设置注释类型、多行文字和重复使用注释选项，如图 8-31 所示。其中注释类型选项组用于设置引线注释的类型；多行文字选项组用于对多行文字进行设置，并且只有选择了多行文字注释类型时，该选项才可用；重复使用注释选项组用于设置引线注释重复使用的选项。

（2）“引线和箭头”选项卡：该选项卡用于设置引线和箭头特性，如图 8-32 所示。其中引线选项组用于设置引线格式；点数选项组用于设置引线的节点数，系统默认为 3，最少为 2，即引线为一条线段，也可以在微调框中输入节点数；箭头选项组用于指定引线箭头的样式，系统提供了 21 种箭头样式；角度约束选项组用于设置第一条引线线段和第二条引线线段的角度约束，系统提供了 6 种角度可供选择。

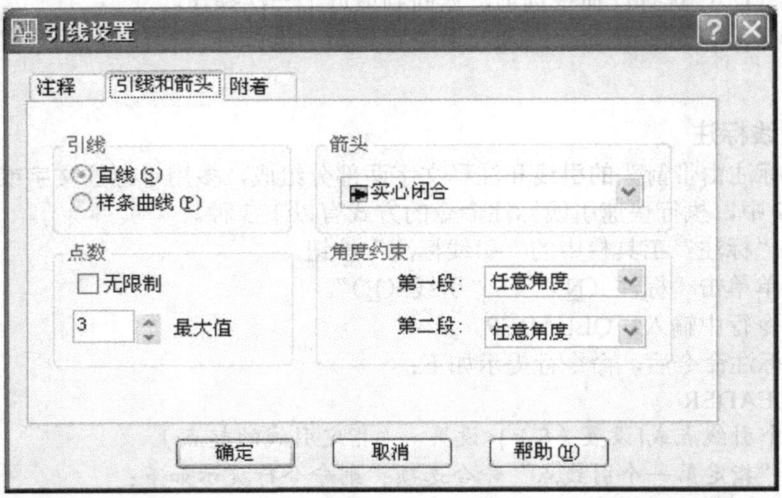

图 8-32 “引线和箭头”选项卡

（3）“附着”选项卡：该选项卡用于设置引线附着到多行文字的位置，如图 8-33 所示。该选项卡中包括 5 种文字与引线间的相对位置关系，这 5 种关系分别是“第一行顶部”、“第一

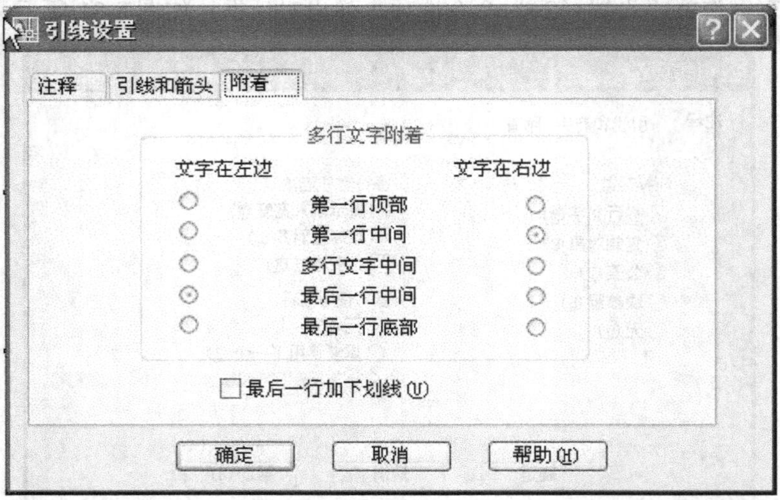

图 8-33 “附着”选项卡

行中间"、"多行文字中间"、"最后一行中间"和"最后一行底部"，这 5 个选项都有"文字在左边"和"文字在右边"之分。如果选中复选框，则前面这 5 项均不可用。

引线标注的效果如图 8-34 所示。

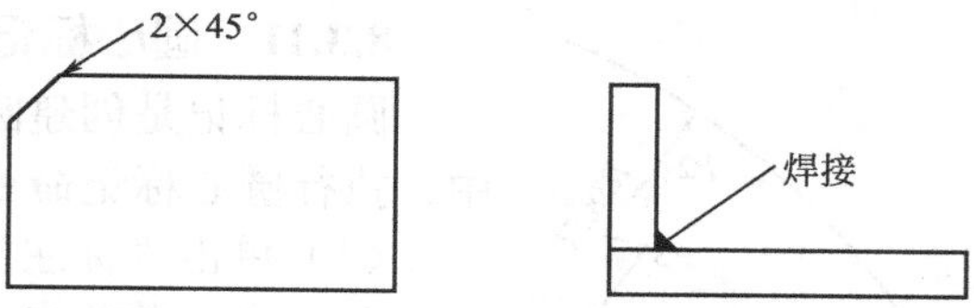

图 8-34　引线标注

8.3.9　坐标标注

坐标标注是测量原点到标注特征点的垂直距离。这种标注保持特征点与基准点的精确偏移量，从而避免增大误差。在 AutoCAD 2007 中，执行坐标标注命令的方法有以下 3 种。

（1）单击"标注"工具栏中的"坐标标注"按钮。

（2）在菜单单击"标注（N）"→"坐标（O）"。

（3）在命令行中输入：DIMORDINATE↙。

执行坐标标注命令后，命令行提示如下：

命令:_ DIMORDINATE

指定点坐标:（指定要测量的坐标点）

指定引线端点或[X 基准（X）/Y 基准（Y）/多行文字（M）/文字（T）/角度（A）]:（指定引线端点）

其中各命令选项的功能介绍如下。

（1）指定引线端点：选择此命令选项，使用点坐标和引线端点的坐标差可确定它是 *X* 坐标标注还是 *Y* 坐标标注。如果 *Y* 坐标的坐标差较大，标注就测量 *X* 坐标，否则就测量 *Y* 坐标。

（2）X 基准（X）：选择此命令选项，测量 *X* 坐标并确定引线和标注文字的方向。

（3）Y 基准（Y）：选择此命令选项，测量 *Y* 坐标并确定引线和标注文字的方向。

（4）多行文字（M）：选择此命令选项，弹出编辑器，向其中输入要标注的文字后，再确定引线端点。

（5）文字（T）：选择此命令选项，在命令行自定义标注文字。

（6）角度（A）：选择此命令选项，修改标注文字的角度。

如图 8-35 所示为创建的坐标标注。

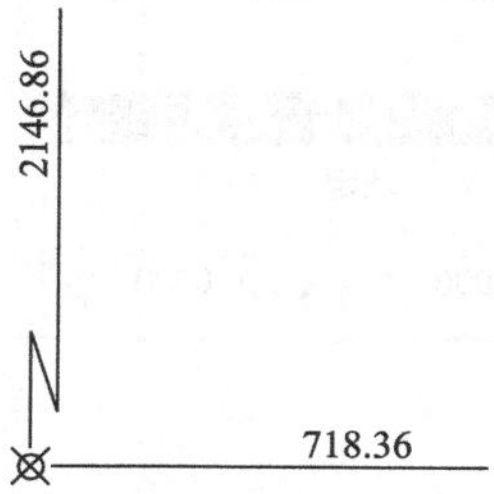

图 8-35　坐标标注

8.3.10　折弯标注

折弯标注用于标注圆弧或圆的中心位于布局外并且无法在其实际位置显示的圆弧或圆。在 AutoCAD 2007 中，执行折弯标注命令的方法有以下 3 种。

（1）单击"标注"工具栏中的"折弯标注"按钮。

（2）在菜单单击"标注（N）"→"折弯（J）"。

（3）在命令行中输入：DIMJOGGED↙。

执行折弯标注命令后，命令行提示如下：

命令:_ DIMJOGGED

选择圆弧或圆:（选择要标注的圆或圆弧）

指定中心位置替代:（指定一点替代中心点 P1）

标注文字=38.51（系统提示测量数据）

指定尺寸线位置或[多行文字（M）/文字（T）/角度（A）]:（拖动鼠标指定尺寸线的位置 P2）

指定折弯位置:（拖动鼠标指定折弯的位置 P3）

折弯标注的效果如图 8-36 所示。

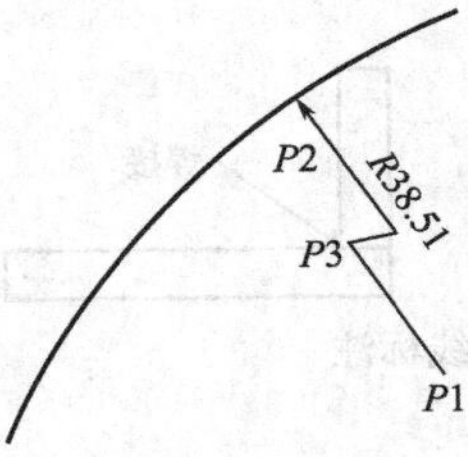

图 8-36 折弯标注

8.3.11 圆心标记

圆心标记是创建圆和圆弧的圆心标记或中心线。在 AutoCAD 2007 中，执行圆心标记命令的方法有以下 3 种。

（1）单击“标注”工具条中的“圆心标记”按钮⊕。

（2）在菜单单击“标注（N）”→“圆心标记（M）”。

（3）在命令行中输入：DIMCENTER↙。

执行圆心标记命令后，命令行提示如下：

命令：_DIMCENTER

选择圆弧或圆：（选择要标记的圆弧或圆）

圆心标记的样式有 3 种，如前面图 8-8 所示。可以通过“新建标注样式”对话框中的“直线和箭头”选项卡中的“圆心标记”选项组对其类型和大小进行设置。

8.4 标注尺寸公差与形位公差

8.4.1 标注尺寸公差

如前所述，实际标注尺寸公差时一般使用替代尺寸样式或多行文字编辑器来完成。

（1）建立样式替代，设置好要标注的尺寸公差的类型和公差数值，然后进行标注，这种方法缺点是操作起来比较麻烦，对于不同公差的尺寸需要反复修改标注样式。

（2）利用多行文字编辑器来实现公差文字标注的目的，做法是在尺寸标注过程中当命令行提示：

指定尺寸线位置或[多行文字（M）/文字（T）/角度（A）/水平（H）/垂直（V）/旋转（R）]：键入“M”↙，弹出多行文字编辑器，如图 8-37（a）所示。

在编辑器中系统自动测量的文字后输入上下偏差文字，中间用“^”隔开，如图 8-37（a）所示，然后选中输入文字，单击编辑器工具栏上的“堆叠/非堆叠”按钮，偏差文字即可堆叠，如图 8-37（b）所示。若要改变堆叠文字的大小、位置，可在选中堆叠文字后单击右键，在快捷菜单中选择“特性”项，弹出如图 8-38 所示的“堆叠特性”对话框，很方便就可以实现修改。

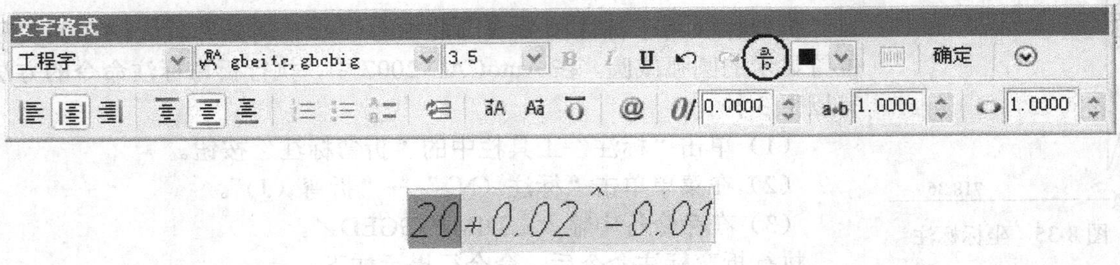

（a）

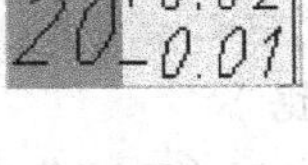

（b）

图 8-37 利用多行文字编辑器输入尺寸公差

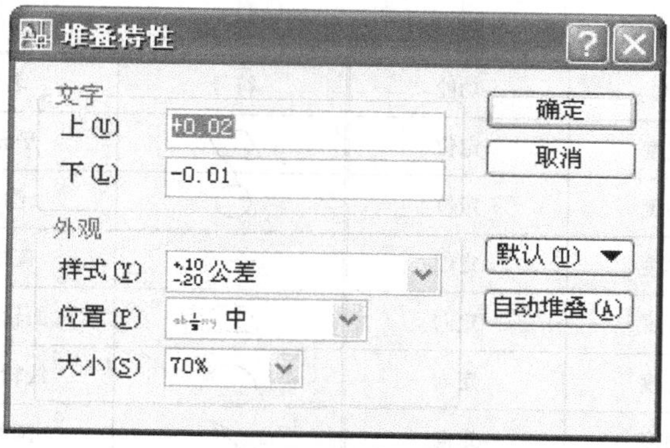

图 8-38　“堆叠特性”对话框

8.4.2　标注形位公差

形位公差表示特征的形状、轮廓、方向、位置和跳动的允许偏差。可以通过特征控制框来添加形位公差，这些框中包含单个标注的所有公差信息。执行形位公差标注命令的方法有以下 3 种。

（1）单击“标注”工具栏中的“公差”按钮。

（2）在菜单单击“标注（N）”→“公差（T）”。

（3）在命令行中直接输入：TOLERANCE↙。

执行形位公差命令后，弹出对话框，如图 8-39 所示。

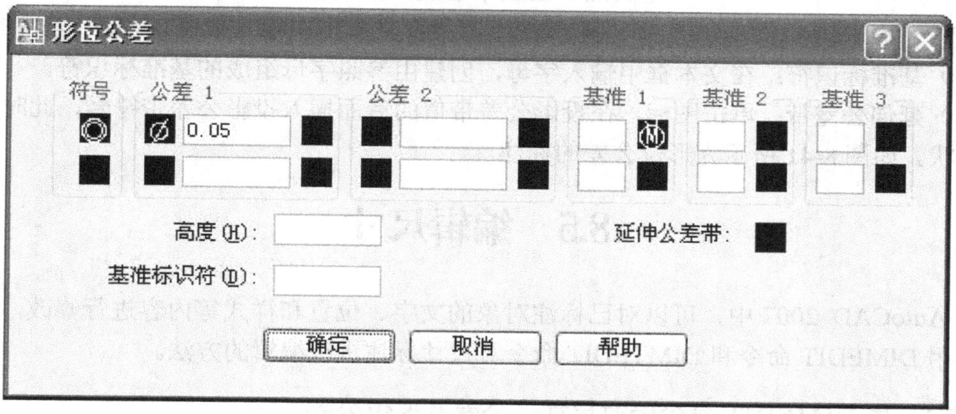

图 8-39　“形位公差”对话框

该对话框中各选项功能介绍如下。

（1）符号：单击此选项组中的图标，打开面板，如图 8-40 所示，在该面板中选择合适的特征符号。这些符号的含义如表 8-1 所示。

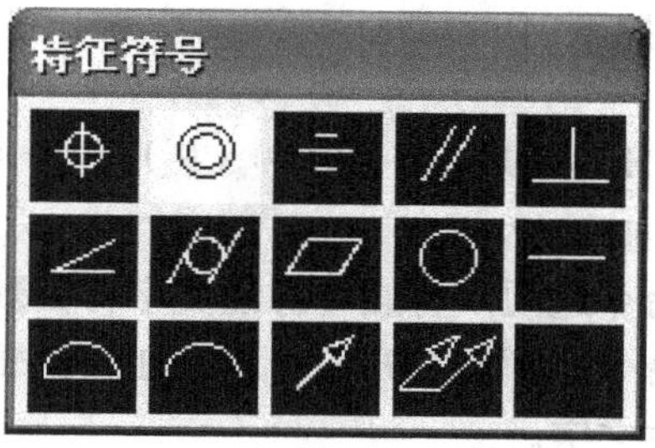

图 8-40　“特征符号”面板

表 8-1 公差符号含义

符号	名称	功能	符号	名称	功能
⌖	位置度	定位	⏥	平面度	形状
◎	同轴度	定位	○	圆度	形状
⌯	对称度	定位	—	直线度	形状
∥	平行度	定向	⌓	面轮廓度	轮廓
⊥	垂直度	定向	⌒	线轮廓度	轮廓
∠	倾斜度	定向	↗	圆跳动	跳动
⌭	圆柱度	形状	⌰	全跳动	跳动

（2）公差：指公差栏中指定的公差数值和公差包容条件。公差数值可直接输入，单击公差值框后的实心黑框，弹出包容条件对话框，从中可以选择公差的包容条件。其中 M 表示在最大材质条件下，L 表示在最小材质条件下，S 表示忽略特征大小。

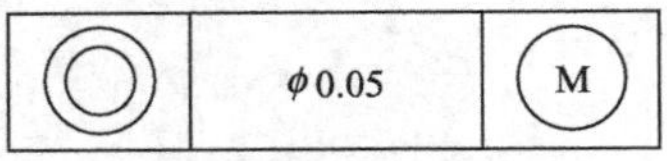

图 8-41 “形位公差”标注示例

（3）基准：对每个对象提供最多三个基准。基准可以是特定的点、面或中心线，反映被测对象方向位置的参考对象。

（4）高度：直接在文本框中输入数值，指定公差带的高度。

（5）基准标识符：在文本框中输入字母，创建由参照字母组成的基准标识符。

（6）延伸公差带：单击图标，在投影公差带值的后面插入投影公差带符号，此时该图标变为形状。如图 8-41 所示为形位公差的标注。

8.5 编辑尺寸

在 AutoCAD 2007 中，可以对已标注对象的文字、位置和样式等内容进行修改，本节主要介绍用 DIMEDIT 命令和 DIMTEDIT 命令对尺寸标注进行编辑的方法。

8.5.1 用 DIMEDIT 命令修改尺寸、公差及形位公差

DIMEDIT 命令用于编辑尺寸文字的角度和尺寸界线的倾斜角。执行编辑标注命令的方法有以下 2 种。

（1）单击“标注”工具栏中的“编辑标注”按钮。

（2）在命令行中输入：DIMEDIT↙

执行命令后，命令行提示如下：

命令:_DIMEDIT

输入标注编辑类型[默认（H）/新建（N）/旋转（R）/倾斜（O）]<默认>:（选择编辑方式）

其中各命令选项功能介绍如下。

（1）默认（H）：选择该命令选项，将旋转标注文字移回默认位置。

（2）新建（N）：选择此命令选项，打开编辑器，在该编辑器中可更改标注文字。

（3）旋转（R）：旋转标注文字。

（4）倾斜（O）：选择该命令选项，调整线性标注尺寸界线的倾斜角度。

命令行提示：

选择对象:找到1个（选择要编辑的尺寸标注，选择图8-42（a）中的ϕ30）

选择对象:

输入倾斜角度（按ENTER表示无）: -30（顺时针方向倾斜30°）

编辑命令完成后的效果如图8-42（b）所示。

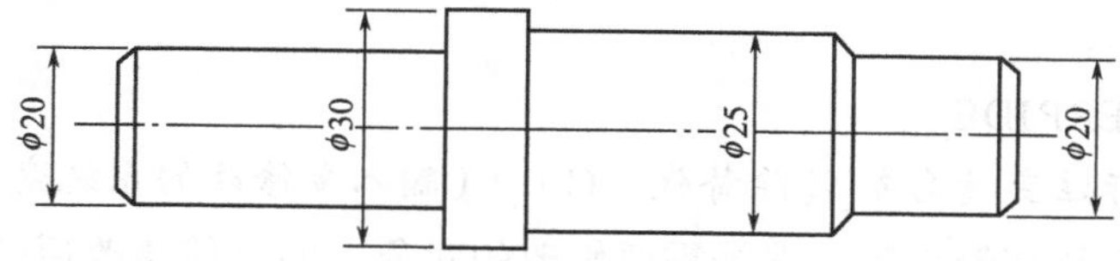

(a) 原始图形效果图

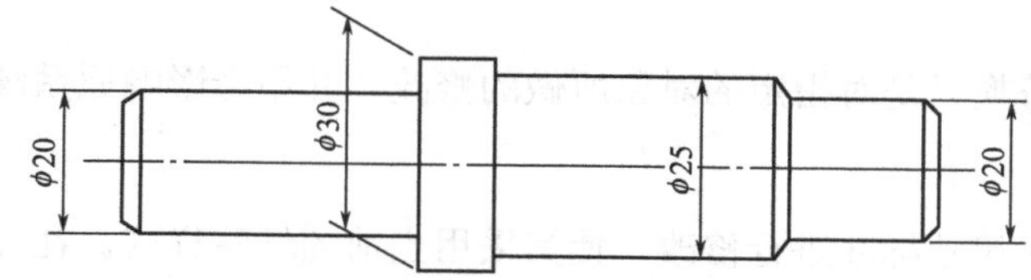

(b) 编辑尺寸界线的倾斜角度

图8-42 编辑尺寸

8.5.2 修改尺寸文字的位置

DIMTEDIT命令用于修改标注文字的位置或是旋转标注文字。执行编辑标注命令的方法有以下2种。

（1）单击“标注”工具栏中的“编辑标注文字”按钮。

（2）在命令行中输入：DIMTEDIT↙

执行命令后，命令行提示如下：

命令:_ DIMTEDIT

选择标注:（选择要编辑的尺寸标注）

指定标注文字的新位置或[左（L）/右（R）/中心（C）/默认（H）/角度（A）]:（指定标注文字的新位置）

其中各命令选项的功能介绍如下。

（1）左（L）：选择该命令选项，沿尺寸线的左边对正标注文字。本选项只适用于线性、直径和半径标注。

（2）右（R）：选择该命令选项，沿尺寸线的右边对正标注文字。本选项只适用于线性、直径和半径标注。

（3）中心（C）：选择该命令选项，将标注文字放在尺寸线的中间。

（4）默认（H）：选择该命令选项，将标注文字移回默认位置。

（5）角度（A）：选择该命令选项，修改标注文字的角度。

如图8-43所示是将部分尺寸（ϕ30和ϕ25）进行位置编辑的结果。

8.5.3 替代

标注替换是指临时修改尺寸标注的系统变量设置，并按该设置修改尺寸标注，有2种方法。

（1）在菜单单击“标注（N）”→“替代（V）”。

（2）在命令行中输入：DIMOVERRIDE↙

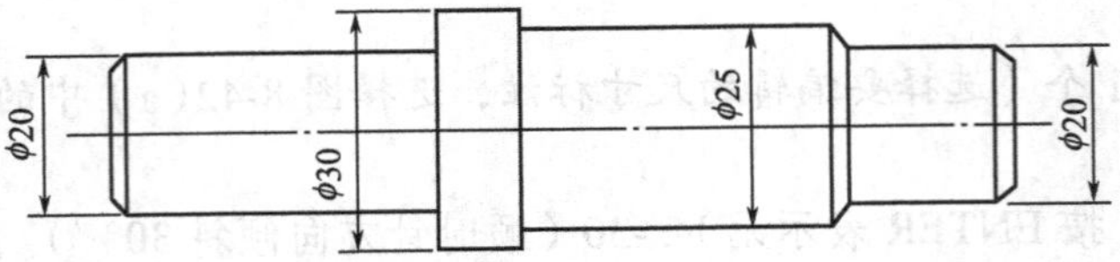

图 8-43 “编辑尺寸标注”命令的执行结果

命令行提示如下：

命令:_ DIMOVERRIDE

输入要替代的标注变量名或[清除替代（C）]:（输入要修改的系统变量名）

输入要修改的系统变量名后，选择需要修改的对象，即可使修改后的系统变量生效。如果要取消对尺寸标注的修改，则可以选择“清除替代”命令选项，将尺寸标注恢复到当前系统设置下的样式。

对尺寸标注做替换只是对指定的对象所做的修改，并不会影响原系统的变量设置。

8.5.4 更新

更新标注是指对尺寸标注进行修改，使其采用当前的标注样式。在 AutoCAD2007 中，执行更新标注命令的方法有以下两种。

（1）单击“标注”工具栏中的“标注更新”按钮。

（2）在命令行中输入：DIMSTYLE↙

执行标注更新命令后，命令行提示如下。

命令:_- DIMSTYLE

当前标注样式:Standard（系统提示）

输入标注样式选项[保存（S）/恢复（R）/状态（ST）/变量（V）/应用（A）/?]<恢复>:（选择更新选项）

其中各命令选项功能介绍如下。

（1）保存（S）：选择该命令选项，将标注系统变量的当前设置保存到标注样式。

（2）恢复（R）：选择该命令选项，将标注系统变量设置恢复为选定标注样式的设置。

（3）状态（ST）：选择该命令选项，显示所有标注系统变量的当前值。

（4）变量（V）：选择该命令选项，列出某个标注样式或选定标注的标注系统变量设置，但不修改当前设置。

（5）应用（A）：选择该命令选项，将当前尺寸标注系统变量设置应用到选定的标注对象，永久替代应用于这些对象的任何现有标注样式。

（6）?：选择该命令选项，列出当前图形中的命名标注样式。

小 结

本章重点介绍了尺寸标注的规则与组成，以及创建尺寸标注的样式、标注图形尺寸和编辑尺寸标注的方法。其中创建尺寸标注的样式、标注图形尺寸是本章的重点，应该熟练掌握。

习 题

1. 尺寸标注由哪些部分组成？
2. 什么是形位公差标注？

3. 绘制如图 8-44 所示的图形，并标注尺寸。

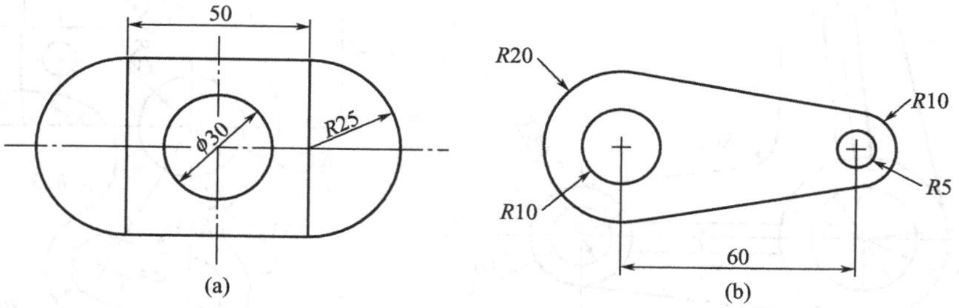

图 8-44　习题 3 图

4. 绘制如图 8-45 所示的图形，并标注尺寸。

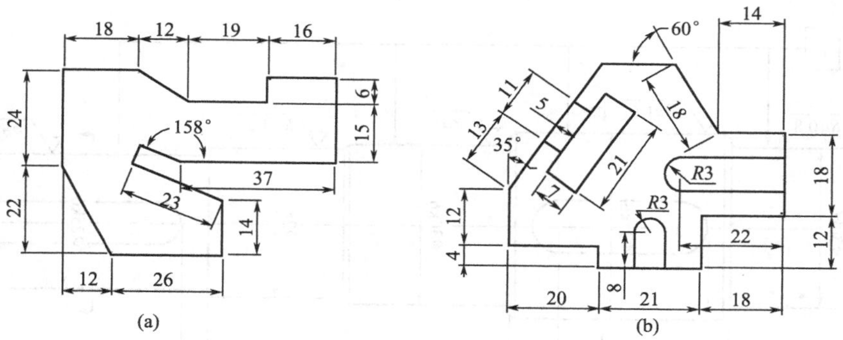

图 8-45　习题 4 图

5. 绘制如图 8-46 所示的图形，并标注尺寸。

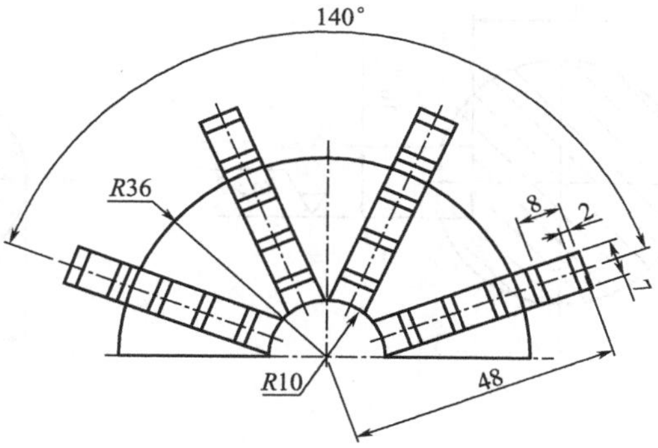

图 8-46　习题 5 图

6. 绘制如图 8-47 所示的图形，并标注尺寸。

7. 绘制如图 8-48 所示的图形，并标注尺寸。

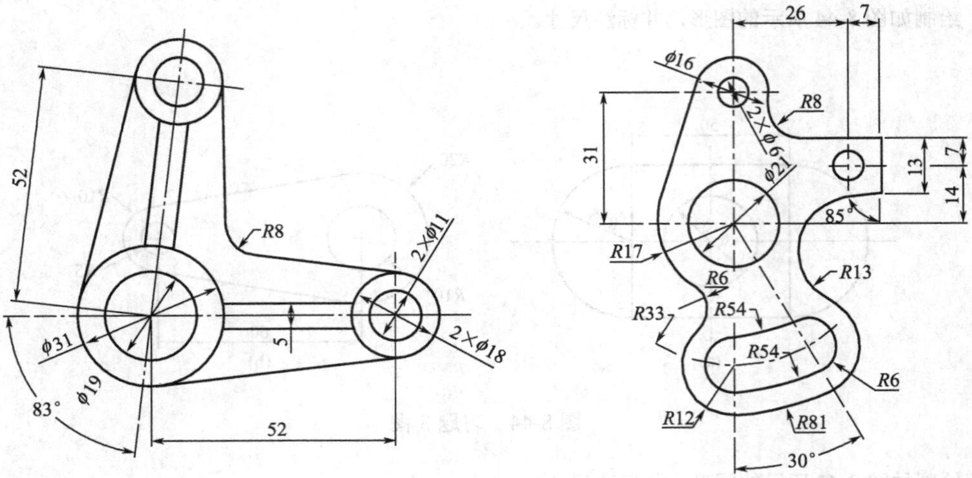

(a) (b)

图 8-47 习题 6 图

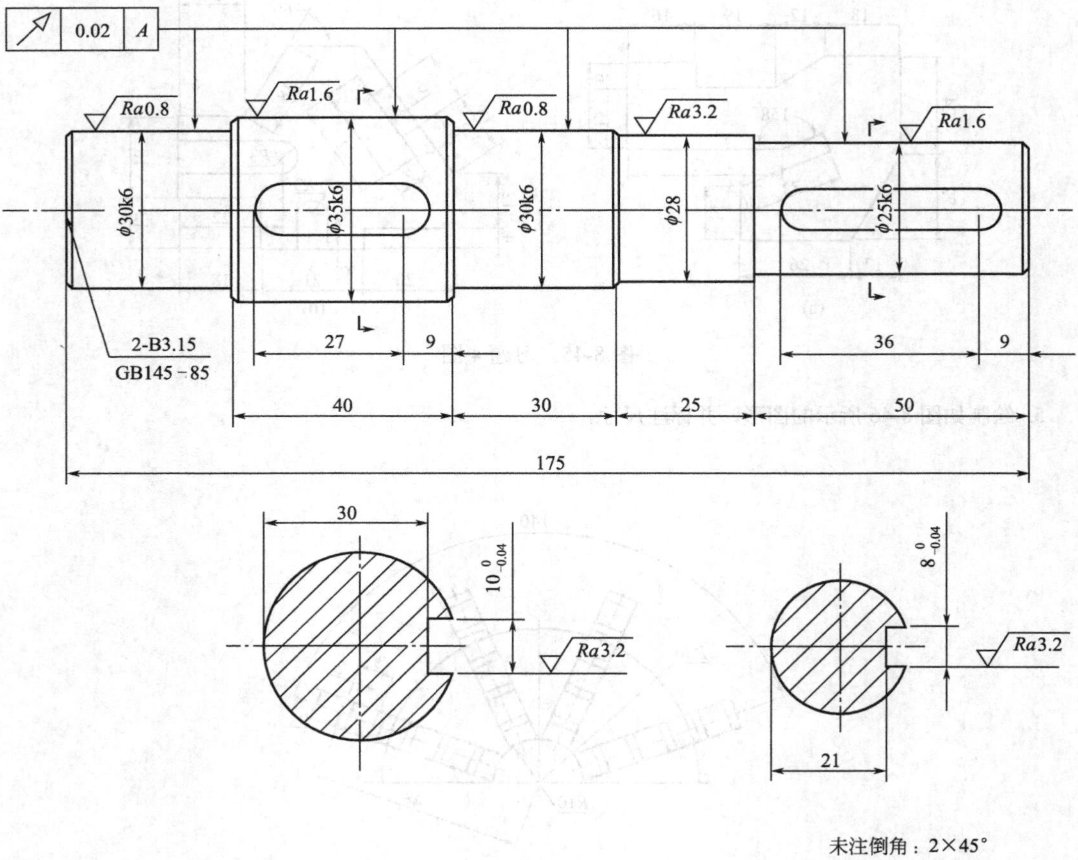

图 8-48 习题 7 图

第 9 章　图块与属性、外部参照和设计中心

9.1　图块与属性

在绘制图形时，如果图形中有大量相同或相似的内容，或者所绘制的图形与已有的图形文件相同，则可以把要重复绘制的图形创建成块（也称为图块），并根据需要为块创建属性，指定块的名称、用途及设计者等信息，在需要时直接插入它们，从而提高绘图效率。当然，用户也可以把已有的图形文件以参照的形式插入到当前图形中（即外部参照），或是通过 AutoCAD 设计中心浏览、查找、预览、使用和管理 AutoCAD 图形、块、外部参照等不同的资源文件。

9.1.1　图块的功能

块是一个或多个对象组成的对象集合，常用于绘制复杂、重复的图形。块对象可以由直线、圆弧、圆等对象以及定义的属性组成。系统会将块定义自动保存到图形文件中，另外用户也可以将块保存到硬盘上。概括起来，AutoCAD 中的块具有以下几个特点。

（1）可以快速生成图形，提高工作效率：把一些常用的重复出现的图形做成块保存起来，使用它们时就可以多次插入到当前图形中，从而避免了大量的重复性工作，提高了绘图效率。

（2）可减少图形文件大小、节省存储空间：当插入块时，事实上只是插入了原块定义的引用，AutoCAD 仅需要记住这个块对象的有关信息，而不是块对象的本身。通过这种方法，可以明显减少整个图形文件的大小，这样既满足了绘图要求，又能节省磁盘空间。

（3）便于修改图形，既快速又准确：在一张工程图中，只要对块进行重新定义，图中所有对该块引用的地方均进行相应的修改，不会出现任何遗漏。

（4）可以添加属性，为数据分析提供原始的数据。在很多情况下，文字信息要作为块的一个组成部分引入到图形文件中，AutoCAD 允许用户为块创建这些文字属性，并可在插入的块中指定是否显示这些属性，还可以从图形中提取这些信息并将它们传送到数据库中，为数据分析提供原始的数据。

9.1.2　图块的建立

要创建块，应首先绘制所需的图形对象。AutoCAD 中的块包括块名、块的对象、用于插入块的基点等数据。下面说明创建块的一般过程。

（1）选择下拉菜单“绘图”中的“块”的“创建”命令，打开“块定义”对话框，可以将已绘制的对象创建为块，如图 9-1 所示。也可以在命令行中输入“BLOCK”↙。

（2）命名块。在“块定义”对话框的“名称”文本框中输入块的名称。

（3）指定块的基点。在“块定义”对话框的“基点”选项组中，用户可以直接在“X:”、“Y:”和“Z:”文本框中输入“基点”的坐标。注意：输入坐标值后不要按↙；用户也可以单击“拾取点”左侧的按钮，切换到绘图区选择基点。

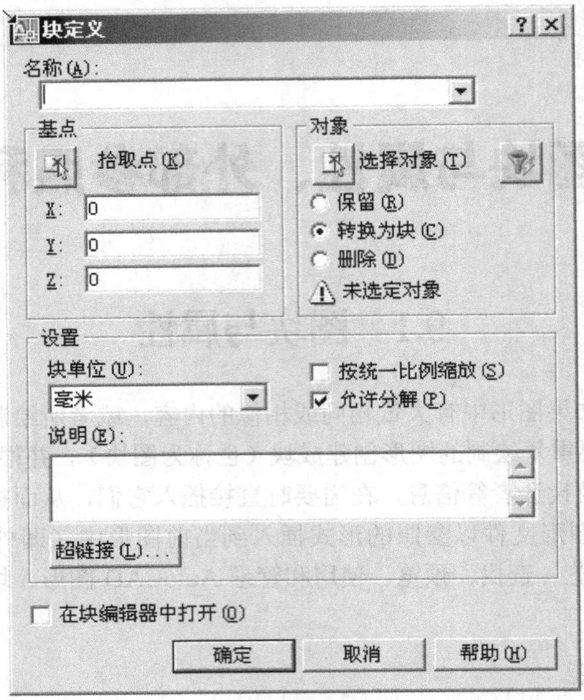

图 9-1 “块定义”对话框

（4）选择组成块的对象。在“块定义”对话框的“对象”选项组中，单击“选择对象”左侧的按钮，可以切换到绘图区选择组成块的图形；也可以单击“快速选择”按钮，使用系统弹出的如图 9-2 所示的“快速选择”对话框，设置所选择对象的过滤条件。

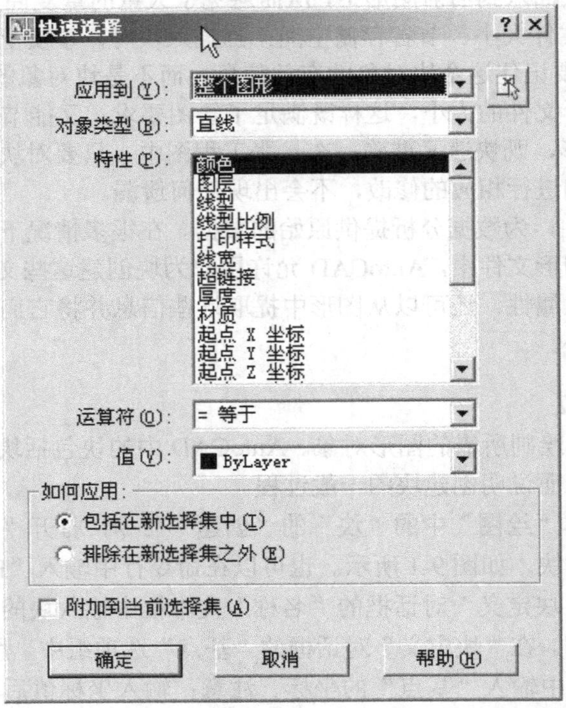

图 9-2 “快速选择”对话框

（5）单击对话框中的 确定 按钮，完成块的创建。

9.1.3　图块的插入

创建图块后，在需要的时候就可以将它插入到当前的图形中。在插入一个块时，必须指定插入点、缩放比例和旋转角度。下面介绍插入块的一般操作步骤。

（1）选择下拉菜单“插入”中的“块”，系统弹出如图 9-3 所示的“插入”对话框。也可以在命令行中输入“INSERT” ↙。

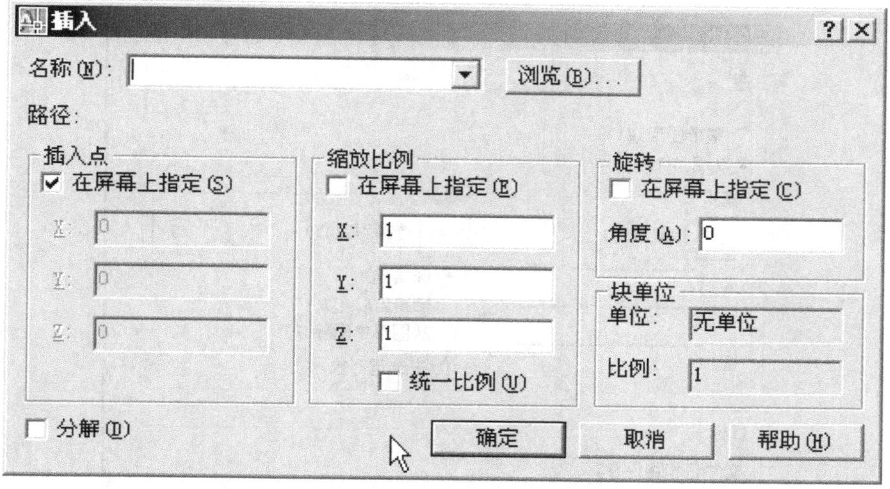

图 9-3　“插入”对话框

用户可以利用它在图形中插入块或其他图形，并且在插入块的同时还可以改变所插入块或图形的比例与旋转角度。

（2）选取或输入块的名称。在“插入”对话框的“名称”下拉列表中选择或输入块名称，也可以单击其后的 浏览(B)... 按钮，从系统弹出的“选择图形文件”对话框中选择保存的块或图形文件。

（3）设置块的插入点。在“插入”对话框的“插入点”选项组中，可直接在“X:”、“Y:”和“Z:”文本框中输入点的坐标来给出插入点，注意输入坐标值后不要按“Enter”键；也可以通过选中 ☑ 在屏幕上指定(S) 复选框，在屏幕上指定插入点位置。

（4）设置插入块的缩放比例。在“插入”对话框的“比例”选项组中，可直接在“X:”、“Y:”和“Z:”文本框中输入所插入的块在此三个方向上的缩放比例值（默认的均为 1），注意输入比例值后不要按“Enter”键；也可以通过选中 ☑ 在屏幕上指定(S) 复选框，在屏幕上指定。

（5）设置插入块的旋转角度。在“插入”对话框的“旋转”选项组中，可在“角度”文本框中输入插入块的旋转角度值，注意输入旋转角度值后不要按“ENTER”键；也可以通过选中 ☑ 在屏幕上指定(S) 复选框，在屏幕上指定旋转角度。

（6）确定是否分解块。选中 ☐ 分解(D) 复选框可以将插入的块分解成一个个单独的基本对象。

（7）在“插入点”选项组中如果选中 ☑ 在屏幕上指定(S) 复选框，单击对话框中的 确定 按钮后，系统自动切换到绘图窗口，在绘图区某处单击指定块的插入点，至此便完成了块的插入操作。

9.1.4　保存图块

用“BLOCK”命令创建块时，块仅可以用于当前的图形中。但是在很多情况下，需要在其他图形中使用这些块的实例。在 AutoCAD 2007 中，使用“WBLOCK”（写块）命令可以将图形中的全部或者部分对象以文件的形式写入磁盘。并且可以像在图形内部定义的块一样，将一个图形文件插入图形中。写块的操作步骤如下。

（1）在命令行输入“WBLOCK”↙，此时系统弹出“写块”对话框，如图 9-4 所示。

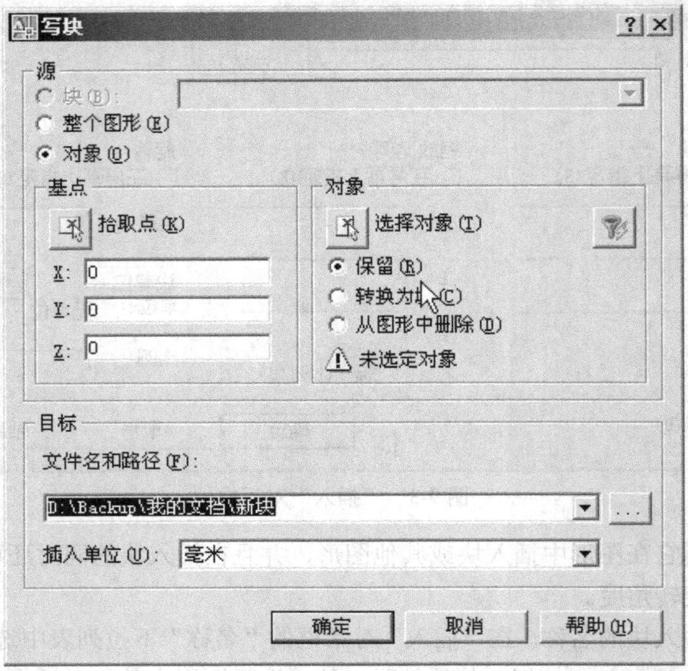

图 9-4　“写块”对话框

（2）定义组成块的对象来源。在“写块”对话框的“源”选项组中，有以下三个单选项（即 块(B)、整个图形(E)、对象(O)）用来定义写入块的来源，根据实际情况选取其中之一。

（3）设定写入块的保存路径和文件名。在“目标”选项组的 文件名和路径(F): 下拉列表框中，输入块文件的保存路径和名称；也可以单击下拉列表框后面的按钮 ...，在弹出的“浏览图形文件”对话框中设定写入块的保存路径和文件名。

（4）设置插入单位。在 插入单位(U): 下拉列表框中选择从 AutoCAD 设计中心拖动块时的缩放单位。

（5）单击对话框中的 确定 按钮，完成块的写入操作。

9.1.5　设置插入基点

块的插入点对应于创建块时指定的基点。当将图形文件作为块插入时，图形文件默认的基点是坐标原点（0,0,0），也可以打开原始图形，选择下拉菜单“绘图”中的“块”的“基点”（即 BASE）命令重新定义它的基点。

9.1.6　属性的定义

属性是一种特殊的对象类型，它由文字和数据组成。用户可以用属性来跟踪诸如零件材料和价格等数据。属性可以作为块的一部分保存在块中，块属性是附属于块的非图形信息，是块的组成部分，可包含在块定义中的文字对象。块属性由属性标记名和属性值两部分组成，属性值既可以是变化的，也可以是不变的。

定义一个块时，属性必须预先定义而后选定。通常属性用于在块的插入过程中进行自动注释。对于带有属性的块，可以提取属性信息，并将这些信息保存到一个单独的文件中，这样就能够在电子表格或数据库中使用这些信息进行数据分析，并可利用它来快速生成如零件明细表或材料表等内容。

下面介绍如何定义带有属性的块，操作步骤如下。

（1）选择下拉菜单“绘图”中的“块”中“定义属性”命令，此时系统将弹出如图 9-5 所示的“属性定义”对话框创建块属性。也可以在命令行中输入“ATTDEF” ↙。

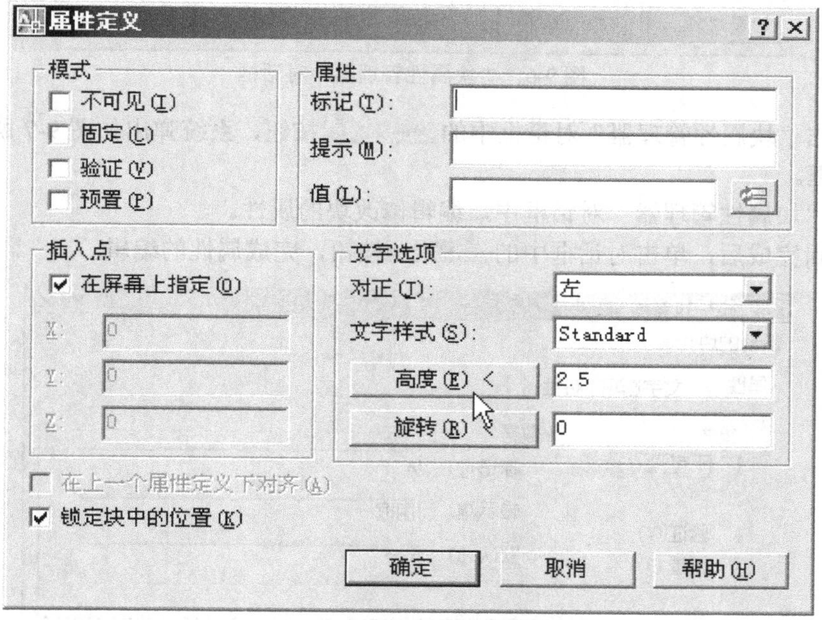

图 9-5　“属性定义”对话框

（2）定义属性模式。在“模式”选项组中，设置有关的属性模式。

（3）定义属性内容。在“属性”选项组中的 标记(T): 文本框中输入属性的标记；在 提示(M): 文本框输入插入块时系统显示的提示信息；在 值(L): 文本框中输入属性的值。

（4）定义属性文字的插入点。在“插入点”选项组中，可直接在“X:”、“Y:”和“Z:”文本框中输入点的坐标；也可以选中 在屏幕上指定(O) 复选框，在绘图区中拾取一点作为插入点。确定插入点后，系统将以该点为参照点，按照“文字选项”组中设定的文字特征来放置属性值。

（5）定义属性文字的特征选项。在“文字选项”组中设置文字的放置特征。此外，在“属性定义”对话框中如果选中 在上一个属性定义下对齐(A) 复选框，表示当前属性将采用上一个属性的文字样式、字高及旋转角度，且另起一行按上一个属性的对正方式排列；如果选中 锁定块中的位置(K) 复选框，则表示锁定块参照中属性的位置。

（6）单击对话框中的 确定 按钮，完成属性定义。

9.1.7 属性的编辑

要编辑块的属性，可以参照如下的操作步骤。

（1）选择下拉菜单“修改”命令中“对象”的“属性”下的“块属性管理器”命令，系统将会弹出如图 9-6 所示的“块属性管理器”对话框。

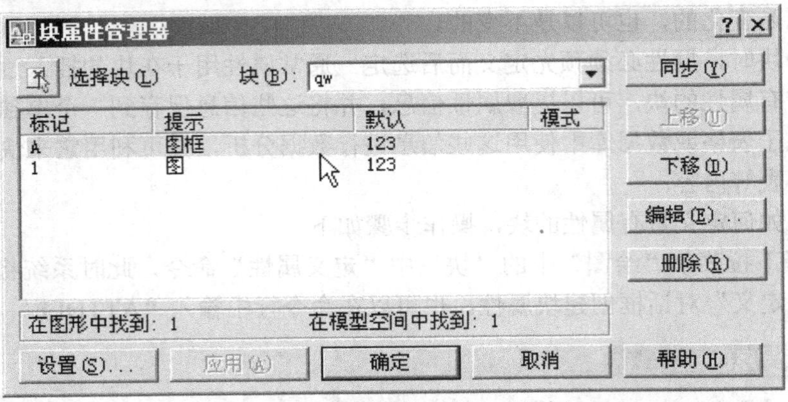

图 9-6 “块属性管理器”对话框

（2）单击“块属性管理器”对话框中的 编辑(E)... 按钮，系统弹出如图 9-7 所示的“编辑属性”对话框。

（3）在“块属性管理器”对话框中，编辑修改块的属性。

（4）编辑完成后，单击对话框中的 确定 按钮，完成属性的编辑。

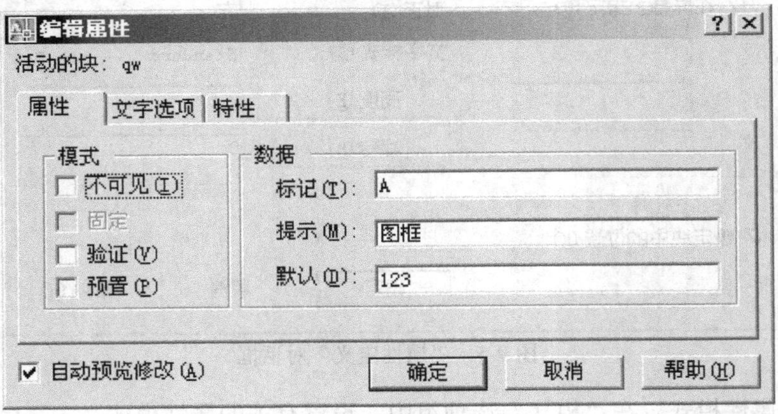

图 9-7 “编辑属性”对话框

9.2 外部参照

在绘图时，有时需要参照另一个图形来绘制，此时可用 AutoCAD 提供的外部参照功能。所谓外部参照，就是一个图形对另一个图形的引用。一个图形可以作为外部参照同时附着到多个图形中。反之，也可以将多个图形作为外部参照附着到单个图形中。

外部参照与块有相似的地方，但它们的主要区别是：一旦插入了块，该块就永久性地插入到当前图形中，成为当前图形的一部分。而以外部参照方式将图形插入到某一图形（称之为主图形）后，被插入图形文件的信息并不直接加入到主图形中，主图形只是记录参照的关系，例如，参照图形文件的路径等信息。另外，对主图形的操作不会改变外部参照图形文件的内容。当打开具有外部参照的图形时，系统会自动把各外部参照图形文件重新调入内存并在当前图形中显示出来。

9.2.1　使用外部参照

为一个图形建立外部参照，具体步骤如下。

（1）选择下拉菜单“插入”命令中“DWG 参照”命令，系统将弹出“选择参照文件”对话框，如图 9-8 所示。在其中选择参照文件后，并单击 打开(O) 按钮，将打开如图 9-9 所示的“外部参照”对话框。命令行：XATTACH ↙；命令别名：XA。

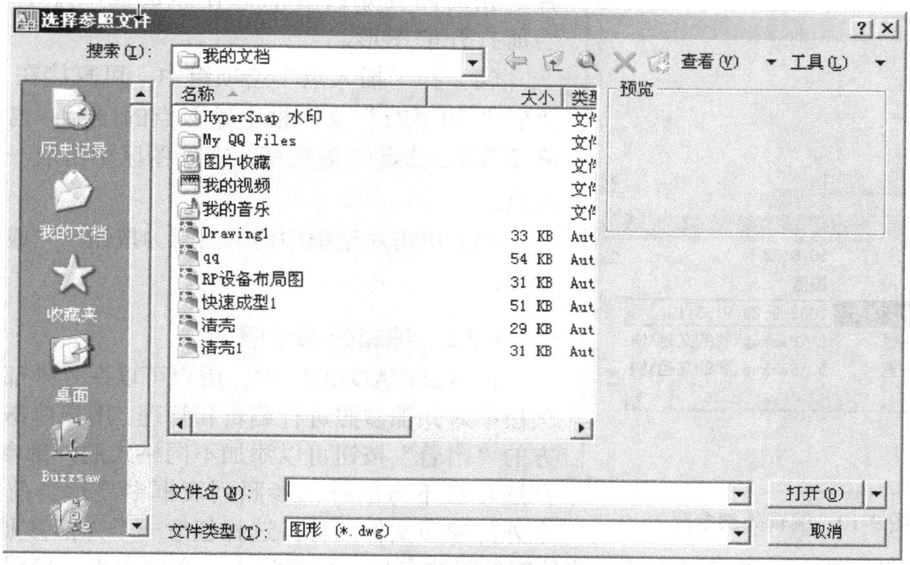

图 9-8　“选择参照文件”对话框

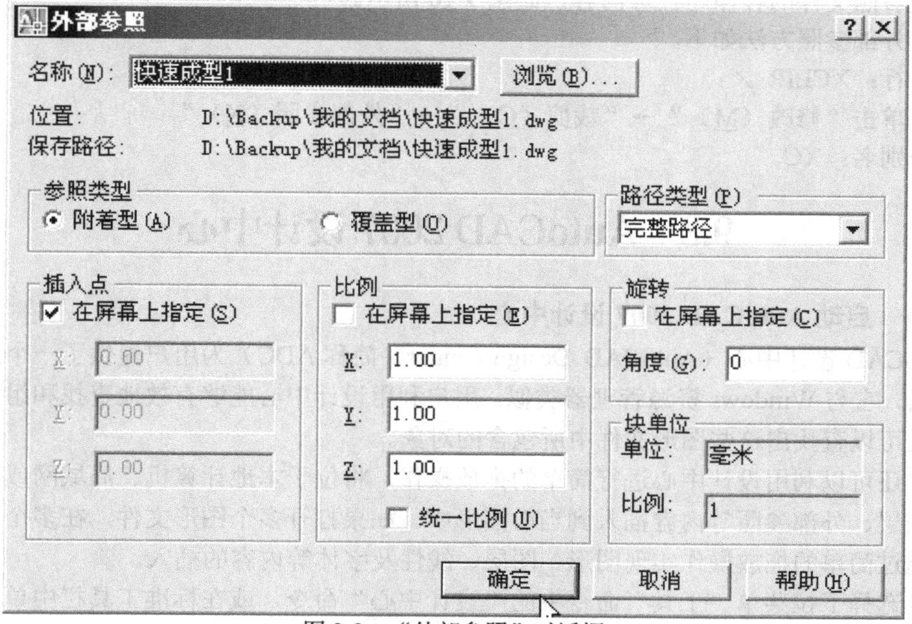

图 9-9　“外部参照”对话框

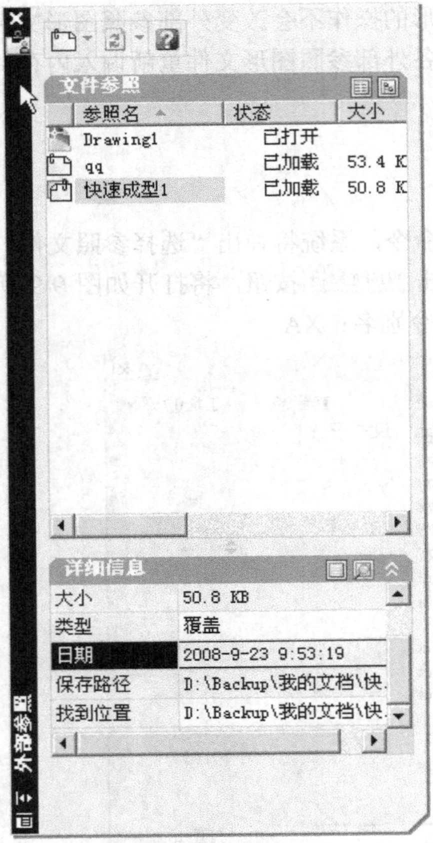

图 9-10 编辑外部参照

（2）根据需要选择“外部参照”对话框中的“参照类型”组中不同选项，其中选择 附着型(A) 选项将显示嵌套参照中的嵌套内容；选择 覆盖型(O) 选项将不显示嵌套参照中的嵌套内容。

（3）在“路径类型”下拉列表框中选择不同路径选项，其中包括“完整路径”、“相对路径”和“无路径”三个选项，将路径类型设置为“相对路径”之前，必须保存当前图形。对于嵌套的外部参照而言，相对路径始终参照其存储位置，并不一定参照当前打开的图形。

（4）在“插入点”选项组中，可直接在“X:”、“Y:”和“Z:”文本框中输入点的坐标；也可以选中 在屏幕上指定(S) 复选框，在绘图区中拾取一点作为插入点。

（5）单击对话框中的 确定 按钮，完成建立外部参照。

9.2.2 编辑外部参照

在 AutoCAD 2007 中，用户可以在“外部参照”选项板中对外部参照进行编辑和管理。用户单击选项板上方的“附着”按钮可以添加不同格式的外部参照文件；在选项板下方的外部参照列表框中显示当前图形中各个外部参照文件名称；选择任意一个外部参照文件后，在下方“详细信息”选项组中显示该外部参照的名称、加载状态、文件大小、参照类型、参照日期及参照文件的存储路径等内容，如图 9-10 所示。

裁剪外部参照方法如下。

命令行：XCLIP ↙；

菜单单击“修改（M）”→“裁剪（C）”→“外部参照（X）”；

命令别名：XC。

9.3 AutoCAD 2007 设计中心

9.3.1 启动 AutoCAD 2007 设计中心

AutoCAD 设计中心（AutoCAD Design Center，简称 ADC）为用户提供了一个直观且高效的工具，它与 Windows 资源管理器类似。用户利用设计中心能够有效地查找和组织图形文件，并且可以查找出这些图形文件中所包含的对象。

用户还可以利用设计中心进行简单的拖放操作，将位于本地计算机、局域网或互联网上的块、图层、外部参照等内容插入到当前图形中。如果打开多个图形文件，在多个文件之间也可以通过简单的拖放操作实现图形、图层、线性及字体等内容的插入。

通过选择下拉菜单“工具”命令中的“设计中心”命令，或在标准工具栏中单击设计中心按钮，系统将会弹出如图 9-11 所示的“设计中心”窗口。

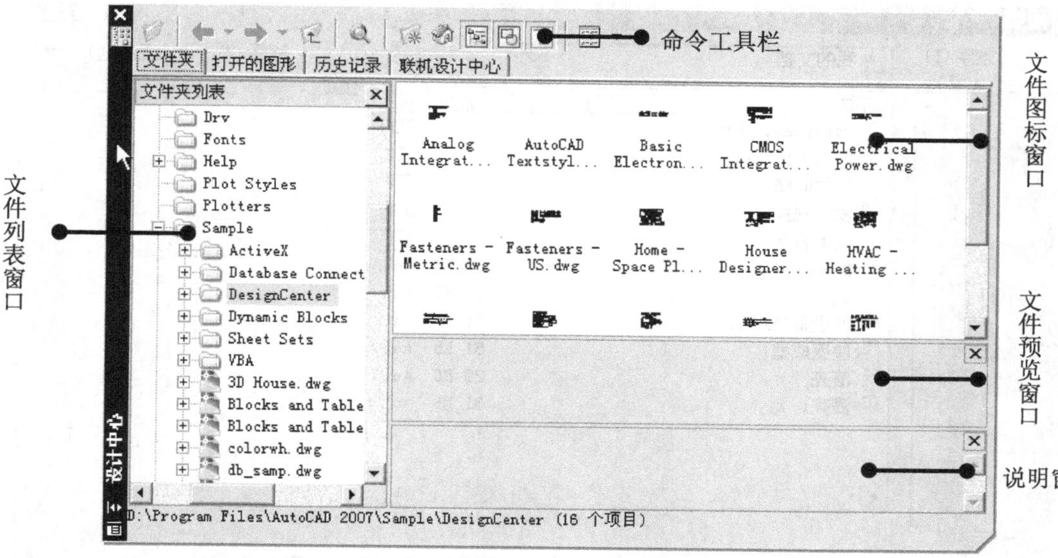

图 9-11 “AutoCAD 设计中心”对话框

该窗口由左侧的“文件夹列表”窗口、右侧的内容窗口和上部的“命令工具栏”组成。“文件夹列表”窗口的树状视图显示当前资源内容的层次表，内容窗口显示在树状视图中所选的源对象中的项目。内容窗口包含“文件图标”窗口、“文件预览”窗口以及“说明窗口”。

9.3.2 用设计中心打开图形

设计中心界面中包含一组工具按钮和选项卡，利用它们可以打开并查看图形。可以通过以下几种方式在设计中心中打开图形。

（1）单击“加载”按钮，系统弹出如图 9-12 所示的“加载”对话框，利用该对话框可以从本地和网络驱动器或通过 Internet 加载图形文件。

（2）单击“搜索”按钮，系统弹出如图 9-13 所示的“搜索”对话框，利用该对话框可以快速查找对象。

9.3.3 用设计中心查找及添加信息到图形中

利用 AutoCAD 设计中心可以很方便地找到所需要地内容，然后依据该内容的类型，将其添加（插入）到当前的 AutoCAD 图形中去。

下面介绍几种常用的向已打开的图形中添加对象的方法。

（1）插入保存在磁盘中的块。先在设计中心窗口左边的文件列表中，单击块所在的文件夹名称，此时该文件夹中的所有文件都会以图标的形式列在其右边的文件图标窗口中；从内容窗口中找到要插入的块，然后选中该块并按住鼠标左键将其拖到绘图区后释放，AutoCAD 将按下拉菜单“工具”中的“选项”对话框的“用户系统配置”选项卡中确定的单位自动转换插入比例，然后将该块在指定的插入点按照默认旋转角度插入。

（2）加载外部参照。先在设计中心窗口左边的文件列表中，单击外部参照文件所在的文件夹名称，然后再用鼠标右键将内容窗口中需要加载的外部参照文件拖到绘图窗口后释放，在弹出的快捷菜单中选择“附着为外部参照”命令，在系统弹出的“外部参照”对话框中，用户可以通过给定插入点、缩放比例及旋转角度来加载外部参照。

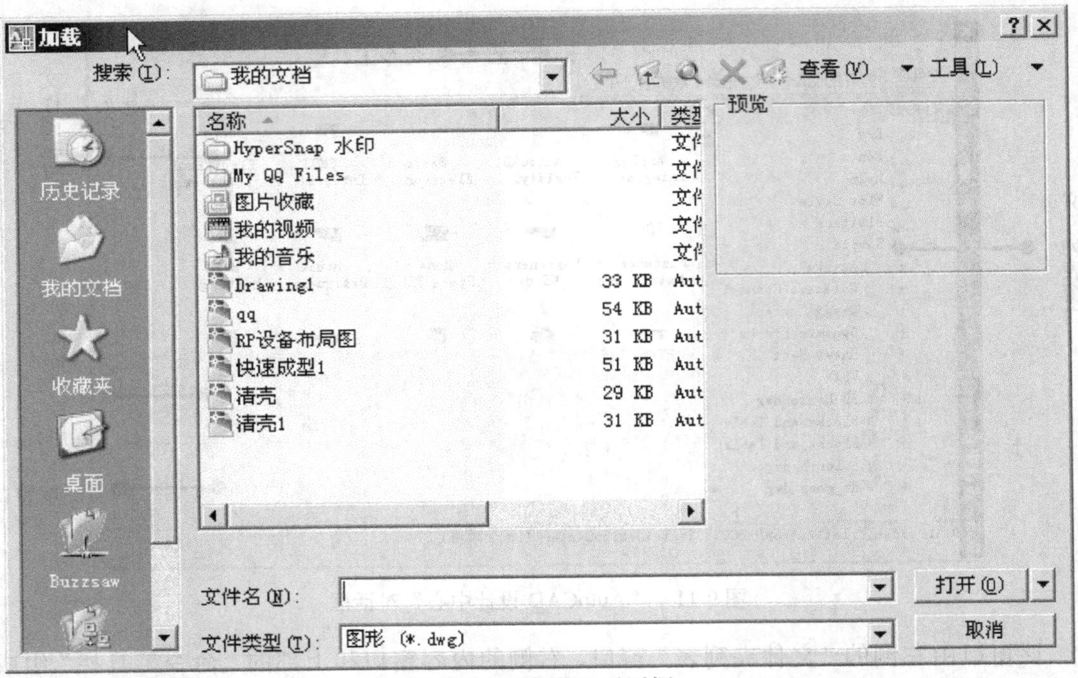

图 9-12 “加载”对话框

图 9-13 “搜索”对话框

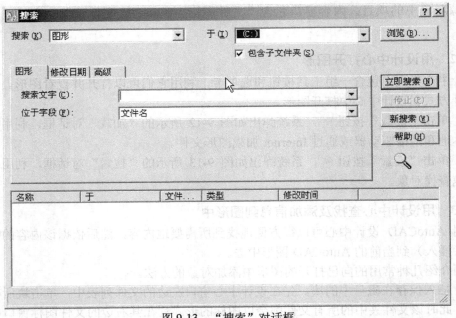

（3）复制文件中的图像。利用 AutoCAD 设计中心，可以将某个图形中的图层、线性、文字样式、标注样式、布局及块等对象复制到新的图形文件中，这样既可以节省设置的时间，又保证了不同图形文件结构的统一性。操作方法为：先在设计中心窗口左边的文件列表中，选择某个图形文件，此时该文件中的标注样式、图层、线性等对象出现在右边的窗口中，单击其中的某个对象，然后将它们拖到已打开的图形文件中后松开鼠标左键，即可将该对象复制到当前的文件中去。

小　结

本章主要介绍了图块的创建、插入和编辑，块属性的创建、修改及编辑，外部参照的建立与绑定，以及与块相关的 AutoCAD 设计中心的概念和作用，讲述了如何在设计中心中查看、查找对象，以及使用设计中心来打开图形文件或是向图形文件中添加各种内容。

图块的创建、插入及块属性的编辑、使用是本章的重点，熟练掌握并应用块和块属性的功能，会在绘图过程中起到事半功倍的效果。

习　题

1. 先简述块的特点，然后举例说明创建块与插入块的一般操作步骤。

2. 块属性的特点是什么？如何定义块属性？

3. 外部参照与块有何区别？如何附着和剪裁外部参照？

4. 先创建如图 9-14 所示的表面粗糙度符号图形，再根据该图形创建一个块 B1；然后利用所创建的块 B1，使用 INSERT 命令在如图 9-15 所示图形中标注表面粗糙度符号。操作后回答，使用块来创建重复图形与使用复制命令来创建重复图形相比，有什么区别和优势？

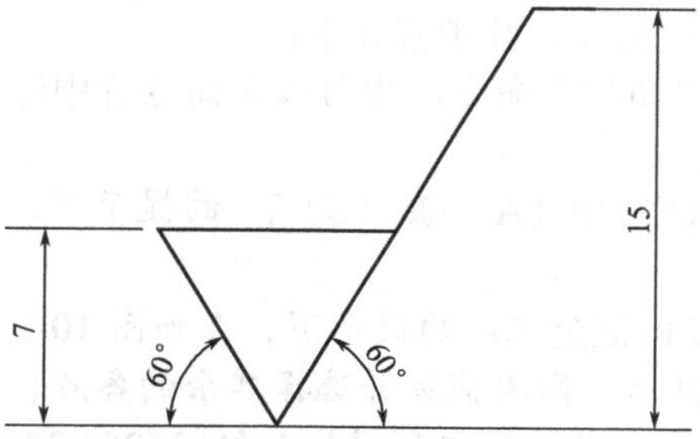

图 9-14　定义块 B1

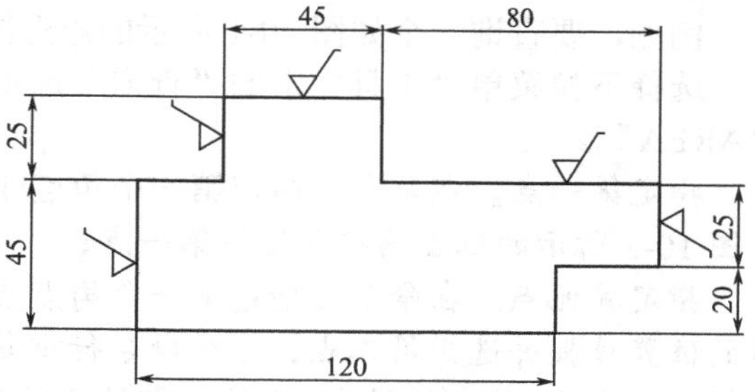

图 9-15　标注表面粗糙度符号

5. 绘制如图 9-16 所示的连接件视图，并创建带有名称、材料和绘图日期字样的块属性，然后让块插入到当前视图中。

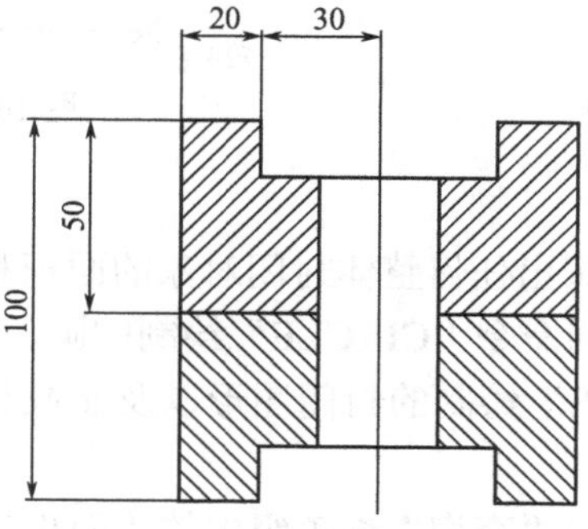

图 9-16　连接件视图

第10章　图形查询

AutoCAD 将图形中所有对象的详细信息以及它们的精确几何参数都保存在图形数据库中，这样在需要时就可以利用查询子菜单很容易地获取这些信息。下面将分别介绍这些命令的使用方法。

10.1　查询面积

封闭对象的面积是我们经常要查询的基本信息，可以采用以下方法进行查询。

1. 查询由指定点定义区域的面积

通过指定一系列点围成封闭的多边形区域，AutoCAD 可计算出该区域的面积和周长。

例如，要查询一个如图 10-1 所示的矩形图形区域的面积，其步骤如下：

选择下拉菜单“工具”中的“查询”选项组中的“面积”命令。也可以在命令行中输入“AREA”↙。

指定第一点。在命令行指定第一个角点或[对象（O）/加（A）/减（S）]：的提示下，在如图 10-2 所示的位置捕捉并选择第一点；

指定其他点。在命令行指定下一个角点或按 ENTER 键全选：的提示下，在如图 10-2 所示的位置捕捉并选择第二点，系统命令行重复上面的提示，依次捕捉并选择其余的各点，在选择四个点后，按↙键结束，系统立即显示所定义的各边围成的面积和周长面积=36254.2049，周长=858.8547。

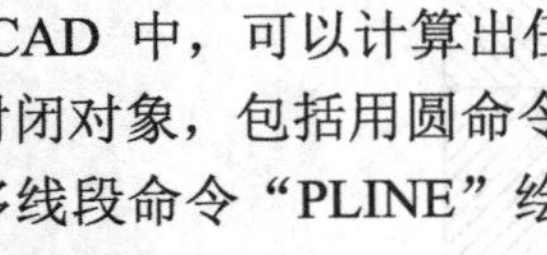

图 10-1　图例

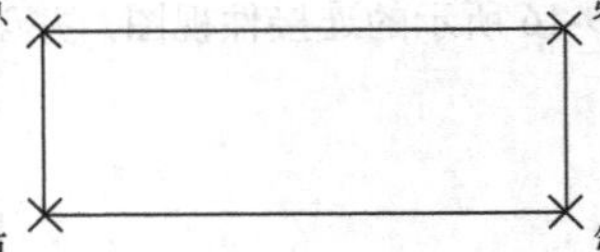

图 10-2　操作过程

2. 查询封闭对象的面积

在 AutoCAD 中，可以计算出任何整体封闭对象的面积和周长。整体封闭对象是指作为一个整体的封闭对象，包括用圆命令“CIRCLE”绘制的圆、用矩形命令“RECTANG”绘制的矩形、用多线段命令“PLINE”绘制的封闭图形以及面域和边界等。整体封闭对象的面积和周长的查询方法如下：

选择下拉菜单“工具”中的“查询”选项组中的“面积”命令。

在命令行指定第一个角点或[对象（O）/加（A）/减（S）]：的提示下，输入字母“O”，↙。

此时命令行提示选择对象：，选取单个目标对象，系统就立即显示出面积和周长的查询结果。

对于由简单直线、圆弧组成的复杂封闭图形，不能直接执行 AREA 命令计算图形面积。必须先使用 BOUNDARY 命令，以要计算面积的图形创建一个面域或多段线对象，再执行命令 AREA，选择对象选项，根据提示选择刚刚建立的面域图形，AutoCAD 将自动计算面积、周长。

3. 查询组合面积

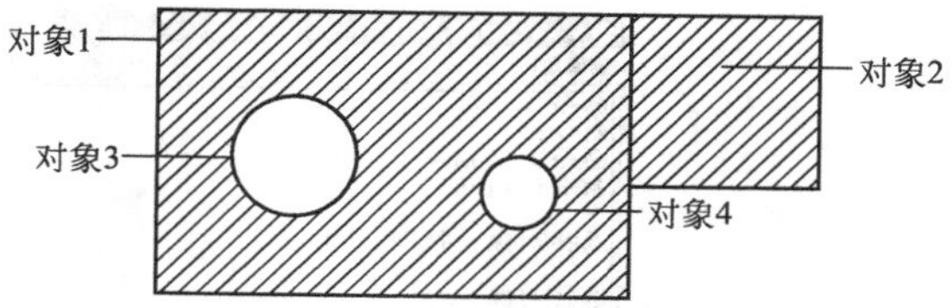

图 10-3　例子

使用加和减选项可以进行区域的组合，这样就可以计算出复杂的图形面积。在进行区域面积的加减计算时，可以通过选择对象或指定点围成多边形来指定要计算的区域。

在计算组合区域时，选取“加（A）”选项后就进入到“加”模式，选定的任何区域都做加运算；当选取“减（S）”选项后就进入到“减”模式，系统将从总和中减去所选的任何区域。例如查询如图 10-3 所示阴影部分的面积。

选择下拉菜单“工具”中的“查询”选项组中的“面积”命令。

在命令行指定第一个角点或 [对象（O）/加（A）/减（S）]：的提示下，输入字母“A”，↙。

系统命令行提示指定第一个角点或 [对象（O）/减（S）]：，输入字母“O”，↙。

系统命令行提示（｜加｜模式）选择对象：，在此提示下分别选择对象 1、2，↙，退出“加”模式。

系统命令行提示指定第一个角点或 [对象（O）/减（S）]：，输入字母“S”，↙。

系统命令行提示指定第一个角点或 [对象（O）/加（A）]：，输入“O”，↙。

系统命令行提示（｜减｜模式）选择对象：，分别选取对象 3、4。

系统命令行显示我们所要计算的总面积。然后按两次↙，退出命令。

10.2　查询距离

由于 AutoCAD 精确地记录了图形中对象的坐标值，因此能够快速地查询出所选择的两点之间的距离。操作步骤如下。

选择下拉菜单“工具”中的“查询”选项组中的“距离”命令。也可以在命令行中输入“DIST”↙。

在系统指定第一点：的提示下，在绘图区单击指定第一点；

在系统指定第二点：的提示下，在绘图区单击指定第二点，指定第二点后，命令行显示两点间的距离、角度等信息。

10.3　查询点的坐标

选择下拉菜单“工具”中的“查询”选项组中的“点坐标”命令。也可以在命令行中输入“ID”↙。

在系统指定点的提示下，指定所要查询的点。系统将会显示查询点的坐标值。对于三维对象，可以显示 Z 坐标值，否则，Z 值反映的是当前标高。

10.4　列表显示

在 AutoCAD 中，“列表”命令可以显示出所选对象的有关信息。所显示的信息根据选择对象的类型不同而不同，但都将显示如下信息：对象的类型;对象所在的图层;对象所在的空间（模型空间和图纸空间）;对象句柄，即系统配置给每个对象的惟一数字标识;对象的位置，即相对于当前用户坐标系的 X, Y 和 Z 坐标值;对象的大小尺寸。

具体的操作步骤如下。

选择下拉菜单“工具”中的“查询”选项组中的“列表”命令。也可以在命令行中输入“LIST” ↙。

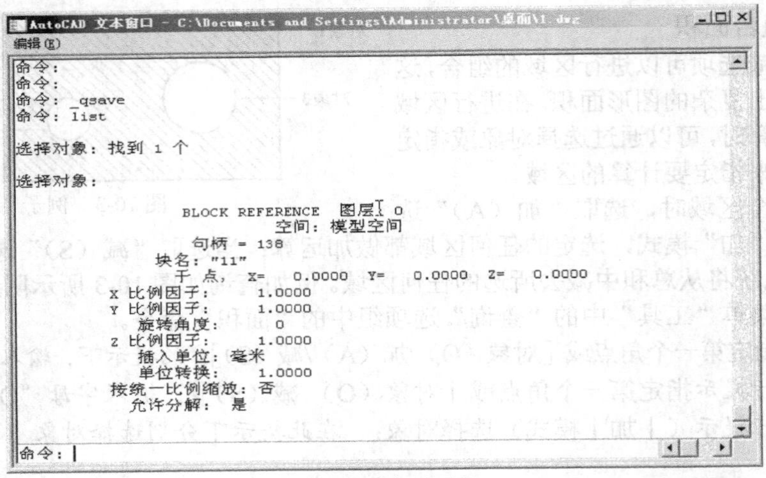
```
AutoCAD 文本窗口 - C:\Documents and Settings\Administrator\桌面\1.dwg
编辑(E)
命令:
命令:
命令: _qsave
命令: list

选择对象: 找到 1 个

选择对象:

                 BLOCK REFERENCE  图层: 0
                             空间: 模型空间
                 句柄 = 138
             块名: "11"
             于 点,  X=    0.0000  Y=    0.0000  Z=    0.0000
       X 比例因子:      1.0000
       Y 比例因子:      1.0000
         旋转角度:      0
       Z 比例因子:      1.0000
         插入单位: 毫米
         单位转换:      1.0000
     按统一比例缩放: 否
         允许分解:  是
命令:
```

图 10-4　列表显示窗口

在系统提示选择对象：时，选择所要查询的对象，↙，系统将弹出如图 10-4 所示的文本窗口，该窗口显示所要查询对象的有关信息。

10.5　状态显示

当进行协同设计时，追踪图形的各种模式和设置状态是至关重要的，通过“状态”显示命令可以获取这些有用的信息，从而了解图形所占用的内存和硬盘所剩余的空间，还可以检查和设置各种模式和状态。

在“状态”命令中显示的信息包括：当前图形的文件名；当前图形中所有对象的数量；当前图形的界限；插入基点；捕捉和栅格设置;当前空间；当前图层、颜色和线型；当前标高和厚度；当前各种模式的设置（填充、栅格、正交和捕捉等）；当前对象捕捉模式；计算机的可用磁盘空间和物理内存。

要显示图形的状态，可以进行如下操作。

选择下拉菜单“工具”中的“查询”选项组中的“状态”命令，系统立即弹出如图 10-5 所示的文本窗口，并在窗口中显示图形的状态。

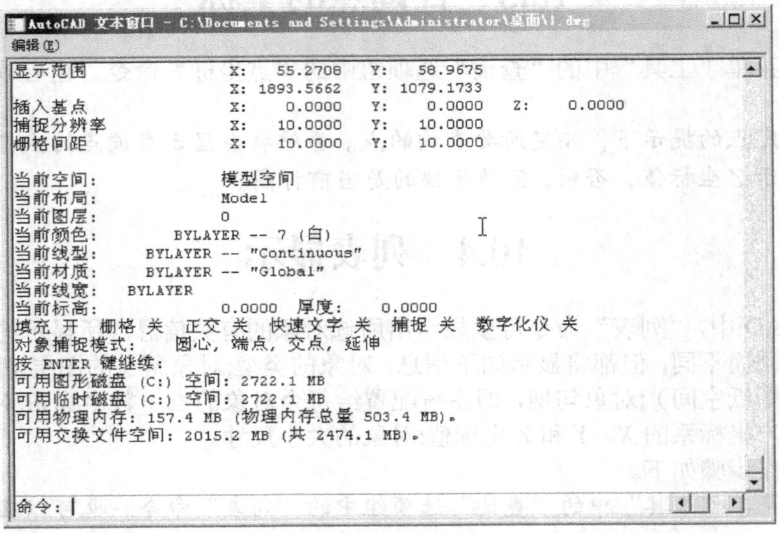
```
AutoCAD 文本窗口 - C:\Documents and Settings\Administrator\桌面\1.dwg
编辑(E)
显示范围          X:   55.2708    Y:   58.9675
                  X: 1893.5662    Y: 1079.1733
插入基点          X:    0.0000    Y:    0.0000    Z:    0.0000
捕捉分辨率        X:   10.0000    Y:   10.0000
栅格间距          X:   10.0000    Y:   10.0000

当前空间:           模型空间
当前布局:           Model
当前图层:           0
当前颜色:       BYLAYER -- 7 (白)
当前线型:     BYLAYER -- "Continuous"
当前材质:     BYLAYER -- "Global"
当前线宽:    BYLAYER
当前标高:           0.0000  厚度:     0.0000
填充 开  栅格 关  正交 关  快速文字 关  捕捉 关  数字化仪 关
对象捕捉模式:   圆心, 端点, 交点, 延伸
按 ENTER 键继续:
可用图形磁盘 (C:) 空间: 2722.1 MB
可用临时磁盘 (C:) 空间: 2722.1 MB
可用物理内存: 157.4 MB (物理内存总量 503.4 MB)。
可用交换文件空间: 2015.2 MB (共 2474.1 MB)。

命令:
```

图 10-5　状态显示窗口

10.6　查询时间

AutoCAD 可以记录编辑图形所用的总时间，而且还提供一个消耗计时器选项以记录时间，可以打开和关闭这个计时器，还可以将它重置为零。

查询时间信息及设置有关选项，须使用 AutoCAD 提供的“时间”命令，它将显示如下信息：图形创建的日期和时间；图形最近一次保存的日期和时间；编辑图形所用的累计时间；消耗时间计时器的开关状态，以及自最近一次重置计时器后所消耗的时间；距下次自动保存备份所剩的时间。

要显示时间信息，可以进行如下操作。

选择下拉菜单“工具”中的“查询”选项组中的“时间”命令，系统立即弹出如图 10-6 所示的文本窗口，并在窗口中显示有关的时间信息，此时系统提示输入选项［显示（D）/开（ON）/关（OFF）/重置（R）]，按 ↙或 Esc 键结束该命令。

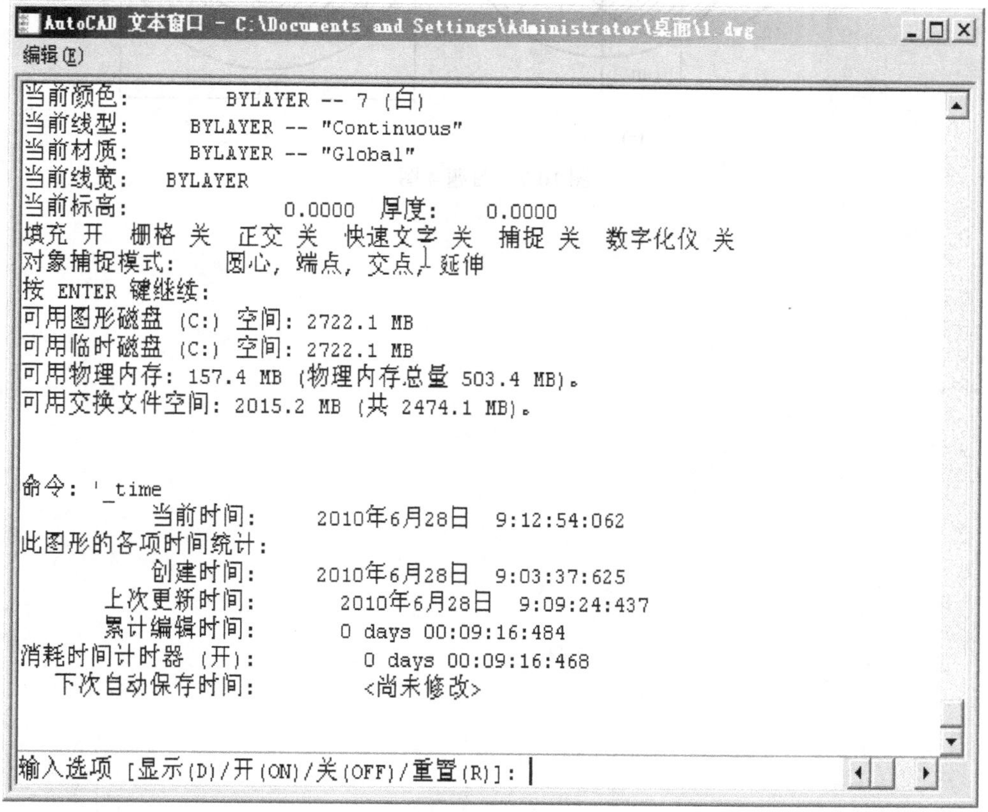

图 10-6　时间显示窗口

小　结

本章介绍了查询图形信息辅助命令，详细讲解了关于计算面积、距离、查看图形信息以及状态、时间等一系列查询命令，熟练掌握这些辅助工具和命令，将会有效地提高 AutoCAD 软件的使用水平。

习 题

1. 查询对象的面积、距离以及点坐标的命令是什么？如何操作？
2. 在屏幕上任意绘制一个圆，然后查询圆的圆心和四个象限点的坐标值。
3. 在屏幕上任意绘制一条直线、一个圆、一条弧、一条多段线，然后分别查询每条线段的长度。
4. 绘制如图 10-7 所示图形，查询阴影部分面积和周长。

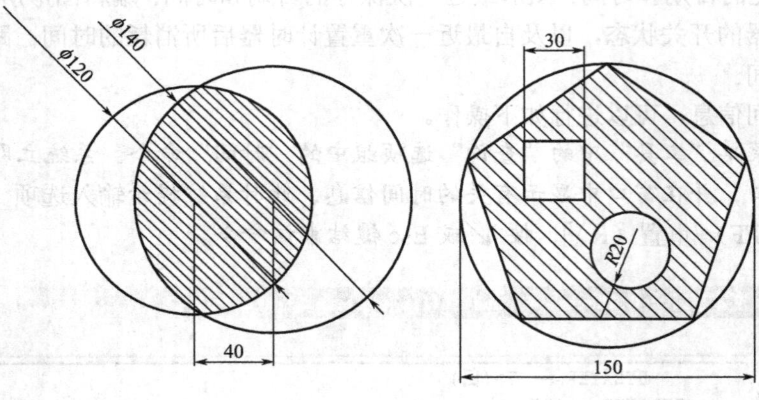

图 10-7 习题 4 图

第 11 章　三维绘图基础知识

通常情况下，AutoCAD 用于二维图形的设计与绘制，但随着 CAD 技术的普及和发展，越来越多的工程技术人员也开始用 AutoCAD 来绘制三维图形，更可以通过三维立体图直接得到透视图或平面效果图。

11.1　三维模型的形式

利用 AutoCAD 2007 创建的三维模型，按其创建的方式和其在计算机中的存储方式，可以分为三种类型：线型模型、表面模型和实体模型。

（1）线型模型：是对三维对象的轮廓描述。线型模型没有表面，由描述轮廓的点、线、面组成。

线型模型结构简单，但由于线型模型的每个点和每条线都是单独绘制的，因此绘制线性模型最费时。此外，由于线型模型没有面和体的特征，因而不能进行消隐和渲染处理。

（2）表面模型：是用面来描述三维对象。表面模型不仅具有边界，而且具有表面。

表面模型的表面由多个小平面组成，对于曲面来讲，这些小平面组合起来即可近似构成曲面。表面模型具有面的特征，因此可以对它进行物理计算，以及进行渲染和着色操作。表面模型的表面多义网络可以由用户直接编辑和定义，它非常适合构造复杂的表面模型，如发动机的叶片、形状各异的模具、复杂的机械零件和各种实物的模拟仿真等。

（3）实体模型：实体模型不仅具有线和面的特征，还具有实体的特征，如体积、重心和惯性矩等。

11.2　绘制三维点和三维线

在 AutoCAD 中，可以使用三维点、三维直线、样条曲线和螺旋线命令来绘制简单的三维图形，本节将详细进行介绍。

11.2.1　绘制三维点

在 AutoCAD 2007 中绘制三维点的方法有以下 3 种。

（1）选择 绘图(D) → 点(O) → 单点(S) 命令。

（2）单击“绘图”工具栏中的“点”按钮 · 。

（3）在命令行中输入命令 POINT。

执行该命令后，在命令行的提示下直接输入三维坐标即可绘制三维点。在输入三维坐标时，用户可以采用绝对坐标输入或相对坐标输入，对于三维图形对象上的一些特殊点，如交点、中点等不能通过输入坐标的方法来实现，也可以采用三维坐标下的目标捕捉法来拾取特殊点。

11.2.2　绘制三维线

1. 绘制三维直线

在 AutoCAD 2007 中绘制三维点的方法有以下 3 种。

（1）选择 绘图(D) → 直线(L) 命令。

（2）单击“绘图”工具栏中的“直线”按钮。

（3）在命令行中输入命令 LINE。

两点决定一条直线，当在三维空间中指定两个点后，如点（0,0,0）和点（1,1,1），这两个点之间的连线即是一条 3D 直线。

如果指定多个点，则可以绘制复杂的空间折线。

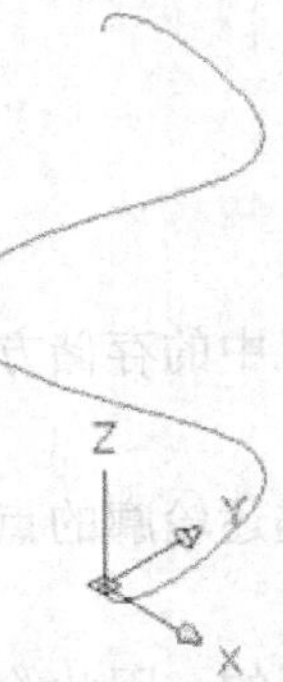

图 11-1　三维样条曲线绘制

2. 绘制三维样条曲线

在 AutoCAD 2007 中绘制三维样条曲线的方法有以下 3 种。

（1）选择 绘图(D) → 样条曲线(S) 命令。

（2）单击“绘图”工具栏中的“样条曲线”按钮。

（3）在命令行中输入命令 SPLINE。

执行该命令后，根据命令行提示依次输入三维样条曲线的起点和端点，并确定三维样条曲线的起点切向和端点切向即可绘制三维多段线。例如，经过点（0，0，0）、（10，10，10）、（0，0，20）、（−10，−10，30）、（0，0，40）、（10，10，50）和（0，0，60）绘制的样条曲线如图 11-1 所示。

3. 绘制三维多段线

在 AutoCAD 2007 中绘制三维多段线的方法有以下两种。

（1）选择 绘图(D) → 三维多段线(3) 命令。

（2）在命令行中输入命令 3DPOLY。

在二维坐标系下，使用 绘图(D) → 多段线(P) 命令绘制多段线，尽管各线条可以设置宽度和厚度，但它们必须共面。三维多段线的绘制过程和二维多段线基本相同，但其使用的命令不同，执行 PLINE 命令，只能绘制二维多段线，不能绘制三维多段线。另外，在三维多段线中只有直线段，没有圆弧段。

11.2.3　绘制螺旋线

在 AutoCAD 2007 中绘制三维螺旋线的方法有以下 3 种。

（1）选择 绘图(D) → 螺旋(X) 命令。

（2）单击“建模”工具栏中的“螺旋”按钮

（3）在命令行中输入命令 HELIX。

执行该命令后，根据命令行提示，依次设定螺旋变量参数值，即可绘制三维螺旋线。

其中各命令选项功能介绍如下。

（1）轴端点（A）：选择该命令选项，在三维空间中任意位置指定螺旋轴的端点。

（2）圈数（T）：选择该命令选项，输入螺旋的圈数。系统规定螺旋的圈数最多不能超过 500。

（3）圈高（H）：选择该命令选项，指定螺旋内一个完整圈的高度。

（4）扭曲（W）：选择该命令选项，指定以顺时针方向或逆时针方向绘制螺旋线。螺旋扭曲的默认值是逆时针。

11.3　用户坐标系

在 AutoCAD 2007 中，系统提供了两种坐标系，一种是世界坐标系（WCS），另一种是用户坐标系（UCS）。世界坐标系主要用于绘制二维图形时使用，而用户坐标系则主要用于绘制三维图形时使用。合理地创建 UCS，用户可以方便地创建三维模型。

11.3.1　新建用户坐标系

在命令行中输入命令 UCS 后按回车键，即可创建用户坐标系，命令行提示如下：

命令：UCS

当前 UCS 名称：用户坐标系

指定 UCS 的原点或[面（F）/命名（NA）/对象（OB）/上一个（P）／视图（V）／世界（W）／X/Y/Z/Z 轴（ZA）]<世界>:（定新坐标的原点）

其中各命令选项功能介绍如下。

（1）指定 UCS 的原点：选择该命令选项，使用一点、两点或三点定义一个新的 UCS。如果指定单个点，当前 UCS 的原点将会移动而不会更改 *X*，*Y* 和 *Z* 轴的方向。

（2）面（F）：选择该命令选项，依据在三维实体中选中的面来定义 UCS。

（3）命名（NA）：选择该命令选项，按名称保存并恢复使用的 UCS。

（4）对象（OB）：选择该命令选项，根据选定三维对象定义新的坐标系。新建 UCS 的拉伸方向（*Z* 轴正方向）与选定的对象的拉伸方向相同。

（5）上一个（P）：选择该命令选项，恢复上一次使用的 UCS。

（6）视图（V）：选择该命令选项，以垂直于观察方向的平面为 *XY* 平面建立新的坐标系。

（7）世界（W）：选择该命令选项，将当前的用户坐标系设置为世界坐标系。

（8）X/Y/Z：选择该命令选项，绕定轴旋转当前 UCS。

（9）*Z* 轴（ZA）：选择该命令选项，用指定的 *Z* 轴正半轴定义 UCS。

11.3.2　UCS 对话框

在 AutoCAD 2007 中，用户还可以通过 UCS 对话框来创建自己需要的三维坐标系。打开 UCS 对话框的方法有以下 3 种。

（1）选择 工具(T) → 命名 UCS(U)... 命令。

（2）单击“UCSⅡ”工具栏中的按钮。

（3）在命令行中输入命令 UCS。

执行该命令后，系统会弹出 UCS 对话框。在 UCS 对话框中，命名 UCS 选项卡用于显示已有的 UCS，用户可以将世界坐标系、上次使用的 UCS 坐标系或某一命名的 UCS 坐标系设置为当前坐标系。正交 UCS 选项卡用于将 UCS 设置成某一正交模式，其各选项的功能如下。

（1）当前 UCS：表示选用的当前用户坐标系的投影类型。

（2）名称：表示正投影用户坐标系的正投影的类型。在列表框中有俯视、仰视、主视、后视、左视和右视 6 种在当前图形中的正投影类型。

（3）深度：用来定义用户坐标系的 *XY* 平面上的正投影与通过用户坐标系的正投影的方向，系统默认的坐标系是世界坐标系。

（4）相对坐标系：用户所选的坐标系相对于指定的基本坐标系的正投影的方向，系统默认的坐标系是世界坐标系。

设置选项卡：设置选项卡用于设置UCS图标的显示形式、应用范围等。其各选项的功能如下。

（1）UCS 图标设置：用于设置 UCS 图标，在该设置区，有开、显示于 UCS 原点和应用到所有活动视口这三个选项，各选项的含义如下。

- 开：表示在当前视图中显示 UCS 的图标。
- 显示于 UCS 原点：表示在 UCS 的起点显示图标。
- 应用到所有活动视口：表示在当前图形的所有活动窗口应用图标。

（2）UCS 设置：为当前视图设置 UCS。在该设置区，有“UCS 与视图一起保存”和“修改 UCS 时更新平面视图”这两个选项。各选项的含义如下。

- UCS 与视图一起保存：表示是否与当前视图一起保存 UCS 设置。
- 修改 UCS 时更新平面视图：表示当前视图中的坐标系改变时，是否更新平面视图。

11.4 三维显示功能

在绘制三维对象之前，首先应了解一些三维绘图的基础知识，包括用户坐标系的建立、设置视图观测点、动态观察图形、使用相机、漫游和飞行以及观察三维图形的方法。

11.4.1 视点预置

视图的观测点也称为视点，是指观测图形的方向。在三维空间中使用不同的视点来测试图形，会得到不同的效果。如图 11-2 所示为在三维空间不同视点处观测到三维物体的效果。

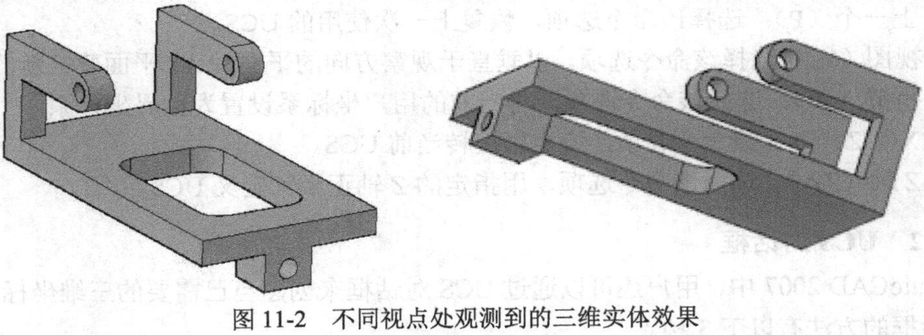

图 11-2 不同视点处观测到的三维实体效果

在 AutoCAD 2007 中，系统提供了两种视点，一种是标准视点，另一种是用户自定义视点，以下分别进行介绍。

1. 标准视点

标准视点是指系统为用户定义的视点，共有 10 种，这些视点包括俯视、仰视、左视、右视、主视、后视、西南等轴测、东南等轴测、东北等轴测和西北等轴测。选择 视图(V) → 三维视图(D) 命令的子命令，或单击“视图”工具栏中的相应按钮，即可切换标准视点，如图 11-3 所示。

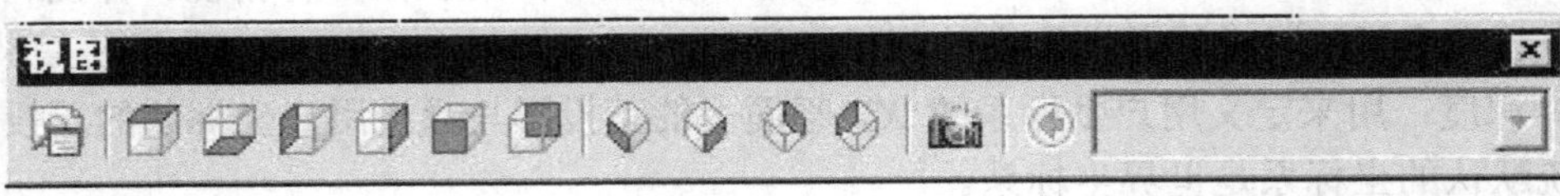

图 11-3 标准视点工具

2. 自定义视点

自定义视点是指用户自己设置的视点，使用自定义视点可以精确地设置观测图形的方向。在 AutoCAD 2007 中，设置自定义视点的方法有以下几种。

（1）视点预置：用户可以选择 视图(V) → 三维视图(D) → 视点预置(I)... 命令

（2）在命令行中输入命令 DDVPOINT。

执行该命令后，系统弹出“视点预置”对话框，如图 11-4 所示。

该对话框中各选项功能介绍如下。

- 设置观察角度：此选项用于选择设置观察角度。如果选中 ⊙ 绝对于 WCS(W) 单选按钮，则视点绝对于世界坐标系；如果选中 ⊙ 相对于 UCS(U) 单选按钮，则视点相对于当前用户坐标系。
- 自：在 X 轴(A): 270.0 或 XY 平面(P): 90.0 文本框中直接输入角度值，即可指定查看角度也可以使用样例图像来指定查看角度。黑针指示新角度，灰针指示当前角度。通过选择圆或半圆的内部区域来指定一个角度，如果选择了边界外面的区域，则舍入在该区域显示的角度值；如果选择了内弧或内弧中的区域，角度将不会舍入，结果可能是一个分数。
- 设置为平面视图(V)：单击此按钮，设置查看角度以相对于选定坐标系显示平面视图。

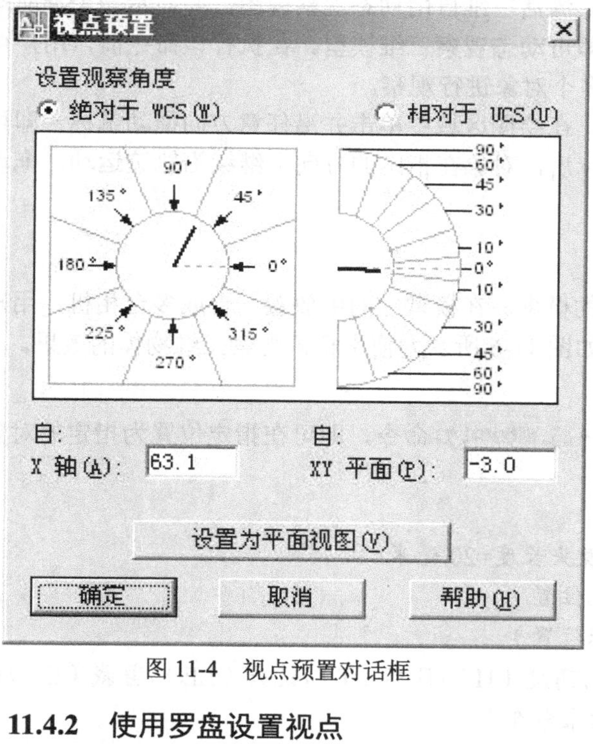

图 11-4　视点预置对话框

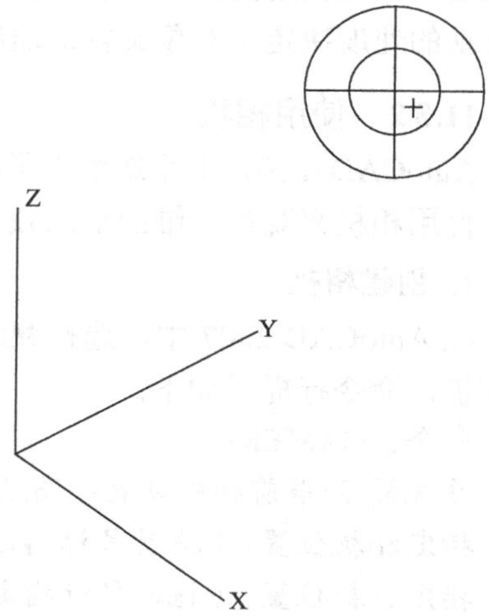

图 11-5　罗盘和三轴架

11.4.2　使用罗盘设置视点

在 AutoCAD 2007 中用户可以通过罗盘和三轴架确定视点。执行 VPOINT 命令后，命令行出现“指定视点或[旋转（R）] <显示坐标球和三轴架>:”提示，“显示坐标球和三轴架”是系统默认的选项，直接回车即执行<显示坐标球和三轴架>命令，工作区将出现如图 11-5 所示的罗盘和三轴架。

罗盘是以二维显示的地球仪，它的中心是北极（0，0，1），相当于视图位于 Z 轴的正方向；内部的圆环为赤道（n，n，0）；外部的圆环为南极（0，0，−1），相当于视点位于 Z 轴的负方向。

在图中，罗盘相当于球体的俯视图，十字光标表示视点的位置，确定视点时，拖动鼠标，使光标在坐标球移动时三轴架的 *X*、*Y* 轴也随 *Z* 轴转动，三轴架转动的角度与光标在坐标球上的位置相对应，光标位于坐标轴的不同位置，对应的视点也不相同。当光标位于内环内部时，相当于视点在球体的上半球，当光标位于内环与外环之间时，相当于视点在球体的下半球，用户根据需要确定好视点的位置后单击鼠标左键即可确定视点，AutoCAD 按视点设置显示三维模型。

11.5 观察模式

11.5.1 三维动态观察

（1）受约束的动态观察：执行该命令后，即叫激活三维动态观察视图，在视图中的任意位置拖动并移动鼠标，即可动态观察图形中的对象。释放鼠标后，对象保持静止。使用该命令观察三维图形时视图的光标始终保持静止，而观察点将围绕目标移动，所以从用户的视点看起来就像三维模型正在随着鼠标光标的拖动而旋转。拖动鼠标时，如果水平拖动光标，视点将平行于世界坐标系的 *XY* 平面移动，如果垂直拖动光标，视点将沿 *Z* 轴移动。

（2）自由动态观察：执行该命令后，激活三维自由动态观察视图，并显示一个导航球，它被更小的圆分成 4 个区域，拖动鼠标即可动态观察三维模型。在执行该命令前，用户可以选中查看整个图形，或者选择一个或更多个对象进行观察。

（3）连续动态观察：执行该命令后，在绘图区域中单击并沿任意方向拖动鼠标，即可使对象沿着鼠标拖动的方向运动，释放鼠标后，对象在指定的方向上继续沿轨迹运动。拖动鼠标移动的速度决定了对象旋转的速度。

11.5.2 使用相机

AutoCAD 2007 中系统引入了相机的概念。在模型空间中放置一台或多台相机，用户就可以使用相机来观察三维图形的效果，如图 11-6 所示为使用相机观察三维物体的效果。

1. 创建相机

在 AutoCAD 2007 中，选择 视图(V) → 创建相机(T) 命令，即可在指定位置为指定的对象创建相机，命令行提示如下：

命令：CAMERA

系统提示:当前相机设置：高度=0 镜头长度=20 毫米

指定相机位置：（拖动鼠标指定相机位置）

指定目标位置：（拖动鼠标指定目标位置）

输入选项[?/名称（N）/位置（LO）/高度（H）/目标（T）/镜头（LE）/剪裁（C）/视图（V）/退出（X）]<退出>:（按回车键结束命令）

其中各命令选项功能介绍如下。

（1）?：选择此命令选项，列出当前已定义的相机列表。

（2）名称（N）：选择此命令选项，为当前创建的相机设置名称。

（3）位置（LO）：选择此命令选项，指定相机的位置。

（4）高度（H）：选择此命令选项，指定相机的高度。

（5）目标（T）：选择此命令选项，指定相机的目标。

（6）镜头（LE）：选择此命令选项，改变相机的焦距。

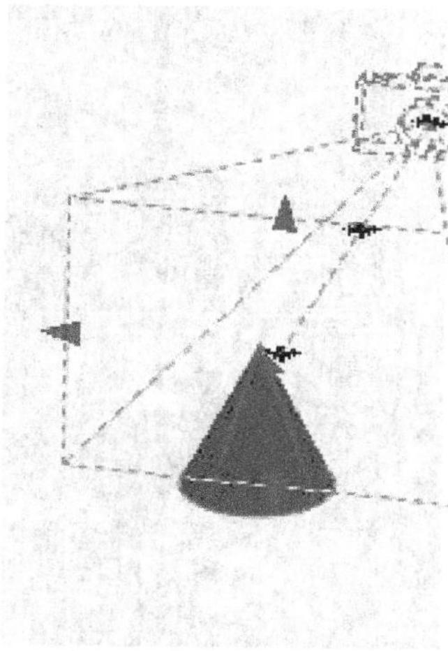

图 11-6　使用相机观察三维物体

图 11-7　相机预览效果

（7）剪裁（C）：选择此命令选项，定义前后剪裁平面并设置它的值。

（8）视图（V）：选择此命令选项，设置当前视图以匹配相机设置。

（9）退出（X）：选择此命令选项，取消该命令。

2. 相机预览

在视图中创建了相机后，当选中相机时，将打开“相机预览”窗口。其中，在预览框中显示了使用相机观察到的视图效果。在“视觉样式”下拉列表框中，可以设置预览窗口中图形的三维隐藏、三维线框、概念、真实等视觉样式，如图 11-7 所示。

在使用相机预览的过程中，还可以通过选择 视图(V) → 相机(C) → 调整视距(A) 命令或 视图(V) → 相机(C) → 回旋(S) 命令对相机的位置和显示效果进行设置。

11.5.3　漫游和飞行

在 AutoCAD 2007 中，用户可以在漫游或飞行模式下，通过键盘和鼠标控制视图显示，并创建导航动画。

1. 漫游和飞行设置

选择 视图(V) → 漫游和飞行(K) → 漫游(K) 或 飞行(F) 命令，进入漫游和飞行环境，同时弹出“漫游和飞行导航映射”对话框和“定位器”选项板，如图 11-8 和图 11-9 所示。

在“漫游和飞行导航映射”提示框中显示了用于导航的快捷键及其对应功能，而“定位器”选项板的功能类似于地图，在其预览窗口中显示模型的俯视图，并显示了当前用户在模型中所处的位置。当鼠标指针移动到指示器中时，指针就会变成一个“手”的形状，拖动鼠标即可改变指示器的位置。在“定位器”选项板中的“基本”选项区中可以设置指示器的颜色、尺寸、是否闪烁以及目标指示器的开关状态、颜色、预览透明度和预览视觉样式等。

选择 视图(V) → 漫游和飞行(K) → 漫游和飞行设置(S)... 命令，弹出“漫游和飞行设置”对话框，如图 11-10 所示。在该对话框中可以设置显示指令窗口的时机、窗口显示时间，以及“当前图形设置”选项组中的漫游和飞行步长、每秒步数等参数。

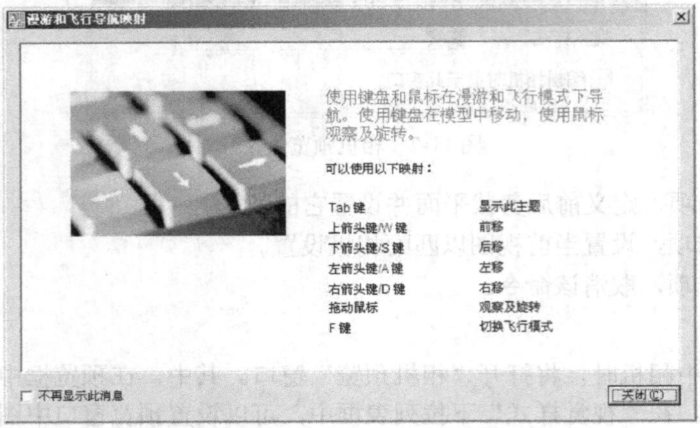

图 11-8 “漫游和飞行导航映射”对话框

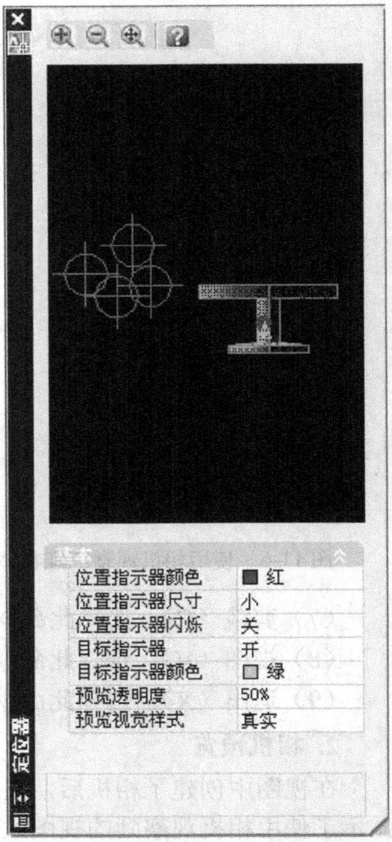

图 11-9 “定位器”选项板

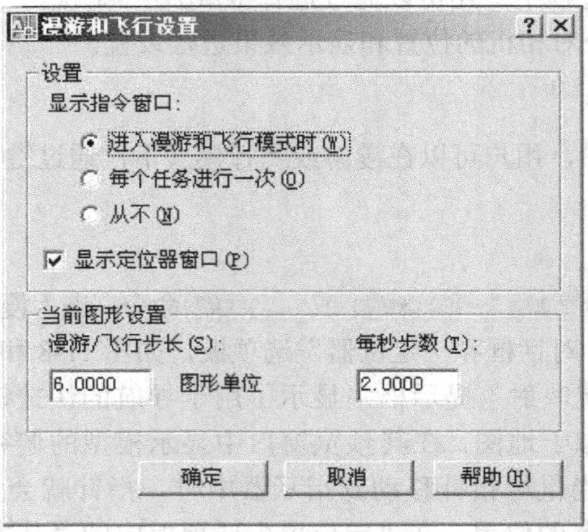

图 11-10 “漫游和飞行设置”对话框

2. 运动路径动画

在 AutoCAD 2007 中，可以选择 视图(V) → 运动路径动画(M)... 命令，创建相机沿路径运动观察图形的动画，此时将打开“运动路径动画”对话框，如图 11-11 所示。

在“运动路径动画”对话框中，“相机”选项组用于设置相机链接到的点或路径，使相

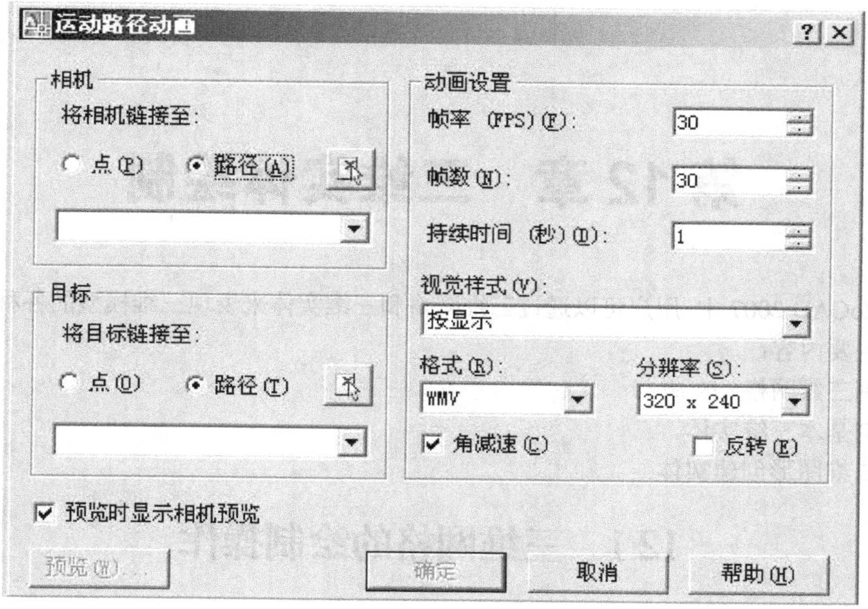

图 11-11　“运动路径动画”对话框

机位于指定点观测图形或沿路径观察图形；“目标”选项组用于设置相机目标链接到的点或路径；“动画设置”选项组用于设置动画的帧频、帧数、持续视觉、分辨率、动画输出格式等选项。

当设置完动画选项后，单击预览按钮，将打开“动画预览”窗口，可以预览动画播放效果。

小　结

本章主要介绍三维绘图的一些基础知识和一些简单对象的创建方法，包括三维点和三维线的绘制、用户坐标系的建立以及三维的显示功能，在绘制三维对象之前应熟练掌握。

习　题

1. 在 AutoCAD 中，如何绘制三维螺旋线？
2. 在 AutoCAD 中，系统提供了哪两种视点？
3. 在 AutoCAD 中，如何创建相机功能？
4. 在 AutoCAD 中，导航动画是如何创建的？

第 12 章　三维实体绘制

在 AutoCAD 2007 中，用户可以通过三维网格和三维实体来表现三维模型的各种结构特征。

本章主要内容：

- 绘制三维网格
- 绘制基本三维实体
- 由二维图形创建实体

12.1　三维网格的绘制操作

在 AutoCAD 2007 中，不仅可以绘制三维曲面，还可以绘制旋转网格、平移网格、直纹网格和边界网格。单击“绘图（D）”→“建模（M）”→“网格（M）”菜单子命令，即可执行绘制三维网格命令，如图 12-1 所示。

图 12-1　“网格”菜单子命令

12.1.1　绘制平面曲面

使用平面曲面命令可以创建平面曲面或将对象转换为平面对象。在 AutoCAD 2007 中，绘制平面曲面的方法有以下 3 种。

（1）选单击 绘图(D) → 建模(M) → 平面曲面(F) 命令。

（2）单击“建模”工具栏中的“平面曲面”按钮。

（3）在命令行中输入命令 PLANESURF。

执行该命令后，根据命令行中的提示，可以创建平面曲面，或输入 O，回车选择“对象（O）”命令，选择封闭图形转换为平面的对象，如图 12-2 所示。输入命令 SURFU 和 SURFV 可以改变曲面的行数和列数，系统默认为 6。

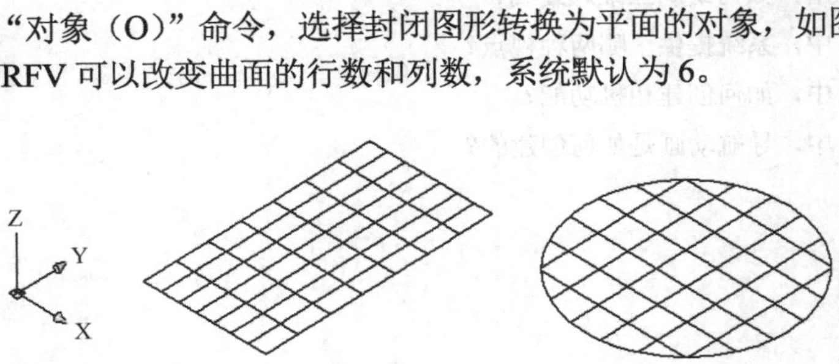

图 12-2　平面曲面

12.1.2　绘制三维面

使用三维面命令可以通过确定三维面上各顶点的方式控制三维面。三维面是三维空间的表面，它没有厚度，也没有质量属性。三维面的各个顶点可以不在一个平面上，但构成三维面的顶点不能多于 4 个。如果构成面的 4 个顶点共面，消隐命令认为该面是不透明的，即可以消隐。反之，消隐命令对其无效。

在 AutoCAD 2007 中，绘制三维曲面的方法有以下两种。

（1）选择 绘图(D) → 建模(M) → 网格(M) → 三维面(F) 命令。

（2）在命令行中输入命令 3DFACE。

12.1.3　绘制三维网格

在 AutoCAD 2007 中，用户可以根据指定的 M 行 N 列个顶点和每一顶点的位置生成三维空间多边形网格。绘制三维网格的方法有以下两种。

（1）选择 绘图(D) → 建模(M) → 网格(M) → 三维网格(M) 命令。

（2）在命令行中输入命令 3DMESH。

执行该命令后，根据命令行提示输入 M 方向上的网格数量及 N 方向上的网格数量，指定顶点（M−1，N−1）的位置：（指定第 M 行第 N 列的顶点坐标），指定所有的顶点后，系统将自动生成一组多边形网格曲面，如图 12-3 所示。M 和 N 的最小值为 2，表明定义多边形网格至少要 4 个点，其最大值为 256。

12.1.4　绘制旋转网格

使用绘制旋转网格命令可以将曲线绕旋转轴旋转一定的角度，形成旋转网格。绘制旋转网格的方法有以下两种。

（1）选择 绘图(D) → 建模(M) → 网格(M) → 旋转网格(M) 命令。

（2）在命令行中输入命令 REVSURF。

旋转方向的分段数由系统变量 surftab1 确定，旋转轴方向的分段数由系统变量 surftab2 确定，其值越大，旋转形成的网格越光滑，如图 12-4 所示。

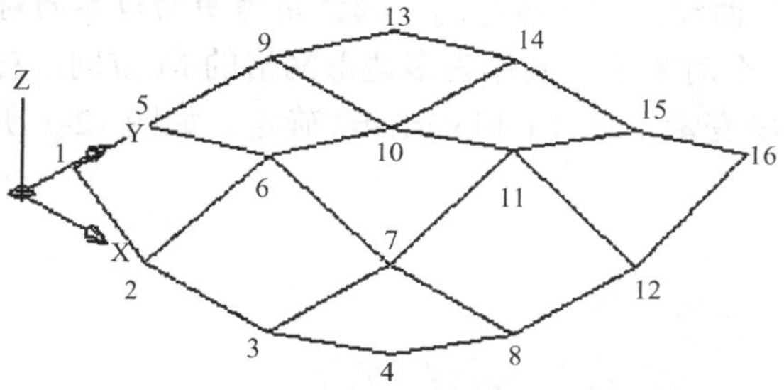

图 12-3　指定坐标位置的三维网格

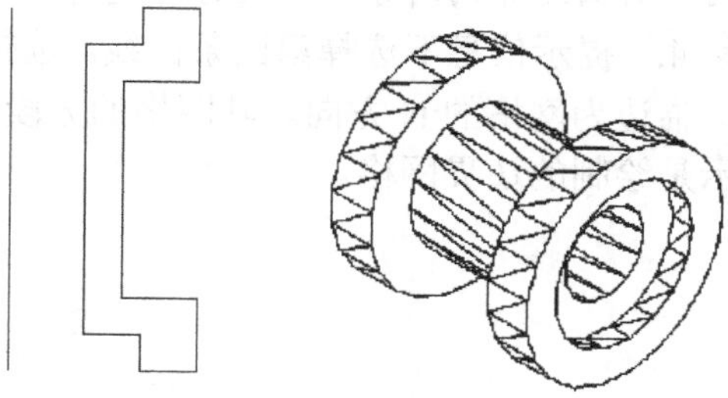

图 12-4　绘制的旋转网格

12.1.5　绘制平移网格

使用平移网格命令可以将路径曲线沿方向矢量进行平移后构成平移曲面。绘制平移网格的方法有以下两种。

（1）选择 绘图(D) → 建模(M) → 网格(M) → 平移网格(T) 命令。

（2）在命令行中输入命令 TABSURF。

执行该命令后，可在命令行的“选择用作轮廓曲线的对象:”提示下选择曲线对象，在“选择用作方向矢量的对象:”提示信息下选择方向矢量，当确定了拾取点后，系统将向方向矢量对象上远离拾取点的端点方向创建平移曲面。若矢量对象为多段线时，创建网格则向多段线端点方向平移。平移网格的分段数由系统变量 surftab1 确定，如图 12-5 所示。

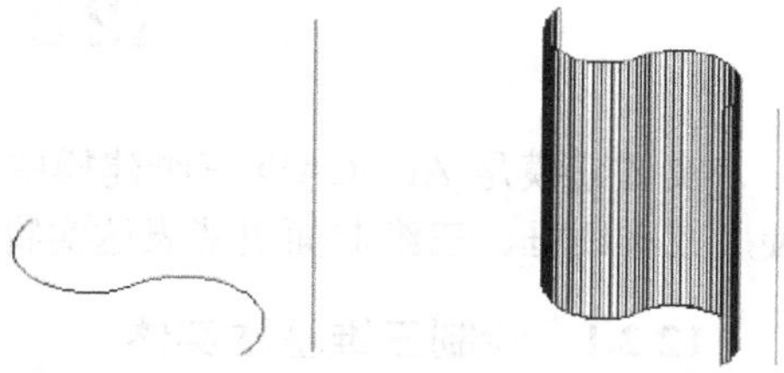

图 12-5　绘制的平移网格

12.1.6 绘制直纹网格

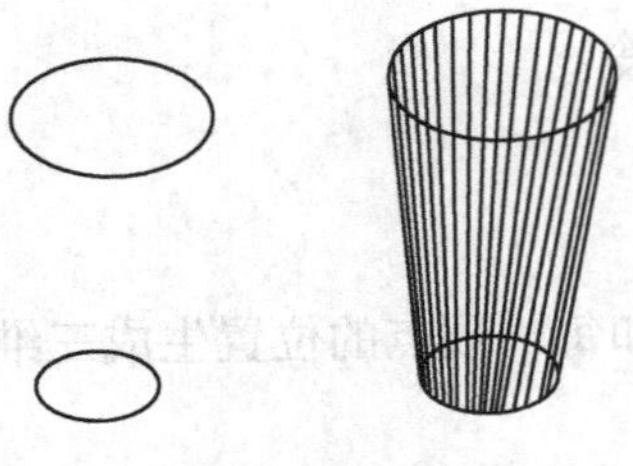

图 12-6 绘制的直纹网格

使用直纹网格命令可以在两条曲线之间用直线连接从而形成直纹网格。绘制直纹网格的方法有以下两种。

（1）选择 绘图(D) → 建模(M) → 网格(M) → 直纹网格(R) 命令。

（2）命令行中输入命令 RULESURF。

执行该命令后可在命令行的“选择第一条定义曲线:”提示信息下选择第一条曲线，在命令行的“选择第二条定义曲线:”提示信息下选择第二条曲线。如果一条曲线是封闭的，另一条曲线也是封闭的或是一个点；如果曲线不是封闭的，则直纹网格总是从曲线上离拾取点近的一端画出；如果曲线是闭合的，则直纹网格从圆的零度角起始位置开始画起。平移网格的分段数由系统变量 surftab1 确定。如图 12-6 所示为绘制的直纹网格。

12.1.7 绘制边界网格

使用边界网格命令可以用 4 条首尾连接的边创建三维多边形网格。绘制边界网格的方法有以下两种。

（1）选择 绘图(D) → 建模(M) → 网格(M) → 边界网格(E) 命令。

（2）在命令行中输入命令 EDGESURF。

执行该命令后可在命令行的“选择用作曲面边界的对象 1:”提示信息下选择第一条曲线，在命令行的“选择用作曲面边界的对象 2:”提示信息下选择第二条曲线，在命令行的“选择用作曲面边界的对象 3:”提示信息下选择第三条曲线，在命令行的“选择用作曲面边界的对象 4:”提示信息下选择第四条曲线。选择的第一个对象的方向作为多边形网格的 M 方向，它的临边为网格的 N 方向。其网格的分段数由系统变量 surftab1 和 surftab2 确定。如图 12-7 所示是绘制的边界网格。

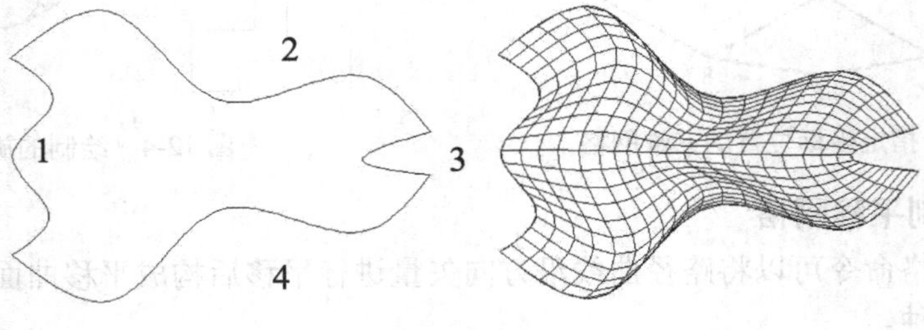

图 12-7 绘制的边界网格

12.2 绘制三维实体

实体建模是 AutoCAD 三维建模中比较重要的一部分。使用三维实体来创建实体模型，比使用三维线框、三维曲面更能表达实物，而且还可以分析实体的质量特性，如体积、重心等。

12.2.1 绘制三维基本实体

在 AutoCAD 2007 中，系统提供了多种基本三维实体的创建命令，利用这些命令可以很方便地创建多段体、长方体、楔体、圆柱体、圆锥体、球体、圆环体和棱锥体等基本三维实体。

1. 绘制多段体

多段体是 AutoCAD 2007 中新增加的一种实体，使用多段体命令可以创建实体或将对象转换为实体。绘制多段体的方法有以下 3 种。

（1）选择 绘图(D) → 建模(M) → 多段体(P)。

（2）单击“建模”工具栏中的“多段体”按钮。

（3）在命令行中输入命令 POLYSOLID。

执行该命令后，根据命令行提示指定多段体的各点，也可以设置多段体变量参数，选择“高度”选项，可以设置实体的高度；选择“宽度”选项，可以设置实体的宽度；选择“对正”选项，可以设置实体的对正方式，如左对正、居中和右对正，默认为居中对正。当设置了高度、宽度和对正方式后，可以通过指定点来绘制多实体，也可以选择“对象”选项将图形转换为实体，该对象可以是直线、圆、圆弧、样条曲线、多段线等。

2. 绘制长方体

在 AutoCAD 2007 中，创建长方体的方法有以下 3 种。

（1）选择 绘图(D) → 建模(M) → 长方体(B)。

（2）单击“建模”工具栏中的“长方体”按钮。

（3）在命令行中输入命令 BOX。

执行该命令后，用户可以根据命令行提示完成长方体绘制。长方体的各边分别与当前 UCS 的 *X* 轴、*Y* 轴和 *Z* 轴平行，输入各边长时，正值表示沿相应坐标轴的正方向创建长方体，负值则相反。需要指出的是，当命令行出现“指定高度或[两点（2P）]”提示时，用户可以输入“2P”来选择两个参考点的距离作为立方体的高度。

3. 绘制楔体

虽然创建长方体和楔体的命令不同，但创建方法却相同，因为楔体是长方体沿对角线切成两半后的结果。在 AutoCAD 2007 中，创建楔体的方法有 3 种。

（1）选择 绘图(D) → 建模(M) → 楔体(W)。

（2）单击“建模”工具栏中的“楔体”按钮。

（3）在命令行中输入命令 WEDGE。

其绘制方法可参考长方体绘制方法。

4. 绘制圆柱体

圆柱体是 AutoCAD 中经常用到的一种基本实体，根据横截面形状的不同，圆柱体可分为圆柱体、椭圆柱体。在 AutoCAD 2007 中，创建圆柱体的方法有以下 3 种。

（1）选择 绘图(D) → 建模(M) → 圆柱体(C)。

（2）单击“建模”工具栏中的“圆柱体”按钮。

（3）在命令行中输入命令 CYLINDER。

执行该命令后，用户可以根据命令行提示绘制圆柱底面图形，其操作步骤与二维绘制圆、椭圆方式相同。当命令行提示“指定高度或[两点（2P）/轴端点（A）]”时，可以直接在命令行中输入圆柱体的高度，也可以选择“两点”选项通过两个参考点的距离来确定圆柱体的高度，还可以选择“轴端点”选项在屏幕上指定圆柱的端点。

5. 绘制圆锥体

在 AutoCAD 2007 中，创建圆锥体的方法有以下 3 种。

（1）选择 绘图(D) → 建模(M) → 圆锥体(O)。

（2）单击“建模”工具栏中的“圆锥体”按钮。

（3）在命令行中输入命令 CONE。

其操作步骤与绘制圆柱体基本相同。唯一不同的是当命令行提示：“指定高度或 [两点（2P）/轴端点（A）/顶面半径（T）]”时，可以选择“顶面半径”选项绘制圆锥台，如图 12-8 所示。

6. 绘制球体

在 AutoCAD 2007 中，创建球体的方法有以下 3 种。

（1）选择 绘图(D) → 建模(M) → 球体(S)。

（2）单击“建模”工具栏中的“球体”按钮。

（3）在命令行中输入命令 SPHERE。

执行该命令后，用户可以根据命令行 “指定中心点或 [三点（3P）/两点（2P）/相切、相切、半径（T）]:”提示信息指定球体的球心位置，在命令行的“指定半径或 [直径（D）]:”提示信息下指定球体的半径或直径就可以了。

绘制球体时可以通过改变 ISOLINES 变量，来确定实体表面的网格线数，效果如图 12-9 所示。

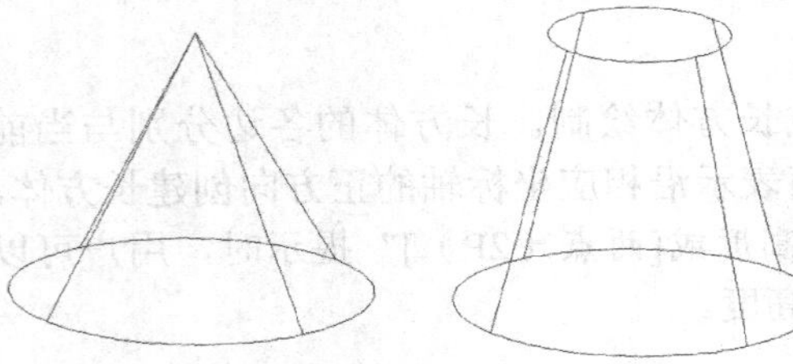

图 12-8 绘制的圆锥体

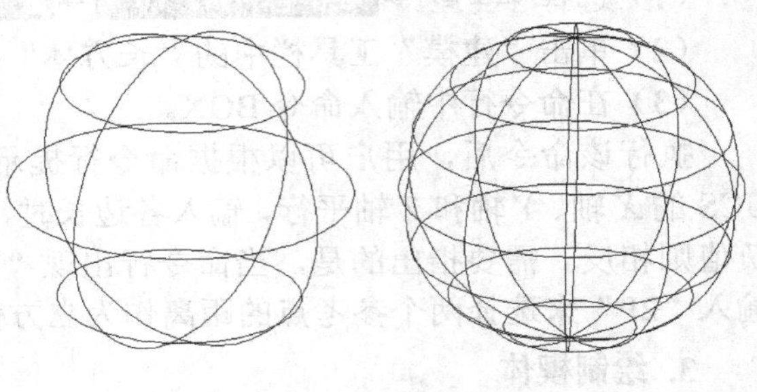

（a）isolines=4 （b）isolines=10

图 12-9 绘制的球体

7. 绘制圆环体

圆环体是比较特殊的一种基本实体，在 AutoCAD 2007 中，创建圆环体的方法有以下 3 种。

（1）选择 绘图(D) → 建模(M) → 圆环体(T)。

（2）单击“建模”工具栏中的“圆环体”按钮。

（3）在命令行中输入命令 TORUS。

执行该命令后，用户可以根据命令行“指定中心点或 [三点（3P）/两点（2P）/相切、相切、半径（T）]:” 提示信息指定球体的、圆环的中心位置，在命令行的“指定半径或 [直径（D）]:” 提示信息下指定球体的、圆环的半径或直径，在命令行的“指定圆管半径或 [两点（2P）/直径（D）]:” 提示信息下指定球体的、圆环的半径或直径。

圆环的半径和圆管的半径值决定了圆环的形状，如图 12-10 所示为不同圆环的半径和圆管的半径的圆环体。

8. 绘制棱锥面

在 AutoCAD 2007 中，创建棱锥面的方法有以下 3 种。

（1）绘图(D) → 建模(M) → 棱锥面(Y)。

（2）单击“建模”工具栏中的“棱锥面”按钮。

（3）在命令行中输入命令 PYRAMID。

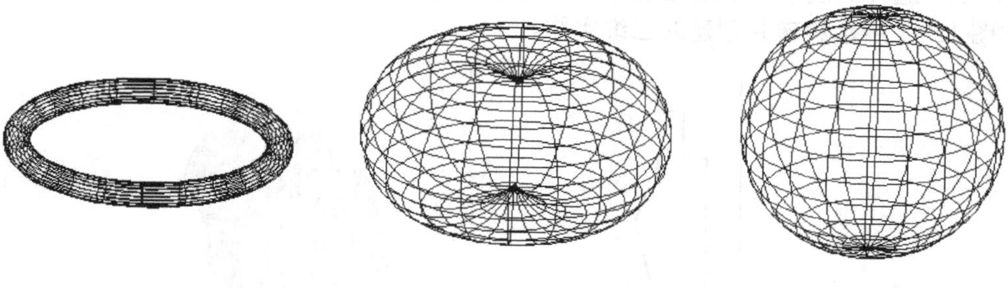

（a）圆环半径>圆管半径>0　（b）圆管半径>圆环半径> 0　（c）圆管半径>0>圆环半径

图 12-10　不同圆环的半径和圆管的半径的圆环体

12.2.2　由二维对象创建三维实体

在 AutoCAD 2007 中，不仅可以直接创建基本实体，而且还可以通过对二维图形进行拉伸、旋转、扫掠和放样等操作来创建实体对象，本节将详细介绍这些特殊的三维实体的创建方法。

1. 拉伸并创建实体

拉伸并创建实体是指将封闭的二维图形按指定的高度或路径进行拉伸来创建实体对象。在 AutoCAD2007 中，执行拉伸命令的方法有以下 3 种。

（1）绘图(D) → 建模(M) → 拉伸(X)。

（2）单击“建模”工具栏中的“拉伸”按钮。

（3）在命令行中输入命令 EXTRUDE。

执行该命令后，命令行提示 “选择要拉伸的对象:”，选择并确定拉伸对象之后，“指定拉伸的高度或 [方向（D）/路径（P）/倾斜角（T）] <10.0>:”，确定拉伸高度，或选择相应的其他选项，其中各命令选项功能介绍如下。

（1）方向（D）：选择此选项，通过指定两个点来确定拉伸的高度和方向。

（2）路径（P）：选择此选项，将对象指定为拉伸的方向。

（3）倾斜角（T）：选择此选项，输入拉伸对象时倾斜的角度。

2. 旋转并创建实体

旋转并创建实体是指将二维图形绕旋转轴旋转来创建三维实体。在 AutoCAD 2007 中，执行旋转命令的方法有以下 3 种。

（1）绘图(D) → 建模(M) → 旋转(R)。

（2）单击“建模”工具栏中的“旋转”按钮。

（3）在命令行中输入命令 REVOLVE。

执行该命令后，命令行提示 “选择要旋转的对象:” 选择并确定旋转对象之后，“指定轴起点或根据以下选项之一定义轴 [对象（O）/X/Y/Z] <对象>:”，指定并确定旋转轴，“指定旋转角度或 [起点角度（ST）] <360>:”，输入旋转角度。其中各命令选项功能介绍如下。

（1）对象（O）：选择此选项，选择现有的直线或多段线中的单条线段定义轴，这个对象将绕该轴旋转。

（2）X：选择此选项，使用当前 UCS 的正向 *X* 轴作为旋转轴的正方向。

（3）Y：选择此选项，使用当前 UCS 的正向 *Y* 轴作为旋转轴的正方向。

（4）Z：选择此选项，使用当前 UCS 的正向 *Z* 轴作为旋转轴的正方向。

如图 12-11 所示旋转并创建的三维实体。

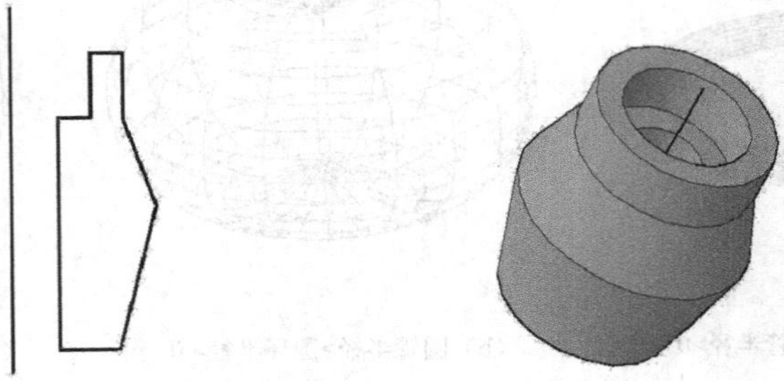

（a）原始图　　（b）结果图

图 12-11　旋转并创建的三维实体

3. 扫掠并创建实体

扫掠并创建实体是指将创建网格面或三维实体。如果扫掠的平面曲线不封闭，则生成三维曲面，否则生成三维实体。在 AutoCAD 2007 中，执行扫掠命令的方法有以下 3 种。

（1）绘图(D) → 建模(M) → 扫掠(P)。

（2）单击“建模”工具栏中的“扫掠”按钮。

（3）在命令行中输入命令 SWEEP。

执行该命令后，命令行提示 “选择要扫掠的对象:”，选择并确定扫掠对象之后，“选择扫掠路径或[对齐（A）/基点（B）/比例（S）/扭曲（T）]:”，选择扫掠的路径。其中各命令选项功能介绍如下。

（1）对齐（A）：选择此选项，确定是否对齐垂直于路径的扫掠对象。

（2）基点（B）：选择此选项，指定扫掠的基点。

（3）比例（S）：选择此选项，指定扫掠的比例因子。

（4）扭曲（T）：选择此选项，指定扫掠的扭曲度。

如图 12-12 所示扫掠并创建的三维实体。

4. 放样并创建实体

放样并创建实体是指将二维图形放样生成三维实体。在 AutoCAD 2007 中，执行扫掠命令的方法有以下 3 种。

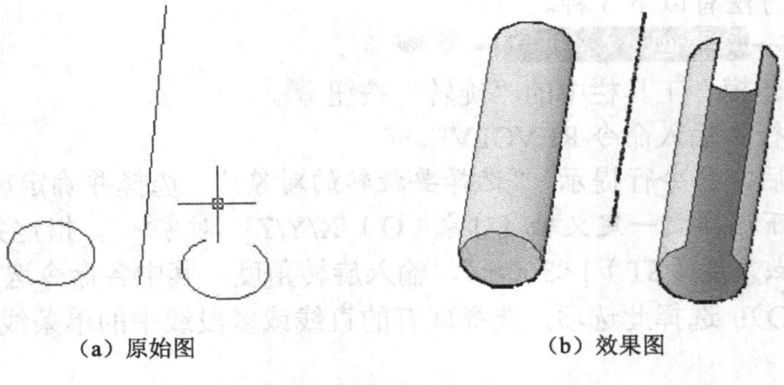

（a）原始图　　（b）效果图

图 12-12　扫掠并创建的三维实体

（1）绘图(D) → 建模(M) → 放样(L)。

（2）单击“建模”工具栏中的“放样”按钮。

（3）在命令行中输入命令 LOFT。

执行该命令后，命令行提示“按放样次序选择横截面:”，选择第一个放样横截面，“按放样次序选择横截面:”，选择下一个放样横截面。选择完成后点回车键确定，放样横截面不能少于两个。“输入选项［导向（G）/路径（P）/仅横截面（C）］<仅横截面>:”其中各命令选项功能介绍如下。

（1）导向（G）：选择此选项，为放样曲面或实体指定导向曲线，每条导向曲线均与放样曲面相交，且开始于第一个截面，终止于最后一个截面。

（2）路径（P）：选择此选项，为放样曲面或实体指定放样路径，路径必须与每个截面相交。

（3）仅横截面（C）：选择此选项，系统会弹出放样设置对话框，如图 12-13 所示，在该对话框中可以设置放样横截面上的曲面控制选项。

如图 12-14 所示是放样生成的三维图形。

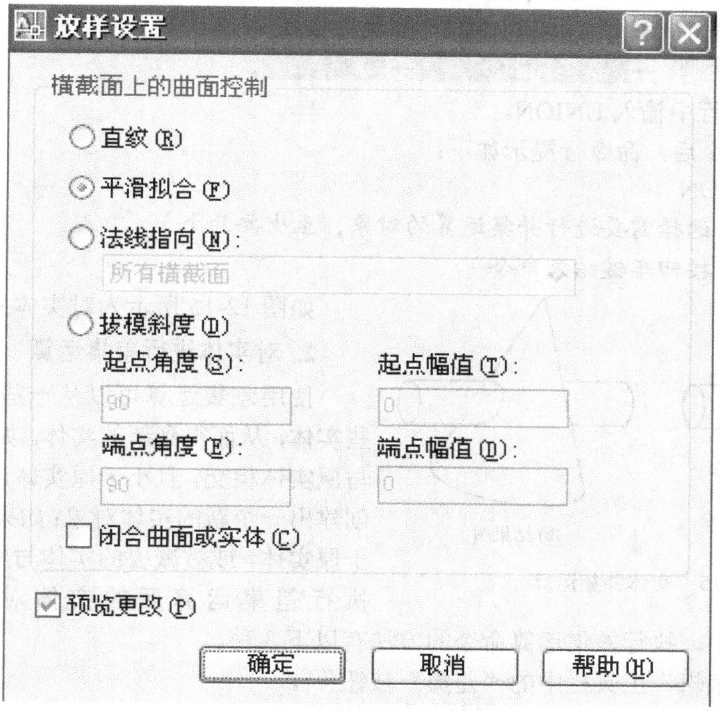

图 12-13　“放样设置”对话框

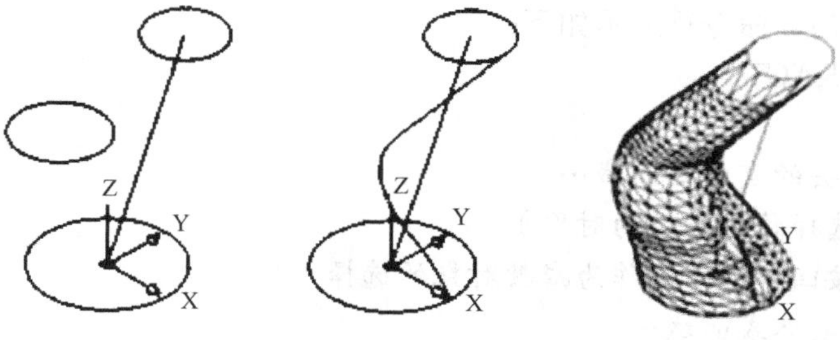

图 12-14　放样生成的三维图形

12.3 实体编辑

在 AutoCAD 2007 中，不仅可以建立基本的三维实体，可以对它进行剖切、装配、干涉检查等操作，还可以对实体进行布尔运算，以构造复杂的三维实体。

12.3.1 实体的布尔运算

在 AutoCAD 2007 中，使用布尔运算对实体进行并集、差集、交集和干涉操作，可以创建出各种复杂的实体对象。

1. 对实体进行并集运算

使用并集运算可以将多个相交或不相交的实体对象组合成一个和实体对象。如果多个对象不相交，则并集运算后的显示效果与原图形相同，但实际上并集后的所有对象均被视做一个对象。在 AutoCAD 2007 中，执行并集运算命令的方法有以下 3 种。

（1）单击“实体编辑”工具栏中的“并集”按钮。

（2）选择 修改(M) → 实体编辑(N) → 并集(U)。

（3）在命令行中输入 UNION。

执行并集命令后，命令行提示如下：

命令：_UNION

选择对象：（选择需要进行并集运算的对象，至少要两个）

选择对象：（按回车键结束命令）

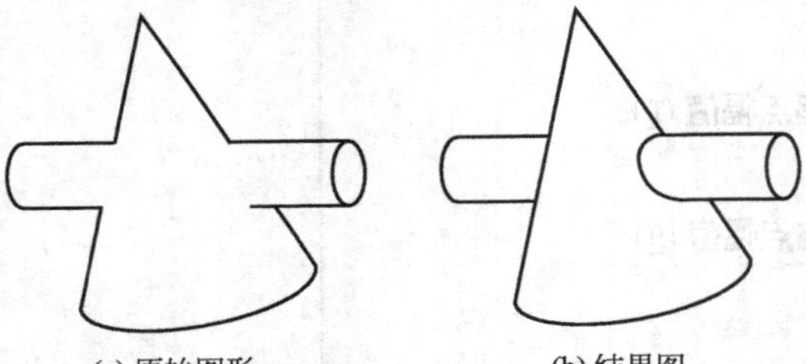

图 12-15 实体并集运算

如图 12-15 所示为对实体并集运算的效果。

2. 对实体进行差集运算

使用差集运算可以从一些实体中减去另一些实体，从而得到新的实体。如果被减去的实体与原实体相交，且小于原实体，则差集运算后会创建出一个新的实体对象；如果被减去的实体大于原实体，或被减去的实体与原实体不相交，则执行差集运算后的实体对像被删除。在 AutoCAD 2007 中，执行差集运算命令的方法有以下 3 种。

（1）“实体编辑”工具栏中的“差集”按钮。

（2）选择 修改(M) → 实体编辑(N) → 差集(S)。

（3）在命令行中输入命令 SUBTRACT。

执行差集命令后，命令行提示如下：

命令：_SUBTRACT

系统提示：

选择要从中减去的实体或面域…

选择对象：（选择作为减数的对象）

选择对像：（按回车键结束作为减数对象的选择）

选择要减去的实体或面域…

选择对象：（选择作为被减数的对象）

选择对象：（按回车键结束对象选择，同时结束差集命令）

如图 12-16 所示为对实体差集运算的效果。

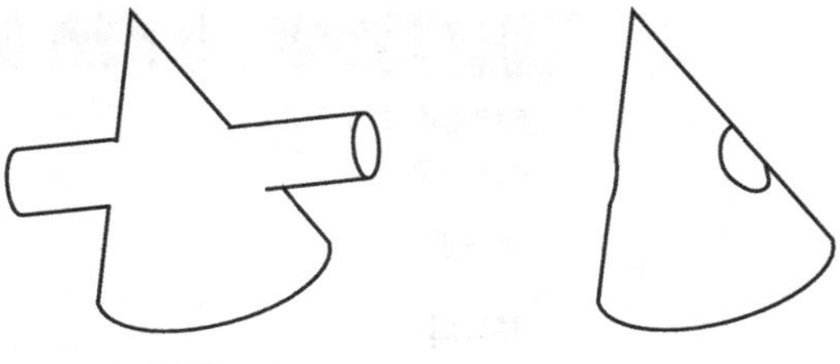
(a) 原始图形　(b) 结果图

图 12-16　实体差集运算

3. 对实体进行交集运算

使用交集运算可以将多个实体的公共部分创建成新的实体对象。如果多个实体没有相交的部分，则执行交集运算后多个实体被删除。在 AutoCAD 2007 中，执行交集运算命令的方法有以下 3 种。

（1）单击“实体编辑”工具栏的交集。

（2）选择 修改(M) → 实体编辑(N) → 交集(I)。

（3）在命令行中输入命令 INTERSECT。

执行交集命令后，命令行提示如下：

命令:_ INTERSECT

选择对象：（选择进行交集运算的面域对象）

选择对象：（按回车键结束交集运算命令）

如图 12-17 所示为对实体交集运算的效果。

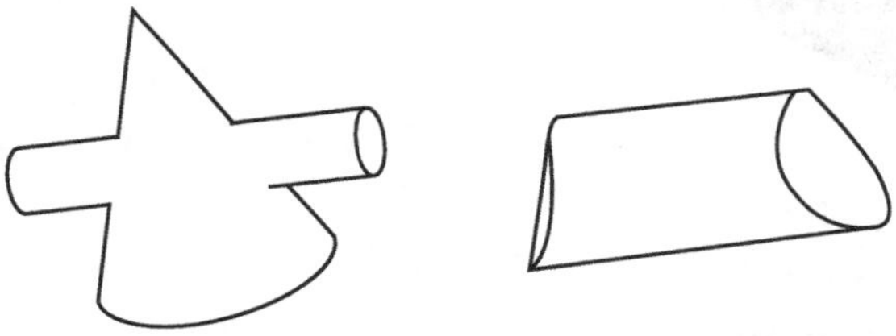
(a) 原始图形　(b) 结果图

图 12-17　实体交集运算

4. 对实体进行干涉运算

使用干涉运算可以用多个实体的交集生成一个新的实体，同时将原实体保留下来。在 AutoCAD 2007 中，执行干涉运算命令的方法有以下 2 种。

（1）选择 修改(M) → 三维操作(3) → 干涉检查(I)。

（2）在命令行中输入命令 INTERFERE。

执行干涉检查命令后，命令行提示如下：

命令：_INTERFERE

选择第一组对象或[嵌套选择（N）/设置（S）]：（选择一组对象）

选择第一组对象或[嵌套选择（N）/设置（S）]：（选择下一组对象）

选择第一组对象或[嵌套选择（N）/设置（S）]：（按回车键结束对象选择）

选择第二组对象或[嵌套选择（N）/检查第一组（K）]：（按回车键执行干涉检查）

执行干涉检查命令后，弹出“干涉检查”对话框，如图 12-18 所示，同时干涉对象亮显，如图 12-19 所示。

在该对话框中的“干涉对象”选项组显示了干涉检查的各种信息，单击该对话框中亮显选项组中的 上一个(P) 和 下一个(N) 按钮可以查看干涉后的对象，或者单击该对话框右边的“实时缩放”按钮、“实时平移”按钮、“三维动态观察器”按钮观察干涉后的对象。取消选中该对话框下边的“关闭时删除已创建的干涉对象（D）”复选框，单击“关闭”按钮保留创建的干涉实体。

12.3.2　对实体进行倒角和圆角

在 AutoCAD 2007 中，使用倒角和圆角命令不仅可以对平面图形进行编辑，而且还可以对实体模型进行编辑，但具体操作却有所不同。

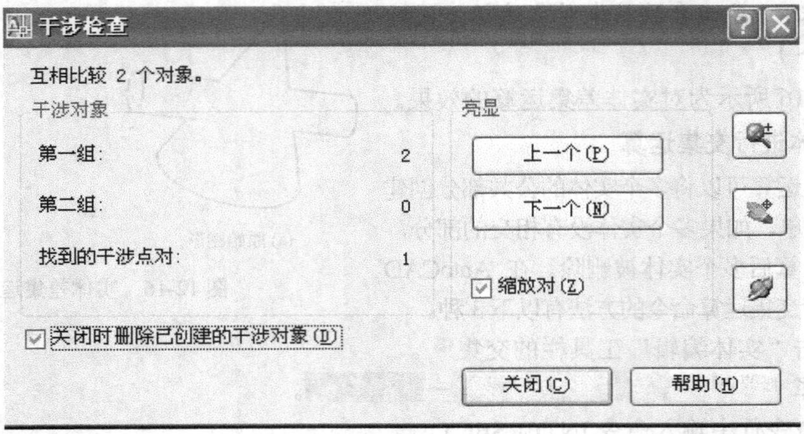

图 12-18 “干涉检查”对话框

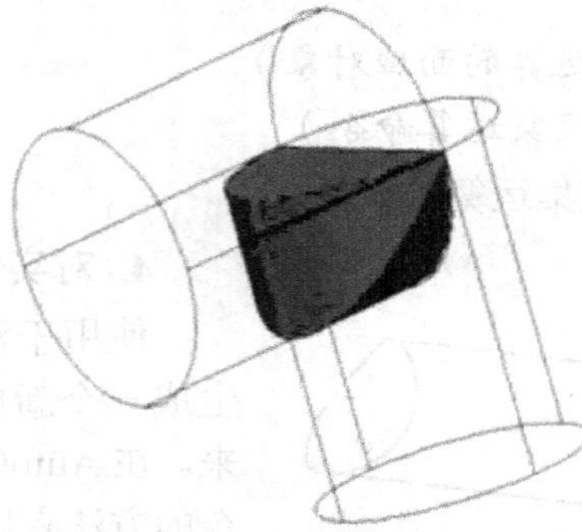

图 12-19 干涉对象

1. 对实体倒角

使用倒角命令可以对实体的棱边进行编辑，在两个相邻曲面之间生成一个平坦的过渡面。在 AutoCAD 2007 中，执行倒角命令的方法有以下 3 种。

（1）单击“修改”工具栏中的“倒角”按钮。

（2）选择 修改(M) → 倒角(C) 命令。

（3）在命令行中输入命令 CHAMFER。

执行倒角命令后，命令行提示如下：

命令：_CHAMFER

（“修剪”模式）系统提示：当前倒角距离 1=0.0000，距离 2=0.0000

选择第一条直线或[放弃（U）/多线段（P）/距离（D）/角度（A）/修剪（T）/方式（E）/多个（M）]:（选择三维实体模型）

系统提示：基面选择…

输入曲面选择选项[下一个（N）/当前（OK）]<当前>:（选择曲面）

指定基面的倒角距离<1.0000>:（指定基面倒角距离）

指定其它曲面的倒角距离<1.0000>:（指定另外曲面的倒角距离）

选择边或[环（L）]:（指定用于倒角的边）

选择边或[环（L）]:（按回车键结束命令）

其中各命令选项的功能介绍如下。

（1）下一个（N）：选择此命令选项，更换选项基面。

（2）当前（OK）：选择此命令选项，指定当前选择面作为基面。

（3）选择边：选择此命令选项，表示选择基面上的一条或多条边。

（4）环（L）：选择此命令选项,表示一次选择基面上所有的边。

例如，使用倒角命令对如图 12-20 所示图形中的棱边进行倒角，具体操作步骤如下:

命令：_CHAMFER

（“修剪”模式）当前倒角距离 1=0.0000，距离 2=0.0000（系统提示）

选择第一条直线或[放弃（U）/多线段（P）/距离（D）/角度（A）/修剪（T）/方式（E）/多个（M）]:（选择如图 12-20 所示图形中的面 a）

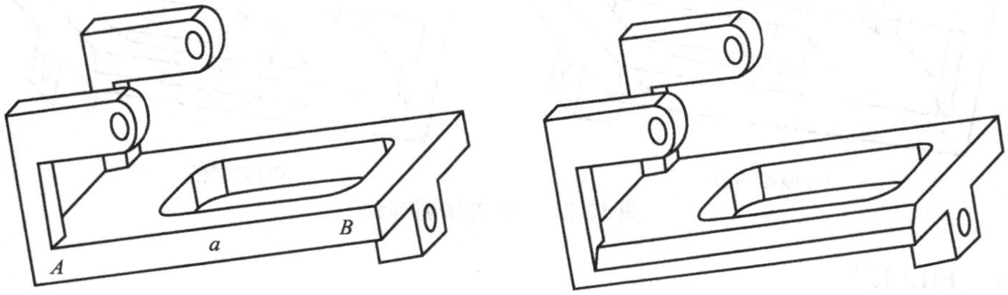

(a) 原始图形　　(b) 效果图

图 12-20　对实体倒角

基面选择 ···（系统提示）

输入曲面选择选项[下一个（N）/当前（OK）]<当前>:（按回车键）

指定基面的倒角距离<1.0000>：3（输入第一个倒角距离）

指定其它曲面的倒角距离<1.0000>：5（输入第二个倒角距离）

选择边或[环（L）]:（选择如图 12-20 所示图形中的边 AB）

选择边或[环（L）]:（按回车键结束命令）

对实体边倒角后的效果如图 12-20（b）所示。

2. 对实体圆角

使用圆角命令可以对实体的棱边进行编辑，两个相邻曲面之间生成一个圆滑的过渡面。在 AutoCAD 2007 中，执行圆角命令的方法有以下 3 种。

（1）单击“修改”工具栏中的“圆角”按钮。

（2）选择 修改(M) → 圆角(F) 命令。

（3）在命令行中输入命令 FILLET。

执行圆角命令后，命令行提示如下：

命令：_FILLET

系统提示：当前设置：模式=修剪，半径=0.0000

选择第一个对象或[放弃（U）/多线段（P）/半径（R）/修剪（T）/多个（M）]:（选择要进行圆角的边）

输入圆角半径:（指定圆角的半径）

选择边或[链（C）/半径（R）]:（指定圆角的边）

选择边或[链（C）/半径（R）]:（按回车键结束命令）

其中各命令选项的功能介绍如下。

（1）选择边：此命令选项为默认选项，可以选取三维对象的多条边，同时对其进行圆角操作。

（2）链（C）：选择此命令选项，当选取三维对象的一条边时，同时选取与其相切的边。

（3）半径（R）：选择此命令选项，可以重新设置圆角的半径。

例如，用圆角命令对如图 12-21 所示图形中实体的棱边进行圆角操作，具体操作步骤如下：

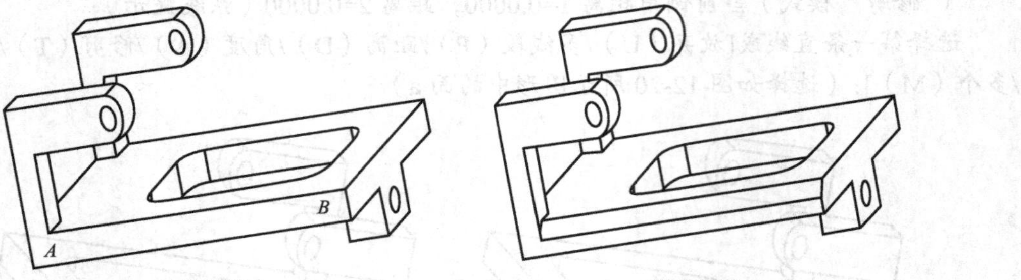

(a) 原始图形　　(b) 效果图

图 12-21　对实体倒圆角

命令：_FILLET

系统提示：当前设置：模式=修剪，半径=0.0000

选择第一个对象或[放弃（U）/多线段（P）/半径（R）/修剪（T）/多个（M）]:（选择如图 12-21 所示图形中的边 AB）

输入圆角半径：10（输入圆角的半径）

选择边或[链（C）/半径（R）]:（按回车键结束命令）

已选定 1 个边用于圆角。

对实体边圆角后的效果如图 12-21（b）所示。

12.3.3　剖切实体

用剖切命令可以将指定的实体以平面的形式进行剖切。在 AutoCAD 2007 中，执行剖切命令的方法有以下 2 种。

（1）选择 修改(M) → 三维操作(3) → 剖切(S) 命令。

（2）在命令行中输入命令 SLICE。

执行该命令后，命令行提示如下：

命令：_SLICE

选择对象：

（选择要进行剖切的实体对像）

选择对象：（按回车键结束对象选择）

指定切面上的第一个点，依照[对象（O）/Z 轴（Z）/视图（V）/XY 平面（XY）/YZ 平面（YZ）/ZX 平面（ZX）/三点（3）]<三点>:（指定切面上的第一个点）

指定平面上的第二个点：（指定平面上的第二个点）

指定平面上的第三个点：（指定平面上的第三个点）

在要保留的一侧指定点或[保留两侧（B）]:（指定要保留的一侧实体）

其中各命令选项功能介绍如下。

（1）对象（O）:选择此命令选项，将指定圆、椭圆、圆弧、椭圆弧、二维样条曲线或二维多段线为剪切面。

（2）Z 轴（Z）：选择此命令选项，通过平面上一点和在平面的 *Z* 轴（法向方向）上指定另一点来定义切平面。

（3）视图（V）：选择此命令选项，将指定当前窗口的视图平面为剪切平面，指定一点定义剪切平面的位置。

（4）XY 平面（XY）：选择此命令选项,将指定当前用户坐标系（UCS）的 *XY* 平面为剪切平面，指定一点定义剪切平面的位置。

（5）YZ 平面（YZ）：选择此命令选项,将指定当前用户坐标系（UCS）的 *YZ* 平面为剪切平面，指定一点定义剪切平面的位置。

（6）ZX 平面（ZX）：选择此命令选项,将指定当前用户坐标系（UCS）的 *ZX* 平面为剪切平面，指定一点定义剪切平面的位置。

（7）三点（3）：选择此命令选项,指定三点来定义剪切平面，此选项为系统默认的定义剪切面的方法。

（8）在要保留的一侧指定点：选择此命令选项，定义一点从而确定图形将要留剖切实体的哪一侧，该点不能位于剪切平面上。

（9）保留两侧（B）：选择此命令选项，将剖切实体的两侧均保留。

例如，使用剖切命令对如图 12-22 所示图形进行剖切操作，并保留部分剖切后的实体，具体操作步骤如下：

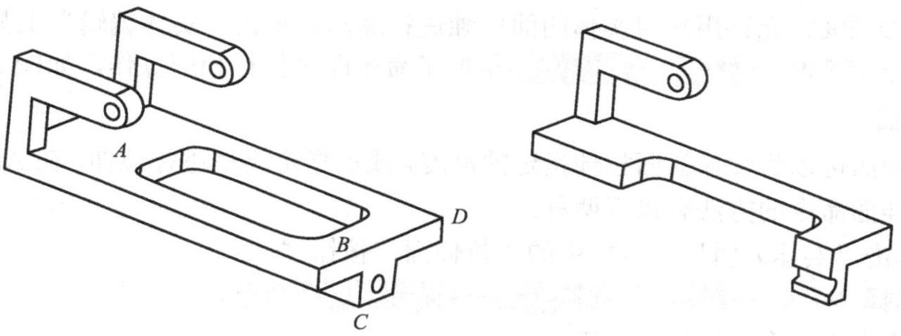

(a) 原始图形　　(b) 效果图

图 12-22　剖切实体

命令：SLICE

选择要剖切的对象：找到 1 个（选择如图 12-22 所示的图形）

选择要剖切的对象：（按回车键结束对象选择）

指定切面的起点或[平面对象（O）/曲面（S）/Z 轴（Z）/视图（V）/XY/YZ/ZX/三点（3）]<三点>：（捕捉如图 12-22（a）所示图形中的中点 A）

指定平面上的第二个点：（捕捉如图 12-22（a）所示图形中的中点 B）

在所需的侧面上指定点或[保留两个侧面（B）]<保留两个侧面>：（捕捉如图 12-22（a）所示图形中的中点 C）

该点不可以在剖切平面上。（系统提示）

在所需的侧面上指定点或[保留两个侧面（B）]<保留两个侧面>：（捕捉如图 12-22（a）所示图形中的角点 D）

剖切实体后的效果如图 12-22（b）所示。

12.3.4 分解实体

使用分解命令可以将实体分解为一系列面域和主体。实体被分解后，平面部分被转换成面域，曲面部分被转换成主体。如果继续对分解生成的面域和主体使用分解命令，这些面域和主体就会被分解成直线、圆和圆弧等基本图形对象。在 AutoCAD 2007 中，执行分解命令的方法有以下 3 种。

（1）单击“修改”工具栏中的“分解”按钮。

（2）选择 修改(M) → 分解(X) 命令。

（3）在命令行中输入命令 EXPLODE。

如图 12-23 所示为分解实体的效果。

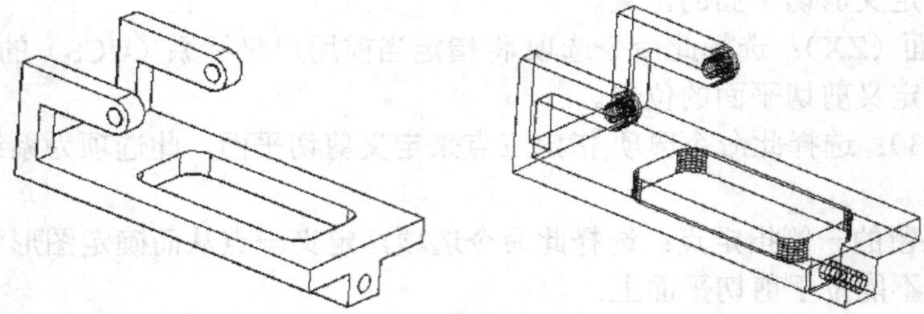

(a) 原始图形　　(b) 效果图

图 12-23　分解实体

12.3.5 编辑实体的面

AutoCAD 2007 允许用户对实体的面单独进行编辑，单击“实体编辑”工具栏中的相应按钮，或选择 修改(M) → 实体编辑(N) 菜单子命令即可执行相应操作，如图 12-24 所示。

1. 拉伸面

使用拉伸面可以将实体的面拉伸指定的高度，或沿指定路径进行拉伸。在 AutoCAD 2007 中，执行拉伸面命令的方法有以下两种。

（1）单击“实体编辑”工具栏中的“拉伸面”按钮。

（2）选择 修改(M) → 实体编辑(N) → 拉伸面(E) 命令。

执行该命令后，命令行提示如下：

命令：_SOLIDEDIT

实体编辑自动检查：SOLIDCHECK=1

输入实体编辑选项[面（F）/边（E）/体（B）/放弃（U）/退出（X）]<退出>：_face

输入面编辑选项[拉伸（E）/移动（M）/旋转（R）/偏移（O）/倾斜（T）/删除（D）/复制（C）/颜色（L）/材质（A）/放弃（U）/退出（X）]<退出>：_extrude

选择面或[放弃（U）/删除（R）]:（选择要拉伸的实体面）

选择面或[放弃（U）/删除（R）全部（ALL）]:（按回车键结束对象选择）

指定拉伸高度或[路径（P）]:（指定拉伸的高度或选择拉伸的路径）

指定拉伸的倾斜角度<0>:（指定拉伸的倾斜角度）

如图 12-25（b）所示为拉伸面的效果。

2. 移动面

使用移动面命令可以按指定的高度或距离移动选定的实体面。在 AutoCAD 2007 中，执行移动面命令的方法有以下 2 种。

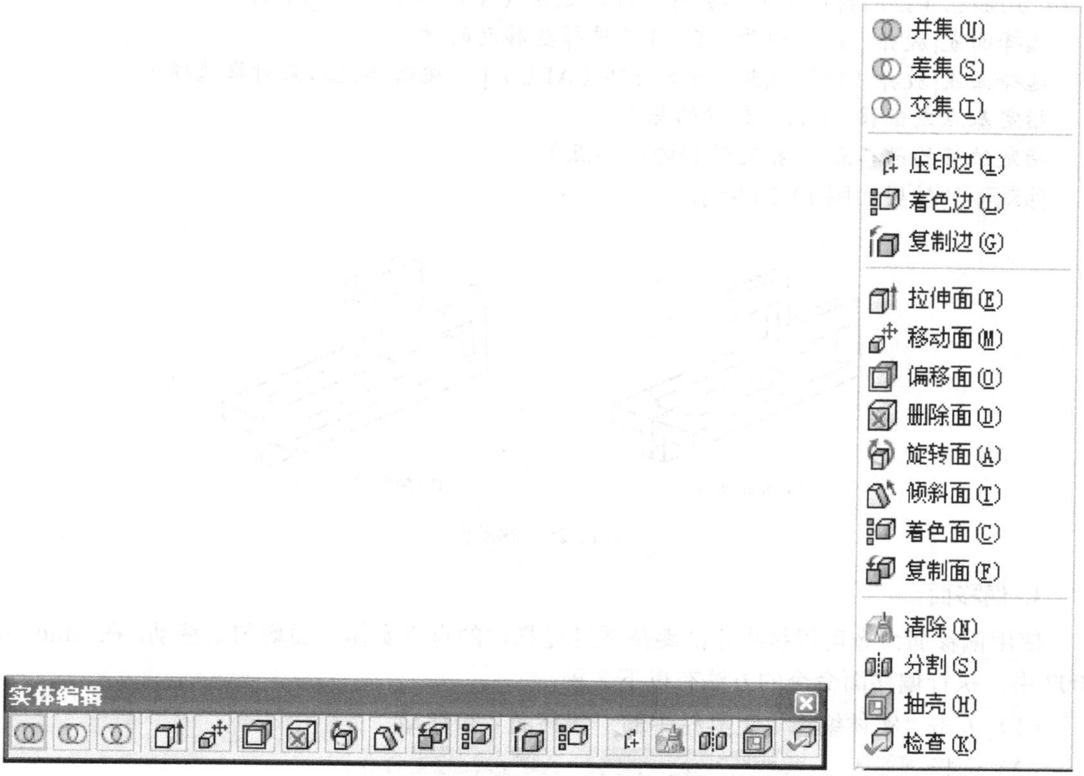

（a）“实体编辑”工具栏　　（b）“实体编辑”子菜单

图 12-24　实体编辑

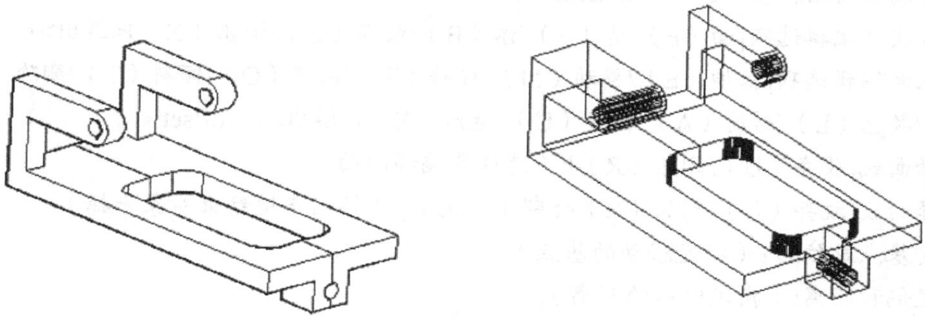

（a）原始图形　　（b）结果图

图 12-25　拉伸面

（1）单击“实体编辑”工具栏中的“移动面”按钮。

（2）选择 修改(M) → 实体编辑(N) → 移动面(M) 命令。

执行此命令后，命令行提示如下：

命令：_SOLIDEDIT

实体编辑自动检查：SOLIDCHECK=1

输入实体编辑选项[面（F）/边（E）/体（B）/放弃（U）/退出（X）]<退出>：_face

输入面编辑选项[拉伸（E）/移动（M）/旋转（R）/偏移（O）/倾斜（T）/删除（D）/复

制（C）/颜色（L）/材质（A）/放弃（U）/退出（X）]<退出>：_move

选择面或[放弃（U）/删除（R）]:（选择要移动的面）

选择面或[放弃（U）/删除（R）全部（ALL）]:（按回车键结束对象选择）

指定基点或位移：（指定移动的基点）

指定位移的第二点:（指定位移的第二点）

移动面的效果如图 12-26 所示。

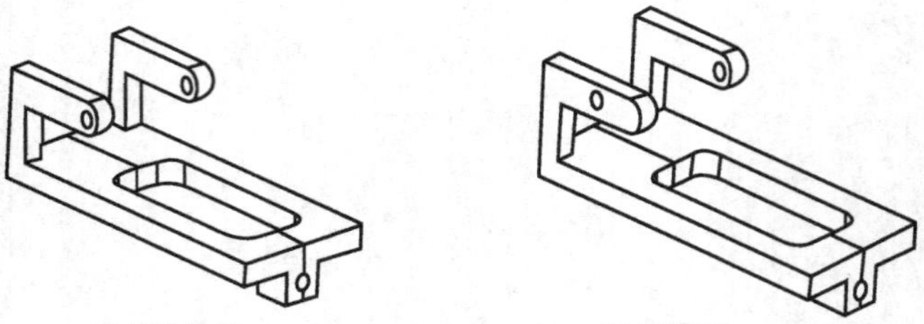

(a) 原始图形　(b) 结果图

图 12-26　移动面

3. 偏移面

使用偏移面命令可以按指定的距离或通过指定的点将实体的面均匀地移动。在 AutoCAD 2007 中，执行偏移面命令的方法有以下 2 种。

（1）单击“实体编辑”工具栏中的“偏移面”按钮。

（2）选择 修改(M) → 实体编辑(N) → 偏移面(O) 命令。

执行此命令后，命令行提示如下：

命令：_SOLIDEDIT

实体编辑自动检查：SOLIDCHECK=1

输入实体编辑选项[面（F）/边（E）/体（B）/放弃（U）/退出（X）]<退出>：_face

输入面编辑选项[拉伸（E）/移动（M）/旋转（R）/偏移（O）/倾斜（T）/删除（D）/复制（C）/颜色（L）/材质（A）/放弃（U）/退出（X）]<退出>：_offset

选择面或[放弃（U）/删除（R）]:（选择要偏移的面）

选择面或[放弃（U）/删除（R）全部（ALL）]:（按回车键结束对象选择）

指定基点或位移：（指定移动的基点）

指定偏移距离:（指定偏移的距离）

如图 12-27 所示为偏移面的效果。

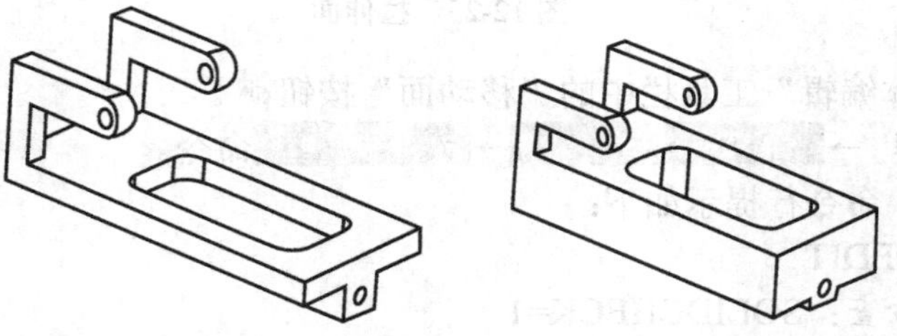

(a) 原始图形　(b) 结果图

图 12-27　偏移面

4. 删除面

使用删除面命令可以将实体表面不用的对象清除掉，包括圆角和倒角等对象。在 AutoCAD 2007 中，执行删除面命令的方法有以下 2 种。

（1）单击“实体编辑”工具栏中的“删除面”按钮。

（2）选择 修改(M) → 实体编辑(N) → 删除面(D) 命令。

执行此命令后，命令行提示如下：

命令：_SOLIDEDIT

实体编辑自动检查：SOLIDCHECK=1

输入实体编辑选项[面（F）/边（E）/体（B）/放弃（U）/退出（X）]<退出>：_face

输入面编辑选项[拉伸（E）/移动（M）/旋转（R）/偏移（O）/倾斜（T）/删除（D）/复制（C）/颜色（L）/材质（A）/放弃（U）/退出（X）]<退出>：_delete

选择面或[放弃（U）/删除（R）]:（选择要删除的面）

选择面或[放弃（U）/删除（R）全部（ALL）]:（按回车键结束命令）

如图 12-28 所示为删除面的效果。

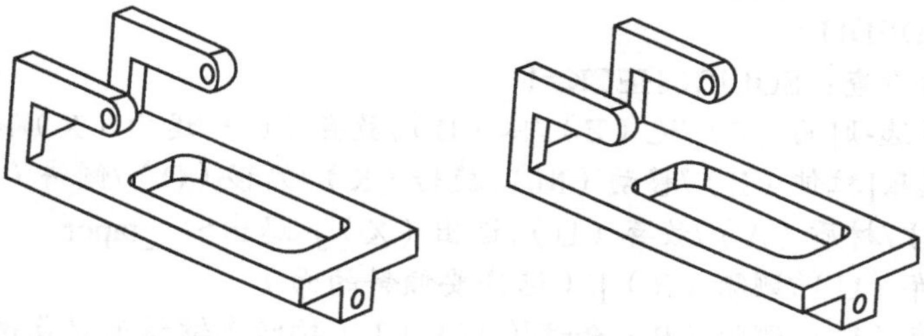

(a) 原始图形　　(b) 结果图

图 12-28　删除面

5. 旋转面

使用旋转面命令可以绕指定的轴旋转一个或多个面或实体的某些部分。在 AutoCAD 2007 中，执行旋转面命令的方法有以下 2 种。

（1）单击“实体编辑”工具栏中的“旋转面”按钮。

（2）选择 修改(M) → 实体编辑(N) → 旋转面(A) 命令。

执行此命令后，命令行提示如下：

命令：_SOLIDEDIT

实体编辑自动检查：SOLIDCHECK=1

输入实体编辑选项[面（F）/边（E）/体（B）/放弃（U）/退出（X）]<退出>：_face

输入面编辑选项[拉伸（E）/移动（M）/旋转（R）/偏移（O）/倾斜（T）/删除（D）/复制（C）/颜色（L）/材质（A）/放弃（U）/退出（X）]<退出>：_rotate

选择面或[放弃（U）/删除（R）]:（选择要旋转的面）

选择面或[放弃（U）/删除（R）全部（ALL）]:（按回车键结束对象选择）

指定轴点或[经过对象的轴（A）/视图（V）/X 轴（X）/Y 轴（Y）/Z 轴（Z）]<两点>:（指定旋转轴的第一点）

在旋转轴上指定第二点：（指定旋转轴的第二点）

指定旋转角度或[参照（R）]:（指定旋转角度）

如图 12-29 所示为旋转面的效果。

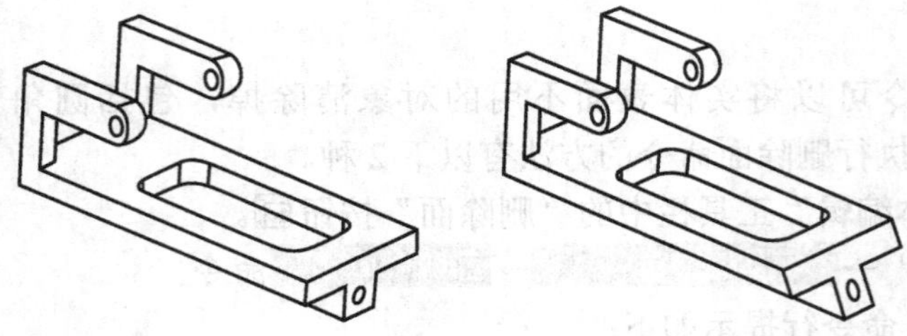

(a) 原始图形　　(b) 结果图

图 12-29　旋转面

6. 倾斜面

使用倾斜面命令可以按一个角度将实体的面进行倾斜。在 AutoCAD 2007 中，执行倾斜面命令的方法有以下 2 种。

（1）单击“修改（M）”工具栏中的“倾斜面”按钮。

（2）选择 修改(M) → 实体编辑(N) → 倾斜面(T) 命令。

执行此命令后，命令行提示如下：

命令：_SOLIDEDIT

实体编辑自动检查：SOLIDCHECK=1

输入实体编辑选项[面（F）/边（E）/体（B）/放弃（U）/退出（X）]<退出>：_face

输入面编辑选项[拉伸（E）/移动（M）/旋转（R）/偏移（O）/倾斜（T）/删除（D）/复制（C）/颜色（L）/材质（A）/放弃（U）/退出（X）]<退出>：_taper

选择面或[放弃（U）/删除（R）]:（选择要倾斜的面）

选择面或[放弃（U）/删除（R）全部（ALL）]:（按回车键结束对象选择）

指定基点:（指定倾斜轴的第一个点）

指定沿倾斜轴的另一个点:（指定倾斜轴的第二个点）

指定倾斜角度:（指定倾斜角度）

如图 12-30 所示为倾斜面的效果。

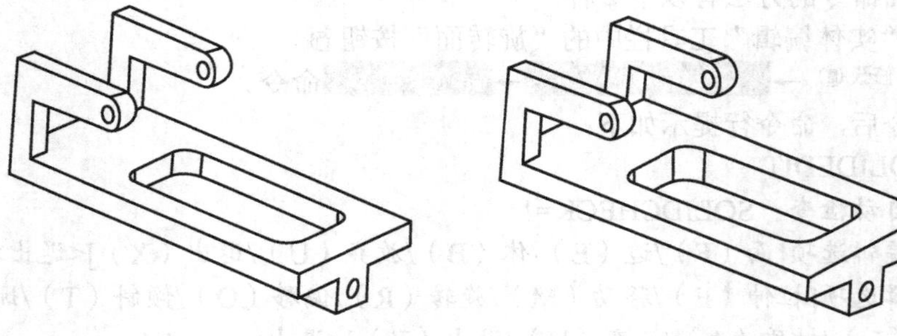

(a) 原始图形　　(b) 结果图

图 12-30　倾斜面

7. 着色面

使用着色面命令可以为实体的面选择指定的颜色。在 AutoCAD 2007 中，执行着色面命令的方法有以下 2 种。

（1）单击“实体编辑”工具栏中的“着色面”按钮。

（2）选择 修改(M) → 实体编辑(N) → 着色面(C) 命令。

执行此命令后，命令行提示如下：

命令：_SOLIDEDIT

实体编辑自动检查：SOLIDCHECK=1

输入实体编辑选项[面（F）/边（E）/体（B）/放弃（U）/退出（X）]<退出>：_face

输入面编辑选项[拉伸（E）/移动（M）/旋转（R）/偏移（O）/倾斜（T）/删除（D）/复制（C）/颜色（L）/材质（A）/放弃（U）/退出（X）]<退出>：_color

选择面或[放弃（U）/删除（R）]:（选择要着色的面）

系统弹出选择颜色对话框，在该对话框中为实体的面选择一种颜色，然后单击“确定”按钮结束命令。

如图 12-31 所示着色面的效果。

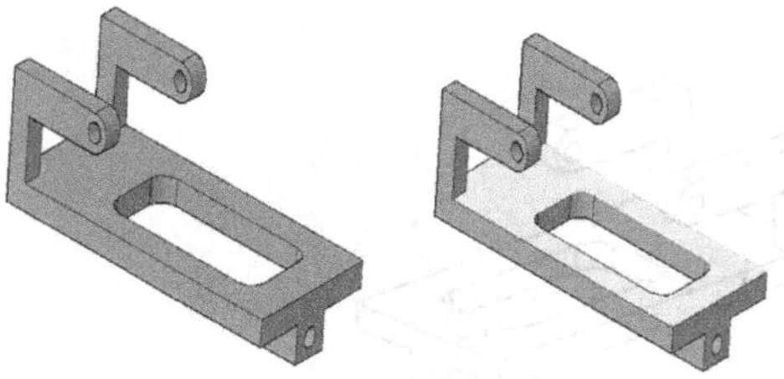

（a）原始图形　　（b）结果图

图 12-31　着色面

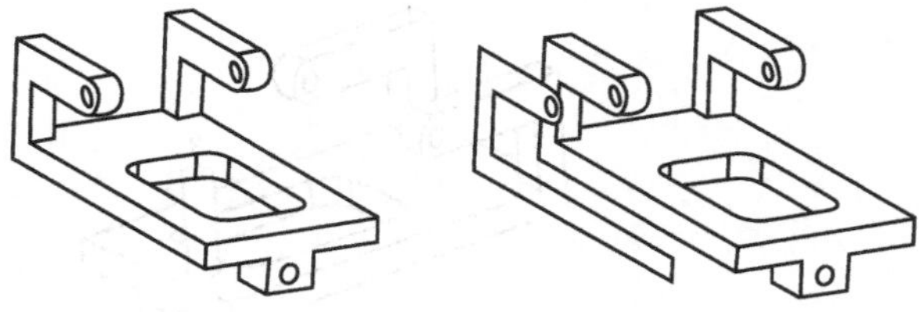

(a) 原始图形　　(b) 结果图

图 12-32　复制面

8. 复制面

使用复制面命令可以为三维实体的面创建副本。在 AutoCAD 2007 中，执行复制面命令的方法有以下 2 种。

（1）单击“实体编辑”工具栏中的“复制面”按钮。

（2）选择 修改(M) → 实体编辑(N) → 复制面(F) 命令。

执行此命令后，命令行提示如下：

命令：_SOLIDEDIT

实体编辑自动检查：SOLIDCHECK=1

输入实体编辑选项[面（F）/边（E）/体（B）/放弃（U）/退出（X）]<退出>：_face

输入面编辑选项[拉伸（E）/移动（M）/旋转（R）/偏移（O）/倾斜（T）/删除（D）/复制（C）/颜色（L）/材质（A）/放弃（U）/退出（X）]<退出>:_copy

选择面或[放弃（U）/删除（R）]:（选择要复制的面）

选择面或[放弃（U）/删除（R）全部（ALL）]:（按回车键结束对象选择）

指定基点或位移:（指定复制面的基点）

指定位移的第二点:（指定位移的第二点）

如图 12-32 所示是复制面的效果。

12.3.6　编辑实体的边

在 AutoCAD 2007 中，不仅可以单独对实体的面进行编辑，而且还可以单独对实体的边进行编辑。选择 修改(M) → 实体编辑(N) 菜单中的子命令即可执行相应的操作。

1. 对实体压印边

使用压印命令可以在实体的表面压制出一个对象。在 AutoCAD 2007 中，执行压印命令的方法有以下两种。

（1）单击“实体编辑”工具栏中的“压印”按钮。

（2）选择 修改(M) → 实体编辑(N) → 压印边(I) 命令。

执行该命令后，命令行提示如下：

命令：_IMPRINT

选择三维实体：（选择要压印的三维实体 A）

选择要压印的对象：（选择要压印的对象 B）

是否删除源对象[是（Y）/否（N）]<Y>：（选择是否删除源对象）

选择要压印的对象：（按回车键结束命令）

如图 12-33 所示为删除源对象得到的压印效果。

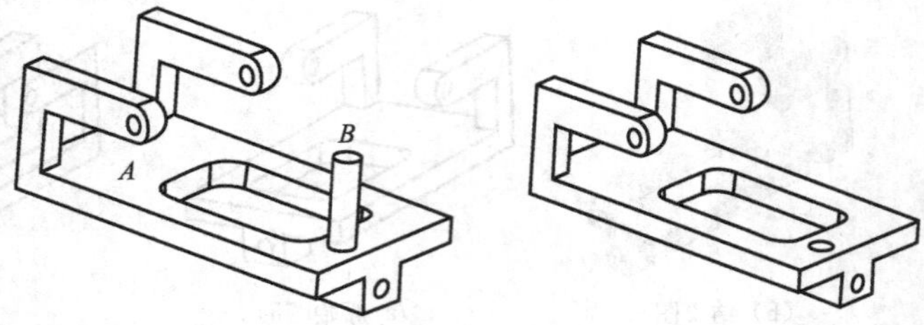

(a) 原始图形　　(b) 结果图

图 12-33　压印效果

2. 对实体着色边

使用着色边命令可以对实体的边进行着色。在 AutoCAD 2007 中，执行着色边命令的方法有以下两种。

（1）单击“实体编辑”工具栏中的“着色边”按钮。

（2）选择 修改(M) → 实体编辑(N) → 着色边(L) 命令。

执行此命令后，命令提示如下：

命令：SOLIDEDIT

实体编辑自动检查：SOLIDCHECK=1

输入实体编辑选项[面（F）/边（E）/体（B）/放弃（U）/退出（X）]<退出>：_edge

输入边编辑选项[复制（C）/着色（L）/放弃（U）/退出（X）]<退出>：_color

选择边或[放弃（U）/删除（R）]：（选择要着色的边后按回车键）

系统弹出 选择颜色 窗口，在该窗口中为实体的边选择一种颜色，然后单击 确定 按钮结束命令。

3. 对实体复制边

使用复制边命令可以复制实体的边，在 AutoCAD 2007 中，执行复制边命令的方法有以下两种。

（1）单击“实体编辑”工具栏中的“复制边”按钮。

（2）选择 修改(M) → 实体编辑(N) → 复制边(G) 命令。

执行此命令后，命令提示如下：

命令：SOLIDEDIT

实体编辑自动检查：SOLIDCHECK=1

输入实体编辑选项[面（F）/边（E）/体（B）/放弃（U）/退出（X）]<退出>：_edge
输入边编辑选项[复制（C）/着色（L）/放弃（U）/退出（X）]<退出>：_copy
选择边或[放弃（U）/删除（R）]：（选择要复制的边）
选择边或[放弃（U）/删除（R）]：（按回车键结束对象选择）
指定基点或位移：（指定复制边的基点）
指定位移的第二点：（指定位移的第二点）

如图 12-34 所示为复制边的效果。

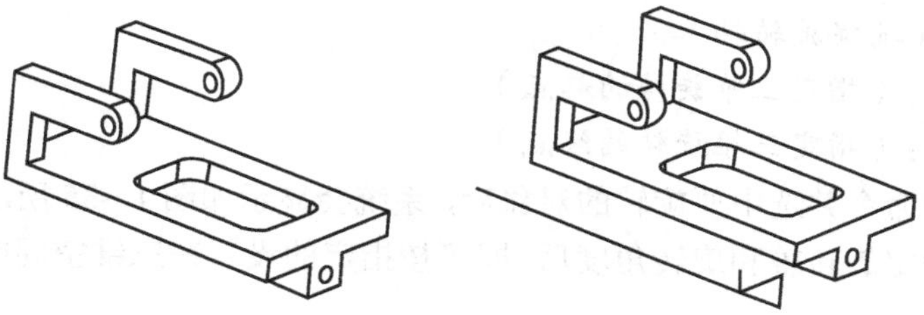

(a) 原始图形　　(b) 结果图

图 12-34　复制边效果

12.3.7　实体其他编辑方法

除了以上几种编辑操作，在三维空间中，还可以使用各种编辑命令对实体对象进行移动、旋转、对齐、复制、镜像和阵列等操作。

1. 三维移动

在平面图形中，用户可以使用“移动”命令对二维图形进行移动，但这种移动仅仅局限在一个平面内，而要在三维空间中任意移动实体对象，就必须使用三维移动命令。在 AutoCAD 2007 中，执行三维移动命令的方法有以下三种。

（1）单击“建模”工具栏中的“三维移动”按钮。

（2）选择 修改(M) → 三维操作(3) → 三维移动(M) 命令。

（3）在命令行中输入命令 3DMOVE。

执行该命令后，命令行提示如下：

命令：_3DMOVE
选择对象：（选择要移动的对象）
选择对象：（按回车键结束对象选择）
指定基点或[位移（D）]<位移>：（指定移动基点）
指定第二个点或<使用第一个点作为位移>：（指定移动目标点）

执行该命令后，选择要移动的实体对象，此时在鼠标指针处会出现一个新的坐标轴，指定移动基点后，移动鼠标到该坐标轴的轴或面上，即可将选中的对象约束到指定的轴或面上，并进行移动。

2. 三维旋转

在 AutoCAD 2007 中，使用三维旋转命令可以在三维空间中任意旋转指定的实体对象。执行三维旋转命令的方法有以下三种。

（1）单击“建模”工具栏中的“三维旋转”按钮。

（2）选择 修改(M) → 三维操作(3) → 三维旋转(R) 命令。

（3）在命令行中输入命令 3DROTATE。

执行该命令后，命令行提示如下：

命令：_3DROTATE

USC 当前的正角方向：ANGDIR=逆时针　ANGASE=0

选择对象：（选择需要旋转的对象）

选择对象：（按回车键结束对象选择）

指定基点：（指定对象上的基点）

拾取旋转轴：（捕捉旋转轴）

指定角的起点：（指定三维旋转的起点）

指定角的端点：（指定三维旋转的终点）

执行三维旋转命令并选中要旋转的对象后，系统会显示如图 12-35 所示的三维旋转图标，指定旋转基点并确定旋转轴和旋转角度后，即可按指定的设置在三维空间中旋转选定的对象。

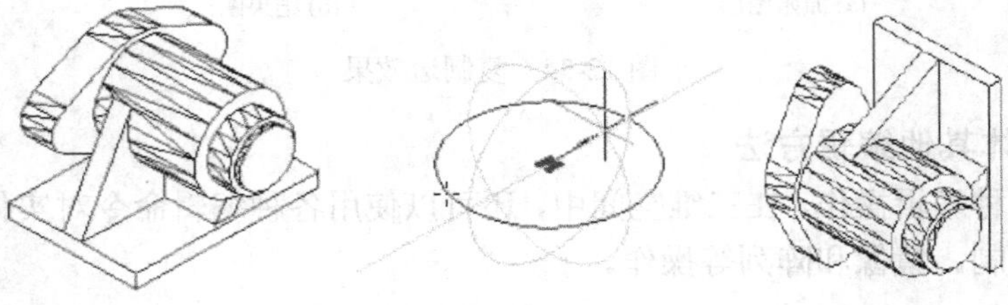

图 12-35　旋转效果

3. 对齐位置

使用三维对齐命令可以用三个源点和目标点来对齐选中的实体对象。在 AutoCAD 2007 中，执行三维对齐命令的方法有以下三种。

（1）单击“建模”工具栏中的“三维对齐”按钮。

（2）选择 修改(M) → 三维操作(3) → 三维对齐(A) 命令。

（3）在命令行中输入命令 3DALIGN。

执行该命令后，命令行提示如下：

命令：3DALIGN

选择对象：（选择要对齐的对象 I）

选择对象：（按回车键结束对象选择）

指定源平面和方向...（系统提示）

指定基点或[复制（C）]：（指定对象上的基点 A）

指定第二个点或[继续（C）]<C>：（指定对象上的第二个源点 B）

指定第三个点或[继续（C）]<C>：（指定对象上的最后一个源点 C）

指定目标平面和方向...（系统提示）

指定第一个目标点：（指定第一个目标点 A1）

指定第二个目标点或[退出（X）]：（指定第二个目标点 B1）

指定第三个目标点或[退出（X）]：（指定第三个目标点 C1）

如图 12-36 所示为三维对齐效果。

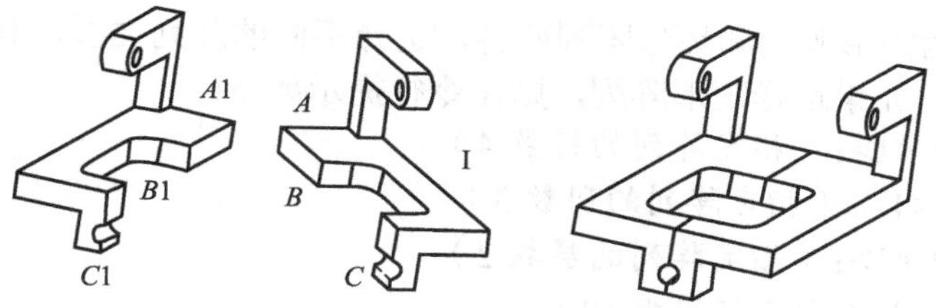

(a) 原始图形　　　　(b) 结果图

图 12-36　三维对齐

4. 三维镜像

在三维空间中使用三维镜像命令可以将指定对象相对于某一平面进行镜像操作。在 AutoCAD 2007 中，执行三维镜像命令的方法有以下两种。

（1）选择 修改(M) → 三维操作(3) → 三维镜像(D) 命令。

（2）在命令行中输入命令 MIRROR3D。

执行该命令后，命令行提示如下：

命令：MIRROR3D

选择对象：（选择要镜像的对象）

选择对象：（按回车键结束对象选择）

指定镜像平面（三点）的第一个点或[对象（O）最近的（L）/Z 轴（Z）/视图（V）/XY 平面（XY）/YZ　平面（YZ）/ZX 平面（ZX）三点（3）]<三点>:

其中各项命令功能介绍如下。

（1）对象（O）：选择此命令选项，使用选定平面对象的平面作为镜像平面。可用于选择的对象包括圆、圆弧和二维多段线。

（2）最近的（L）：选择此命令选项，使用上一次指定的平面作为镜像平面进行镜像操作。

（3）Z 轴（Z）：选择此命令选项，根据平面上的一个点和平面法线上的一个点定义镜像平面。

（4）视图（V）：选择此命令选项，将镜像平面与当前窗口中通过指定点的视图平面对齐。

（5）XY 平面（XY）/YZ 平面（YZ）/ZX 平面（ZX）:选择相应的命令选项，将镜像平面与一个通过指定点的标准平面（*XY,YZ* 或 *ZX*）对齐。

（6）三点（3）：选择此命令选项，通过指定 3 点确定镜像平面。

5. 三维阵列

在三维空间中使用三维阵列命令可以按环形或矩形方式复制对象。在 AutoCAD 2007 中，执行三维阵列命令的方法有以下两种。

（1）选择 修改(M) → 三维操作(3) → 三维阵列(3) 命令。

（2）在命令行中输入命令 3DARRAY。

执行该命令后，命令行提示如下：

命令：3DARRAY

选择对象：（选择需要阵列的对象）

选择对象：（按回车键结束对象选择）

输入阵列类型[矩形（R）/环形（P）]<矩形>:（选择阵列的类型）

三维阵列也分为矩形阵列和环形阵列两种，选择不同的阵列类型，具体操作也不同。

（1）矩形阵列　如果选择矩形阵列，则命令行提示如下：

输入行数（---）<1>：（指定阵列的行数 4）

输入列数（|||）<1>：（指定阵列的列数 3）

输入层数（…）<1>：（指定阵列的层数 2）

指定行间距（---）：（指定行间距 10）

指定列间距（|||）：（指定列间距 10）

指定层间距（…）：（指定层间距 12）

阵列的行数、列数和层数均为正数；阵列的行、列、层间距可以是正数也可以是负数，正数表示沿相应坐标轴正方向阵列，负数表示沿坐标轴负方向阵列。如图 12-37 所示为三维矩形阵列效果。

（a）原始图形　（b）结果图

图 12-37　三维阵列（矩形）

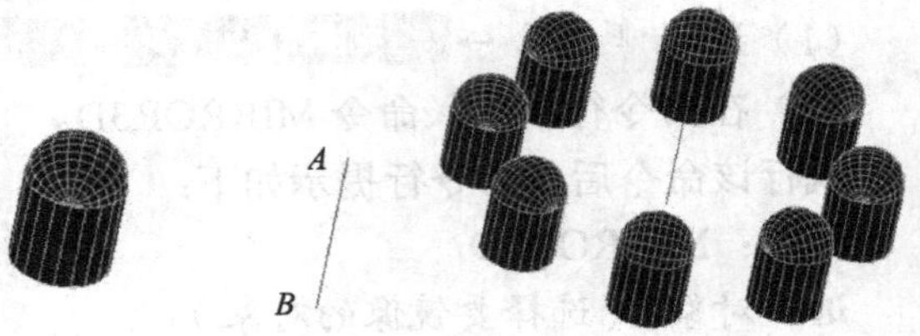

（a）原始图形　（b）结果图

图 12-38　三维阵列（环形）

（2）环形阵列　如果选择矩形阵列，则命令行提示如下：

输入阵列中的项目数目：（指定环形阵列的数目）

指定要填充的角度（+=逆时针，-=顺时针）<360>：（指定环形阵列的填充角度）

旋转阵列对象？[是（Y）/否（N）] <Y>：（选择环形阵列的同时是否旋转阵列的对象）

指定阵列的中心点：（指定环形阵列旋转轴上的第一点 A）

指定旋转轴上的第二点：（指定环形阵列旋转轴上的第二点 B）

如图 12-38 所示为三维环形阵列效果。

12.4　控制实体显示的系统变量

12.4.1　观察三维图形

在 AutoCAD 2007 中，不仅可以使用缩放或平移命令来观察三维图形，以观察图形的整体或局部。还可以通过旋转、消隐及设置视觉样式等方法来观察三维图形。

1. 改变图形的视觉样式

在观察三维图形时，为了得到不同的观察效果，可以使用多种视觉样式进行观察，如图 12-39 所示采用多种视觉样式观察三维图形效果。

在 AutoCAD 2007 中，改变图形的视觉样式的方法有以下两种。

（1）选择 视图(V) → 视觉样式(S) ▸ 命令的子命令，如图 12-39 所示。

（2）单击“视觉样式”工具栏的相应按钮，如图 12-39 所示。

2. 消隐图形

在绘制三维曲面及实体时，可以使用消隐命令暂时隐藏位于实体背后而被遮挡的部分，以便更好地观察三维曲面及实体的效果，如图 12-40 所示。

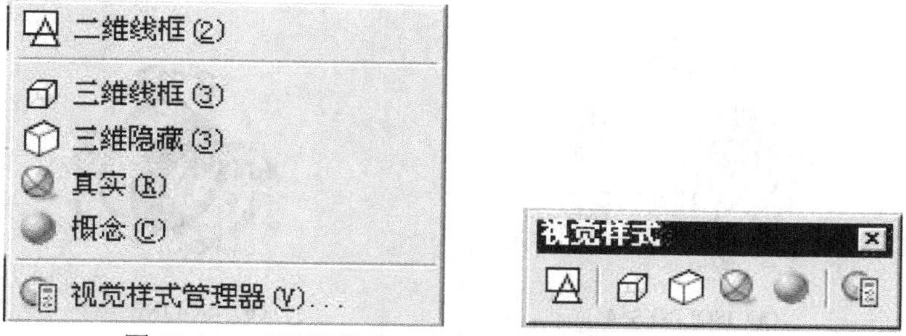

图 12-39　“视觉样式”子命令和“视觉样式”工具栏

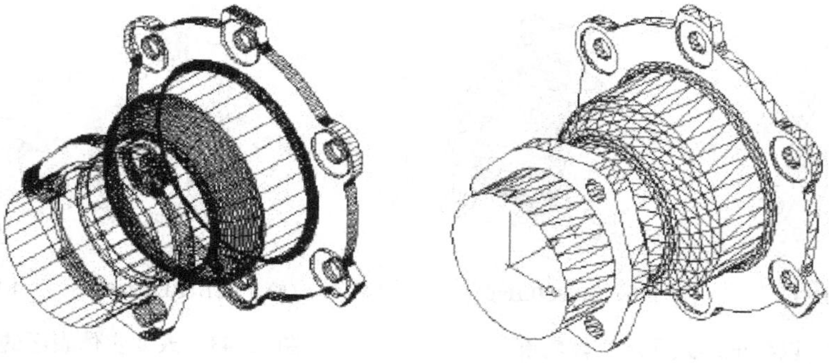

(a)　　(b)

图 12-40　消隐图形

在 AutoCAD 2007 中，执行消隐命令的方法有以下两种。

（1）选择 视图(V) → 消隐(H) 命令。

（2）在命令行中输入命令 HIDE。

执行消隐操作之后，绘图窗口将暂时无法使用“缩放”和“平移”命令，直到选择 视图(V) → 重生成(G) 命令重生成图形为止。

12.4.2　实体显示的系统变量及控制

1. 三维图形的曲面轮廓素线

当三维图形中包含弯曲面时（如球体和圆柱体等），曲面在线框模式下用线条的形式来显示，这些线条称为网线或轮廓素线。使用系统变量 ISOLINES 可以设置显示曲面所用的网线条数，默认值为 4，即使用 4 条网线来表达每一个曲面，如图 12-41（a）所示。该值为 0 时，表示曲面没有网线，如果增加网线的条数，则会使图形看起来更接近三维实物，如图 12-41（b）所示。

2. 以线框形式显示实体轮廓

在 AutoCAD 2007 中，使用系统变量 DISPSILH 可以以线框形式显示实体轮廓。但必须将其值设置为 1，并用“消隐”命令隐藏曲面的小平面。如果设置该系统变量值为 0，再使用消隐命令，则在显示实体轮廓的同时还显示实体表面的线框，如图 12-42（b）所示。

3. 改变实体表面的平滑度

要改变实体表面的平滑度，可通过修改系统变量 facetres 来实现。该变量用于设置曲面的面数，取值范围为 0.01~10。其值越大，曲面越平滑，如图 12-43 所示。

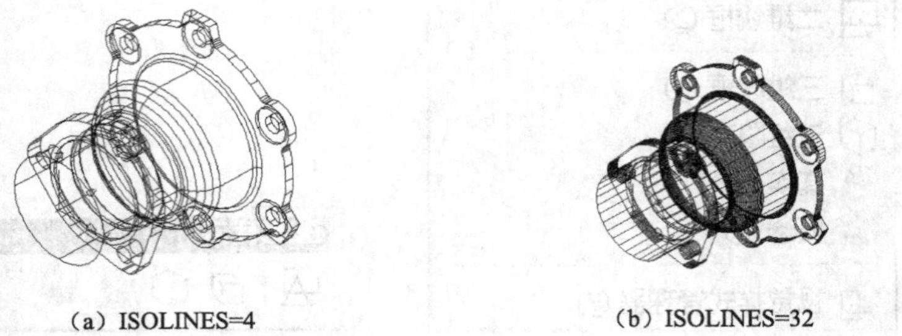

（a）ISOLINES=4　　（b）ISOLINES=32

图 12-41　设置曲面轮廓素线

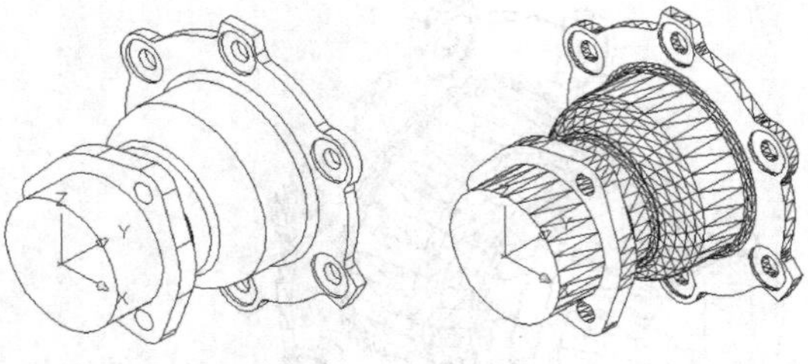

（a）DISPSILH=1　　（b）DISPSILH=0

图 12-42　以线框形式显示实体轮廓

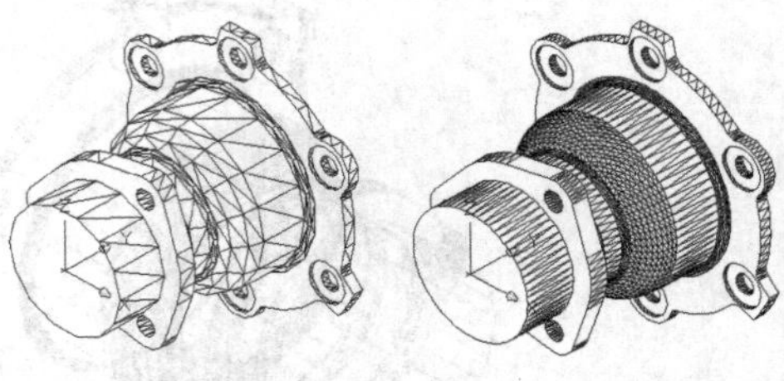

（a）FACETRES=0.5　　（b）FACETRES=10

图 12-43　改变实体表面的平滑度

注意：如果 DISPSIL 变量值为 1，那么在执行“消隐”、“渲染”命令时是不能看到 FACETRES 设置效果的，此时必须将 DISPSILH 值设置为 0。

12.5　标注三维对象的尺寸

在 AutoCAD 中，使用 标注(N) 菜单中的命令和“标注”工具栏中的标注工具，不仅可以标注二维对象的尺寸，还可以标注三维对象的尺寸。由于所有的尺寸标注都只能在当前坐标的 *XY* 平面中进行，因此为了准确标注三维对象中各部分的尺寸，需要不断地变换坐标系。

如图 12-44 所示为对三维物体进行的标注。

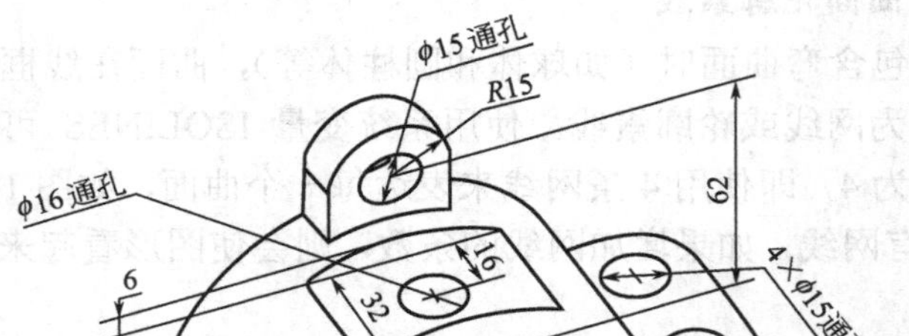

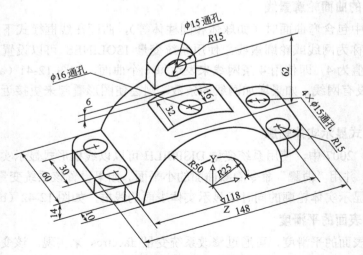

图 12-44　标注三维对象的尺寸

12.6　视觉样式与渲染

12.6.1　视觉样式

设置三维对象的视觉样式

在 AutoCAD 2007 中，可以使用 视图(V) → 视觉样式(S) 命令中的子命令或“视觉样式”工具栏来观察对象。

1. 应用视觉样式

对对象应用视觉样式一般使用来自观察者左后方上面的固定环境光。而使用 视图(V) → 重生成(G) 命令重新生成图像时，也不会影响对象的视觉样式效果，并且用户还可以使用通常视图中进行的一切操作在此模式下运行，如窗口的平移、缩放、绘图和编辑等。

（1）二维线框：该模式用于显示用直线和曲线表示边界的对象。光栅、OLE 对象、线型和线宽均可见。

（2）三维线框：该模式用于显示用直线和曲线表示边界的对象，同时显示三维坐标球和已经使用的材质和颜色。

（3）三维隐藏：该模式用于显示用三维线框表示的对象，并隐藏当前视图中看不到的线。

（4）真实：该模式用于着色多边形平面间的对象，并使对象的边平滑化，同时显示已附着到对象的材质。

（5）概念：该模式用于着色多边形平面间的对象，并使对象的边平滑化。着色使用古氏面样式，一种冷色和暖色之间的过渡而不是从深色到浅色的过渡。该模式下显示的效果缺乏真实感，但可以更方便地查看对象的细节。如图 12-45 所示三维图形在不同视觉样式下的显示效果。

如图 12-45 所示是不同的视觉样式。

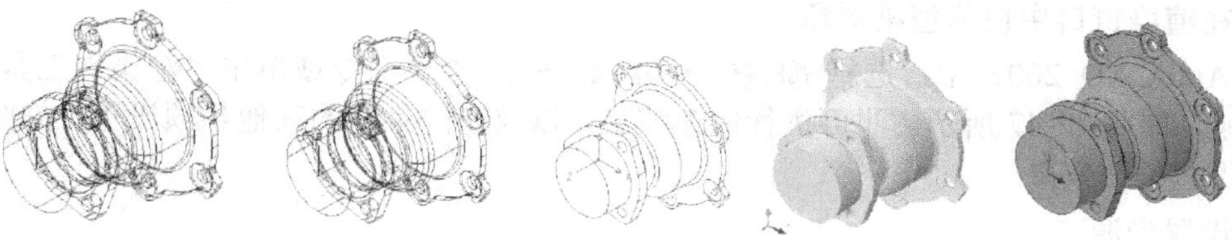

二维线框　三维线框　三维消隐　三维真实　三维概念

图 12-45　三维图形在不同视觉样式下的显示效果

2. 管理视觉样式

在 AutoCAD 2007 中，打开视觉管理器的方法有以下 3 种。

（1）选择 视图(V) → 视觉样式(S) → 视觉样式管理器(V)...。

（2）单击“视觉样式”工具栏中的“视觉样式管理器”按钮。

（3）在命令行中输入命令 VISUALSTYLE。

执行该命令后，系统打开视觉样式管理器，可以对视觉样式的各参数进行设置，如图 12-46 所示。读者可以改变参数设置，感觉一下不同参数值的图样效果。

12.6.2　渲染

对象在应用视觉样式时，并不能执行产生亮显、移动光源或添加光源的操作。要更全面

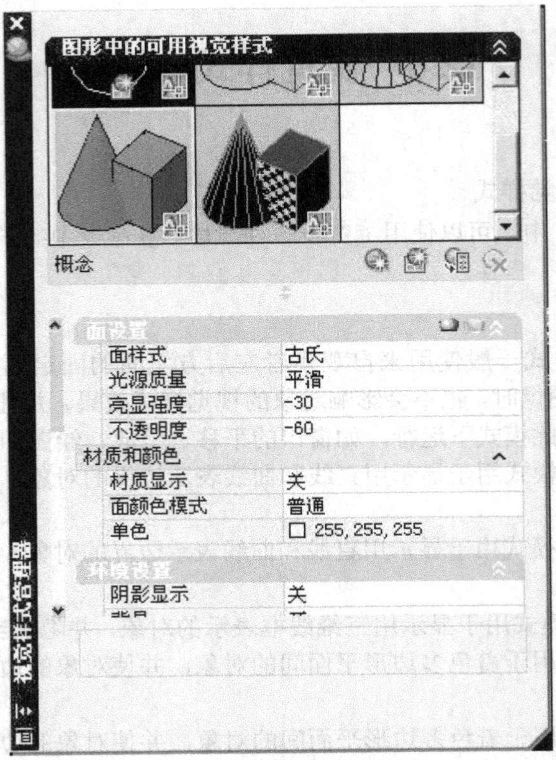

图 12-46 视觉样式管理器

地控制光源，必须使用渲染。渲染是对三维图形对象加上颜色和材质因素，还可以有灯光、背景、场景等因素，能够更真实地表达图形的外观和纹理。渲染是输出图形前的关键步骤，尤其在效果图的设计中。

1. 在渲染窗口中快速渲染对象

在 AutoCAD 2007 中，选择视图(V)→渲染(E)→渲染(R)命令或单击“渲染”工具栏中的相应按钮，如图 12-47 所示，即可执行快速渲染，以及在渲染前的其他各项设置，如图 12-48 所示为“渲染”效果。

2. 设置光源

在渲染过程中，光源的应用非常重要，它由强度和颜色两个因素决定。在 AutoCAD 中，不仅可以使用自然光（环境光），也可以使用点光源、平行光源及聚光灯光源，以照亮物体的特殊区域。在 AutoCAD 2007 中，设置光源的方法有以下 3 种。

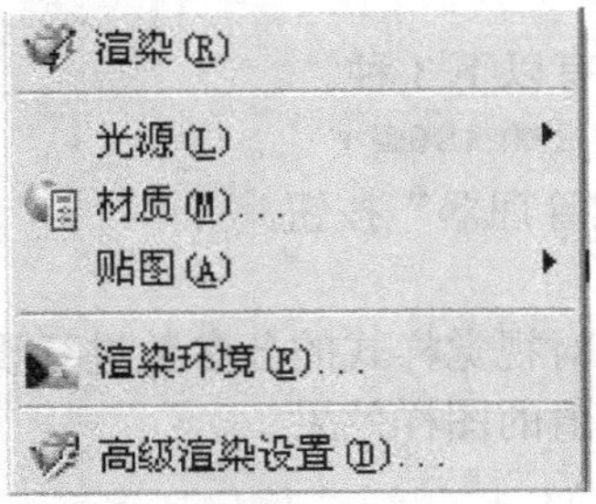

“渲染”子菜单命令

“渲染”工具栏

图 12-47 “渲染”子菜单命令和“渲染”工具栏

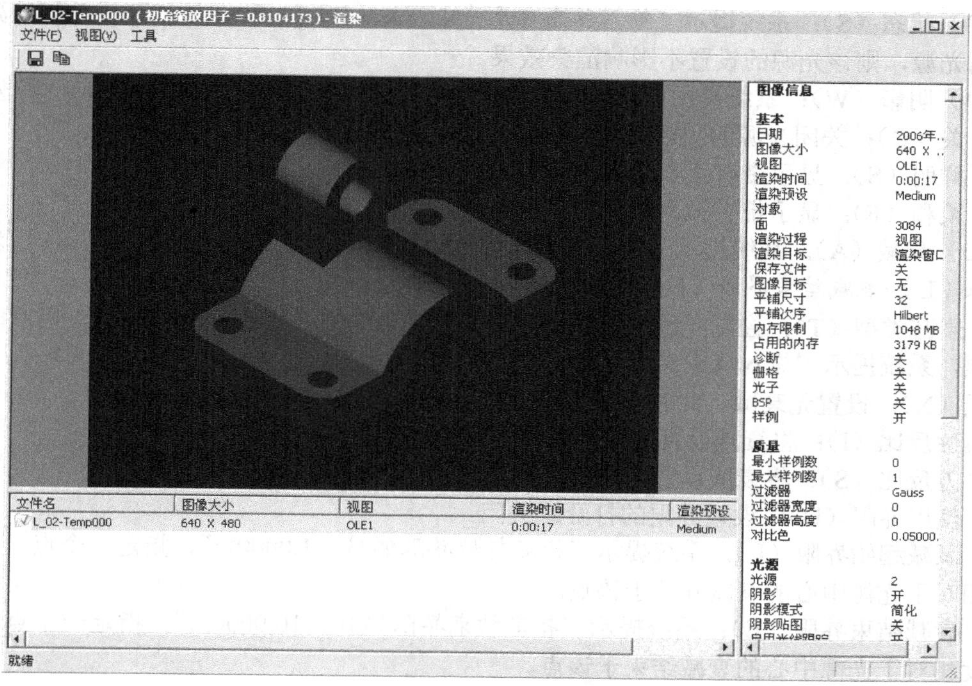

图 12-48　“渲染”效果显示窗口

（1）选择 视图(V) → 渲染(E) → 光源(L)，如图 12-49 所示。

（2）单击“渲染”工具栏中的“光源”按钮 的下拉列表中命令，如图 12-49 所示。

（3）在命令行中输入命令 LIGHT。

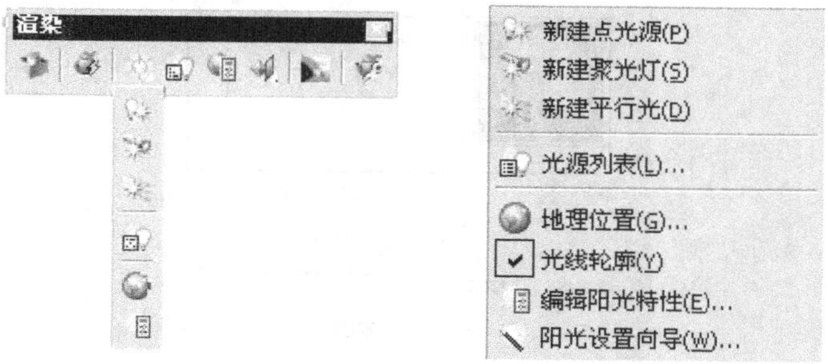

“光源”下拉列表　　　“光源”子菜单命令

图 12-49　“光源”下拉列表和“光源”子菜单命令

以点光源为例说明：

执行光源命令后，命令行将出现“输入光源类型 [点光源（P）/聚光灯（S）/平行光（D）] <点光源>:”提示，添加点光源，根据“指定源位置 <0,0,0>: ”提示，确定光源位置，根据“输入要更改的选项 [名称（N）/强度（I）/状态（S）/阴影（W）/衰减（A）/颜色（C）/退出（X）] <退出>: ”提示，修改需要更改的选项。

（1）名称（N）：系统提示“输入光源名称 <点光源 1>”，指定光源的名称。可以在名称中使用大写字母、小写字母、数字、空格、连字符（-）和下划线（_）。最大长度为 256 个字符。

（2）强度（I）：系统提示“输入强度（0.00-最大浮点数）<1.0000>”，设置光源的亮度。取值范围为 0.00 到系统支持的最大值。

（3）状态（S）：系统提示“输入状态［开（N）/关（F）］<开>:”，打开或关闭光源，如果关闭光源，则该光源的设置不影响渲染效果。

（4）阴影（W）：系统提示“输入阴影设置［关（O）/鲜明（S）/柔和（F）］<鲜明>:”。

- 关（O）：关闭光源的阴影显示和阴影计算。关闭阴影将提高性能。
- 鲜明（S）：显示带有强烈边界的阴影。
- 柔和（F）：显示带有柔和边界的阴影。

（5）衰减（A）：系统提示“输入要更改的选项［衰减类型（T）/使用界限（U）/衰减起始界限（L）/衰减结束界限（E）/退出（X）］<退出>:”。

- 衰减类型（T）：控制光线如何随着距离的增加而衰减。对象距光源越远，则越暗。选择该项，系统提示“输入衰减类型［无（N）/线性反比（I）/平方反比（S）］<无>:”。

无（N）：设置无衰减。此时对象不论距离点光源远近，明暗程度都一样。

线性反比（I）：将衰减设置为与距离点光源的线性距离成反比。

平方反比（S）：将衰减设置为与距离点光源的线性距离的平方成反比。

- 使用界限（U）：设置界限的打开或关闭。
- 衰减起始界限（L）：系统提示“指定起始界限偏移 <1.0000>:”，指定一个点，光线的亮度相对于光源中心的衰减开始于该点。
- 衰减结束界限（E）：系统提示“指定结束界限偏移 <10.0000>:”，指定一个点，光线的亮度相对于光源中心的衰减结束于该点。

（6）颜色（C）：控制光源的颜色。

3. 设置渲染材质

在渲染对象时，使用材质可以增强模型的真实感。在 AutoCAD 2007 中，选择 视图(V) → 渲染(E) → 材质(M)... 命令，打开“材质”选项板，如图 12-50 所示，可以为对象选择并附加材质。

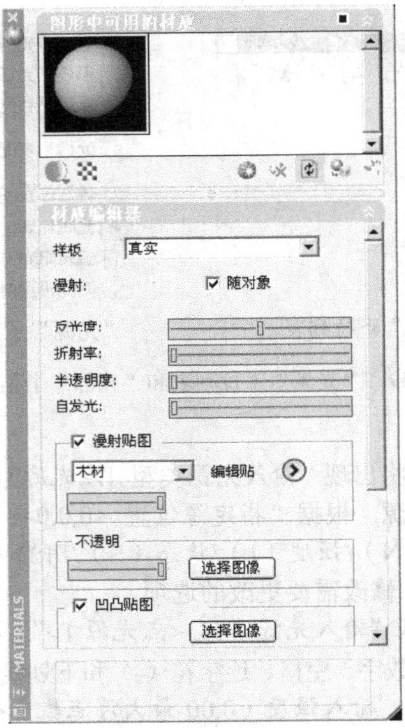

图 12-50 “材质”选项板

4. 设置贴图

在渲染图形时，可以将材质映射到对象上，称为贴图。选择 视图(V)→渲染(E)→贴图(A) 命令的子命令或使用渲染工具栏中的“贴图”按钮，可以创建平面贴图、长方体贴图、柱面贴图和球面贴图，如图 12-51 所示。

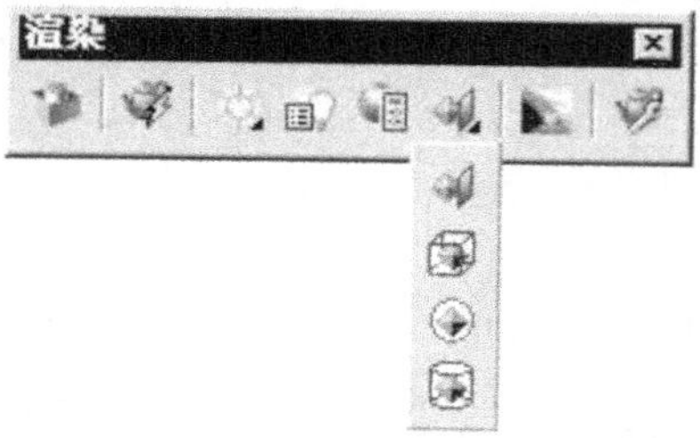

“贴图”下拉列表

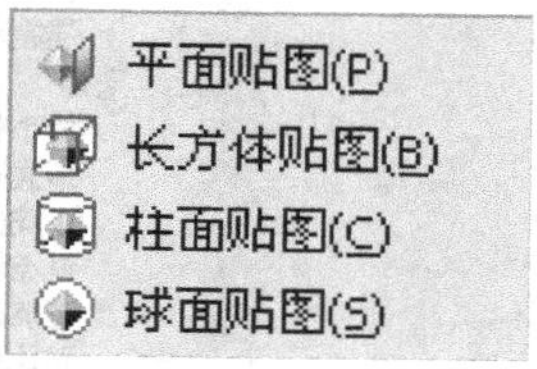

“贴图”子菜单命令

图 12-51　“贴图”下拉列表和“贴图”子菜单命令

5. 渲染环境

在渲染图形时，可以添加雾化效果。选择 视图(V)→渲染(E)→渲染环境(E)... 命令或使用渲染工具栏中的“渲染环境”按钮，打开“渲染环境”对话框，在该对话框中可以进行雾化设置，如图 12-52 所示。

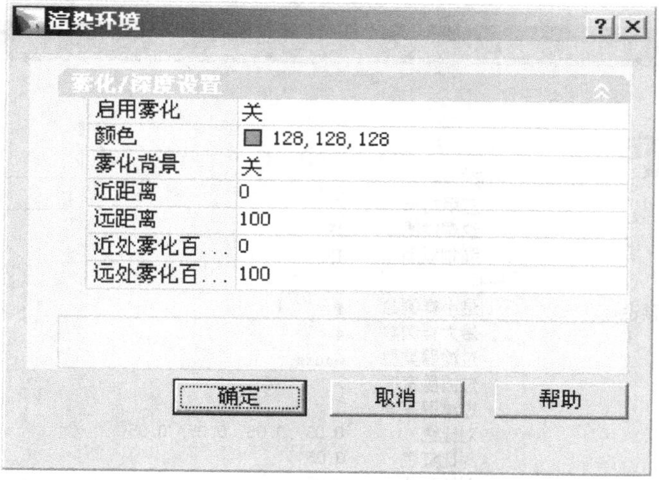

图 12-52　“渲染环境”对话框

6. 高级渲染设置

在 AutoCAD 2007 中，选择 视图(V)→渲染(E)→高级渲染设置(D)... 命令或使用渲染工具栏中的“高级渲染设置”按钮，打开“高级渲染设置”选项板，可以设置渲染高级选项，如图 12-53 所示。

在图 12-53 最上面（显示“中”）的下拉列表框中，选择“管理渲染预设”选项，弹出如图 12-54 所示的“渲染预设管理器”对话框，用户可以选择预设的渲染类型，在参数区中，可以设置该渲染类型的基本、光线跟踪、间接发光、诊断、处理等参数。

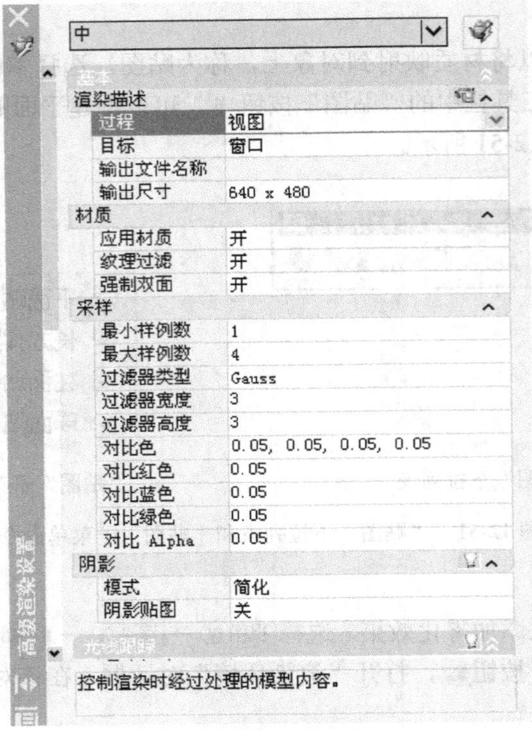

图 12-53 “高级渲染设置”选项板

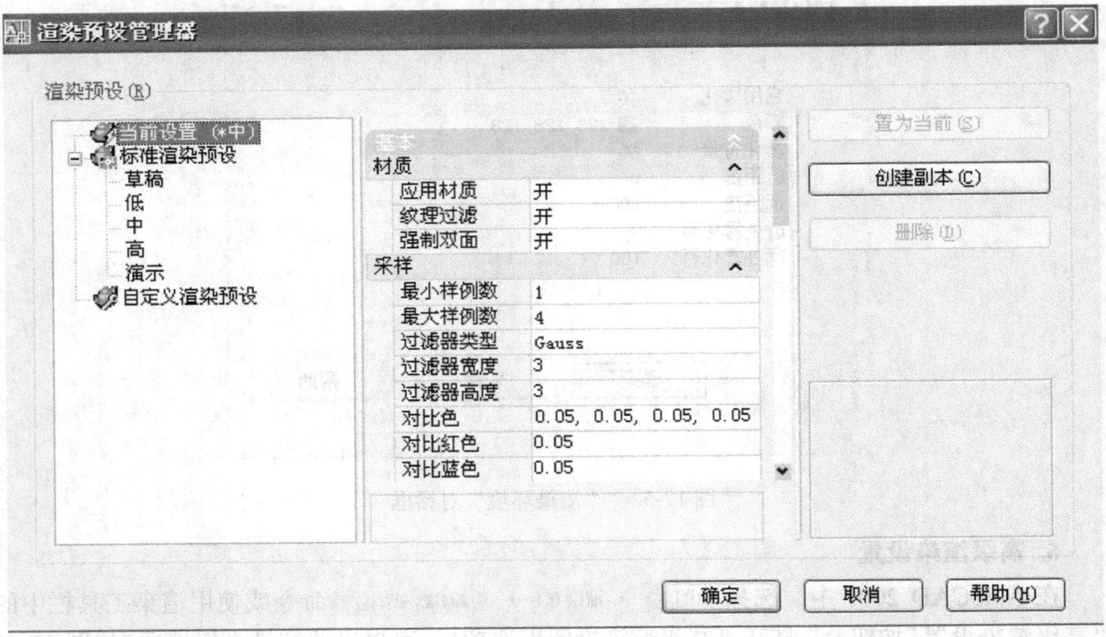

图 12-54 “渲染预设管理器”对话框

小 结

本章主要介绍三维网格与三维实体的创建方法，要熟练绘制三维网格，掌握系统的基本三维实体，并能够通过二维图形创建三维实体。

习　题

1. 在 AutoCAD 中，三维网格是如何绘制的？
2. 在 AutoCAD 中，系统提供了哪几种基本实体的绘制命令？
3. 在 AutoCAD 中，如何将二维图形放样生成三维实体？
4. 在 AutoCAD 三维空间中如何使用三维阵列命令？
5. 在 AutoCAD 中，用户可以使用哪几种视觉样式显示三维对象？

第 13 章　图形数据输出和打印

AutoCAD 2007 提供了图形输入与输出接口。不仅可以将其他应用程序中处理好的数据传送给 AutoCAD，以显示其图形，还可以将在 AutoCAD 中绘制好的图形打印出来，或者把它们的信息传送给其他应用程序。此外，为适应互联网络的快速发展，使用户能够快速有效地共享设计信息，AutoCAD 2007 强化了其 Internet 功能，使其与互联网相关的操作更加方便、高效，可以创建 Web 格式的文件（DWF），以及发布 AutoCAD 图形文件到 Web 页。

13.1　数据输出

选择“文件（F）”→“输出（E）”，打开如图 13-1 所示的“输出数据”对话框。可以在“保存于”下拉列表框中设置文件输出的路径，在“文件名（N）”文本框中输入文件名称，在如图 13-2 所示的“文件类型（T）”下拉列表框中选择文件的输出类型，如图元文件、ACIS、平版印刷、封装 PS、DXX 提取、位图、3DStudio 及块等。

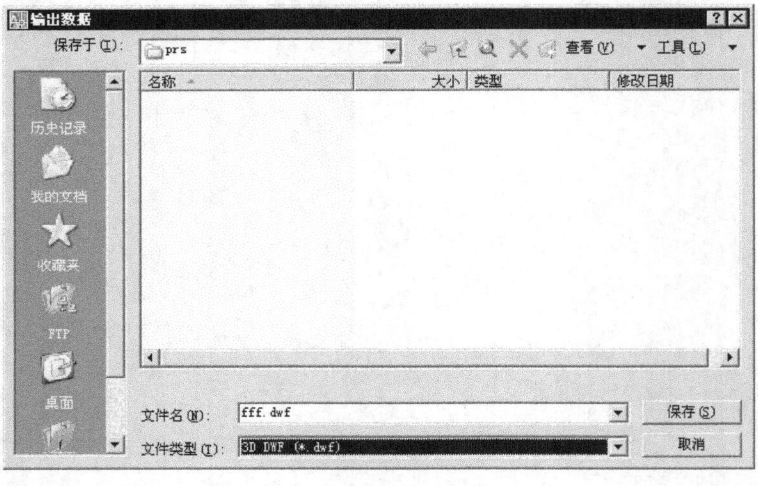

图 13-1　“输出数据”对话框

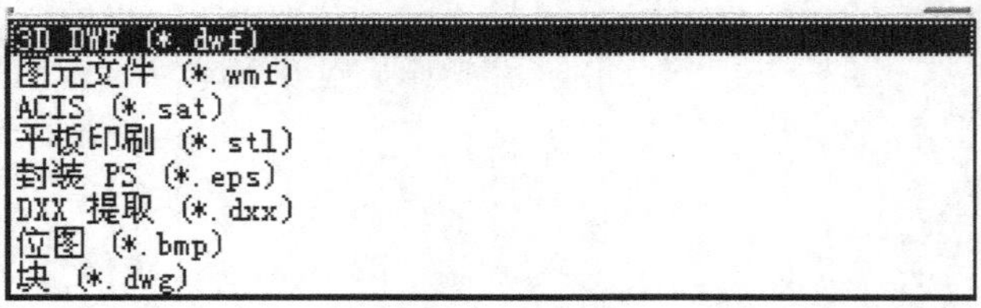

图 13-2　“文件类型”下拉列表框

设置了文件的输出路径、名称及文件类型后，单击对话框中的“保存”按钮，将切换到绘图窗口中，可以选择需要以指定格式保存的对象。

13.2 布　局

布局是一种图纸空间环境，它模拟图纸页面，提供直观的打印设置。在布局中可以创建并放置视口对象，还可以添加标题栏或其他几何图形。可以在图形中创建多个布局以显示不同视图，每个布局可以包含不同的打印比例和图纸尺寸。布局显示的图形与图纸页面上打印出来的图形完全一样。

我们在建立新图形的时候，AutoCAD 会自动建立一个“模型”选项卡和两个“布局”选项卡。其中，“模型”卡用来在模型空间中建立和编辑图形，该选项卡不能删除，也不能重命名；“布局”选项卡用来编辑打印图形的图纸，其个数没有限制，且可以重命名。

创建布局有三种方法：新建布局、来自样板、利用向导。

13.2.1 在模型空间与图纸空间之间切换

前面各个章节中所有的内容都是在模型空间中进行的，模型空间是一个三维空间，主要用于几何模型的构建。而在对几何模型进行打印输出时，则通常在图纸空间中完成。图纸空间就像一张图纸，打印之前可以在上面排放图形。图纸空间用于创建最终的打印布局，而不用于绘图或设计工作。

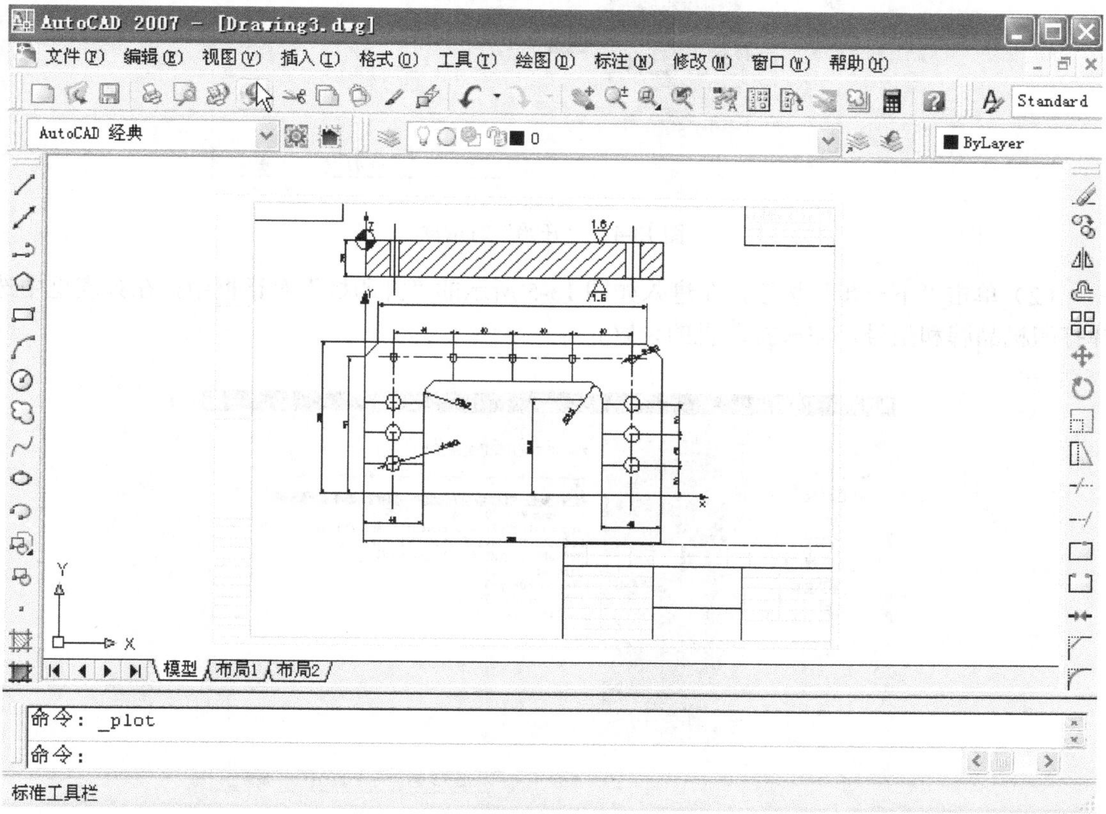

图 13-3　绘图窗口

在 AutoCAD 中，图纸空间是以布局的形式来使用的。一个图形文件可包含多个布局，每个布局代表一张单独的打印输出图纸。在绘图区域底部选择“布局”选项卡，就能查看相应的布局。选择“布局”选项卡，就可以进入相应的图纸空间环境。

在图纸空间中，用户可随时选择“模型”选项卡来返回模型空间，也可以在当前布局中创建浮动视口来访问模型空间。浮动视口相当于模型空间中的视图对象，用户可以在浮动视口中处理模型空间的对象。在模型空间中的所有修改都将反映到所有图纸空间视口中。

在绘图窗口左下角如图 13-3 所示，设置有“模型”、“布局 1”和“布局 2”3 个选项卡，单击相应的选择卡，即可切换模型空间和图形空间。

13.2.2　利用向导创建布局

AutoCAD 2007 提供了一个用于创建新的布局的“布局向导”。

（1）单击“工具（T）”→“向导（Z）”→“创建布局（C）”，进入如图 13-4 所示的创建布局“开始”对话框，在对话框中输入新布局名称。

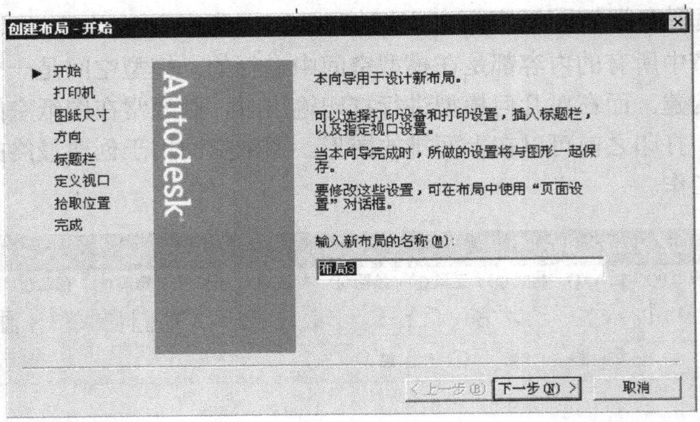

图 13-4　“开始”对话框

（2）单击“下一步”按钮，在进入如图 13-5 所示的“打印机”对话框中，在列表框中选择打印机品牌和型号，完成打印机的设置。

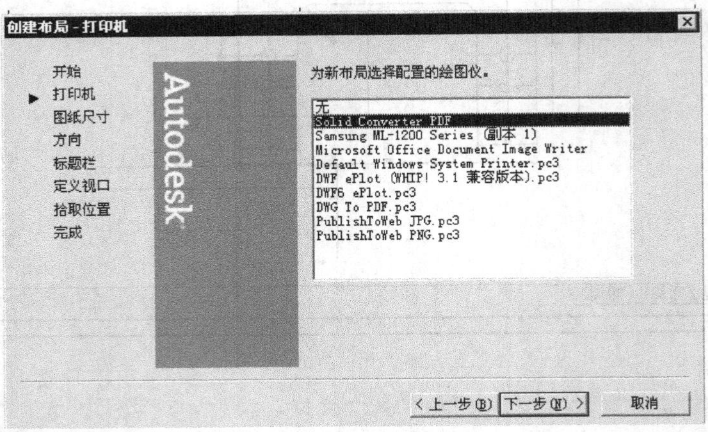

图 13-5　“打印机”对话框

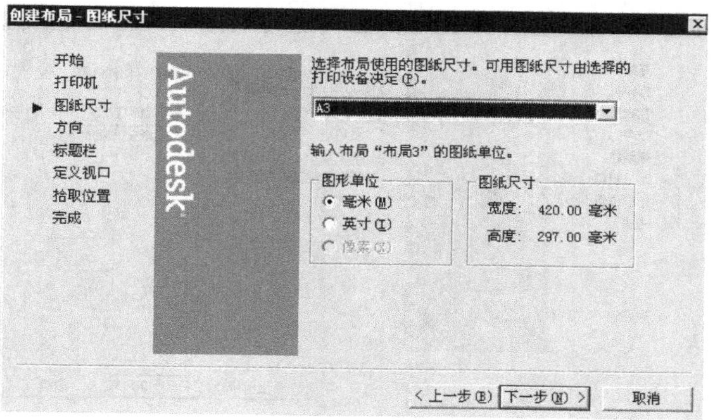

图 13-6　“图纸尺寸”对话框

（3）单击“下一步”按钮，进入如图 13-6 所示的“图纸尺寸”对话框，在此对话框选择“图形单位”为“毫米”，“图纸尺寸”为“A4”。

（4）单击“下一步”按钮，进入如图 13-7 所示的“方向”对话框中，在此对话框选择“选择图形在图纸上的方向”为“横向”。

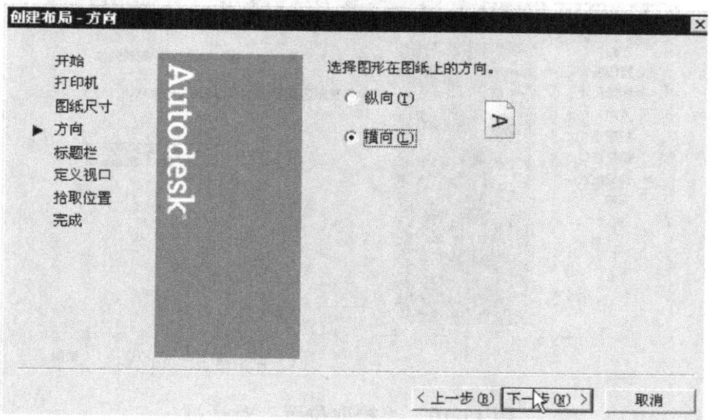

图 13-7　“方向”对话框

（5）单击“下一步”按钮，进入如图 13-8 所示的“标题栏”对话框中，在列表框中选择“标题栏”为“ISO 为国际标准”。

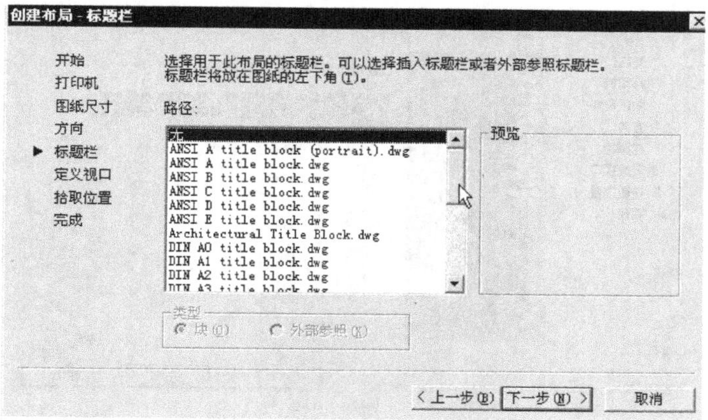

图 13-8　“标题栏”对话框

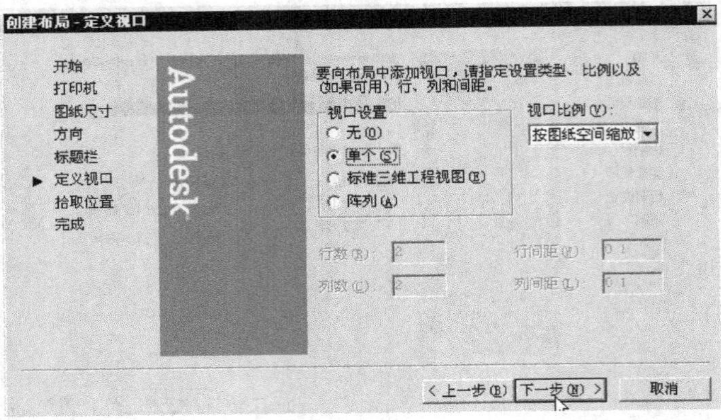

图 13-9 “定义视口”对话框

（6）单击“下一步”按钮，进入如图 13-9 所示的“定义视口”对话框中，选择“打印的视口”为“单个”与“视口比例”为“按图纸空间缩放”。

（7）单击“下一步”按钮，进入如图 13-10 所示的“拾取位置”对话框中，指定视口配置的角点。

图 13-10 “拾取位置”对话框

（8）单击“下一步”按钮，进入如图 13-11 所示的“完成”对话框中，单击“完成”按钮，完成创建布局。

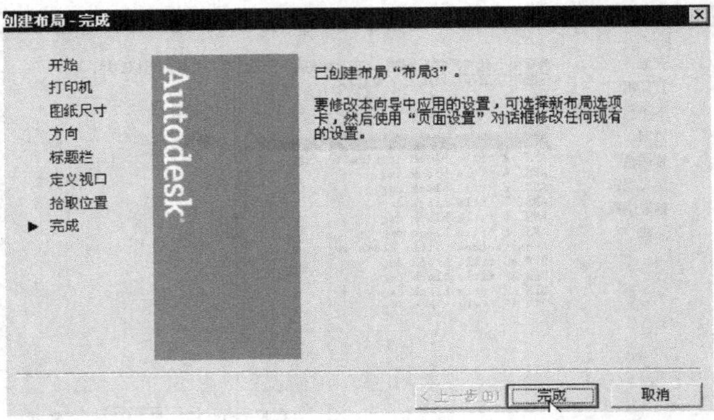

图 13-11 “完成”对话框

13.2.3　布局管理

单击右键“布局 1”标签，弹出的如图 13-12 所示的“布局”快捷菜单，在该菜单可以进行布局的删除、新建、重命名、移动或复制。

默认情况下，单击“某个布局选项卡”时，系统将自动显示“页面设置”对话框，供设置页面布局。如果以后要修改页面布局，可从快捷菜单中进入如图 13-13 所示的“页面设置管理器”对话框，通过修改布局的页面设置，将图形按不同比例打印到不同尺寸的图纸中。

单击“文件（F）”→“页面设置管理器命令（G）”，进入如图 13-13 所示的“页面设置管理器”对话框。单击“新建（N）”按钮，进入如图 13-14 所示的“页面设置”，可以在其中创建新的布局。

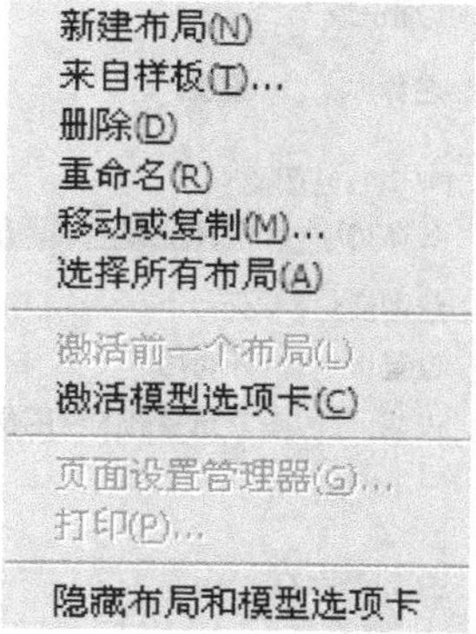

图 13-12　布局快捷菜单

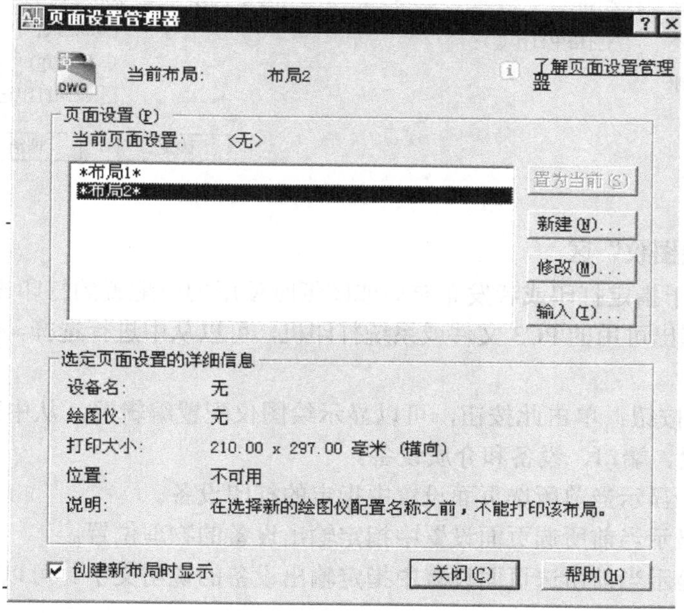

图 13-13　页面设置管理器

13.2.4　页面设置

页面设置是打印设备和其他影响最终输出的外观和格式的设置集合。可以修改这些设置并将其应用到其他布局中。

1.“页面设置”区

（1）名称：显示当前页面设置名称。

（2）图标：从布局中打开“页面设置”对话框后，将显示 DWG 图标；从图纸集管理器中打开“页面设置”对话框后，则会显示图纸集图标。

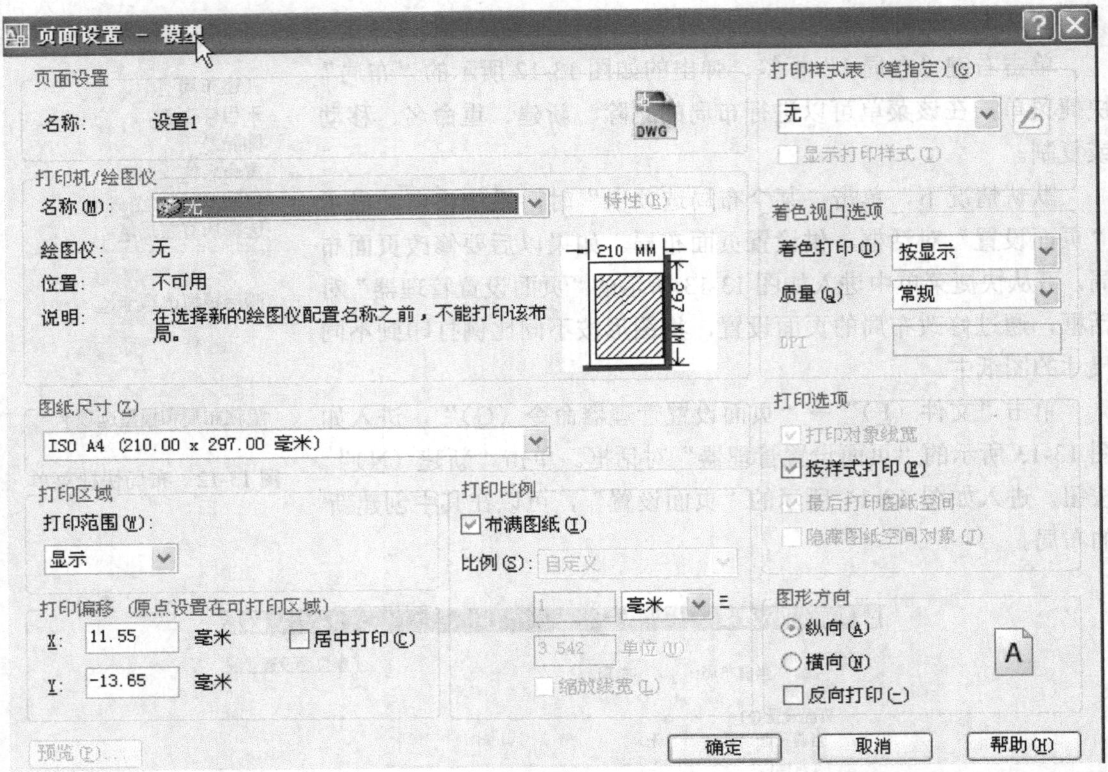

图 13-14 “页面设置”对话框

2. “打印机/绘图仪”区

该设置区应用于指定打印或者发布布局或图纸时使用的已配置的打印设备。

（1）名称：列出可用的 PC3 文件或系统打印机，可以从中进行选择，以打印或者发布当前布局或图纸。

（2）“特性”按钮：单击此按钮，可以显示绘图仪配置编辑器，从中可以查看或者修改当前绘图仪的配置、端口、设备和介质设备。

（3）绘图仪：显示当前所选页面设置中指定的打印设备。

（4）位置：显示当前所选页面设置中指定输出设备的物理位置。

（5）说明：显示当前所选页面设置中指定输出设备的说明文字。可以在绘图仪配置编辑器中编辑此文字。

（6）预览：精确显示相对于图纸尺寸和可打印区域的有效区域。工具栏提示显示图纸尺寸和可打印区域。

3. “图纸尺寸”区

该区域显示所选打印设备可用的标准图纸尺寸，可以从下拉列表中进行选择。

4. “打印区域”区

用于指定要打印的图形区域。在“打印范围”下，可以选择要打印的图形区域。

（1）布局/图形界限：打印布局时，将打印指定图纸尺寸的可打印区域的所有内容，其原点从布局中的（0, 0）点计算得出。

（2）范围：打印包括对象的图形的部分当前空间。当前空间内的所有几何图形都被打印。

打印之前，可能会重新生成图形以重新计算范围。

（3）显示：打印“模型”选项卡当前视口中视图或布局选项卡上当前图纸空间视图中的视图。

（4）视图：打印以前使用 VIEW 命令保存的视图。可以从列表中选择命名视图。如果图形中没有已保存的视图，此选项不可用。

（5）窗口：打印指定的图形部分。指定要打印区域的两个角点时，“窗口”按钮才可用。单击“窗口”按钮，可以使用定点设备指定要打印区域的两个角点，或输入坐标值。

5.“打印偏移”区

该区域根据“指定打印偏移时相对于”选项中设置，指定打印区域相对于可打印区域左下角或图纸边界的偏移。

（1）居中打印：自动计算 *X* 偏移和 *Y* 偏移值，在图纸上居中打印。

（2）X：相对于“打印偏移定义”选项中设置制定 *X* 方向上的打印原点。

（3）Y：相对于“打印偏移定义”选项中设置制定 *Y* 方向上的打印原点。

6.“打印比例”区

该区域用于控制图形单位与打印单位之间的相对尺寸。

（1）布满图纸：缩放打印图形以布满所选图纸尺寸。

（2）比例：定义打印的精确比例。

（3）英寸=/毫米=/像素=：指定与指定的单位数等价的英寸数、毫米数或像素数。

（4）单位：指定与指定的英寸数、毫米数或像素数等价的单位数。

（5）“缩放线宽”复选框：设置与打印比例成正比缩放线宽。

7.“打印样式表”区

该区域用于设置、编辑打印样式表，或者创建新的打印样式表。

（1）名称列表：显示指定给当前“模型”选择项或布局选择项卡的打印样式表，并提供当前可用的打印样式表的列表。

（2）“编辑”按钮：显示打印样式表编辑器，从中可以查看或修改当前的打印样式表中的打印样式。

（3）“显示打印样式”复选框：控制是否在屏幕上显示指定给对象的打印样式的特性。

8.“着色视口选项”区

该区域用于指定着色和渲染视口的打印方式，并确定它们的分辨率级别和每英寸点数（DPI）。

（1）着色打印：指定视图的打印方式。

（2）质量：指定着色和渲染视口的打印分辨率。

（3）DPI：指定渲染和着色视图的每英寸点数，最大可为当前打印设备的最大分辨率。

9.“打印选项”区

该区域用于指定线宽、打印样式和对象的打印次序等选项。

（1）打印对象线宽：指定是否打印为对象或图层指定的线宽。

（2）“按样式打印”复选框：指定是否打印应用于对象和图层的打印样式。如果选择该选项，也将自动选择“打印对象线宽”。

（3）“最后打印图纸空间”复选框：首先打印模型空间几何图形。

（4）“隐藏图纸空间对象”复选框：指定 HIDE 操作是否应用于图纸空间视口中的对象。

10. “图形方向”区

（1）纵向：放置并打印图像，使图纸的短边位于图形页面的顶部。

（2）横向：放置并打印图像，使图纸的长边位于图形页面的顶部。

（3）反向打印：上下颠倒地放置并打印。

（4）图标（A）：指示选定图纸的介质方向并用图纸上的字母表示页面上的图形方向。

11. “预览”按钮

用于在图纸上打印的以预览的方式显示图形。

13.3 打印样式

使用打印样式，即可以修改打印图像的外观，如对象的颜色、线型和线宽，也可以指定端点、连接和填充样式，还可以产生一些特殊输出效果。

13.3.1 打印样式表

打印样式表用于定义打印样式。打印样式主要分为与颜色相关的打印样式表和与命名相关的打印样式表。颜色相关的打印样式表以.ctb为扩展名保存，而命名相关的打印样式表以.stb为扩展名保存。

1. 创建颜色打印样式表

创建颜色相关的打印样式表的步骤如下。

（1）选择“工具（T）”→“向导（Z）”→“添加颜色相关的打印样式表（D）”菜单命令。进入如图13-15所示的“添加颜色相关打印样式表”对话框。

（2）在如图13-15所示的“开始”界面中，如果选择“创建新打印样式表（S）”选项，可以从开始创建新的打印样式表；如果选择“使用CFG文件”选项，则使用acadr13.cfg文件中的“笔设置”信息来创建新的打印样式表；如果选择“使用PCP或PC2文件”选项，则使用PCP或PC2文件中存储的“笔设置”信息创建新的打印样式表。

（3）设置好“开始”选项后，单击“下一步”按钮，进入如图13-16所示的“浏览文件

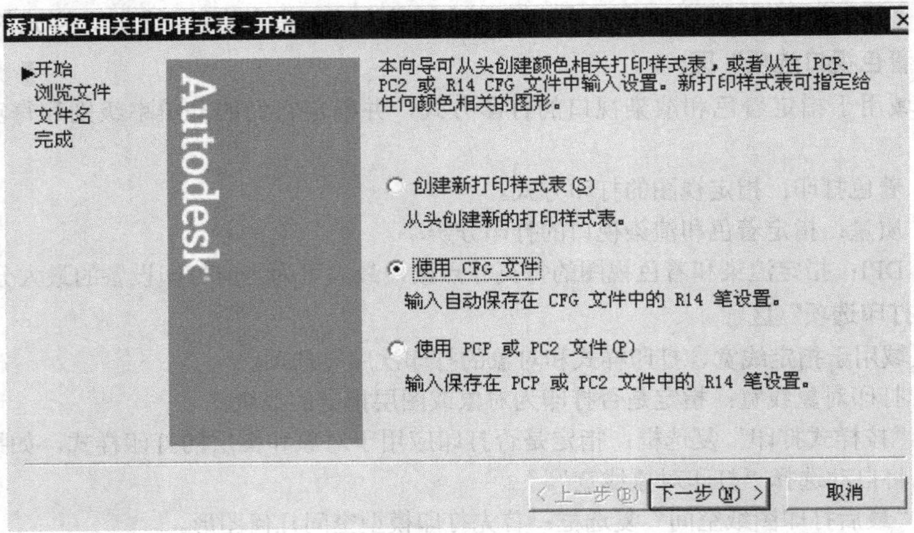

图13-15 “添加颜色相关打印样式表”对话框

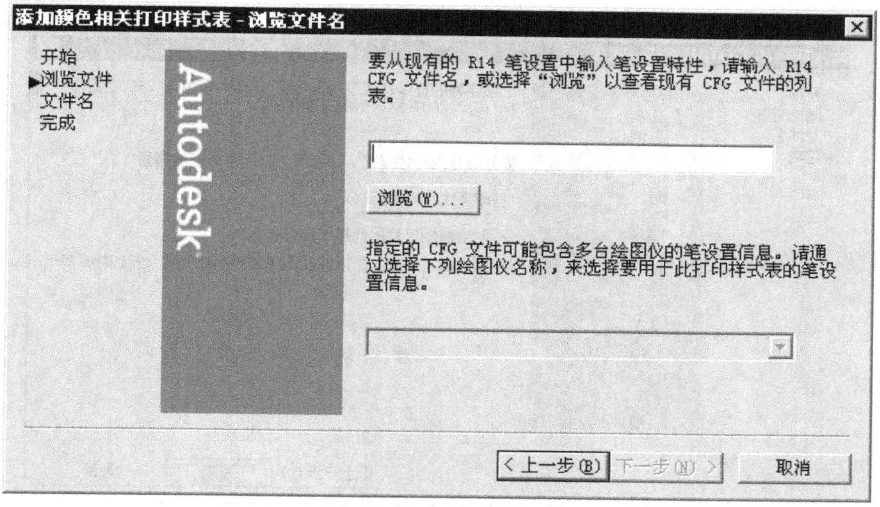

图 13-16 “浏览文件名”界面

名”界面，在该步骤中可以从 CFG、PCP 或 PC2 等文件中输入相应的定位信息。

（4）设置“浏览文件名”选项，单击“下一步”按钮，进入如图 13-17 所示的“文件名”界面，以便指定新建的打印样式表的名称。

（5）设置好“文件名”后，单击“下一步”按钮，进入如图 13-18 所示的“完成”界面，在完成创建工作前，还可单击“打印样式表编辑器”按钮，用打印样式表编辑器对该文件进行编辑。如果选中“对当前图形使用此打印样式表”复选框，便可以将新建的打印样式表应用于当前图形；如果选中“对 AutoCAD 2007 以前的图形和新图形使用此打印样式表”，则可按默认的规定附着打印样式到所有新图形和早期版本的图形。设置完成后，将创建一个新的.ctb 文件，并将其保存在 AutoCAD 系统主目录中的 plot styles 子文件夹中。

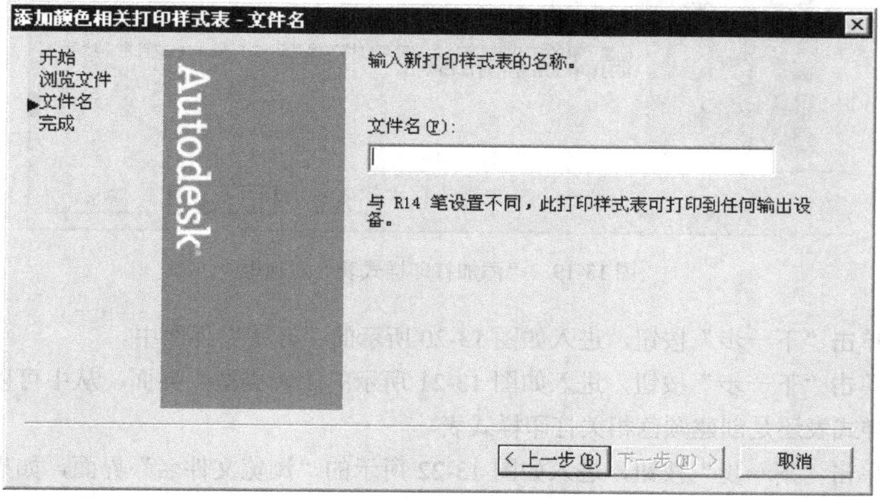

图 13-17 “文件名”界面

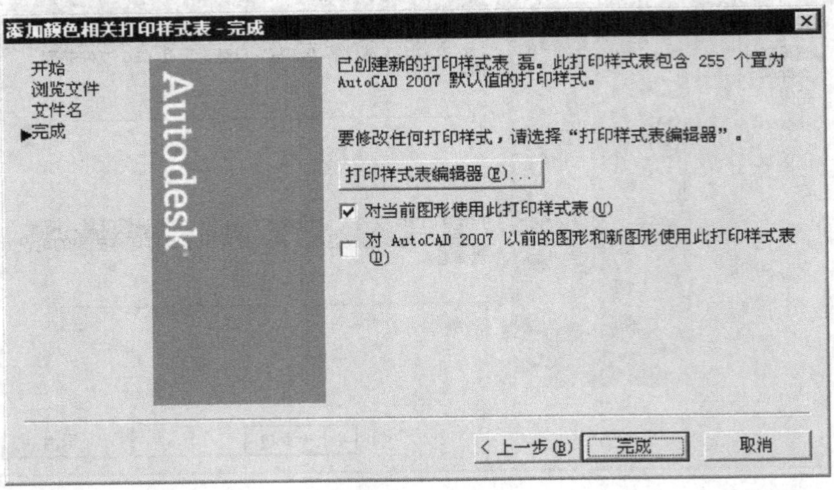

图 13-18 “完成”界面

2. 创建命名打印样式表

命名打印样式表的步骤如下。

（1）选择“工具（T）”→“向导（Z）”→“添加打印样式表（S）”菜单命令。进入如图 13-19 所示的“添加打印样式表”对话框。

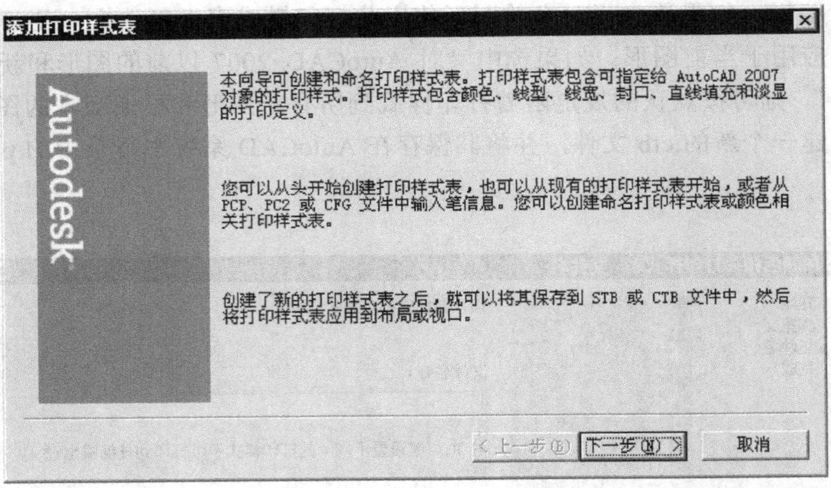

图 13-19 “添加打印样式表”对话框

（2）单击“下一步”按钮，进入如图 13-20 所示的“开始”界面中。

（3）单击“下一步”按钮，进入如图 13-21 所示的“表类型”界面，从中可以选择创建命名打印样式表还是创建颜色相关打印样式表。

（4）单击“下一步”按钮，进入如图 13-22 所示的“浏览文件名”界面，如果要从已存在的文件或 CFG、PCP、PC2 等文件中输入信息，可以在该界面中进行定位。

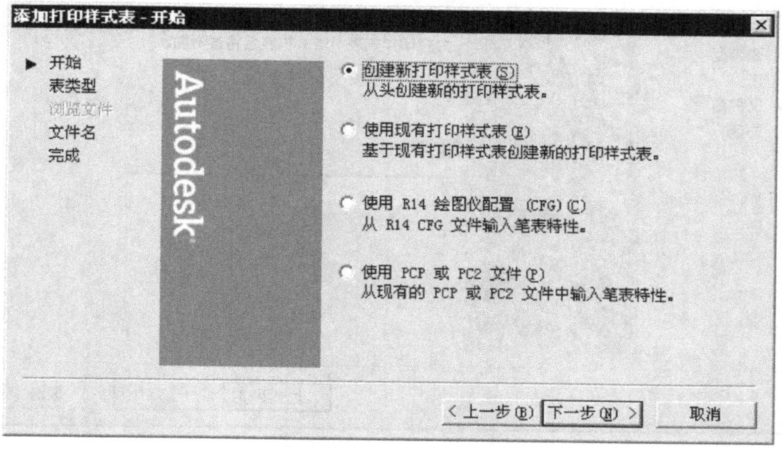

图 13-20　“开始”界面

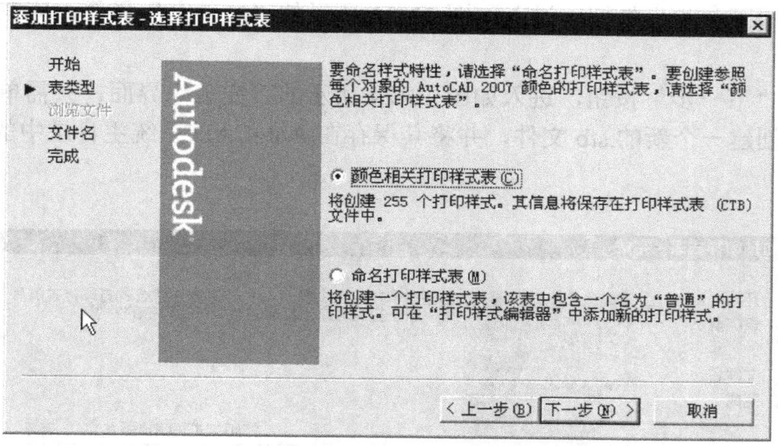

图 13-21　“表类型”界面

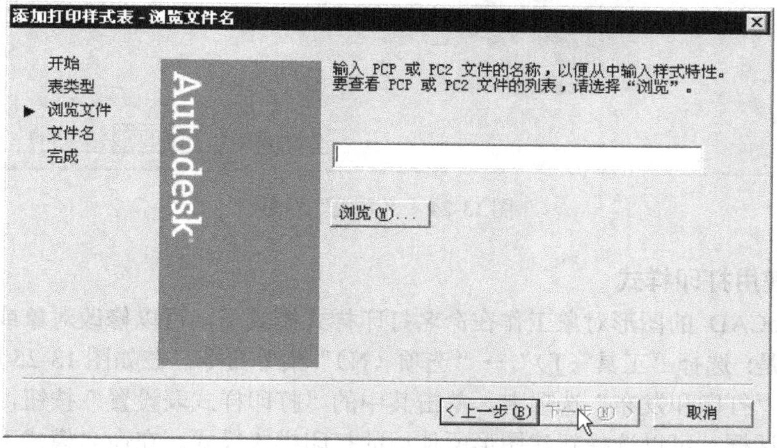

图 13-22　“浏览文件名”界面

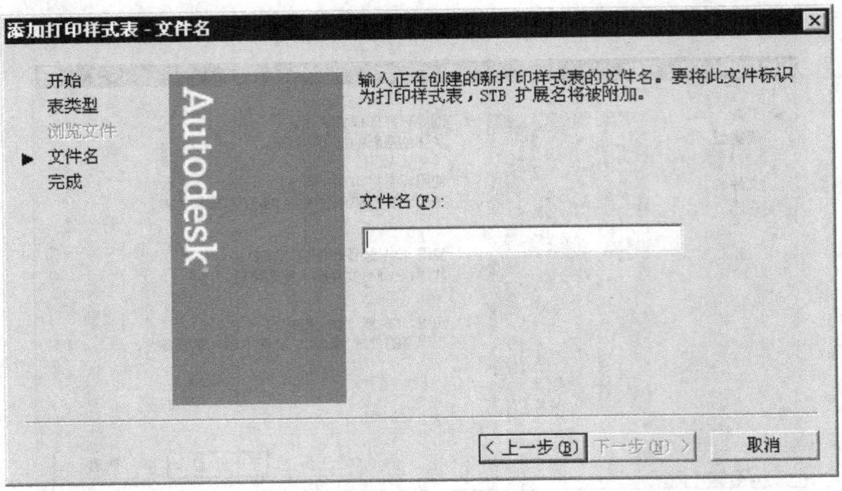

图 13-23 “文件名”界面

（5）单击“下一步”按钮，进入如图 13-23 所示的“文件名”界面，应在此输入打印样式的文件名。

（6）单击“下一步”按钮，进入如图 13-24 所示的“完成”界面，只需单击“完成”按钮，系统便能创建一个新的.stb 文件，并将其保存在 AutoCAD 系统主目录中的 plot styles 子文件夹中。

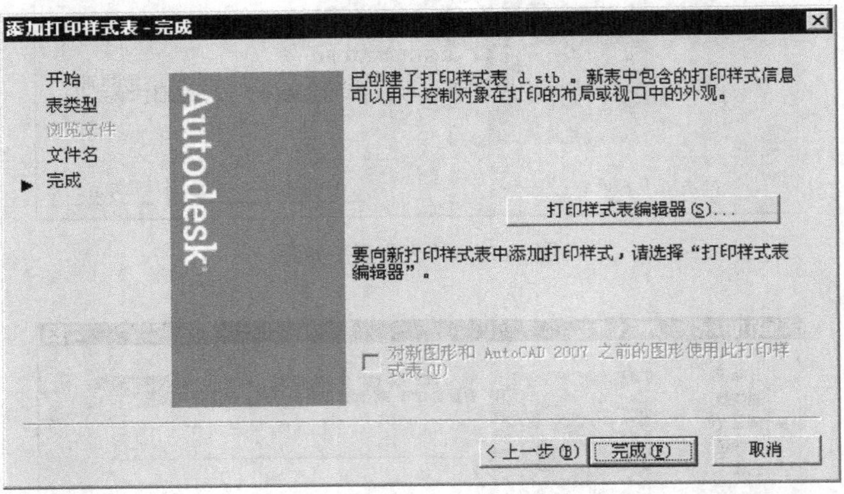

图 13-24 “完成”界面

13.3.2 使用打印样式

如果 AutoCAD 的图形对象工作在命名打印样式模式下，可以修改对象或图层的打印样式。具体方法是：选择“工具（T）”→“选项（N）”菜单命令，在如图 13-25 所示的“选项”对话框中选择“打印和发布”选项卡，单击其中的“打印样式表设置”按钮，进入“打印样式表设置”对话框，可以选择新建图形所使用的打印样式模式。在命名模式下，还可以设置“0”层和新建对象的默认打印样式。

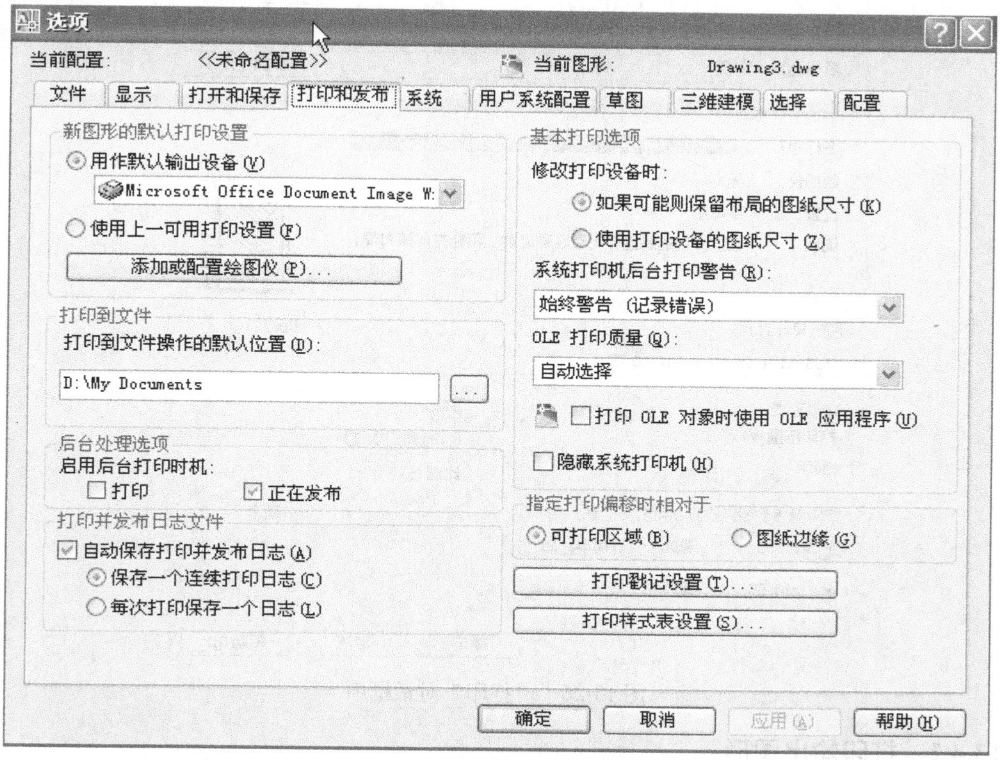

图 13-25　“打印和发布”选项卡

13.4　打印图形

13.4.1　打印预览

在将图形发送到打印机或绘图仪之前，最好先生成打印图形的预览。生成预览可以节约时间和材料。用户可以从“打印”对话框预览图形。预览显示图形在打印时的确切外观，包括线宽、填充图案和其他打印样式选项。预览图形时，将隐藏活动工具栏和工具选项板，并显示临时的“预览”工具栏，其中提供打印、平移和缩放图形的按钮。在“打印”和“页面设置”对话框中，缩微预览还在页面上显示可打印区域和图形的位置。

进行打印预览的步骤如下。

（1）单击“文件（F）”菜单→“打印（P）”。

（2）进入如图 13-26 所示的“打印”对话框中，单击“预览（P）”按钮。将打开预览窗口，光标将改变为实时缩放光标。

（3）单击鼠标右键可显示包含以下选项的快捷菜单：“打印”、“平移”、“缩放”、“缩放窗口”或“缩放为原窗口”（缩放至原来的预览比例）。

（4）按“ESC”键退出预览并返回到“打印”对话框。

（5）如果需要，继续调整其他打印设置，然后再次预览打印图形。

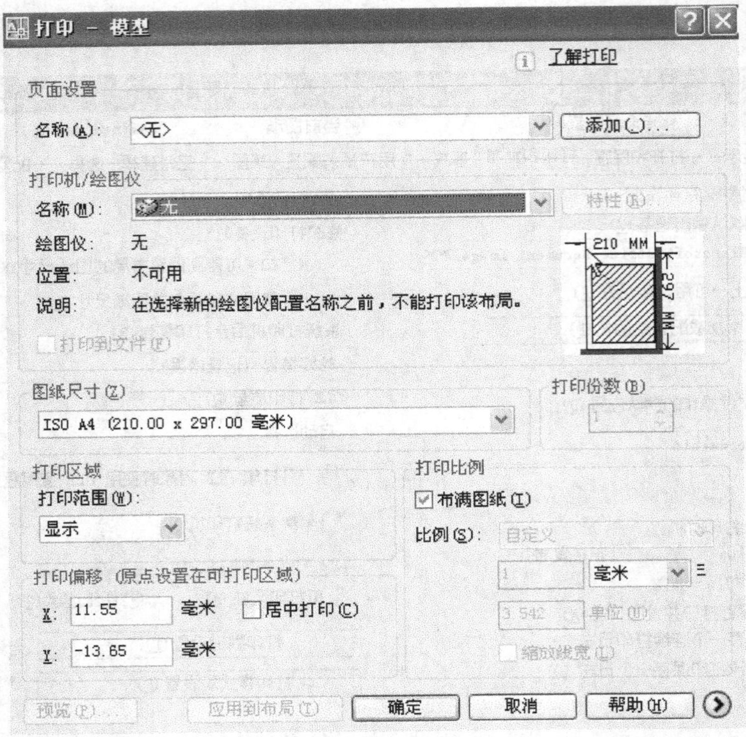

图 13-26 “打印”对话框中

13.4.2 打印输出图形

在 AutoCAD 2007 中，可以使用“打印”对话框打印图形。当在绘图窗口中选择一个布局选项卡后，选择“文件（F）”菜单→“打印（P）”命令进入如图 13-25 所示的“打印”对话框。在打印预览设置正确之后，单击“确定”按钮以打印图形。AutoCAD 2007 将按照当前的页面设置、绘图设备设置及绘图样式表等在屏幕上绘制最终要输出的图纸。

小　结

本章首先介绍了 AutoCAD 中的模型空间和图纸空间的概念、作用和相互关系，并讲述了如何在图形空间中利用布局来进行打印设置，主要包括布局的创建及其打印设置。此外还介绍了 AutoCAD 中打印样式的概念、定义和使用，以及打印样式表和打印样式管理器的作用。最后介绍了在模型空间和布局空间打印图纸的方法。

习　题

1. 什么是布局？模型空间和图纸空间有何区别和联系？
2. 如何使用向导创建新布局？
3. 如何进行布局管理？如何进行页面管理？
4. 什么是打印样式？如何创建打印样式表？
5. 如何使用打印样式？
6. 如何打印预览和打印输出？

第 14 章　AutoCAD 2007 绘图综合实例一

本章将通过一些综合绘图实例，详细介绍使用 AutoCAD 制作图框，绘制零件图、模具装配图，以及三维图形的方法和技巧，以帮助读者建立 AutoCAD 绘图的整体概念，并巩固前面所学的知识，提高实际绘图的能力。

14.1　制作图框

在使用 AutoCAD 绘图时，绘图图限不能直观地显示出来，所以在绘图时还需要通过图框来确定绘图的范围，使所有的图形绘制在图框线之内。图框通常要小于图限，到图限边界要留一定的距离，在此可使用“直线”工具绘制图框线。

14.1.1　制作图框的步骤

（1）设置绘图单位。

（2）设置绘图界限。

（3）创建图层。

（4）绘制图框及标题栏。

（5）输入文字。

（6）保存为模板文件。

14.1.2　操作实例

在机械制图中一张正式的工程图纸，都会有“绘图界限”、“标题栏”、“线型”及“图层颜色”等公共信息。为了避免每次绘图之前都进行绘图环境的设置，做许多重复的工作，我们可以创建符合行业标准或企业要求的机械图纸模板，通常将这些公共信息创建在一个文件中并保存为模板文件。在以后的工作中直接调用该“模板”文件绘制图形即可。

1. 设置绘图单位

（1）单击“格式（O）”→“单位（U）”菜单命令，进入如图 14-1 所示“图形单位”对话框。在该对话框设置“长度”的“类型”为“小数”，“精度”为“0”。

（2）如图 14-1 所示在“角度”的“类型”为“十进制度数”、“精度”为“0”。确定角度单位为度，数值精度为小数点后的“0”位。

（3）单击“确定”按钮，关闭“图形单位”对话框，完成绘图单位的设置。

2. 设置图形界限

（1）单击“格式（O）”→“图形界限（A）”进入菜单命令，系统提示重新设置模型

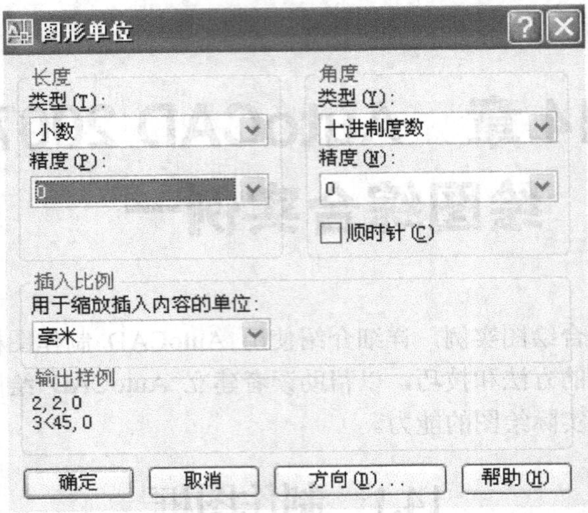

图 14-1　“图形单位”对话框

空间界限。在命令行窗口输入左下角的点（默认即可），然后输入图形界限右上角的点即可。

命令行窗口提示操作步骤如下:

命令:_LIMITS↙

重新设置模型空间界限:

指定左下角点或[开（ON）/关（OFF）]<0.0,0.0>:ON↙　（输入开选项）

命令:_LIMITS

重新设置模型空间界限:

指定左下角点或[开（ON）/关（OFF）]<0.0,0.0>:↙（输入图形边界左下角的点）

指定右上角点<420,297>297,210↙（输入图形边界右上角的点）

（2）在“指定左下角点或[开（ON）/关（OFF）]<0.0,0.0>:”提示的情况下输入“ON”，打开绘图界限控制，不允许绘制的图形超出设置的界限。输入“OFF”，关闭绘图界限，所绘制的图形不受图形界限的影响。

3. 设置图层

（1）单击“格式（O）”→“图层（L）”菜单命令，或单击图层工具栏中的“图层特性管理器”按钮，进入“图层特性管理器”对话框，定义图层，规范绘图颜色和线型，以方便绘图。

（2）在该对话框中单击“新建图层”按钮，新建一个图层。然后，在新建图层的“名称”列中输入该图层的名称为“粗实线”，如图 14-2 所示。

（3）单击“粗实线”图层的“线宽”列，调出“线宽”对话框。在该对话框中选择 0.3mm 的线宽，如图 14-3 所示。然后，单击“确定”按钮，关闭线宽对话框并返回到“图层特性管理器”对话框中，完成轮廓线的设置。

（4）在“图层特性管理器”对话框中，单击“新建图层”按钮，再新建一个图层。将该图层命名为“中心线”。单击“中心线”图层的“颜色”列，调出“选择颜色”对话框。在

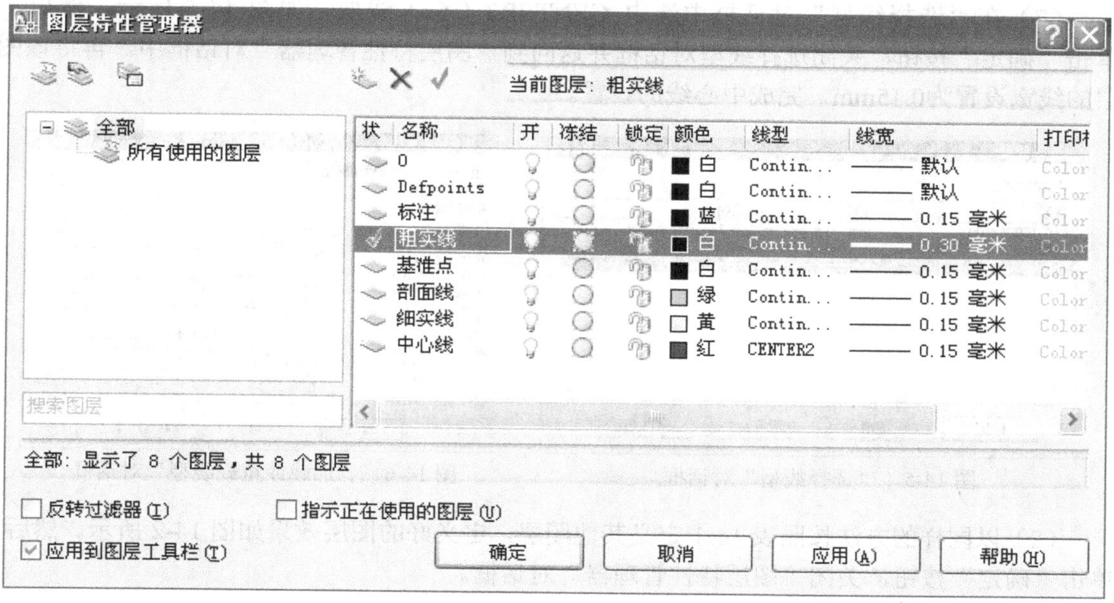

图 14-2　“图层特性管理器”对话框

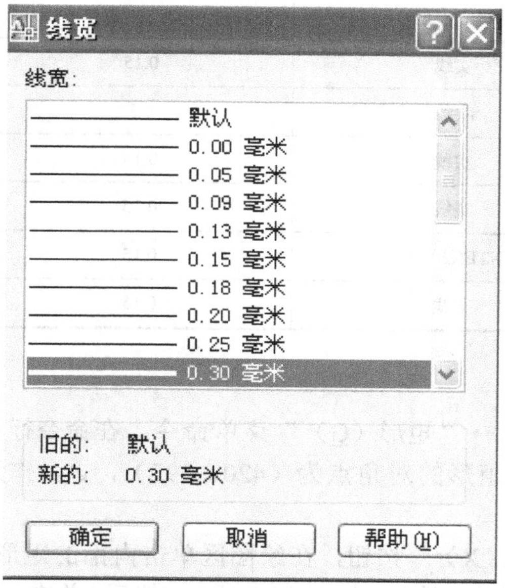

图 14-3　“线宽”对话框

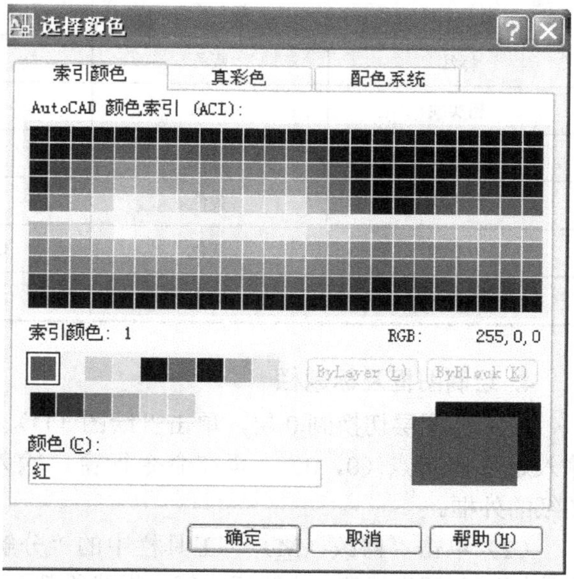

图 14-4　“选择颜色”对话框

该对话框中选择“红色”，如图 14-4 所示。然后，单击“确定”按钮，关闭选择颜色对话框并返回到“图层特性管理器”对话框中，完成图层颜色的设置。

（5）在“图层特性管理器”对话框中，单击中心线层的“线型”列，调出“选择线型”对话框，如图 14-5 所示。单击该对话框中“加载（L）”按钮，调出“加载或重载线型”对话框。

（6）在“加载或重载线型”对话框中单击选择 CENTER2（.5x）线型，如图 14-6 所示。

然后单击“确定”按钮，关闭加载或重载线型对话框并返回到“选择线型”对话框中。

（7）在“选择线型”对话框中选中 CENTER2（.5x）线型，如图 14-5 所示。然后，单击“确定”按钮，关闭选择线型对话框并返回到“图层特性管理器”对话框中。再将该图层的线宽设置为0.15mm，完成中心线的设置。

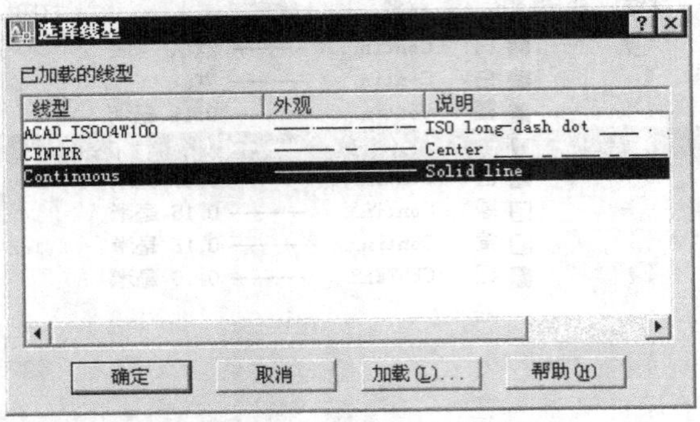

图 14-5　“选择线型”对话框

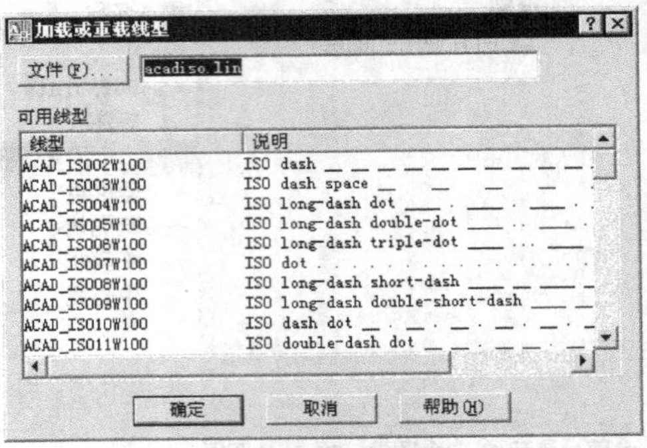

图 14-6　“加载或重载线型”对话框

（8）以同样的方法按照表 14-1 定义其他图层，定义好的图层效果如图 14-2 所示。然后，单击“确定”按钮，关闭“图层特性管理器”对话框。

表14-1　其他图层中的线型

名　称	颜　色	线　型	线　宽
标注	蓝色	实线	0.15
粗实线	白色	实线	0.3
基准点	白色	实线	0.15
细实线	黄色	实线	0.15
中心线	红色	CENTER2（.5x）	0.15
剖面线	绿色	实线	0.15

4. 绘制图框及标题栏

（1）将图层切换到 0 层，单击“绘图（D）”→“矩形（G）”菜单命令，在命令行中输入矩形的起点（0，0），再在命令行窗口输入矩形的对角点为（420，297），↙，作为图纸的外框。

（2）单击“修改（M）”工具栏中的“分解（X）”按钮，在绘图区单击内部的矩形，将该矩形分解为线段。分解后的每一根线段都可以单独选择，如图 14-7 所示。然后，单击“修改（M）”工具栏中的“偏移（S）”按钮，将矩形向内偏移 5，5，5，20，作为图纸的内框，如图 14-8 所示。

（3）再次使用修改工具栏中的偏移命令，按照命令行窗口的提示，将分解后的底部水平线段向上偏移出 4 条线段，每条线段偏移的距离分别为 8mm；将分解后的右侧垂直线段向左偏移出 7 条线段，每条线段偏移的距离分别为 15、15、25、15、20、25、15，完成后的效果如图 14-9 所示。

（4）单击“修改（M）”工具栏中的“修剪（T）”按钮，在绘图区中从右下角向左上角拖曳将图形全部选中，按空格键确认。然后，单击或框选多余的线段，即可将其修剪，完成后的效果如图14-10 所示。

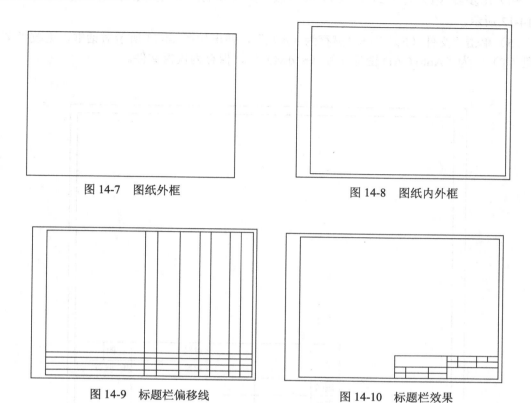

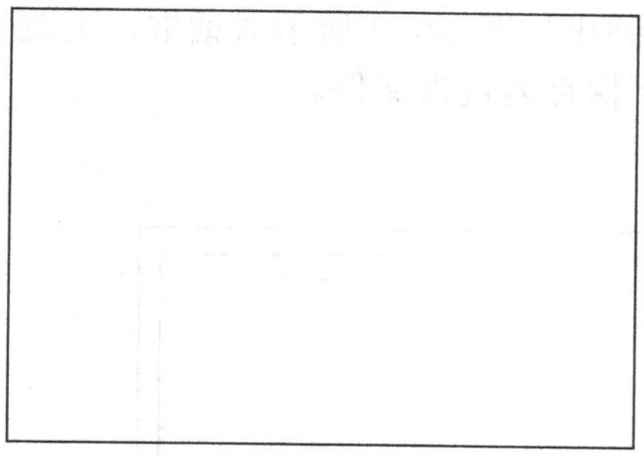

图 14-7　图纸外框

图 14-8　图纸内外框

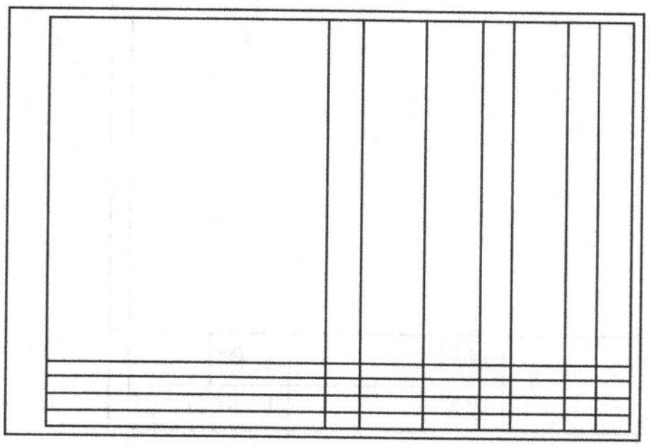

图 14-9　标题栏偏移线

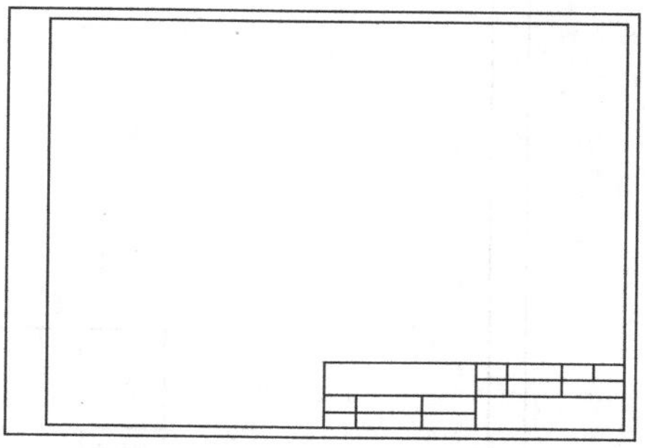

图 14-10　标题栏效果

5. 输入文字

（1）将图层切换到“文字层”,单击“绘图（D）”工具栏中的“多行文字（M）”按钮或命令行窗口输入 MTEXT 命令。然后，在图形的右侧绘制一个矩形，作为文字输入的区域。此时，进入“文字格式”工具栏及文字编辑区，如图 14-11 所示。

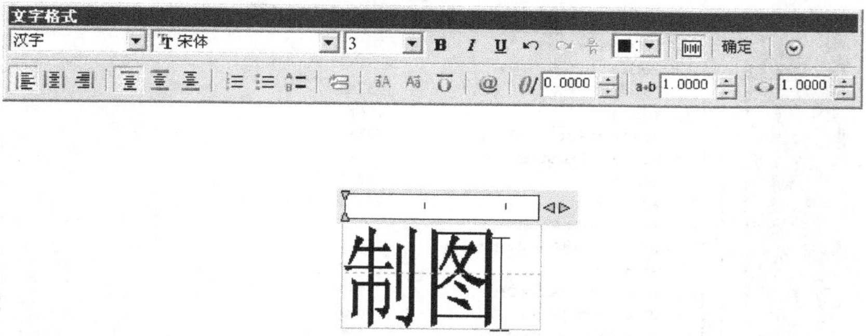

图 14-11　“文字格式”工具栏及文字编辑区

（2）在“文字格式”工具栏中，设置文字样式为“汉字”、文字大小为 3。在文字编辑区输入“制图”2 个字，如图 14-11 所示。然后，单击“确定”按钮，完成文字的输入。

（3）单击“修改（M）”工具栏中的“移动（V）”按钮，按照命令行窗口的提示，将文字移动到标题栏中。

（4）用步骤（1）、（2）、（3）的方法，完成其他位置的文字标注，完成后的效果如图 14-12 所示。

（5）单击“文件（F）”→“另存为（A）”，弹出如图 14-13 所示对话框，更改“文件类型（T）”为“Auto CAD 图形样板（*. dwt）”，保存为模板文件。

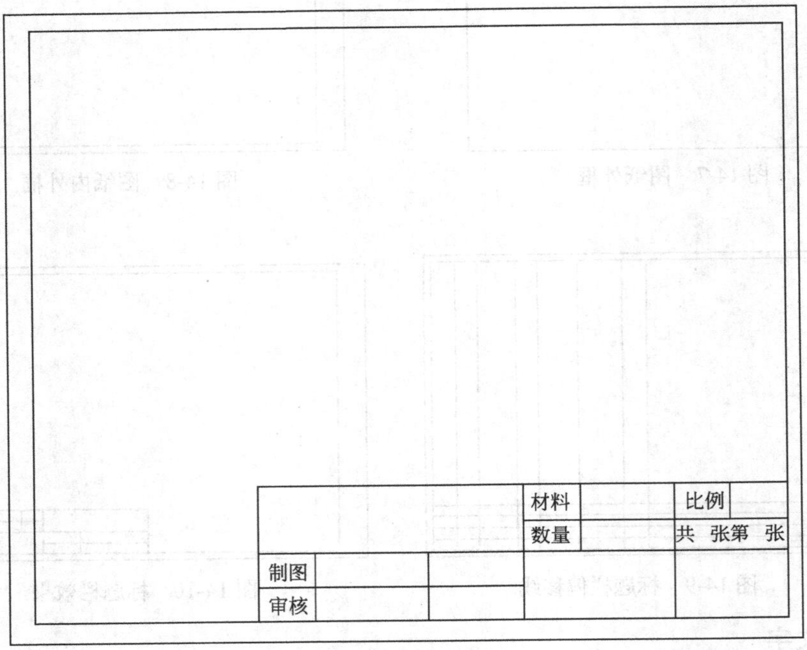

图 14-12 图纸图框

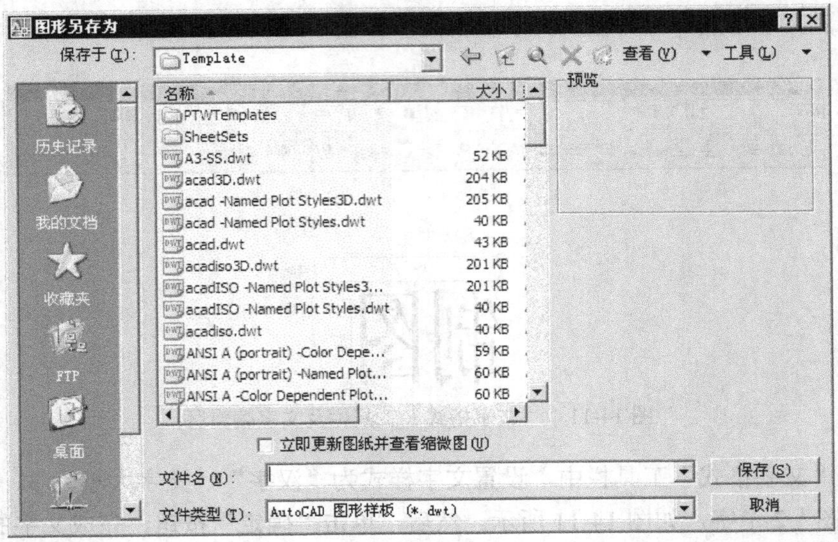

图 14-13 “图形另存为”对话框

14.2　绘制二维零件图

14.2.1　零件图的内容及其绘制流程图

绘制如图 14-14 所示的轴。

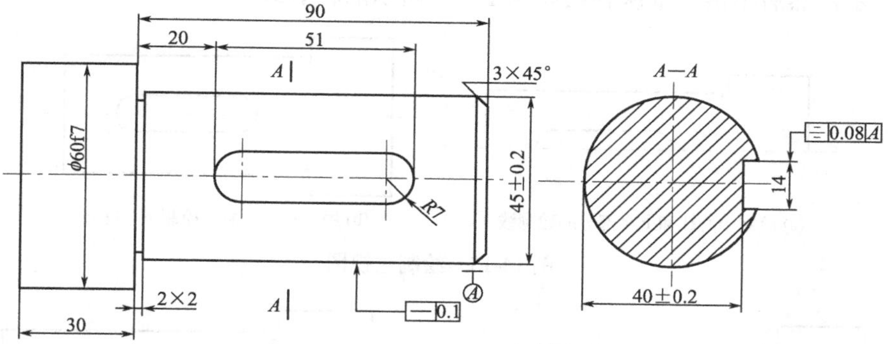

图 14-14　轴类零件图

在所有的机器和其他机械部件中，均应绘制其零件图。在绘制时，需要灵活使用视图、剖视图和断面等表达方法，选择一组恰当的视图来表达零件的形状和结构。

1. 零件图一般包括的内容

（1）一组视图：用来完整、清晰地表达零件的结构和形状。

（2）尺寸标注：用来正确、完整、清晰、合理地表达零件各部分的大小和各部分之间的相对位置关系。

（3）技术要求：用符号或文字来表示或说明零件在加工、检验过程中所需的要求。

2. 零件图绘制流程

（1）充分了解零件的名称、用途和材料，并对零件各组成部分的几何形状、结构特点及作用进行分析，确定零件各部分的定位尺寸和各部分之间的定位尺寸。

（2）要熟悉零件的各项技术要求，重点分析零件的尺寸公差、形状公差、表面粗糙度和其他技术要求。

（3）任何一个零件，其图形表达方式都不是唯一的，需要择优选取一个方案。

（4）确定零件表达方式后，应根据零件的大小、视图数量、现有图纸大小确定适当的比例，然后粗略估计各视图应占图纸面积，绘制出主要视图的基准线、中心线和必要的辅助线。

（5）绘制零件的内外结构和形状。

（6）标注尺寸及技术要求。

（7）全面检查和修改全图。

14.2.2　操作实例

1. 绘制零件图主视图

（1）使用绘图工具栏中的“直线（L）”工具和“圆弧（R）”工具，绘制如图 14-15 所示的中心线和上半部分的轮廓线。

（2）使用修改工具栏中的“镜像（I）”工具，在“选择对象：”提示下，用光标拾取要镜像的部分，即图 14-15（a）所示的水平中心线以上的全部轮廓线。在“指定镜像线的第一点:”和“指定镜像线的第二点:”提示下，先后捕捉，如图 14-15（a）所示的水平中心线左右两点。在系统“是否删除源对象？[是（Y）/否（N）]<N>:”提示下，↙，绘制出如图 14-15（b）所示的图形的下半部分。

（3）使用“选择夹点”工具，先单击选中直线，单击下夹点拖动至下方直线上端点，如图 14-16 所示，然后单击，依次补绘如图 14-17 所示的轮廓线。

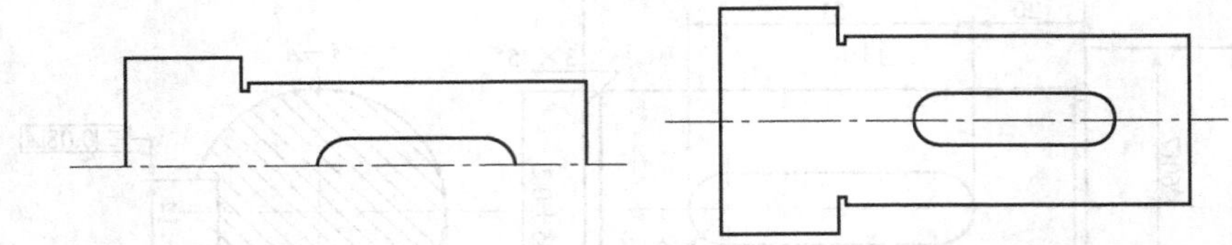

(a) 绘制中心线和上半部分的轮廓线　　(b) 用“镜像”命令绘制下半部分

图 14-15　绘制主视图

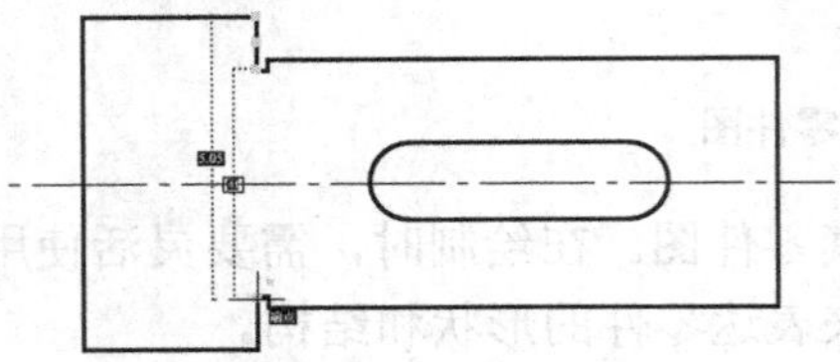

图 14-16　拖动夹点

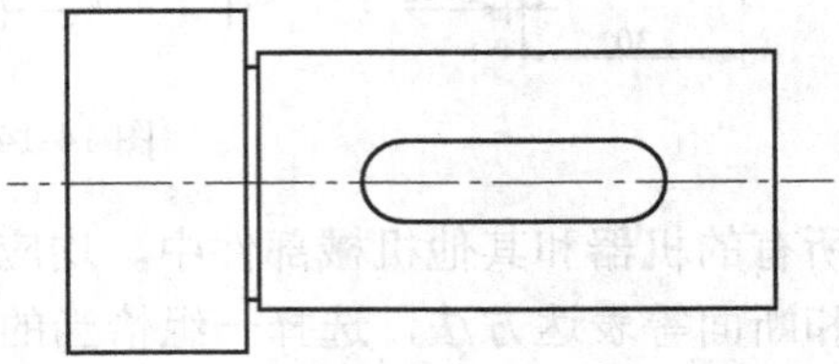

图 14-17　使用“选择夹点”工具拉伸直线

（4）单击编辑工具栏上的“倒角（C）”工具，启动倒角命令。在“选择第一直线或[多线段（P）/距离（D）/角度（A）/修剪（T）/方法（M）]:”提示下，输入“A”，↙，表示采用一条直线上的切角距和倒角线与该直线的倾角方式来进行倒角。在“指定第一条直线的倒角长度<60>:”提示下，输入“3”↙，在“指定第一条直线的倒角角度<60>:”提示下，输入“45”，↙，表示倒角线与第一条直线的夹角为 45°。在“选择第一直线或[多线段（P）/距离（D）/角度（A）/修剪（T）/方法（M）]:”提示下，先后选中需要倒角的线段。

（5）使用绘图工具栏中的“直线（L）”工具，补绘如图 14-18 的倒角线。

2. 绘制零件图的剖面图

（1）使用绘图工具栏中的“直线（L）”工具和“圆弧（R）”工具，绘制如图 14-19 所示的中心线和轮廓线。

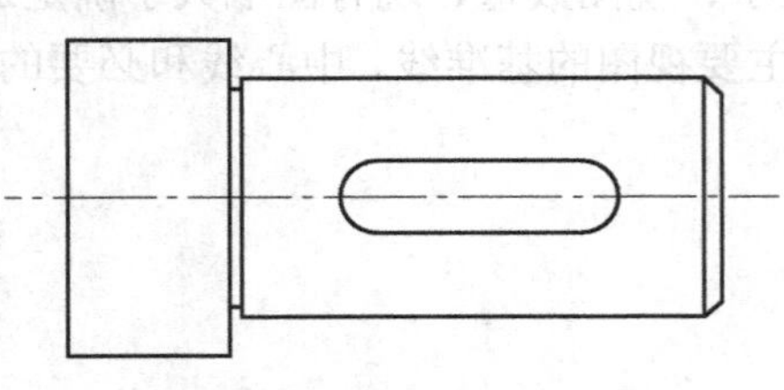

图 14-18　绘制倒角线

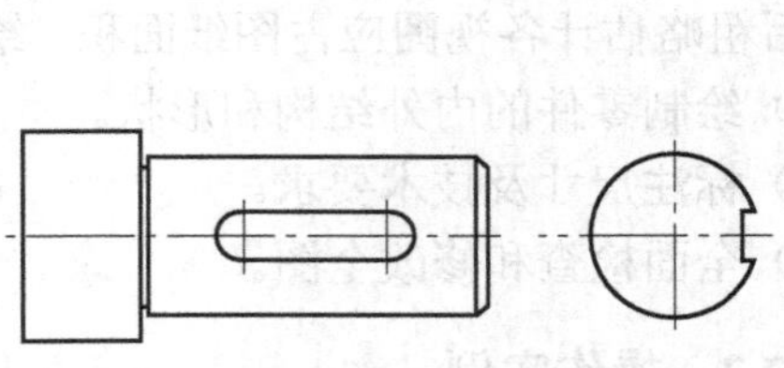

图 14-19　绘制右边剖面图

（2）绘制剖面图的剖面线。选择绘图工具栏中“图案填充（H）”工具，进入如图 14-20 所示的“图案填充和渐变色”对话框，在“图案”下拉列表框中选定“ANSI36”图案填充模式，并设置角度为 0，比例为 0.25。单击“图案填充和渐变色”对话框右上角“添加：拾取

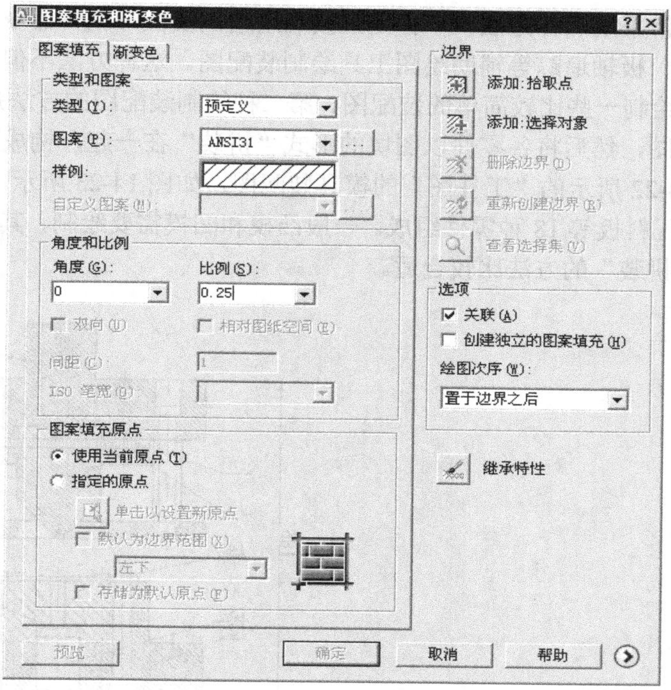

图 14-20　“图案填充和渐变色”对话框

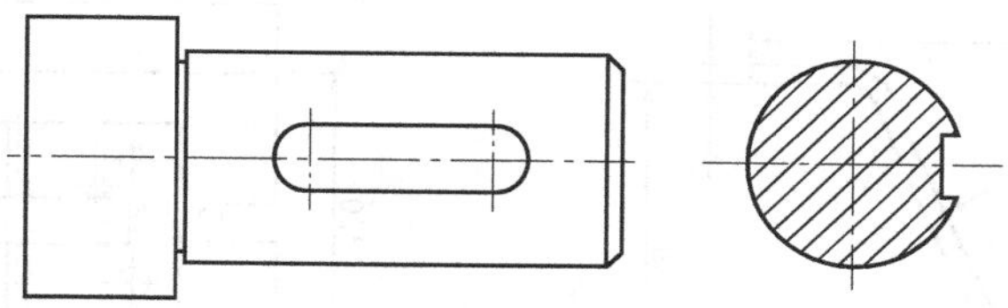

图 14-21　填充剖面

点”按钮，返回绘图窗口，在系统“选择内部点”提示下，用鼠标分别拾取各部分需要绘制剖面线的闭合填充区域（鼠标拾取后，被拾取的区域边界已虚线显示），↙，返回到“图案填充和渐变色”对话框。单击“预览”按钮，出现填充图案的预览效果图形。如果满意，单击右键返回到“图案填充和渐变色”对话框，单击“确定”按钮，完成如图 14-21 的剖面线的填充。

3. 尺寸标注

标注时应注意零件的加工和测量的方便。具体标注时，只需在工具栏单击右键，从出现的快捷菜单中选择“标注”命令，从标注工具栏中选择相应的标注工具，对如图 14-21 所示的图形进行标注。最后结果如图 14-14 所示。

14.3　绘制模具二维装配图

装配图在机械工程中用于表示产品及其组成部分的连接、装配关系。它是了解机器结构、分析机器工作原理和功能的重要技术文件，也是制定装配工艺规程，进行机器装配、检查、安装和维修的技术依据。

绘制装配图通常采用两种方法。一种是直接利用绘图及图形编辑命令，按手工绘图的步骤，结合对象捕捉、极轴追踪等辅助绘图工具绘制装配图。这种方法不但作图过程繁杂，而且容易出错，只能绘制一些比较简单的装配图。第二种绘制装配图的方法是"拼装法"。即先绘出各零件的零件图，然后将各零件以图块的形式"拼装"在一起，构成装配图。

本例是如图 14-22 所示的"工件图"的模具装配图，如图 14-23 所示，它由凹模、凸模、上模座、下模座、压料板等 18 种零件组成。一般凸模和凹模需要绘制，其他部件都是国标零件。因此，使用"拼装"的方法比较合适。

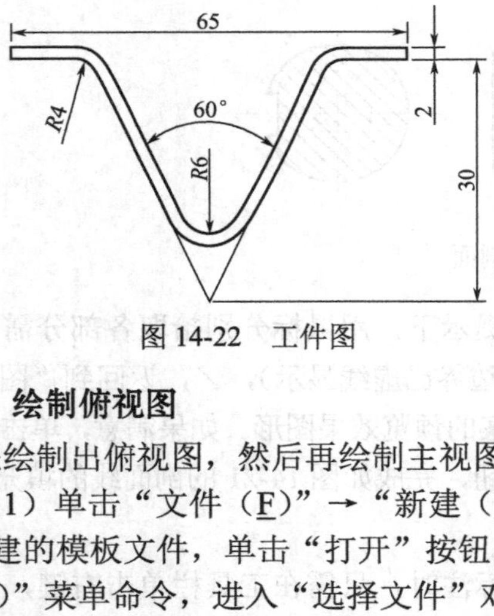

图 14-22 工件图

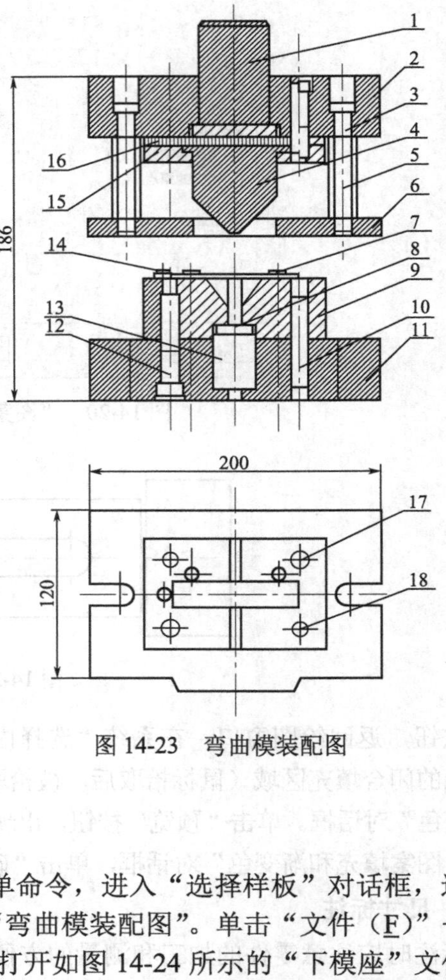

图 14-23 弯曲模装配图

1. 绘制俯视图

先绘制出俯视图，然后再绘制主视图。

（1）单击"文件（F）"→"新建（N）"菜单命令，进入"选择样板"对话框，选择图 14-13 建的模板文件，单击"打开"按钮，新建"弯曲模装配图"。单击"文件（F）"→"打开（O）"菜单命令，进入"选择文件"对话框，打开如图 14-24 所示的"下模座"文件后，单击"编辑（E）"→"带基点复制（B）"菜单命令，"在指定基点"提示下，选中"下模座"俯视图中心孔中心，单击。窗选"下模座"俯视图所有图形，单击右键确定。进入"弯曲模装配图"，单击"编辑（E）"→"粘贴（P）"菜单命令，"在指定插入点"提示下，在合适的地方单击，"下模座"俯视图就复制到"弯曲模装配图"中。

（2）绘制、修改完成如图 14-25 所示的"弯曲模装配图"俯视图。

2. 绘制主视图

（1）使用"带基点复制（B）"、"粘贴（P）"的方法，复制"下模座"的主视图到"弯曲模装配图"的合适地方，效果如图 14-26 所示。

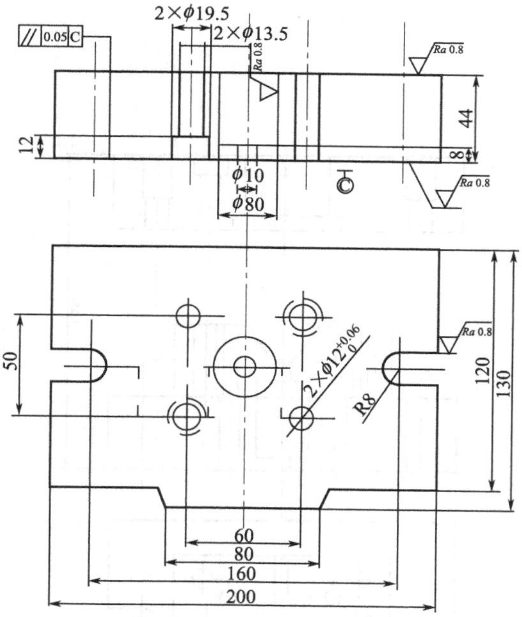

图 14-24　弯曲模下模座

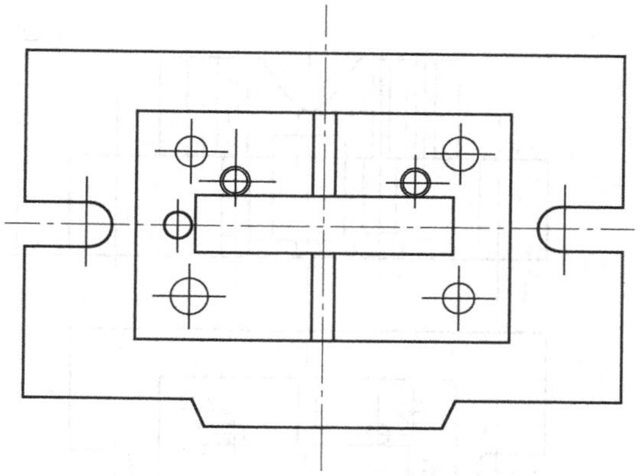

图 14-25　“弯曲模装配图”俯视图

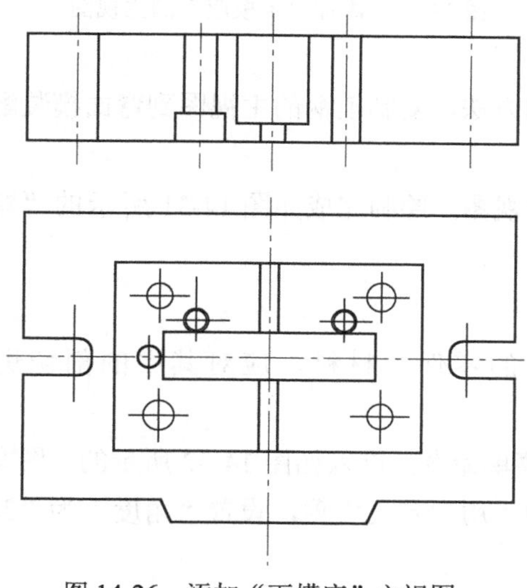

图 14-26　添加“下模座”主视图

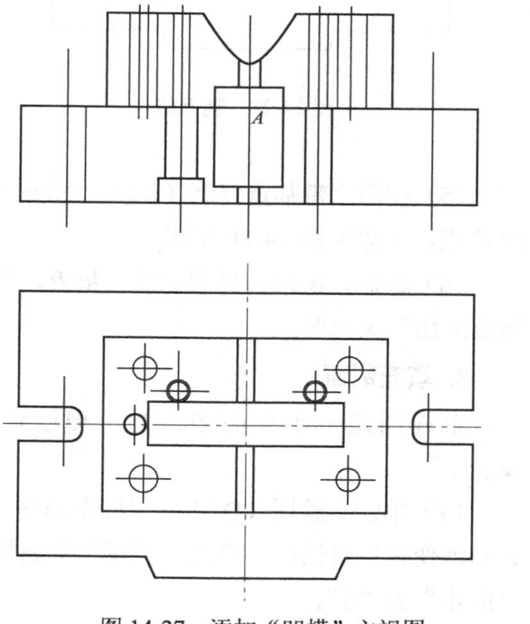

图 14-27　添加“凹模”主视图

（2）使用“带基点复制（B）”、“粘贴（P）”的方法，复制“凹模”的主视图到“弯曲模装配图”的 *A* 点，效果如图 14-27 所示。

（3）单击“修改（<u>M</u>）”→“偏移（<u>S</u>）”菜单命令，绘制如图 14-28 所示的偏移 186 的辅助线以及使用“夹点”的方法，延长中心线。

（4）使用“带基点复制（B）”、“粘贴（P）”的方法，复制“上模座”的主视图到弯曲模装配图的 *B* 点，效果如图 14-29 所示。

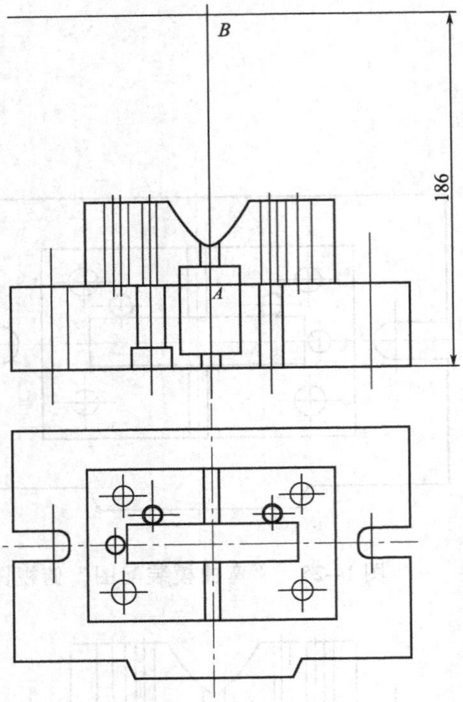

图 14-28 辅助线

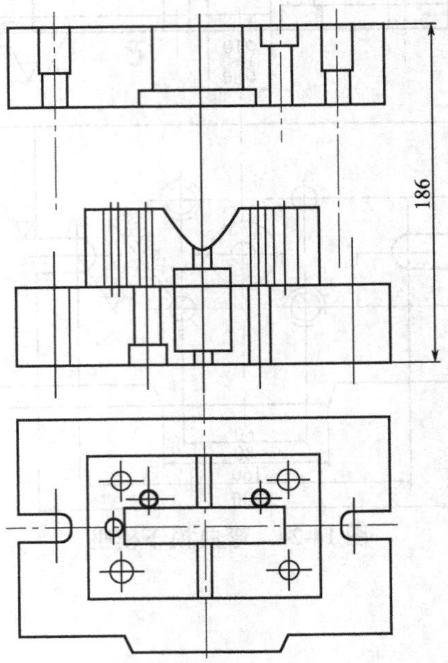

图 14-29 添加“上模座”的主视图

（5）使用“带基点复制（B）”、“粘贴（P）”的方法，复制模柄的主视图到弯曲模装配图的 *C* 点，效果如图 14-30 所示。

（6）最后，绘出凸模固定板、垫板、凸模的主视图，绘制完成如图 14-31 所示的“弯曲模装配图”主视图。

3. 填充剖面

主视图是一个剖面图，为了便于识别其中的零件和材料，应对其中的剖切进行填充。

（1）单击“绘图（D）”→“图案填充（H）”菜单命令，进入如图 14-32 所示的“图案填充和渐变色”对话框，单击“类型”列表框，选中“用户定义”项，设置“角度”为“30”，“间距”为“3”。

（2）单击“添加：拾取”按钮，拾取如图 14-33 所示的区域。

（3）单击右键返回“图案填充和渐变色”对话框，单击“预览”按钮，预览满意后，单击右键，如图 14-34 所示，填充选定的区域。

（4）在“图案填充和渐变色”对话框，设置“角度”为“45”和“60”填充其余的部分，完成如图 14-35 所示的图案填充。

4. 标注

接下来，可以在图中标注上必要的尺寸。

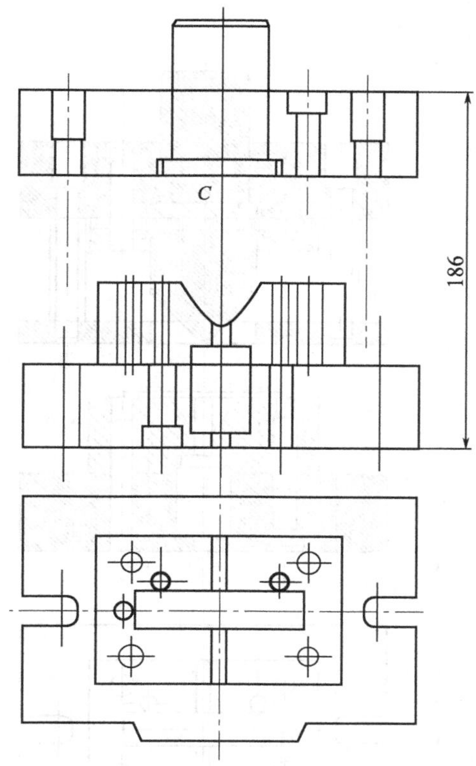

图 14-30　添加“模柄”的主视图

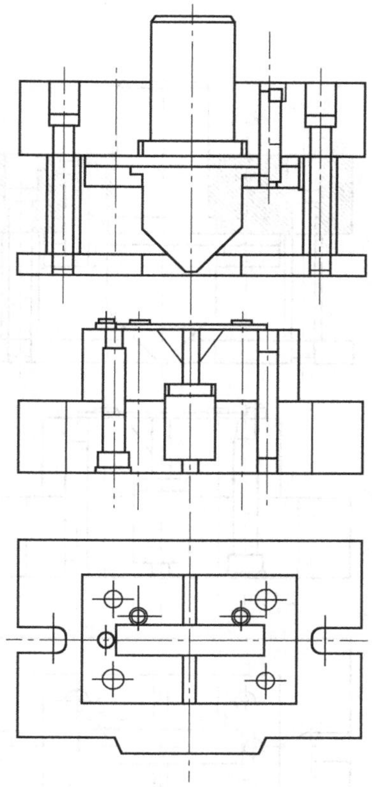

图 14-31　弯曲模装配图

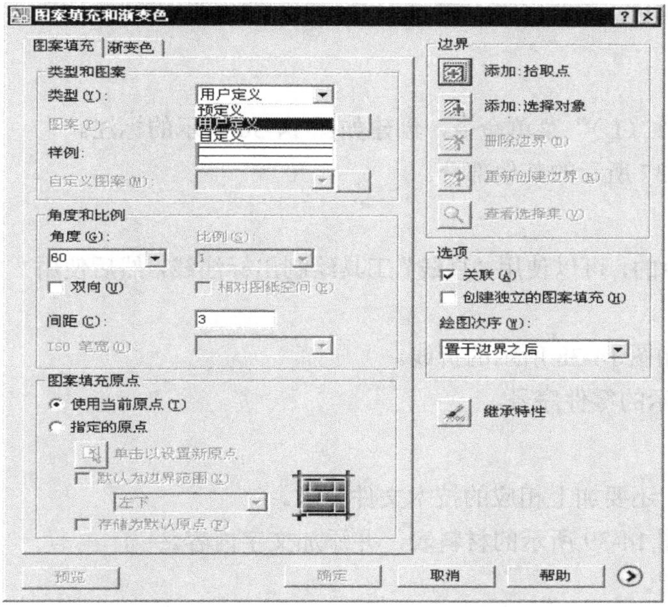

图 14-32　“图案填充和渐变色”对话框

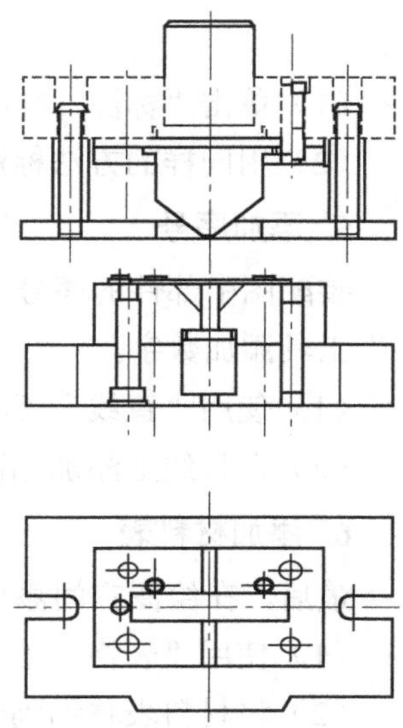

图 14-33　“图案填充”拾取区域

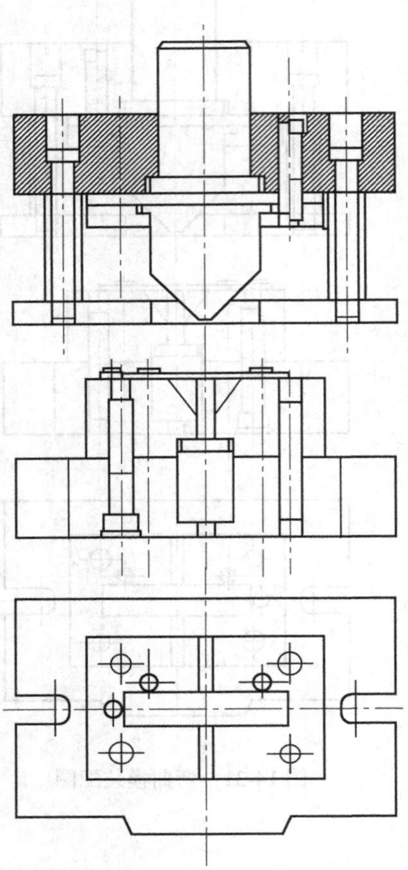

图 14-34 填充选定的区域

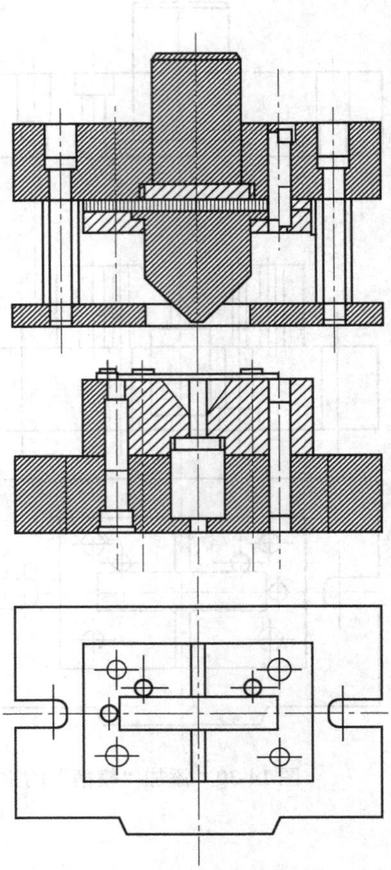

图 14-35 "图案填充"最后效果

（1）单击"标注（N）"→"线性（L）"菜单命令，创建如图 14-36 所示的标注。

（2）用同样的方法标注如图 14-37 所示的其他部分。

5. 添加序号

装配图中部件的序号是必不可少的，可以使用"直线"工具绘制出标注线，然后使用"文字"工具添加数字。

（1）使用"直线"工具，绘制如图 14-38 所示的折线。

（2）在折线上添加如图 14-2 所示的零件序号。

6. 添加材料表

最后，在绘图空间添加材料表，还要加上相应的技术文件要求。

（1）使用"表格"工具绘制如图 14-39 所示的材料表，并添加文字内容。

（2）将材料表移动到合适的位置。

（3）保存图形，完成制作。

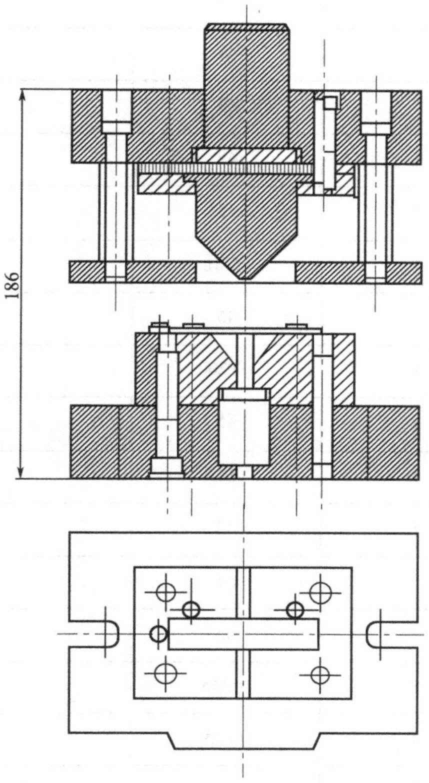

图 14-36　创建标注

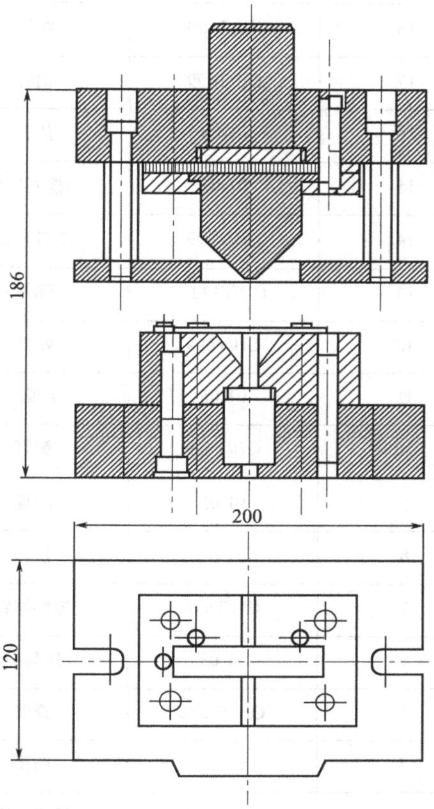

图 14-37　标注效果

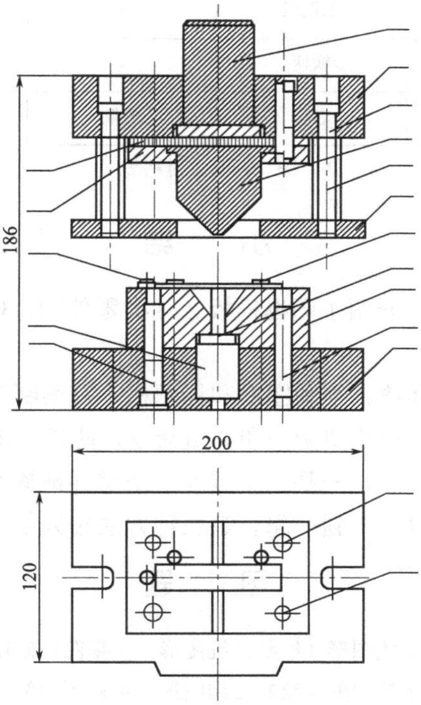

图 14-38　标注零件序号的折线

18	GB/T699	螺钉	2	45	
17	GB/T699	销钉	2	45	
16	01-08	垫板	1	45	
15	01-07	凸模固定板	1	45	
14	GB/T699	档料螺钉	1	45	
13	GB/T1222	弹簧	1	65Mn	
12	GB/T699	螺钉	2	45	
11	01-06	下模座	1	HT200	
10	GB/T699	销钉	2	45	
9	01-05	凹模	1	T10A	
8	01-04	顶杆	1	45	
7	GB/T699	导料螺钉	2	45	
6	01-03	压料板	1	45	
5	GB/T1222	弹簧	2	65Mn	
4	01-02	凸模	1	T10A	
3	GB/T699	压料螺钉	2	45	
2	01-01	上模座	1	HT200	
1	GB/T700	横柄	1	Q235	
序号	代号	名称	数量	材料	备注

图 14-39 材料表

小 结

本章通过 3 个典型实例，介绍了图框样板、轴类零件图、模具二维装配图的绘制和制作方法。

图框样板包括设置绘图环境、绘制图框和标题栏，是绘制工程图的基础。

绘制轴类零件，可以使用各种绘图命令和编辑命令，应该熟练掌握设计方法及技巧。

绘制装配图一般有两种方法，一是一个零件一个零件地逐个绘制；另一种方法是预先绘制好零件图，将各个零件“拼装”到一起。第二种方法较为常用，并且绘制图形较为快捷。

习 题

1. 按尺寸绘制如图 14-40 所示的图形（绘制二维图形，主视图和俯视图）。
2. 按尺寸绘制如图 14-41 所示的图形（绘制二维图形，主视图和俯视图）。

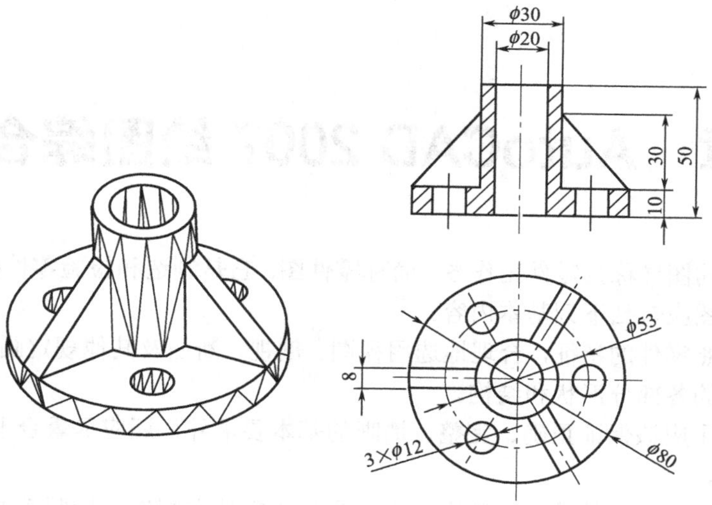

(a) 立体图　　(b) 视图

图 14-40　习题 1 图

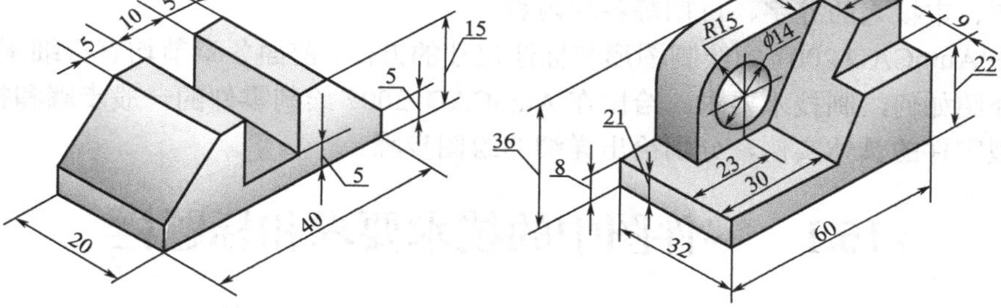

(a)　　(b)

图 14-41　习题 2 图

第 15 章　AutoCAD 2007 绘图综合实例二

表达零件图的图样称为零件工作图，简称零件图。它是制造和检验零件的重要技术文件。一张完整的零件图应包括下列基本内容。

- 图形：按照零件的特征，合理地选用视图、剖视、断面及其他规定画法，正确、完整、清晰地表达零件的各部分形状和结构。
- 尺寸：除了应该保证正确、完整、清晰的基本要求外，还应尽量合理，以满足零件制造和检验的需要。
- 技术要求：用规定的符号、数字或文字来说明零件在制造、检验等过程中应达到的一些技术要求。如表面粗糙度、尺寸公差、形状、位置公差和热处理要求等；统一的技术要求一般用文字注释书写在标题栏上方的图纸空白处。
- 标题栏：标题栏位于图纸的右下角，应填写零件的名称、材料、数量、图的比例以及设计、描图、审核人的签字、日期等各项内容。

对于在 AutoCAD 2007 中绘制图形和标注尺寸的方法，前面各章节均有详细阐述和介绍。本章着重介绍如何绘制技术要求；给出在 AutoCAD 2007 绘制零件的一般步骤和技巧；并针对各类典型零件的具体实例，分别给出详细的绘图步骤。

15.1　零件图中的技术要求和标题栏

15.1.1　标注尺寸公差

新建“尺寸公差”标注样式，利用“样式替代”标注尺寸公差。

以已建立的尺寸样式“GB”为基础，新建“尺寸公差”样式，进入“新建标注样式”对话框，选择“公差”选项卡，建立适合我国国家标注的标注样式。

15.1.2　标注形位公差

利用“公差”命令标注形位公差。

（1）命令：TOLERANCE↙或 TOL↙

（2）下拉菜单：标注（N）→公差（T）

（3）工具栏：标注工具栏上的按钮

提示：采用以上方法只能标注出形位公差，但 AutoCAD 2007 中没有现成的基准符号。因此如果标注的形位公差中有相对基准，还需单独绘制基准符号，最好使用下文中介绍的“图块”命令创建一个“基准符号图块”，绘制时要注意符合国标的有关规定。

15.1.3　使用图块标注表面粗糙度

图块是带有图块名称的一组图形实体的总称。AutoCAD 2007 可以创建内部块和外部块，然后根据需要将图块按照一定的比例和角度插入到图形所需的指定位置。

1. 创建内部块

创建内部块是指图块数据保存在当前文件中，只能被当前图形所调用的块。

2. 创建外部块

创建外部块的含义是图块数据保存在独立的图形文件中，可以被所有图形文件调用。

3. 插入图块

图块的调用是通过“插入”图块的方式来实现的，就是将外部块或当前图形中已经定义的内部块以适当的方式插入到当前图形的指定位置。

4. 使用图块标注表面粗糙度举例

在 AutoCAD 绘图环境下，表面粗糙度不能直接标注，需要事先按照机械制图国家标准对表面粗糙度标注的要求画出表面粗糙度符号，然后定义成带属性的块，在标注时用插入块的方法进行标注。下面以用去除材料的方法，在 AutoCAD 绘图环境下应用带属性块的方法来制作表面粗糙度符号，并将其标注在技术图样中。在技术图样中，由于幅面不同，在其上所标注的字号也不同，为了在使用过程中能够比较容易地确定表面粗糙度符号的缩放比例值与所标注的字号相匹配，将表面粗糙度符号绘制在尺寸为 1×1 的正方形中。

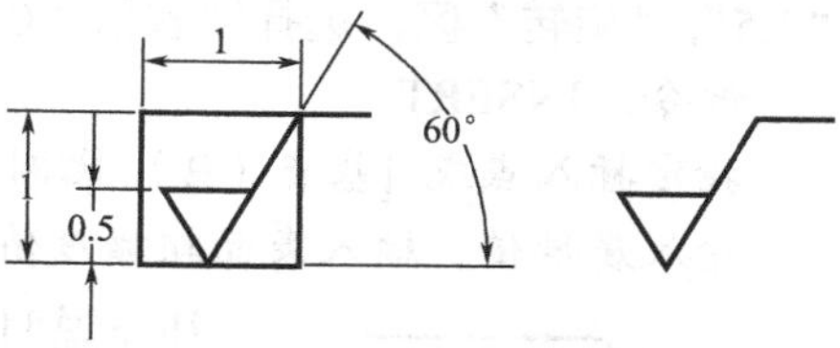

图 15-1　绘制表面粗糙度符号

（1）首先在尺寸为 1×1 的正方形中，根据表面粗糙度基本符号的画法及其尺寸绘制表面粗糙度符号，如图 15-1 所示。

（2）在下拉菜单中，单击“绘图（D）”→“块（K）”→“定义属性（D）”，打开“定义属性”对话框。

（3）在“属性”区域中的“标记”、“提示”、“值”各栏中，分别在对应的栏目中填入“表面粗糙度的值”、“粗糙度”、“12.5”等内容；在“文字选项”区域的“高度”栏中输入“0.5”（该选项也可在下拉菜单“格式”、“文字样式”、“字体高度”中设置）。

（4）在“文字选项”区域“对正”的下拉框，选中“调整”。

（5）单击“确定”按钮，系统提示：

命令：ATTDEF 指定文字基线的第一个端点：指定文字基线的第二个端点：

如图 15-2 所示是 1、2 两点为所填文字区间，该区间根据具体情况确定。

（6）单击“创建块”按钮，打开“块定义”对话框，输入块名“表面粗糙度”。

（7）单击按钮“选择对象”，有以下提示：

命令： BLOCK

选择对象：找到 1 个

选择对象：找到 1 个，总计 2 个

选择对象：找到 1 个，总计 3 个

选择对象：找到 1 个，总计 4 个（选择要生成的图块）

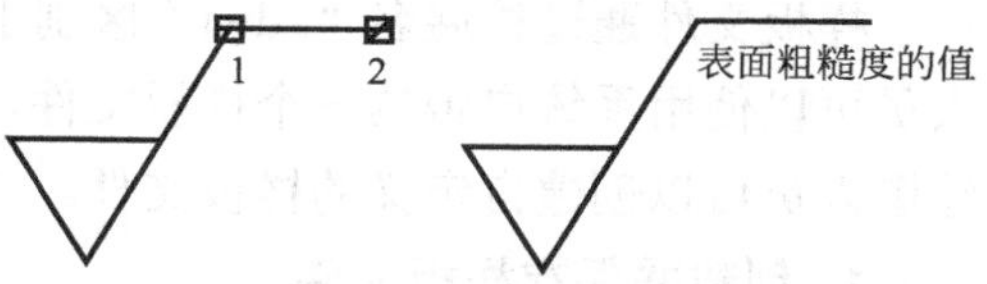

图 15-2　绘制表面粗糙度符号定义属性

（8）单击按钮“拾取点”，选择表面粗糙度符号的插入点（选择 1 点为插入点），如图 15-3 所示。

（9）单击“确定”按钮，完成表面粗糙度符号

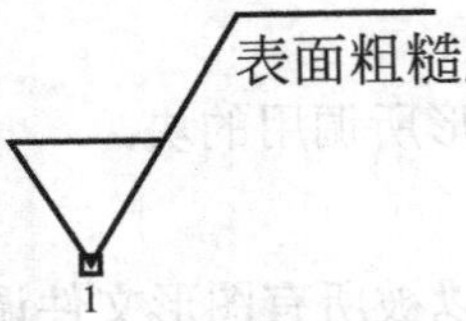

图 15-3 选择表面粗糙度符号的插入点

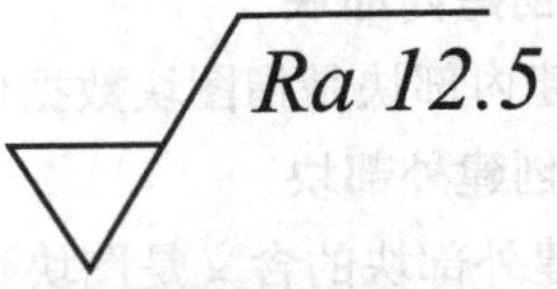

图 15-4 完成表面粗糙度符号的制作

的制作，如图 15-4 所示。

（10）如需定义外部块文件，则启动“外部块”命令打开“写块”对话框，选取全部图形及其属性，拾取图形底部三角顶点作为插入点，文件名为粗糙度，选择合适的路径。

（11）插入粗糙度符号时，启动“插入块”命令，打开“插入”对话框。选择外部块文件“粗糙度”；“插入点”区，选择“在屏幕上指定”；“缩放比例”区，选择“统一比例”，输入“3.5”；“旋转”区，选择缺省值“0”；按“确定”按钮关闭对话框。则显示：

命令: _INSERT

指定插入点或 [基点（B）/比例（S）/X/Y/Z/旋转（R）]: 指定插入基点↙

输入属性值，输入表面粗糙度值<12.5>: 6.3↙，结果如图 15-5 所示。

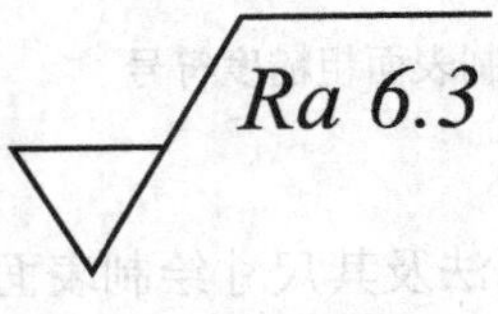

图 15-5 插入粗糙度块

补充说明：如果要创建内部块，最好在 0 层定义图块，这样的好处是：无论图块被插入到哪一个图层，块中对象的颜色、线型和线宽特性都将与插入层的颜色、线型和线宽设置保持一致。

提示：从例题中介绍的使用属性块来标注表面粗糙度可以看出，使用图块，特别是属性块作图，可以大大提高作图效率。绘制零件图时，一些常用的专业符号如表面粗糙度、基准符号、焊接符号等应建立成符号库；凡是绘图中经常使用的重复结构图形也可以创建图库，以备后用，可以随时调用插入所需图形中，此外绘制零件图必需的标题栏也适合创建成属性块。

15.2 绘制零件图的一般步骤

前面章节已经系统地介绍了使用 AutoCAD 2007 的基本绘图命令，介绍了绘制复杂平面图形以及绘制简单三视图的方法。学习 AutoCAD 2007 的最终目的是绘制专业图，本节首先介绍如何创建和使用样板文件，然后介绍绘制零件图的方法和步骤。

15.2.1 创建和使用样板文件

如果每次绘图时都要重新对绘图单位、图形界限、图层、文字样式和标注样式等基本绘图环境，以及图框和标题栏等进行设置，是非常繁琐的。若基于图形样板文件创建图形，则样板文件中对图形的设置，包括定义的图层、标注样式甚至图块都会自动在新图形中出现。因此如果想提高工作效率，绘图人员应创建符合国标的一系列样板图，方便每次绘图时调用。

样板文件通过扩展名“. dwt”区别于其他图形文件，通常保存在 Template 目录中。绘图人员可以使用系统自带的一个样板文件，其中以“Gb”开头的样板文件为符合我国国标的，绘图人员可以创建自定义的样板文件。

1. 创建并保存样板文件

以 A3 样板图为例。

（1）建立 A3 样板图。启动“新建”命令打开一张新图，选择中文版中默认的“acadiso.dwt”公制样板文件，然后确定。启动“保存”命令打开如图 15-6 所示的“图形另存为”对话框，选择文件类型为“AutoCAD 图形样板（*.dwt）”，输入文件名“A3 样板图”后，选择合适的路径保存。

（2）按照前面章节介绍的方法设置好绘图单位和精度、图形界限、永久性对象捕捉方式等，并建立好图层。

（3）设置符合国标的文字样式和标注样式。

（4）绘制图框和标题栏。标题栏宜作成属性块，即其中的固定文字应使用“单行文字”或“多行文字”命令先填好；作图中经常变化的文字则用“定义属性”命令作成属性。所有组成标题栏的图线、文字及属性共同作为要创建的“标题栏”图块中的属性。绘制图框和标题栏时应参照以下要求。

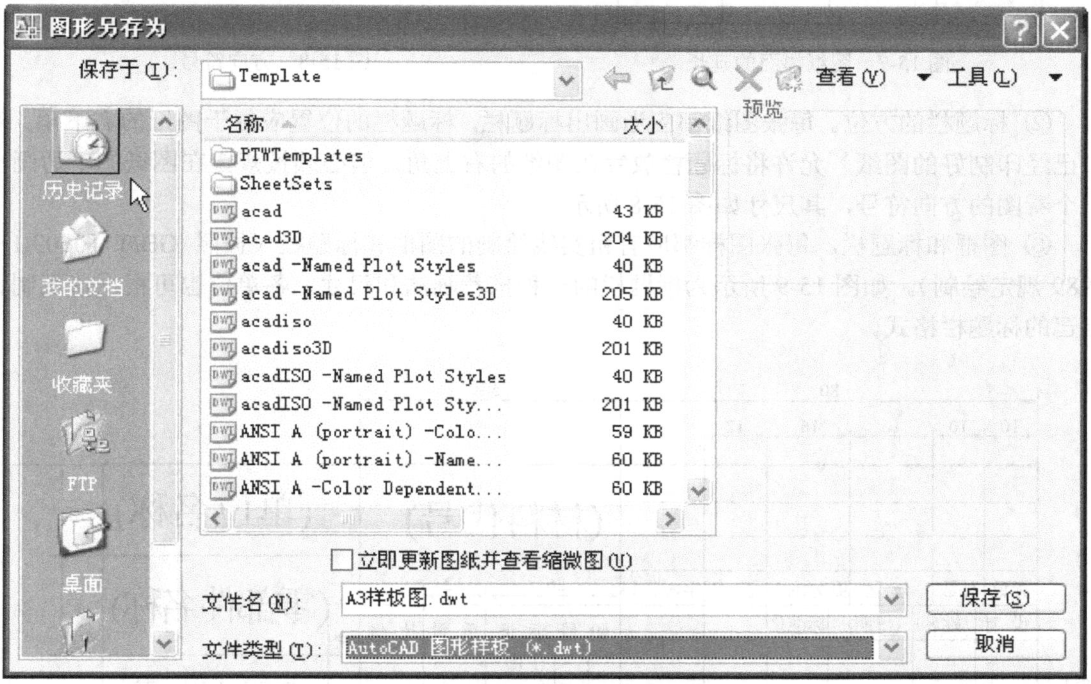

图 15-6　“图形另存为”对话框

① 图纸幅面和尺寸（GB/T 14689—1993）。图形的绘制必须采用标准规定的图纸大小和格式。绘制图形时应优先采用表 15-1 给定的尺寸。

表 15-1　图纸幅面　　mm

幅面代号	A0	A1	A2	A3	A4
$B \times L$	841 × 1189	594 × 841	420 × 594	297 × 420	210 × 297
e（四周）	20		10		
c（除左边）	10			5	
a（左边）	25				

图纸幅面最重要的特点就是：一张大的图纸沿长边对折裁开就是下面较小一号的图纸。

国家标准规定，除了采用表 15-1 规定的标准尺寸外，可以采用按照表 15-1 中的图纸尺寸的短边的倍数加长图纸，如 A3×3 图纸的尺寸为：长边为 A3 图纸短边尺寸的 3 倍，短边与 A3 图纸的长边尺寸相同，如图 15-7 所示。

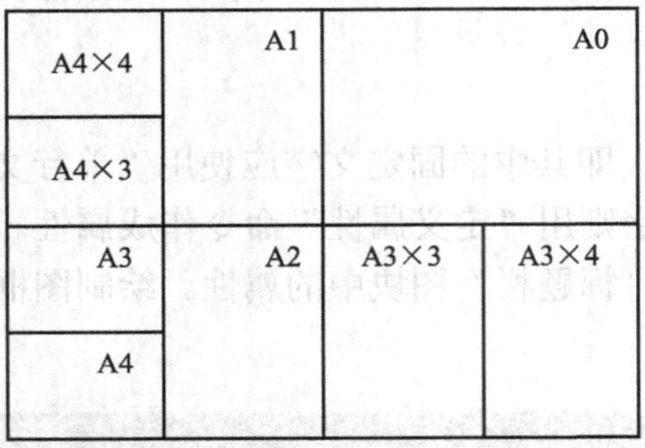

图 15-7 图纸幅面的延长

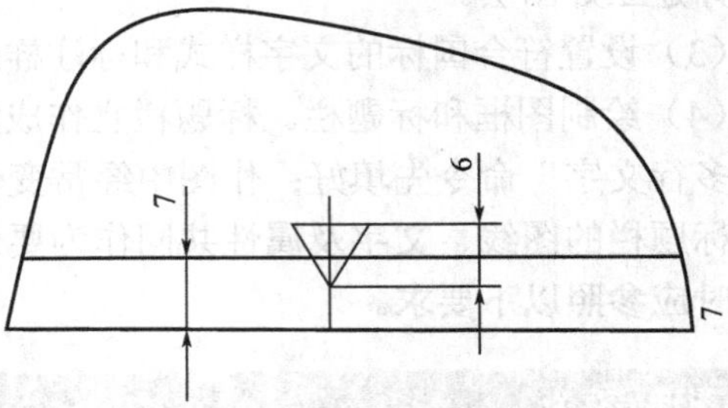

图 15-8 方向符号

② 标题栏的方位。每张图纸都应当画出标题栏，标题栏的位置应位于图纸的右下角。对于已经印制好的图纸，允许将标题栏放置在图纸的右上角，但必须按规定在图纸的下边画出一个看图的方向符号，其尺寸如图 15-8 所示。

③ 图框和标题栏。每张图样都应有粗实线绘制的图框和标题栏（按照 GB/T 10609.1—1989 规定绘制）。如图 15-9 所示为标题栏的一种推荐画法和尺寸。各单位也可根据情况制订自己的标题栏格式。

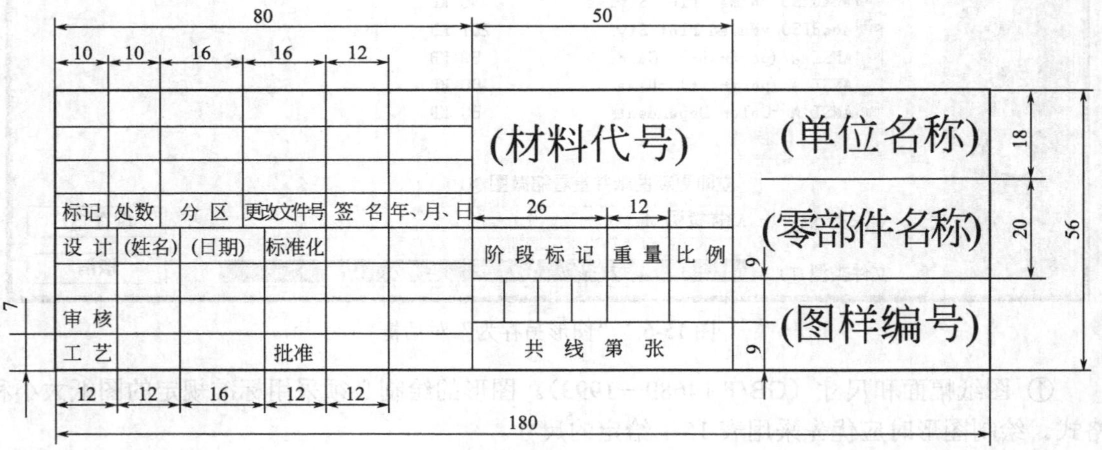

图 15-9 标题栏

（5）将已设置好的样板文件存盘退出。

2. 调用样板文件

启动“新建”命令，在弹出的“创建新图形”对话框中，进入建好的样板文件所在路径，从“选择样板”下拉列表中选择“A3 样板图.dwt”，单击确定打开一张新图。可以看到设置好的图层、文字及尺寸样式、图框和标题栏等都已经出现在当前图形中，而不会改变样板文件。

15.2.2　在 AutoCAD 2007 中绘制零件图的方法和步骤

1. 画图前的准备

（1）了解所绘零件的用途、结构特点、材料及相应的加工方法和工作情况。

（2）分析零件的结构形状，确定零件的视图表达方案。

2. 调用样板文件建立一张新图

启动“新建”命令，根据零件尺寸大小、绘图比例及视图数目选择合适的图层幅面，调用相应的样板图建立一张新图，填写标题栏后起名另存。

3. 按 1:1 原值比例绘制图形

（1）布置视图。根据各视图的轮廓尺寸，在点画线层画出确定各视图位置的基准线。注意应留出标注尺寸的空间。

（2）将粗实线层置为当前，按投影关系绘制图形。

通常从反应物体特征最明显的视图画起，画图时应注意分析图形特点，确定合适的作图路线，重复的结构尽量用编辑命令完成；还应注意合理使用正交、对象捕捉、极轴及对象追踪等精确绘图方法。

由于 AutoCAD 2007 二维绘图功能非常强大，实现统一效果的绘图操作过程往往不是唯一的，绘图人员可以根据个人习惯，综合分析实际情况，灵活运用各种绘图技巧，既快又好地绘制正确完整的图样。

4. 标注尺寸及技术要求

尺寸标注的基本要求是正确、完整、清晰、合理。

正确是尺寸标注必须符合国家标准的有关规定；完整是尺寸必须标注齐全，既不遗漏，也不重复；清晰是尺寸布置要适当，尽量标注在最明显的地方，以便看图；合理是指尺寸标注要符合设计与制造要求，为加工、测量及检验提供方便。

将尺寸标注层置为当前，按上述国标规定，正确、完整、清晰、合理地标注零件尺寸。如绘图比例不是原值比例，应先将图形进行缩放；然后设定尺寸样式中的“测量比例因子”，令该值与图形比例值的乘积为 1；例如将边长为 1 的正方形放大 10 倍，要想标注尺寸和放大之前的尺寸大小一样，则应将“测量比例因子”的值设置为 0.1，如图 15-10 所示；最后再进行相应的尺寸标注。标注尺寸公差、形位公差、表面粗糙度等技术要求。

如果零件由统一的文字描述技术要求，还需启动“多行文字”命令标注，注意汉字字高应比尺寸字高大一号。

5. 检查视图，调整图形到合适位置

检查图形是否符合投影规律和作图规范，图线使用的图层是否正确等。

根据图纸幅面，使用移动命令适当调整图形位置，但应保证“正交”模式是打开的。

6. 存盘退出

在作图过程中应注意随时保存，以免造成图形数据意外丢失。

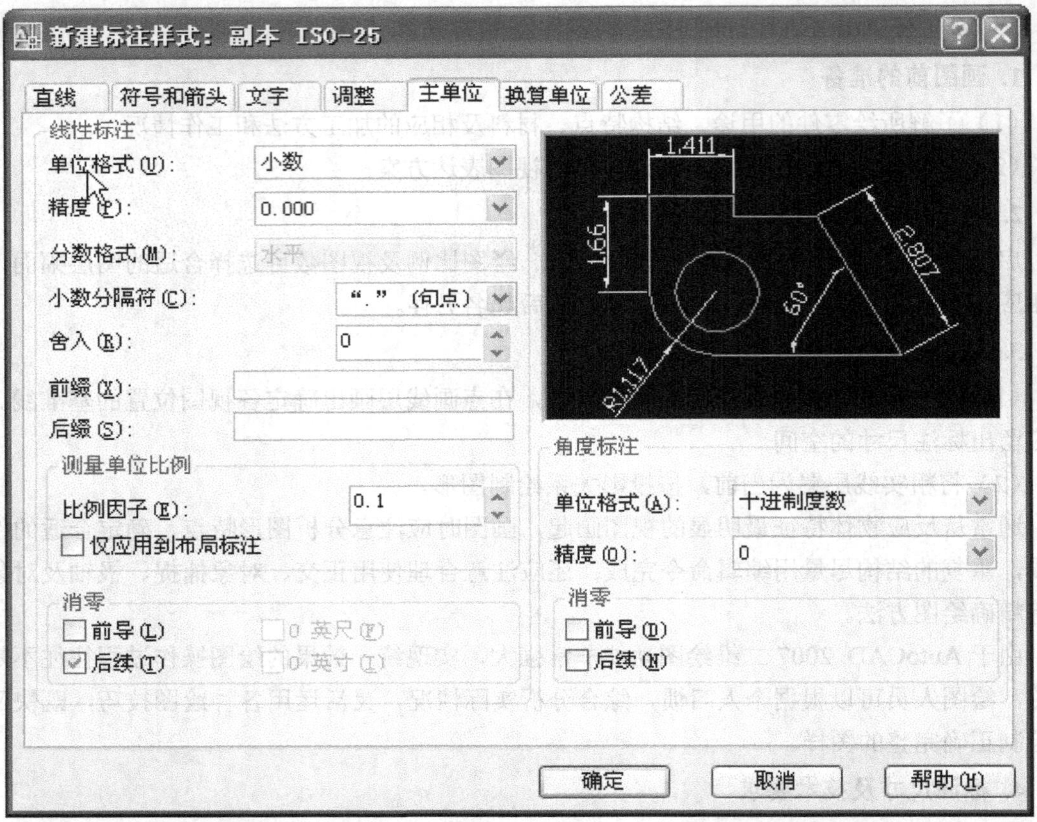

图 15-10 “新建标注样式”—“主单位”中的“比例因子”设置

15.3 轴套类零件图的绘制

轴套类零件，主要形状特点是由共轴线的回转体组成，一般在车床上加工，其主视图按加工位置轴线水平放置，视结构需要可采用适当的局部剖，键槽和孔等结构可以向前，也可以向上。对于键槽和孔等结构还应作出移出断面，而对砂轮越程槽、退刀槽、中心孔等结构可用局部放大表示。

15.3.1 绘制轴套类零件视图的方法

根据上述结构特点，在绘制轴套类零件的主视图时，应有公共对称轴线。图形是沿轴线方向排列分布的，且大部分线条与轴线平行或垂直。因此在绘制轴套类零件的主视图时，多采取以下两种方法。

（1）先用直线（LINE）命令画出轴线和其中的一个端面作为作图基准，然后综合使用偏移（OFFSET）和修剪（TRIM）命令作出主视图上每一轴段的投影线。

（2）使用直线（LINE）命令画出主视图的上半部分后，再进行倒角（CHAMFER）及倒圆角（FILLET）命令对图形进行编辑修改，最后用镜像（MIRROR）命令完成下半部分。

除了以上两种常规画法外，根据轴套类零件主视图的几何特点，合理使用图块功能，也可以有效提高画图速度。特别是轴段较多的零件，效果尤其明显。

首先创建一个边长为 1 的正方形，插入基点设定在左端垂直线段的中点；用点画线画出轴线；算出主视图中每一轴段的尺寸后由左至右依次插入图块，注意在插入时输入计算好的长、宽比例；最后将全部图块分解，运用倒角（CHAMFER）和倒圆角（FILLET）等命令完成绘制需要倒角等细节的轴段。

运用上述方法之一将主视图绘制完成后，再绘制出轴的断面图和局部放大图等。

15.3.2　绘制轴套类零件实例

以如图 15-11 所示的轴类零件图为例，使用图块功能详细给出典型轴类零件的作图步骤。

1. 用“矩形”命令绘制单位长度为 1 的正方形

命令：_RECTANG↙

指定第一个角点或 [倒角（C）/标高（E）/圆角（F）/厚度（T）/宽度（W）]:在绘图区指定一点

指定另一个角点或 [面积（A）/尺寸（D）/旋转（R）]: @1,1↙

2. 用“创建块”命令将单元矩形定义成“单元矩形”图块

命令：B↙（弹出“块定义”对话框，输入块名为“单元矩形”，然后单击“拾取点”按钮通过鼠标捕捉基点）

BLOCK 指定插入基点（指定单元矩形左边中点作为图块插入基点，为方便捕捉中点，可将矩形放大，然后单击“选择对象”按钮通过鼠标用交叉窗口选择单元矩形）

选择对象：指定对角点：找到 1 个

选择对象：↙（鼠标右键，然后单击“确定”按钮完成操作）

3. 用“插入”命令按照每一轴段的尺寸由左至右依次插入“单元矩形”图块

（1）设置当前图层为“点画线”层，启动“直线”命令绘制轴线，调整全局线型比例因子到合适值。

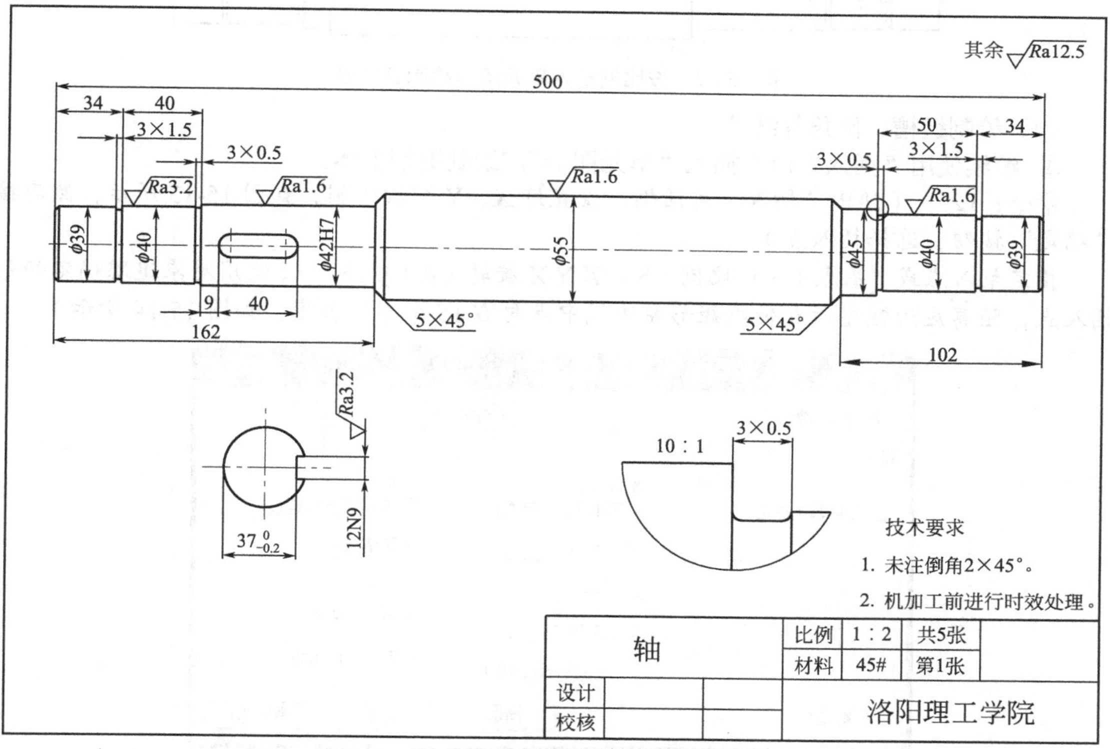

轴		比例	1：2	共5张
		材料	45#	第1张
设计		洛阳理工学院		
校核				

图 15-11　轴类零件图示例

命令：Z↙（ZOOM）

指定窗口的角点，输入比例因子（nX 或 nXP)，或者

[全部（A）/中心（C）/动态（D）/范围（E）/上一个（P）/比例（S）/窗口（W）/对象（O）] <实时>: p↙ （将当前绘图窗口缩放回原尺寸）

命令：L↙

LINE 指定第一点:　　　　　　　（在绘图区任意点取，指定第一点）

指定下一点或 [放弃（U）]:　　500（先向右导引方向）

指定下一点或 [放弃（U）]:　　（完成本次操作，得到所需轴线）

命令：LTS↙

LTSCALE 输入新线型比例因子 <10.0000>: 0.4

（2）启动“插入”命令绘制第一轴段

命令：I（弹出“插入”对话框，选择图块名为“单元矩形”，输入 X、Y 缩放比例分别为 31、39，单击“确定”按钮）

指定插入点或 [基点（B）/比例（S）/X/Y/Z/旋转（R）]:（插入基点，捕捉轴线左端的某一最近点）

（3）重复“插入”命令 10 次，逐一绘制其他轴段（包括退刀槽，越程槽等）

命令：↙　　（在完成一个命令后，直接按回车键，可以重复调用该命令）

指定插入点或 [基点（B）/比例（S）/X/Y/Z/旋转（R）]:

每一轴段的 X、Y 缩放比例应分别为：3、36；37、40；3、39；88、42；236、55；18、45；3、39；47、40；3、36；31、39。结果如图 15-12 所示。

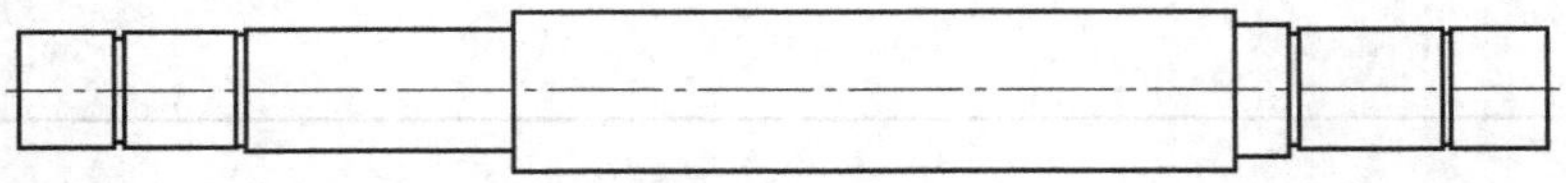

图 15-12　按比例插入单元矩形绘制各轴段

（4）绘制键槽、倒角等细节

① 继续使用“插入”命令插入“单元图形”，绘制键槽主体。

命令：I↙　（弹出“插入”对话框，设置好 X、Y 缩放比例，如图 15-13 所示，然后按“确定”按钮，选择插入点）

指定插入点或 [基点（B）/比例（S）/X/Y/Z/旋转（R）]: 15↙ （使用对象追踪确定矩形插入点，距离应为键槽所在轴段矩形左边线中点向右 15 个单位长度，如图 15-14 所示）

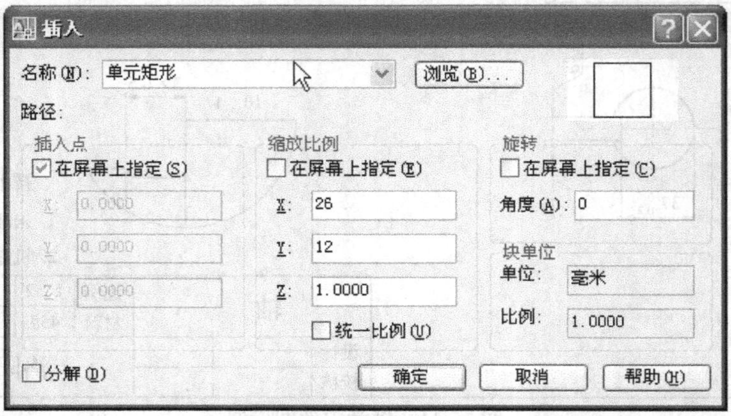

图 15-13　绘制键槽时单元矩形的插入比例

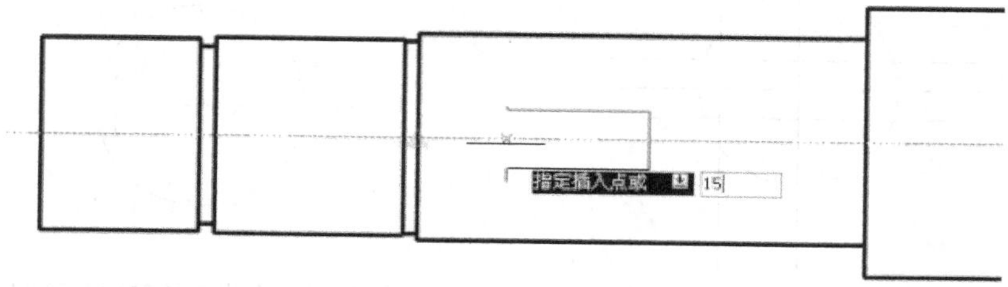

图 15-14　使用对象追踪确定插入点绘制键槽

此时，矩形的轴向长度应为键槽的圆心距，所以 X、Y 的缩放比例是 28、12，最后在插入好的矩形左右两侧倒圆角，完成键槽的绘制。

② 先将需要倒角的轴段矩形及键槽矩形进行分解，然后使用倒角、倒圆角命令完成相应的修改操作。

命令：EXPLODE↙，将图形分解。

命令：CHAMFER↙，完成所有对键槽倒圆角的操作。

注意：在 AutoCAD 2007 中，使用“圆角”命令在两条平行线之间倒圆角，只需在要做圆角的那一侧的两条平行线上单击即可生成以平行线之间的距离为直径的半圆，并通过最短直线的端点，在修剪模式下，长的平行线多余部分则会自动被修剪掉，因此，在这里可以不用输入圆角半径 6。

对所需倒角的轴段矩形及需倒圆角的键槽矩形的修改操作完成后，结果如图 15-15 所示。

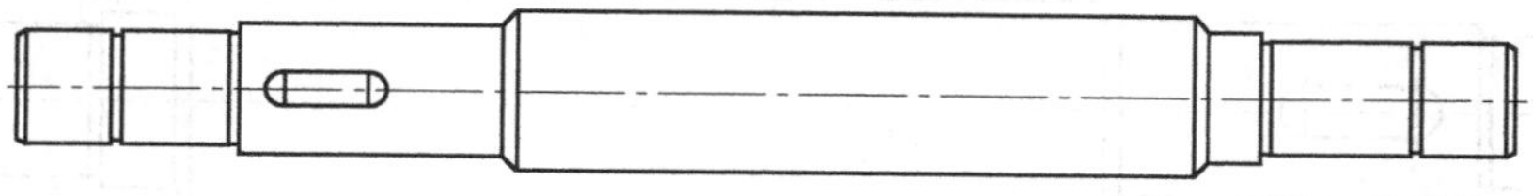

图 15-15　对所需修改的矩形进行倒角、圆角操作后的效果。

③ 调用“直线”命令画出倒角部分与轴线的垂直交线，键槽内的修改为点画线，并用“拉长”命令对其进行修改，达到所需长度要求。完成后的主视图如图 15-16 所示。

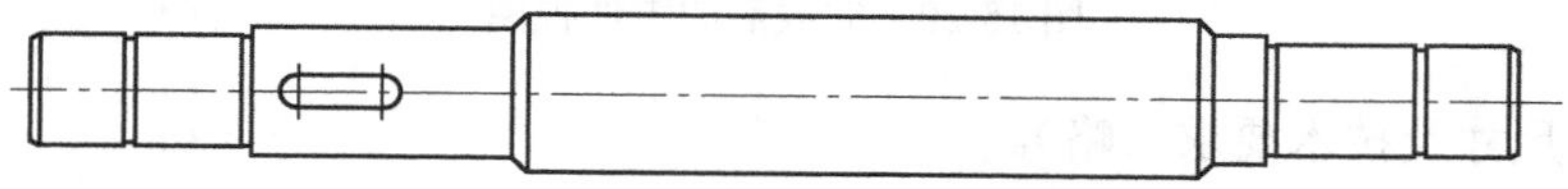

图 15-16　修改完成后的主视图

（5）绘制移出断面图　将点画线层置为当前层，在键槽下方位置画断面圆的中心线，然后按照尺寸画圆。

调用“偏移”和“修改命令”绘制键槽缺口或者调用“直线”命令配合对象捕捉及对象追踪功能直接画线，编辑修改后完成操作。

命令：OFFSET↙

结果如图 15-17 所示。

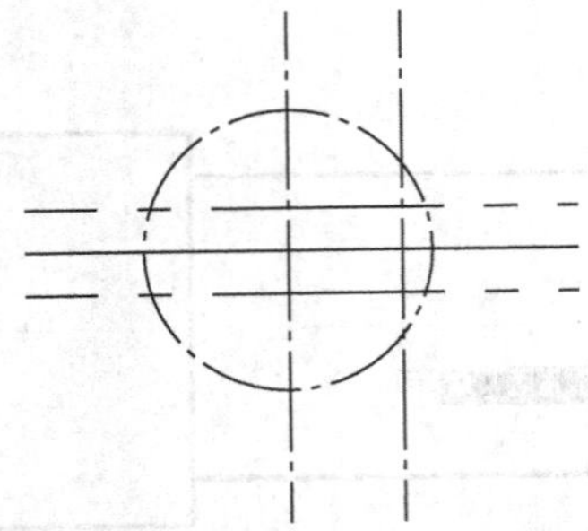

图 15-17　中心线偏移后的移出断面圆

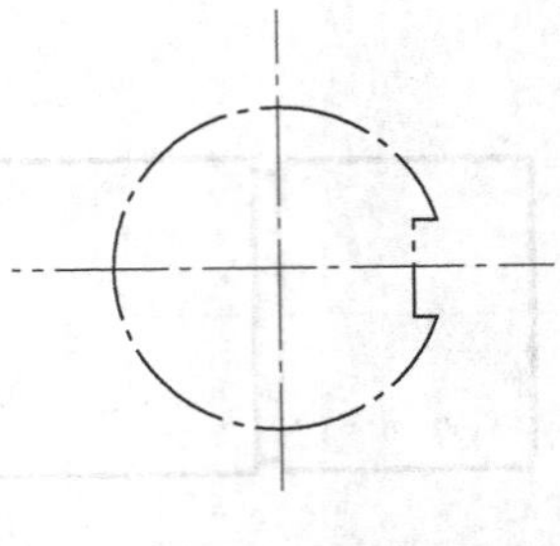

图 15-18　修剪后的移出断面圆

命令： TRIM↙

结果如图 15-18 所示。

调用特性匹配命令，将移出断面圆的外部轮廓由点画线变为粗实线。

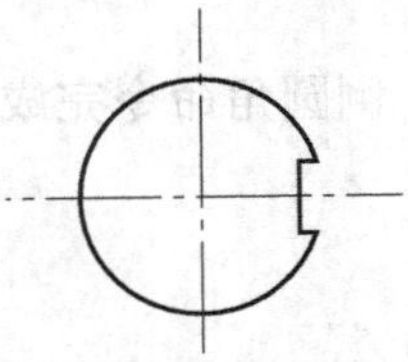

图 15-19　经特性匹配后的移出断面圆结果

命令: MATCHPROP↙或单击按钮。

结果如图 15-19 所示。

填充剖面线：使用“图案填充”命令，选择好合适的线形图案、填充比例后，对移出断面圆进行填充，结果如图 15-20 所示。

（6）绘制局部放大图

① 使用“复制”命令将主视图上需要放大部分的图形复制到局部放大图位置。

② 使用“样条曲线”命令绘制断裂线，使用“修剪”命令修剪多余的图线。

③ 使用“圆角”命令绘制过渡圆角。

使用“缩放”命令以 10:1 的比例放大图形。结果如图 15-20 所示。

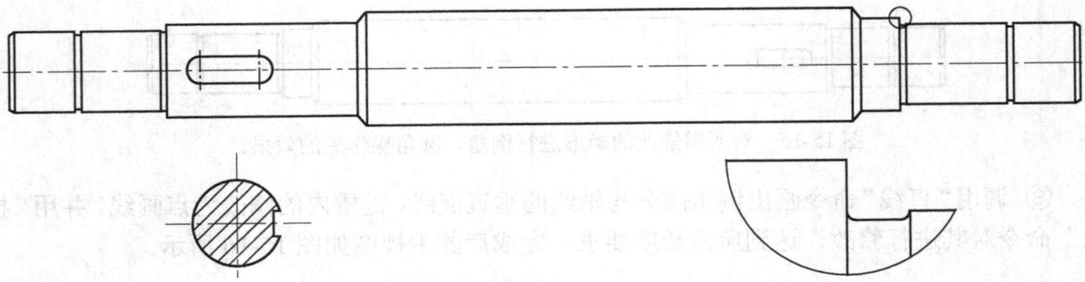

图 15-20　完成后的零件视图

（7）标注尺寸及技术要求（略）。

（8）存盘退出。

15.4 轮盘类零件图的绘制

轮盘类零件形体主要为回转体，结构比较简单。此类零件的毛坯有铸件和锻件，机械加工以车削为主，一般需要两个或两个以上基本视图。

主视图按加工位置一般采取水平放置并绘制成全剖图，而对于复杂的盘盖类零件，因加工工序较多，主视图也可按工作位置绘制，为了表达轮盘上的螺纹孔等结构的形状和分布情况，可采用左视图和右视图，有些局部结构还常用移出断面图或局部放大图来表示。另外，在轮盘类零件中，常有沿盘类零件圆周分布的均布结构，如图 15-21 中的 4× ϕ20 孔，对于此类均布结构的绘制可采用“阵列”命令复制。

15.4.1 轴端盖零件图的绘制

零件如图 15-21 所示。

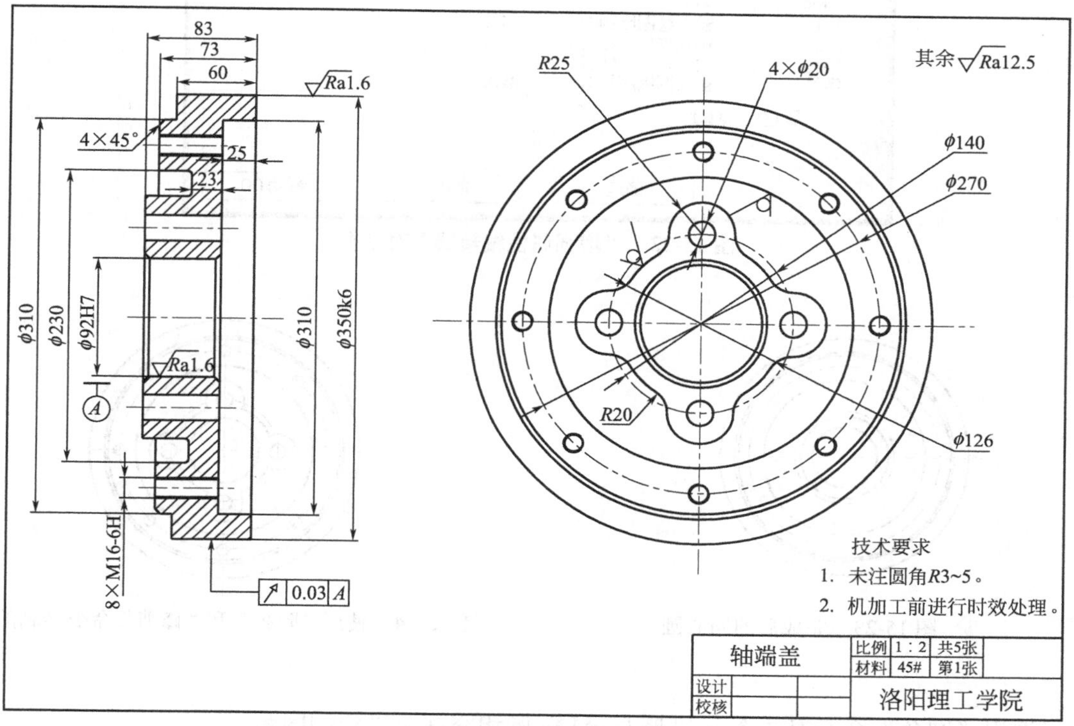

图 15-21 轴端盖零件图

1. 设置绘图环境

（1）打开 A3 样本文件，将文件另存为“轴端盖零件图”。

（2）双击标题栏文件内容，弹出“增强属性编辑器”选项卡，如图 15-22 所示，从上到下依次选择“零件名称”、“绘图比例”、“零件材料”、“图纸总张数”及“图纸序号”等，更改属性值。

2. 绘制图形

（1）绘制轴端盖零件图中心线 将中心线层设置为当前层，调用“直线（L）”命令绘制轴端盖的中心线，中心线的长度及位置可根据图纸的幅值自行确定。

（2）绘制轴端盖的左视图

由内向外绘制以轴端盖左视图中心对称线的交点为圆心的同心圆。在中心线层绘制两个直径为 140 和 270 的同心圆。然后将粗实线层设置为当前层，依次绘制直径为 92、126、230、310 和 350 的五个同心圆。绘制同心圆时可以重复调用“圆”命令绘制，也可以先绘制一个圆，然后用“偏移”命令绘制同心圆，可根据个人习惯，灵活应用，如图 15-23 所示。调用“阵列”和“修剪”命令绘制 4× ϕ20、4× ϕ50 和 8×M16 的孔，如图 15-24 所示。

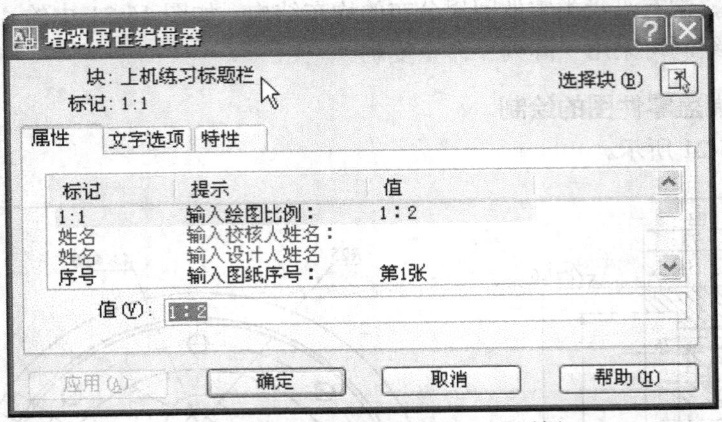

图 15-22 “增强属性编辑器”对话框

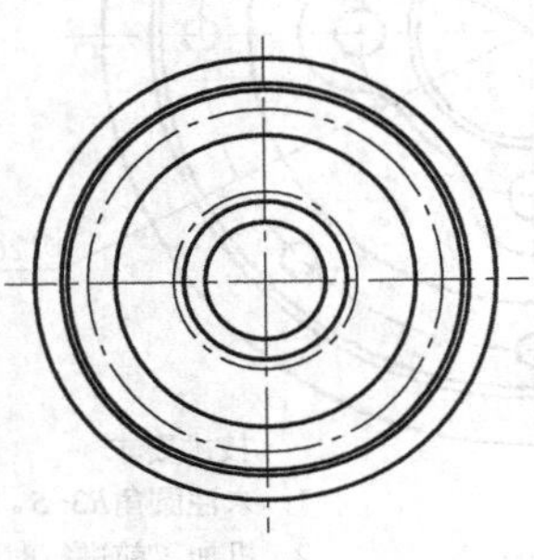

图 15-23 完成后的同心圆

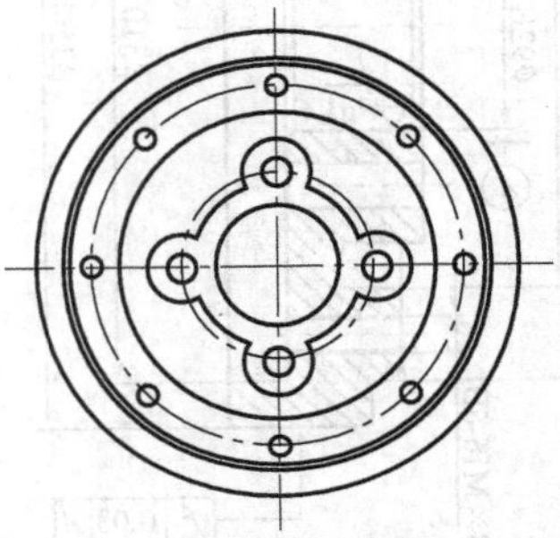

图 15-24 使用“阵列”和“修剪”命令绘制的孔

调用“圆角”命令对 4 个 $\phi 50$ 圆与 $\phi 126$ 圆相交部分进行倒圆角。

命令：FILLET↙

最后由于中心孔需要倒角，所以调用“偏移”命令绘制倒角后的中心孔轮廓线，完成左视图的所有绘制工作，如图 15-25 所示。

（3）绘制轴端盖主视图 由图 15-21 可知，轴端盖主视图上、下部分关于水平中心线对称，因此在绘制过程中可利用其结构特点，先绘制主视图上半部分，然后使用“镜像”命令复制下半部分，以提高绘图效率。

① 绘制轴端盖主视图上半部分的外轮廓线。

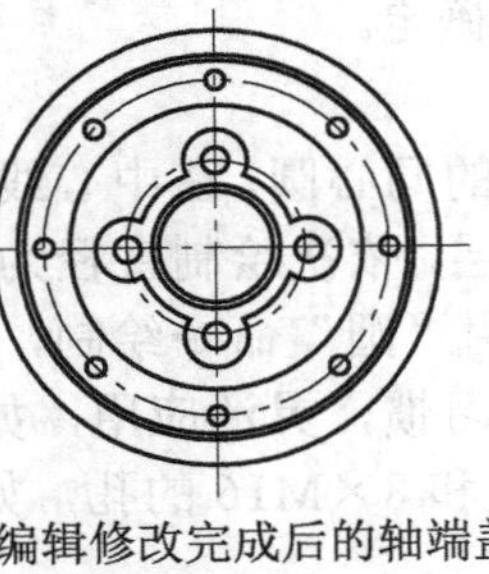

图 15-25 编辑修改完成后的轴端盖左视图

激活“偏移”命令，将主视图水平中心线向上依次偏移 46、95、115、155 和 175，然后将竖直中心线做依次偏移 25、48、60、73 和 83，结果如图 15-26 所示。

激活“修剪”命令，修剪多余线条，然后使用“特性匹配”命令将主视图上半部分的轮廓线变成粗实线，结果如图 15-27 所示。

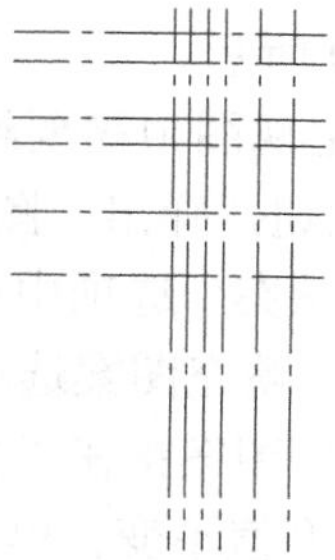

图 15-26　主视图中心线偏移后效果图

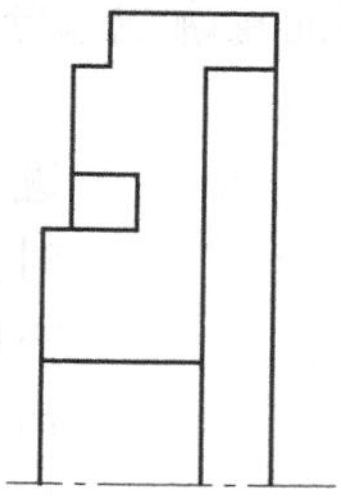

图 15-27　主视图外轮廓线

注意：由于偏移后的线条太多，容易干扰后期的修改工作，所以先绘制主视图上半部分的外轮廓线，经编辑修改后再绘制孔的剖面轮廓线。

② 绘制孔及螺纹孔。

激活“偏移”命令，将主视图水平中心线向上偏移 70，作为 ϕ20 孔的中心线，然后将其向上、下两侧各偏移 10，绘制完成 ϕ20 孔的剖面轮廓线；再次将主视图水平中心线向上偏移 135，作为 M16 螺纹孔的中心线，然后将其向上、下两侧各偏移 7 和 8，完成 M16 螺纹孔的剖面轮廓线的绘制，最后使用“修剪”命令对上述结果进行处理，使用“特性匹配”命令将轮廓线处的点画线转换成粗实线，如图 15-28 所示。

③ 使用“倒角”和“圆角”命令对以上结果进行编辑处理。

激活“倒角”命令对所需倒角部分进行编辑处理。

命令：CHAMFER↙

调用“直线”命令，补充画出因在剪切模式下倒角时被剪切掉的主视图的中心孔轮廓线及由倒角产生的轮廓线。

命令：LINE↙

选择单击“特性匹配”按钮，激活命令，将修改后的轮廓线转变成粗实线。

命令：'_MATCHPROP

激活“圆角”命令对所需倒圆角部分进行编辑处理。

命令： F↙

结果如图 15-29 所示。

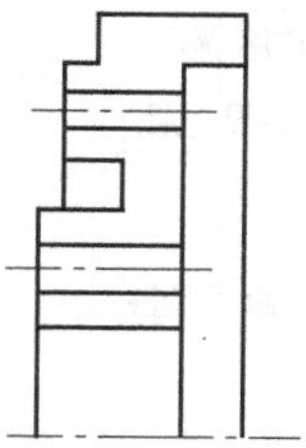

图 15-28　主视图上半部分孔的绘制结果

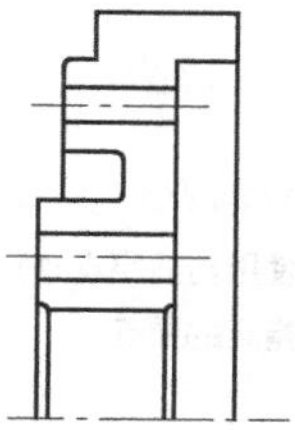

图 15-29　经过“倒角”和“圆角”编辑修改后的主视图

（4）使用“镜像”命令对主视图的上半部分进行镜像复制。激活“镜像”命令或者单击 按钮后，使用交叉窗口从右向左将绘制好的主视图上半部分的轮廓线全部选中，以水平中心线为镜像线进行复制，完成主视图的轮廓线部分绘制。

命令: _MIRROR

至此，主视图的轮廓线部分的绘制彻底完成，如图 15-30 所示。

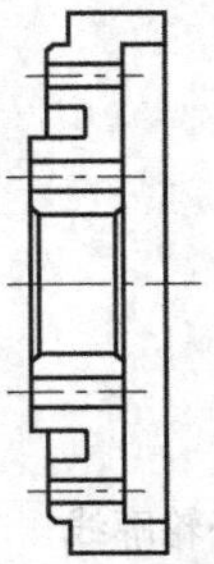

图 15-30　主视图轮廓线部分

（5）使用“填充”命令对主视图中需要绘制剖面线的部分进行填充。单击“图案填充”按钮，弹出“图案填充和渐变色”对话框，如图 15-31 所示，在“图案”选项中选择其右侧的“填充图案选项板”按钮，弹出“填充图案选项板”，如图 15-32 所示，选择其中的“JIS_LC_20”图案；在“角度和比例”复选框中将比例值设置为“0.3”，角度值不变；单击“边界”复选框中的“添加拾取点”按钮，在需要进行图案填充部分的轮廓线内部单击左键添加拾取点，选择完毕后，连续两次回车完成对主视图的填充（或者单击鼠标右键，弹出快捷菜单，单击“确定”选项返回“图案填充和渐变色”对话框，再单击“确定”按钮完成对主视图的填充）。至此轴端盖主视图绘制完毕，如图 15-33 所示。

（6）调整视图位置。

（7）完成相关标注。

15.4.2　皮带轮零件图的绘制

零件如图 15-34 所示。

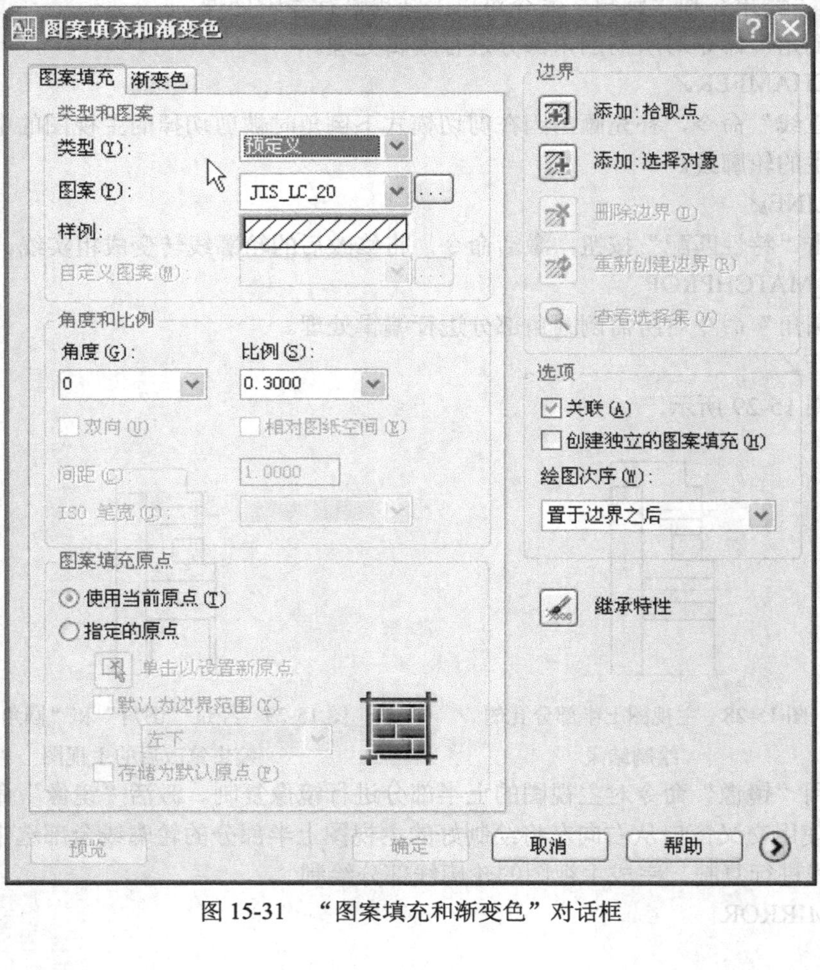

图 15-31　“图案填充和渐变色”对话框

图 15-32 “填充图案选项板”对话框

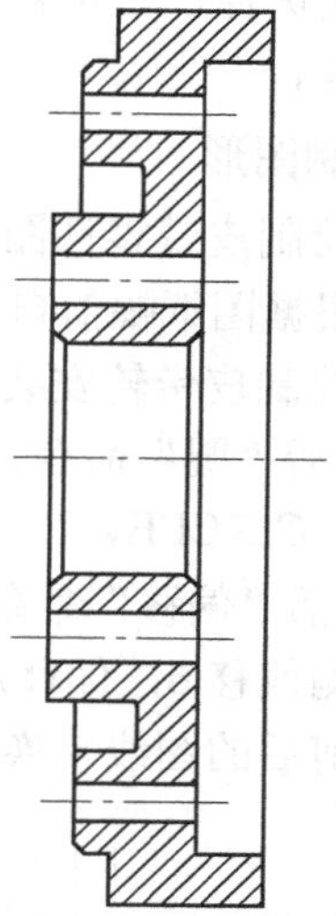

图 15-33 填充后的主视图

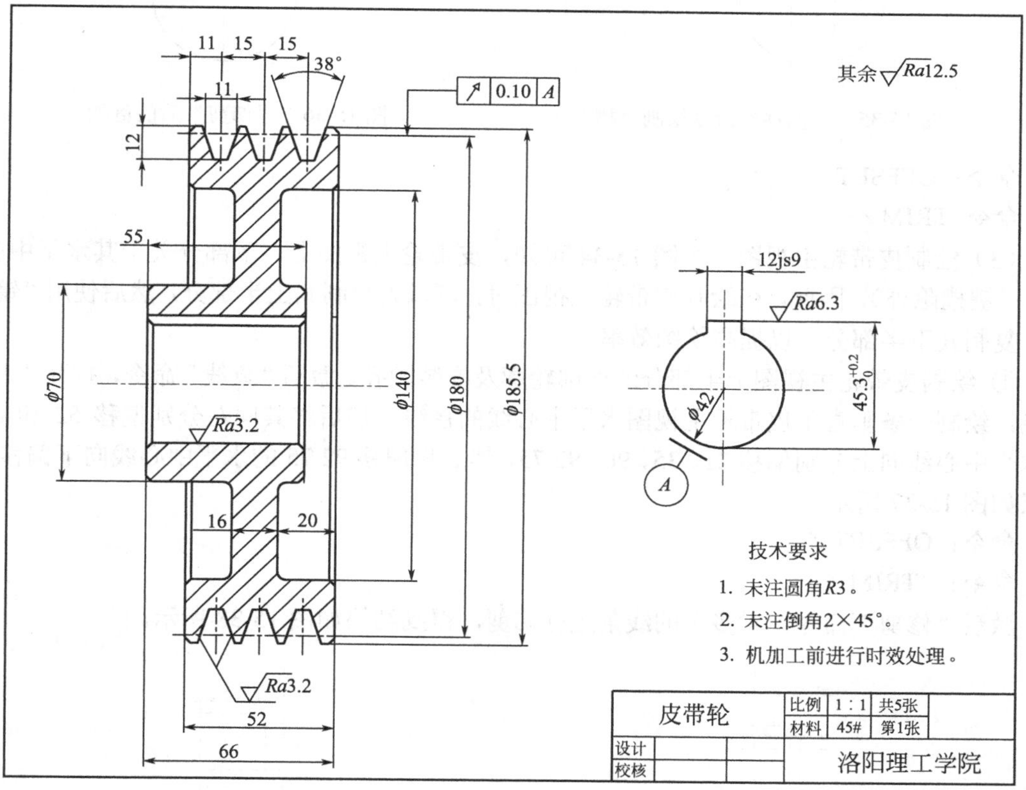

图 15-34 皮带轮零件图

1. 设置绘图环境

（1）打开 A3 样本文件，将零件另存为“皮带轮零件图”。

（2）双击标题栏文件内容，弹出“增强属性编辑器”选项卡，如前面图 15-22 所示，从上到下依次选择“零件名称”、“绘图比例”、“零件材料”、“图纸总张数”及“图纸序号”等，更改属性值。

2. 绘制图形

（1）绘制皮带零件图的中心线　将中心线层置为当前层，激活“直线”命令绘制皮带轮中心线，根据图纸幅值自行确定中心线的长度和位置。

（2）绘制皮带轮安装轴孔和键槽结构左视图

① 激活“圆”命令，画 $\phi 42$ 的圆。

命令：CIRCLE↙

② 激活“偏移”命令，画键槽。先将圆的水平中心线向上偏移 24.3，再将竖直中心线分别向其两侧偏移 6，偏移后的结果如图 15-35 所示。使用“修剪”命令，修剪掉多余的线条，然后将修剪后的图线转换到粗实线层，结果如图 15-36 所示。

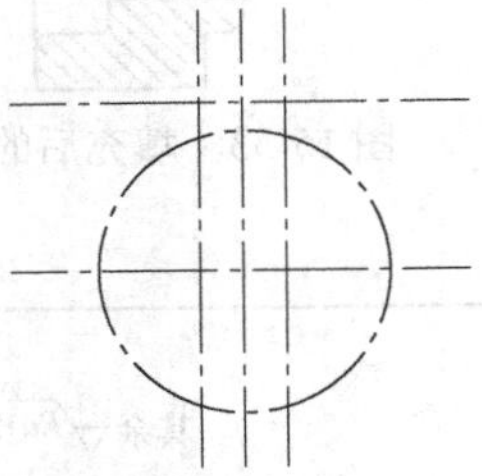

图 15-35　“偏移”命令绘制键槽

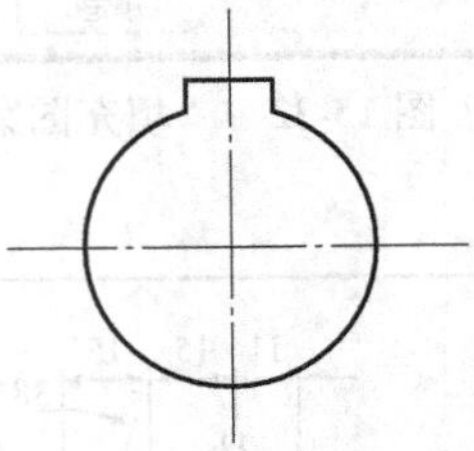

图 15-36　“修剪”后的键槽

命令：OFFSET↙

命令: TRIM↙

（3）绘制皮带轮主视图　由图 15-34 可知，皮带轮主视图上、下部分关于其水平中心线对称（键槽除外），因此，在绘制皮带轮主视图时，可以先绘制其上半部分，然后使用“镜像”命令复制其下半部分，以提高绘图效率。

① 绘制皮带轮主视图上半部分的外部轮廓及安装轴孔。激活“直线”命令，打开“正交”功能，绘制一条垂直于皮带轮主视图水平中心线的直线，然后将其向左分别偏移 52 和 66；将水平中心线向上分别偏移 21、35、90、92.75，然后将偏移 92.75 的水平中心线向下偏移 12，结果如图 15-37 所示。

命令：OFFSET↙

命令：　TRIM↙

激活“修剪”命令，对多余的线条进行修剪，得到结果如图 15-38 所示。

图 15-37　偏移直线结果

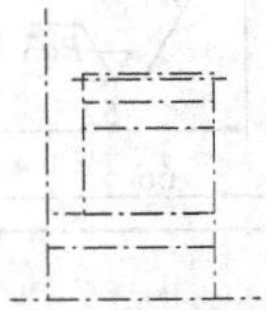

图 15-38　直线修剪结果

② 绘制轮辐。激活“偏移”命令，将图 15-38 中的最左边的垂直线向右偏移 55，将最右侧的垂直线向左分别偏移 20 和 36；将水平中心线向上平移 70，结果如图 15-39 所示。激活“修剪”命令，修剪掉多余的线条，结果如图 15-40 所示。

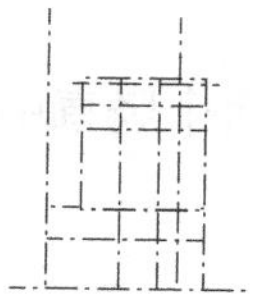
图 15-39　直线偏移结果

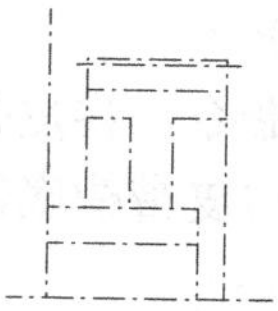
图 15-40　修剪结果

命令：OFFSET↙

（4）绘制皮带槽

① 绘制皮带槽的竖直中心线。将图 15-40 中的最左侧的垂直线向右偏移 40，然后再将偏移后得到的垂直线分别向其左、右两侧各偏移 15，最后修剪掉多余的线条，并使用“特性匹配”命令将相应线条转换成粗实线，结果如图 15-41 所示。

命令: OFFSET↙

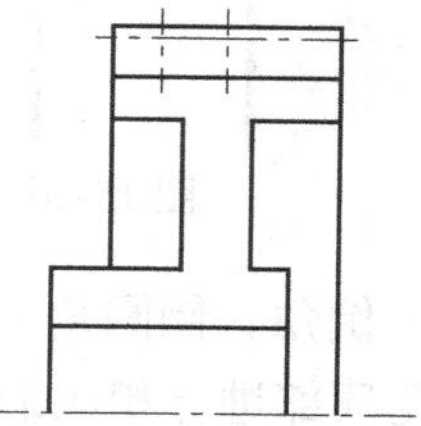
图 15-41　绘制皮带槽的竖直中心线

② 绘制皮带槽。使用“直线”命令，配合“极轴”和“对象追踪”功能，以皮带槽正中间那条竖直中心线为对称中心，在其右侧的 ϕ180 分度线上拾取第一点，该点到皮带槽正中间的竖直中心线的距离应为 5.5，如图 15-42 所示，然后配合使用“捕捉到最近点”功能，在皮带槽底部那条线上拾取直线的第二点，直线绘制完毕，该直线与水平中心线的角度是−109°。如图 15-43 所示。

命令:LINE

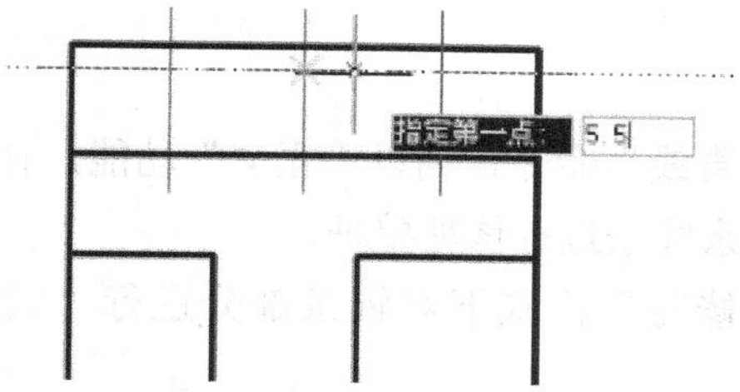

图 15-42　指定直线第一点

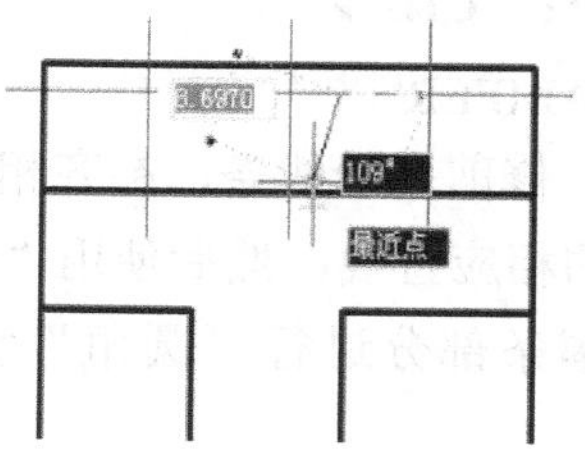

图 15-43　指定第二点

使用“延伸”命令将绘制好的斜线延伸到皮带槽顶部的水平直线上，完成皮带槽一个斜边的绘制，如图 15-44 所示。

命令：EXTEND

使用“镜像”命令在皮带槽正中间的竖直中心线的左侧复制斜边，完成一个皮带槽的两个对称斜边的绘制，如图 15-45 所示。

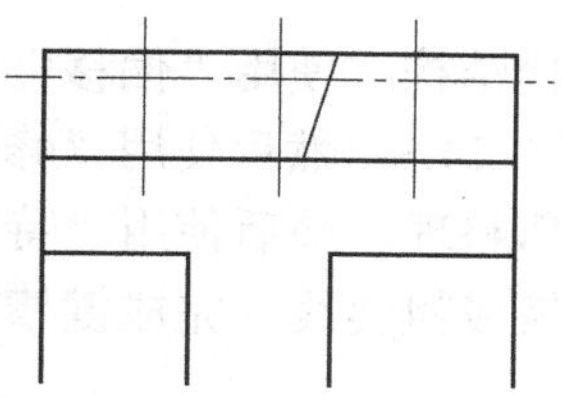
图 15-44　斜线延伸结果

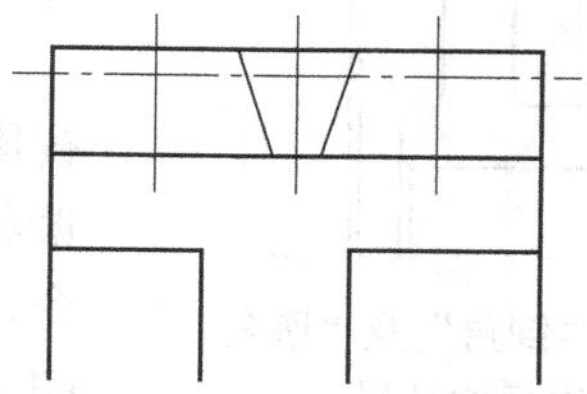
图 15-45　斜线镜像结果

命令：MIRROR↙

使用“复制”命令，将皮带槽的一组对称斜边分别在另外两个竖直中心线处复制，复制基点为竖直中心线与皮带槽底部直线的交点，如图 15-46 所示。

命令: COPY↙

使用“修剪”命令修剪掉多余的线条，并使用“特性匹配”命令将相应线条转换成粗实线，完成皮带槽的绘制，结果如图 15-47 所示。

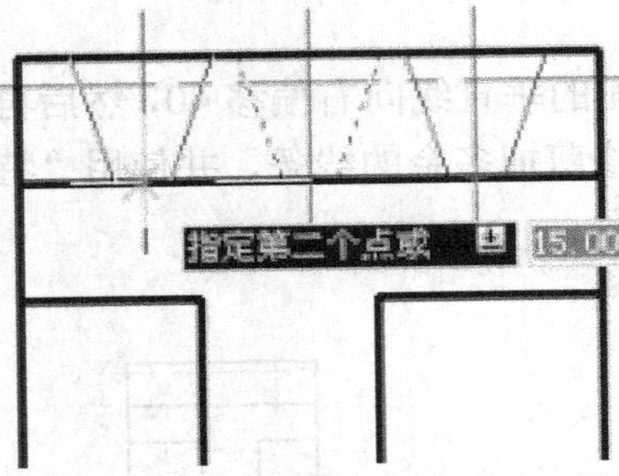

图 15-46　复制皮带槽

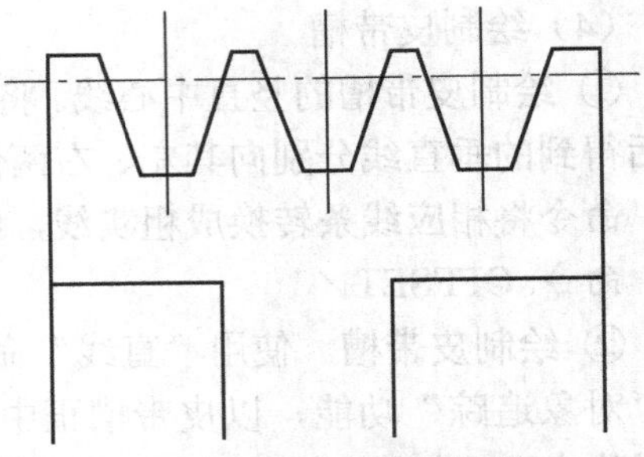
图 15-47　修剪结果

（5）倒角、倒圆角　在“修剪”模式，从上至下分别对主视图的上半部分中的皮带轮顶部和轴孔顶部进行相应的倒角。

命令：　CHA↙

然后将“倒角”命令中的“修剪”模式转换成“不修剪”模式，分别对轴孔和辐条孔进行倒角。

命令：　CHA↙

CHAMFER

（6）修剪多余线条，补齐相应直线　使用“直线”命令，辅以“正交”功能，补齐倒角后所需的相应直线，然后使用“修剪”命令对多余线条进行修剪整理。

对辐条部分进行“圆角”编辑操作。在“修剪”模式下对辐条部分进行“圆角”编辑操作。

命令：F↙（激活“圆角”命令）

至此，完成主视图上半部分的全部“倒角”及“圆角”编辑操作，如图 15-48 所示。

（7）镜像图形，绘制主视图的下半部分　使用“镜像”命令，将主视图的上半部分关于水平中心线对称复制。

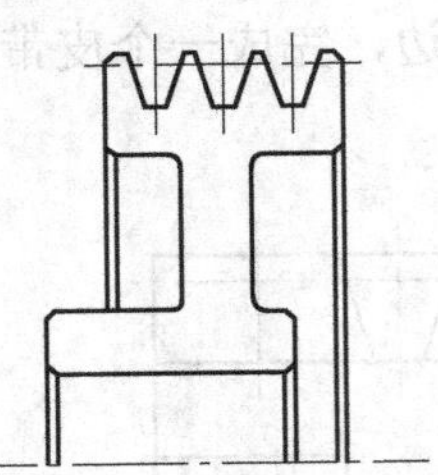
图 15-48　“倒角”及“圆角”编辑后的结果

命令：MI↙

至此，皮带轮主视图的对称结构绘制完毕，结果如图 15-49 所示。

（8）绘制主视图的键槽结构　使用“偏移”命令，将主视图的水平中心线向上偏移 24.3，然后使用“修剪”命令对偏移后的多余线条进行修剪整理，最后使用“特性”匹配命令，将偏移后的点画线转换成粗实线，完成键槽的绘制，如图 15-50 所示

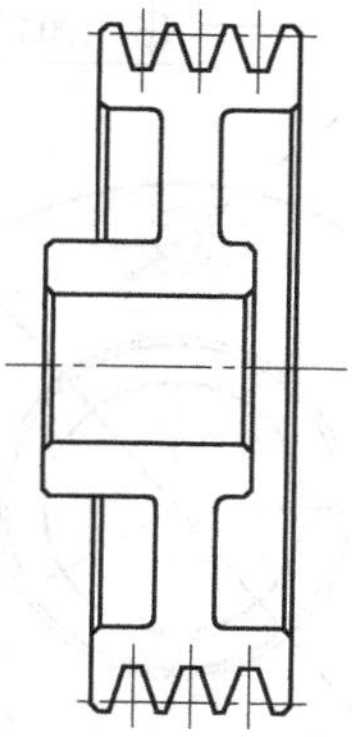

图 15-49 镜像后的主视图结构

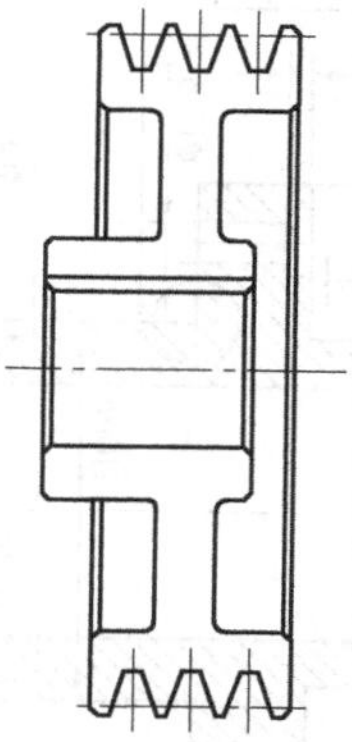

图 15-50 键槽绘制结果

单击“偏移”按钮，激活命令。

命令：TR↙

单击 “特性匹配”按钮，激活命令。

命令：'_MATCHPROP

选择源对象：(使用鼠标选中外部轮廓粗实线)

至此，皮带轮的主视图部分绘制完毕，下面将绘制剖面线。

(9) 绘制剖面线 使用“图案填充”命令绘制剖面线，方法同前面所述例题操作。至此，完成皮带轮零件图的绘制，结果如图 15-51 所示。

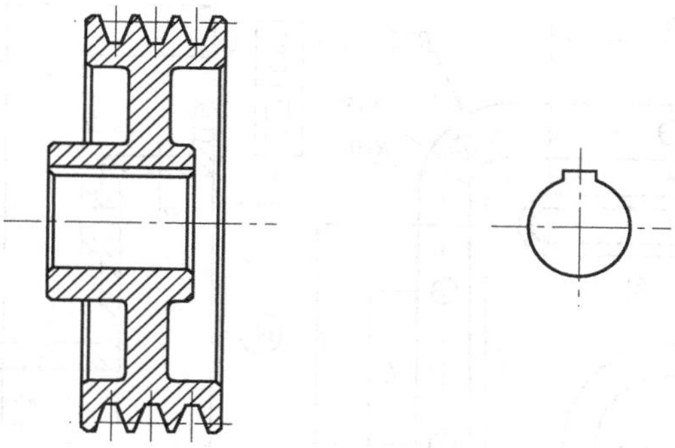

图 15-51 绘制完毕的皮带轮零件图

(10) 调整视图位置。

(11) 完成相关标注，结果如图 15-34 所示。

小 结

本章通过典型实例，介绍了零件图中的技术要求和标题栏的绘制方法、轴类零件图和盘类零件图的绘制方法。

习 题

1. 按尺寸绘制如图 15-52 所示的图形（绘制二维图形，主视图和俯视图）。

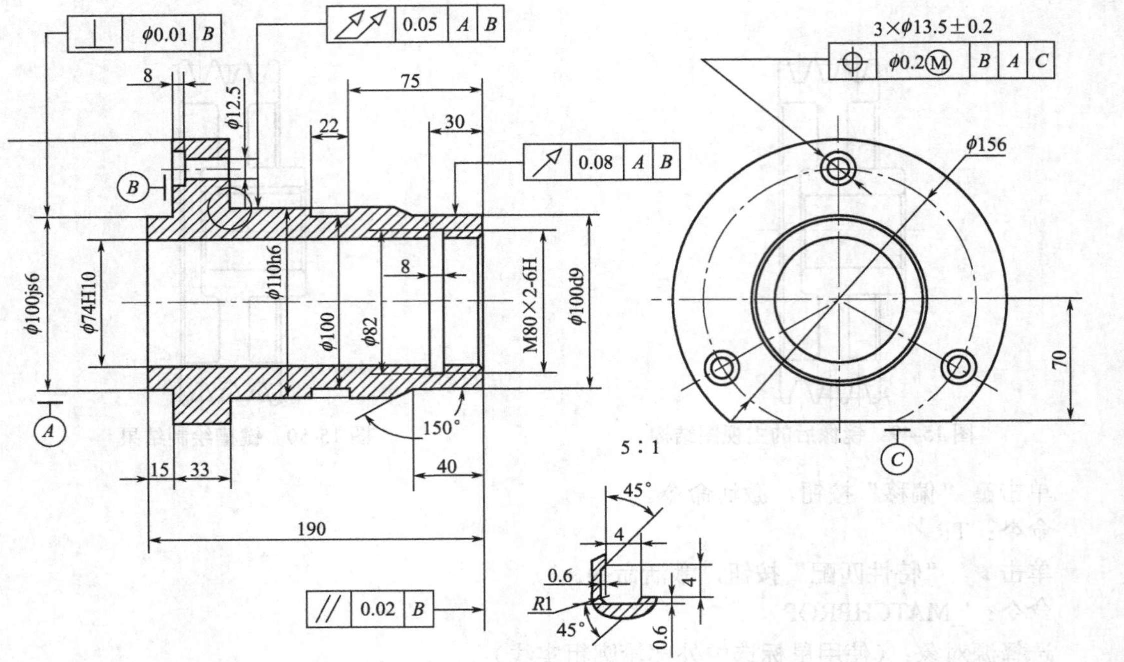

图 15-52 习题 1 图

2. 按尺寸绘制如图 15-53 所示的图形（绘制二维图形，主视图和俯视图）。

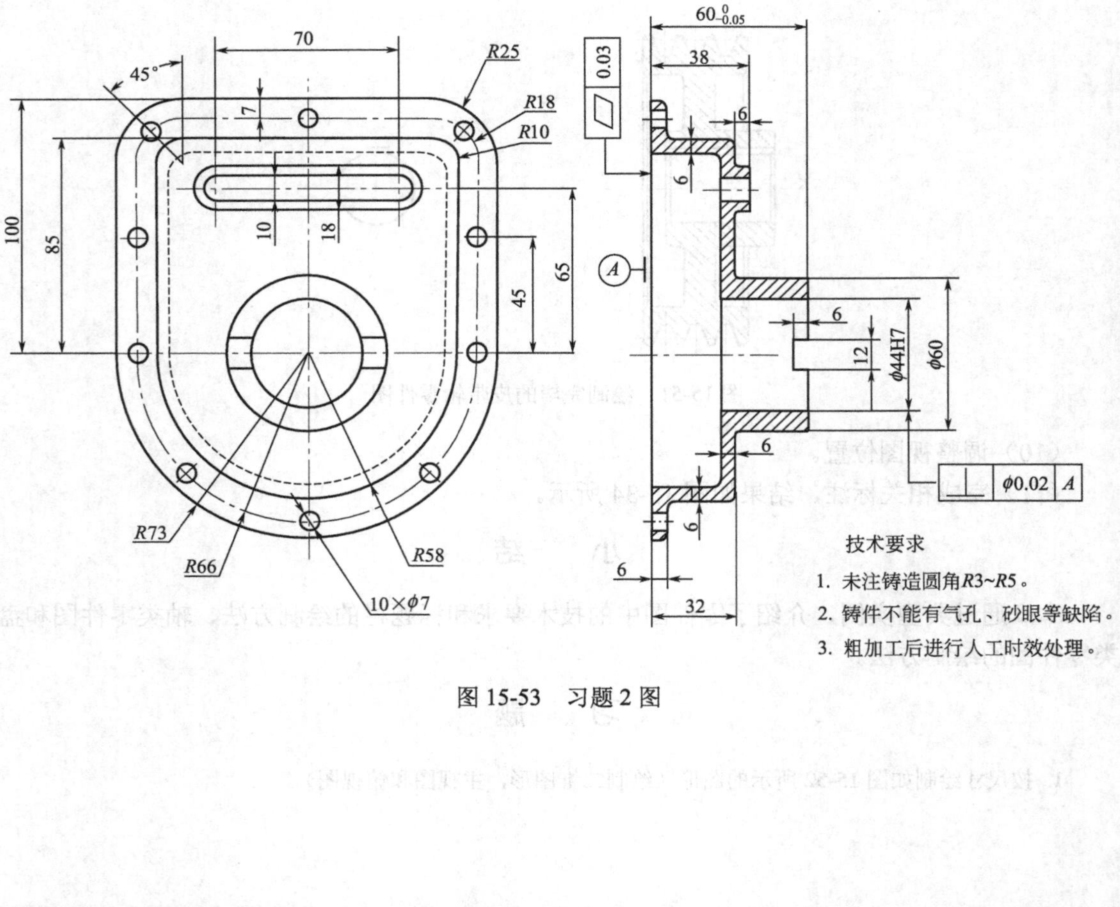

图 15-53 习题 2 图

第 16 章 AutoCAD 2007 三维绘图实例

绘制如图 16-1 所示的叉架三维实体图形并标注尺寸。目的：练习三维实体造型的方法和技巧。

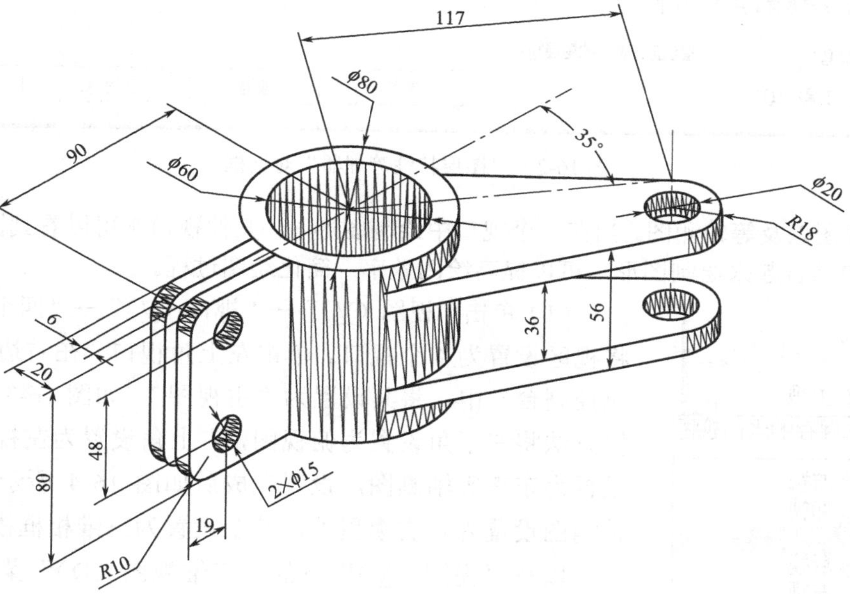

图 16-1 叉架三维图

1. 设置绘图环境

根据绘图需要建立两个图层，一个用于绘制图形轮廓，另一个用于创建尺寸标注。

（1）单击“文件（F）”→“新建（N）”命令，创建一个新空白文件，命名为“chajia.dwg”。

（2）单击“格式（O）”→“图层（L）”命令，打开如图 16-2 所示“图层特性管理器”对话框，创建“lunkuoxian”（轮廓线）图层，设置颜色为“白色”，线型为 Continuous（实线），线宽为 0.3mm；创建“biaozhu”（标注）图层，设置颜色为“白色”，线型为 Continuous（实线）；线宽为默认，设置完成后如图 16-2 所示。

（3）在图 16-2 中，图层“名称”下双击“lunkuoxian”图层，将其设置为当前图层，单击“确定”按钮关闭“图层特性管理器”对话框。

2. 绘图三维实体图形

三维实体的绘制可以在一个视口或多个视口中进行。为了更好地绘制和观察三维图形，将视区分成多个视口（小窗口），并在每个视口建立不同的坐标系，设置不同的观察点，如主

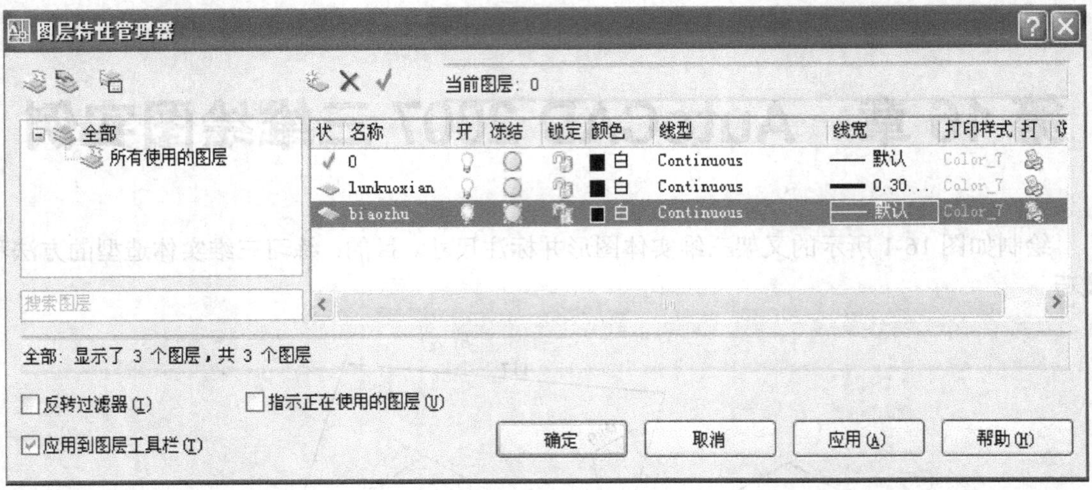

图 16-2 “图层特性管理器”对话框

视图、俯视图以及等轴测图。当在一个视口中绘制图形时，其他视口都可以看到图形的形状，将这些视口结合起来绘制图形，可以提高绘图效率，简化绘图过程。

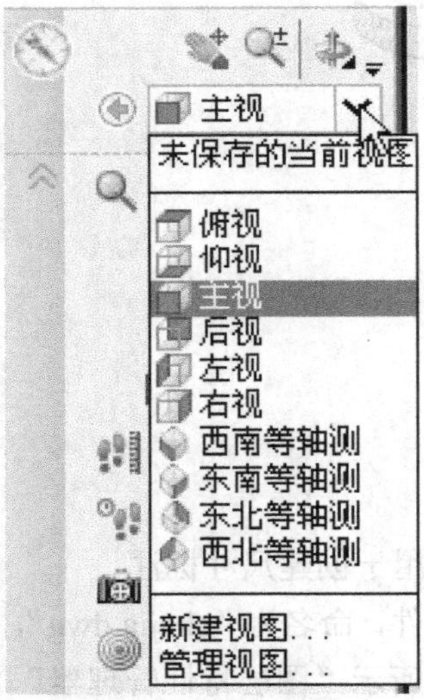

图 16-3 设置视图

（1）单击“视图（V）”→“视口（V）”→“四个视口（4）”，将视区设置为 4 个视口。单击左上角视口，在右边的“三维导航控制台”中，将其设置为“主视图”，如图 16-3 所示。按同样方法将左下角设置为俯视图，右上角设置为左视图，右下角设置为东南等轴测图，设置完成后如图 16-4 所示。除东南等轴测图设置为真实模型外，其余设置为三维相框模式。注意：也可以在“视图（V）”下的“三维视图（D）”菜单项中设置主视图、俯视图等。

（2）单击东南等轴测视口，将其激活。注意，哪个视口被激活，绘图时就在哪个窗口绘制。单击“绘图（D）”→“建模（M）”→“圆柱体（C）”，以（0，0，0）为圆柱体底面中心点，底面圆半径为 40，高度为 80 绘制圆柱体。

（3）分别激活各个视口，进行实时缩放，如图 16-5 所示。

（4）绘制长方体。激活俯视图视口。单击“绘图（D）”→“建模（M）”→“长方体（B）”，第一个角点为（0，0，0），第二个角点为（-90，-10，80）绘制一个长方体，如图 16-6 所示。

（5）继续绘制长方体。单击“绘图（D）”→“建模（M）”→“长方体（B）”，第一个角点为（0，0，0），第二个角点为（-90，10，80）绘制另一个长方体，结果如图 16-7 所示。此处也可以采用三维镜像的方法来绘制这个长方体。方法是：单击“修改（M）”→“三维操作（3）”→“三维镜像（D）”，根据提示选择要镜像的长方体，然后选择现有长方体一个面上的 3 个点或者选择 *ZX* 平面选项即可完成三维镜像操作。

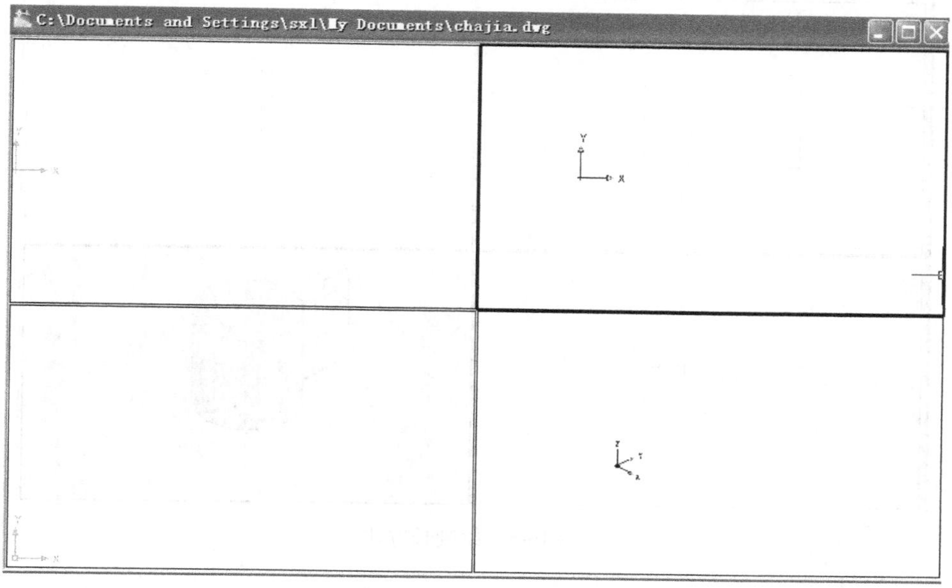

图 16-4 设置 4 个视口

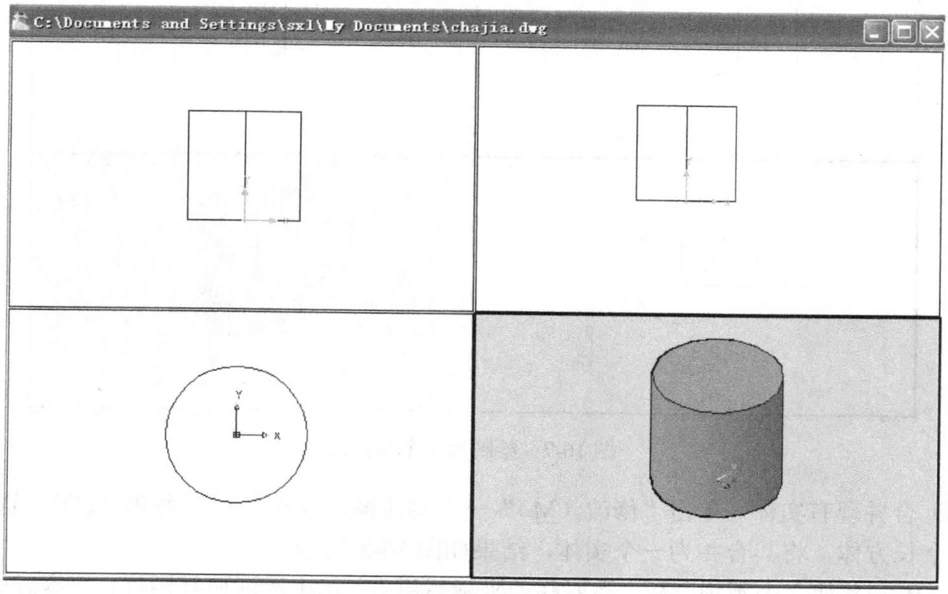

图 16-5 绘制圆柱体

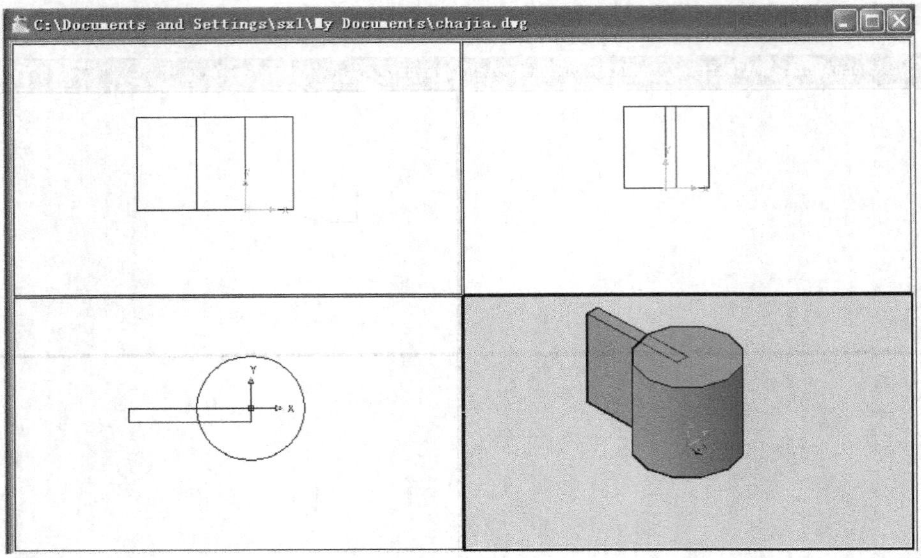

图 16-6　绘制长方体

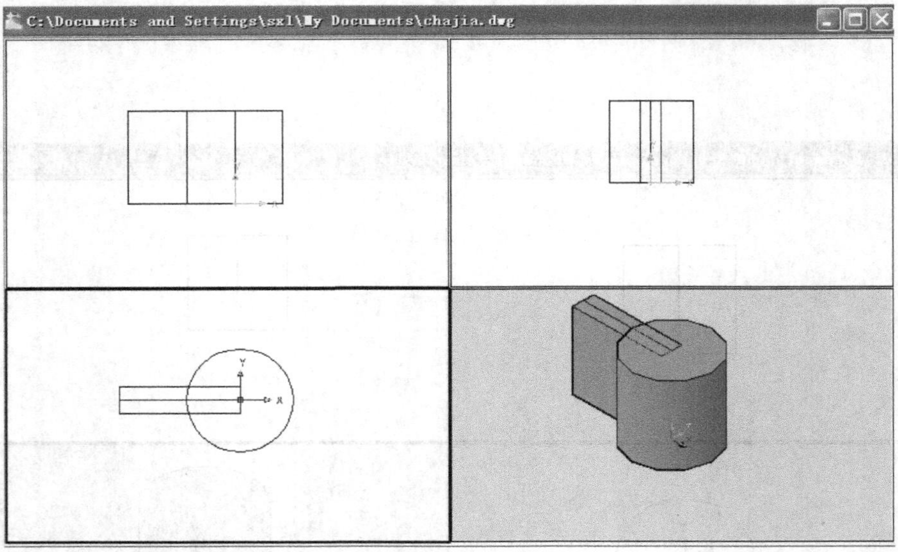

图 16-7　绘制另一个长方体

（6）合并现有实体。单击“修改（M）”→“实体编辑（N）”→“并集（U）”，选择圆柱体和 2 个长方体，将其合并为一个实体，结果如图 16-8 所示。

（7）绘制其他 2 个不规则板。需要移动坐标系原点。单击激活俯视图视口，然后单击“工具（T）”→“新建 UCS（W）”→“原点（N）”，输入新的坐标系原点坐标值（0，0，80）。

（8）单击“绘图（D）”→“三维多段线（3）”，起点（0，0，0），使用极坐标方法，终点为@117<–35，绘制一条线段。

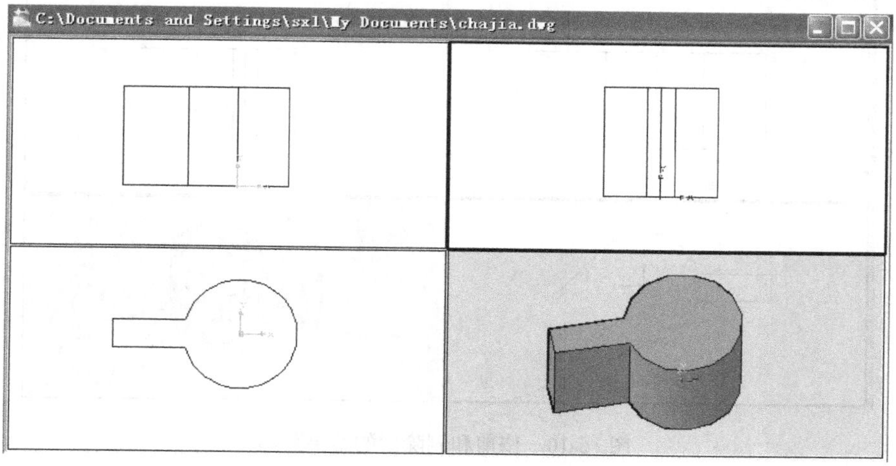

图 16-8　合并 3 个实体后结果

（9）绘制 2 个圆。单击“绘图（D）”→“圆（C）”→“圆心、半径（R）”，以步骤（8）中线段的端点为圆心绘制半径为 18 的圆，以（0，0，0）为圆心，绘制半径为 40 的圆。

（10）绘制外切线。单击“绘图（D）”→“直线（L）”，绘制半径为 18 和 40 两个圆的外切线，结果如图 16-9 所示。

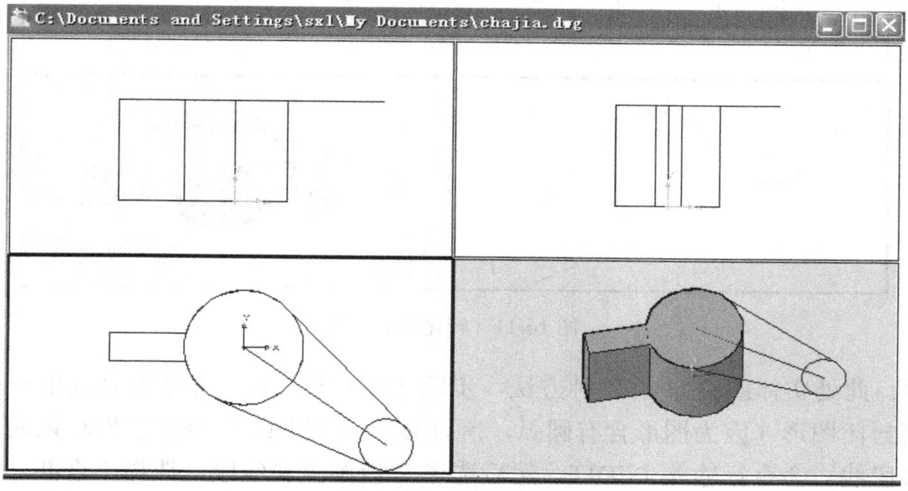

图 16-9　绘制圆和切线

（11）修剪图形。单击“修改（M）”→“修剪（T）”，将图 16-9 图形中多余的圆弧修剪，同时删除过 2 个圆心的线段，使其成为一个封闭的图形，结果如图 16-10 所示。注意必须是封闭的图形，并且不能有重复的线段。

（12）转化封闭图形为面域。“绘图（D）”→“面域（N）”，将修剪后的图形转化为面域，如图 16-11 所示。

（13）单击“绘图（D）”→“建模（M）”→“拉伸（X）”，将面域拉伸为高–10 的实体，如图 16-12 所示。注意输入–10，拉伸方向为 Z 负方向。

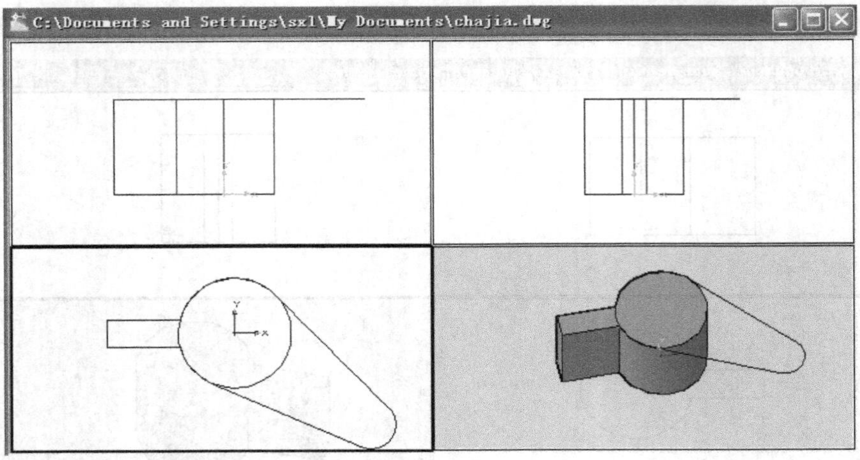

图 16-10　修剪和删除后的结果图形

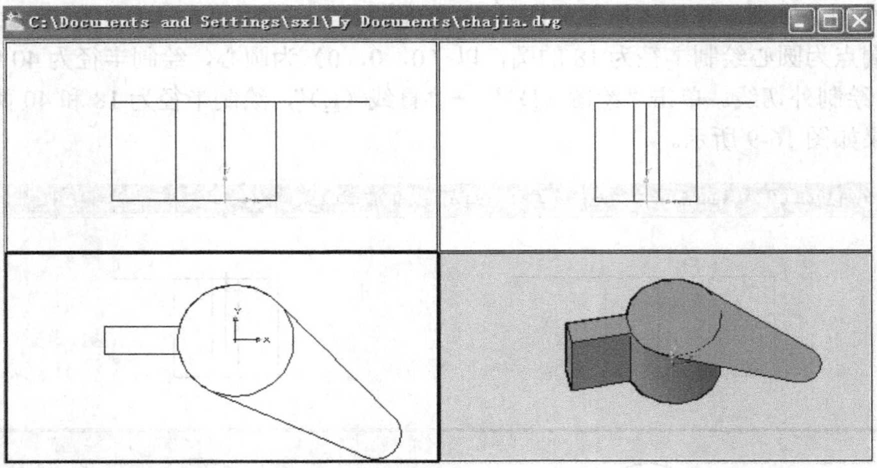

图 16-11　转化后的面域

注意：此处实体的拉伸有 2 种方法，步骤（12）和（13）介绍的是其中一种，另外一种是将封闭图形（因为图形含有圆弧，所以必须用 PEDIT 命令把它们转化为多段线）转化为多段线。命令行输入 PEDIT，然后选择 2 段圆弧和线段，选择“合并（J）”选项将其转化为多段线。接着单击“绘图（D）”→“建模（M）”→“拉伸（X）”可以直接将其拉伸为实体。

（14）单击东南等轴测视口，将其激活。移动步骤（13）中创建的实体。单击“修改（M）”→“移动（V）”，选择步骤（13）中创建的实体，基点指定为坐标系原点（0，0，0），第 2 点（终点）坐标值为（0，0，-12），结果如图 16-13 所示。

（15）还在东南等轴测视口中操作。复制步骤（14）中创建的实体。单击“修改（M）”→“复制（Y）”，选择步骤（14）中创建的实体，基点指定为坐标系原点（0，0，0），第 2 点（终点）坐标值为（0，0，-46），结果如图 16-14 所示。

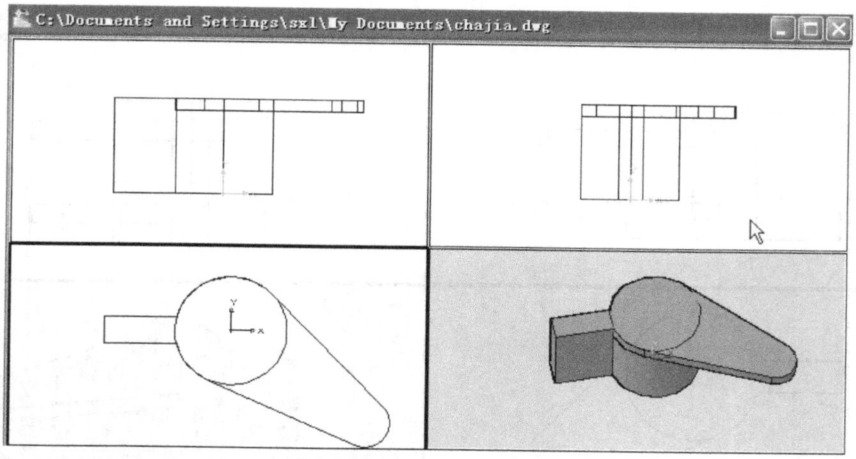

图 16-12　拉伸后的实体

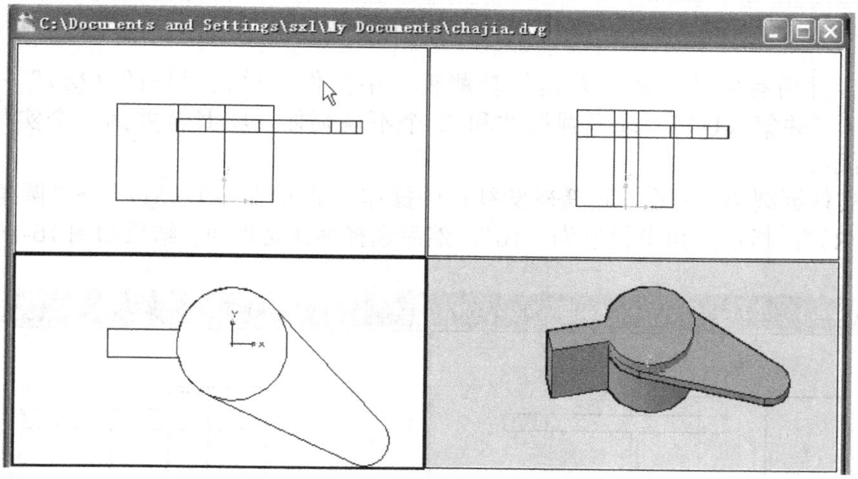

图 16-13　移到实体后结果

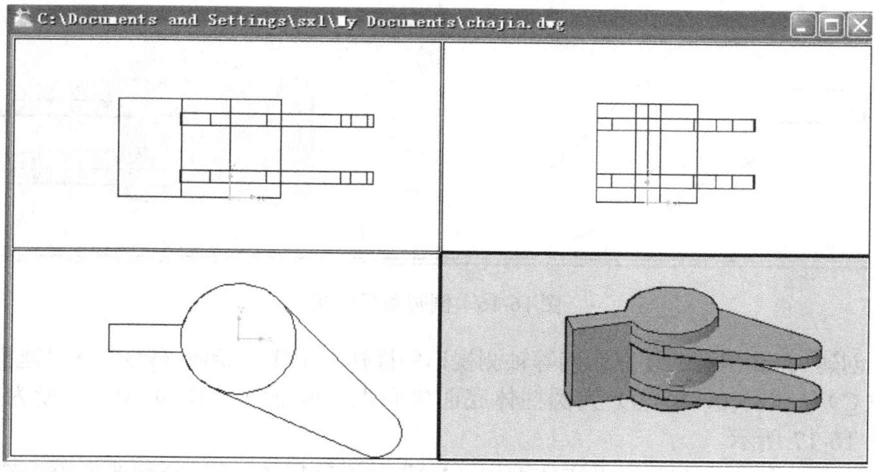

图 16-14　复制实体后结果

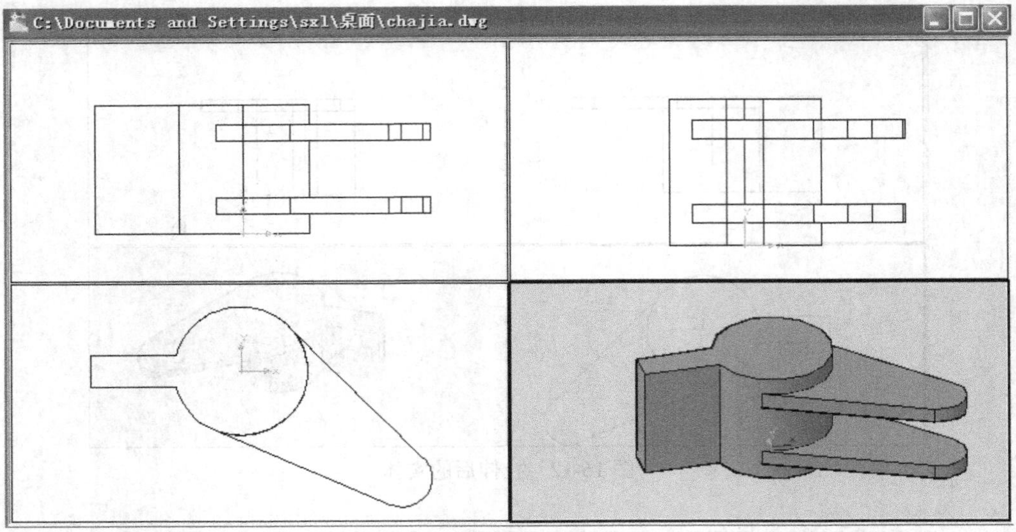

图 16-15　全部实体合并后结果

（16）合并所有实体。还在东南等轴测视口中操作。单击“修改（M）”→“实体编辑（N）”→“并集（U）”，选择圆柱体和 2 个不规则体，将其合并为一个实体，结果如图 16-15 所示。

（17）实体倒圆角。还在东南等轴测视口中操作。单击“修改（M）”→“圆角（F）”，选择“半径（R）”，指定圆角半径值为“10”，然后选择两条边即可，结果如图 16-16 所示。

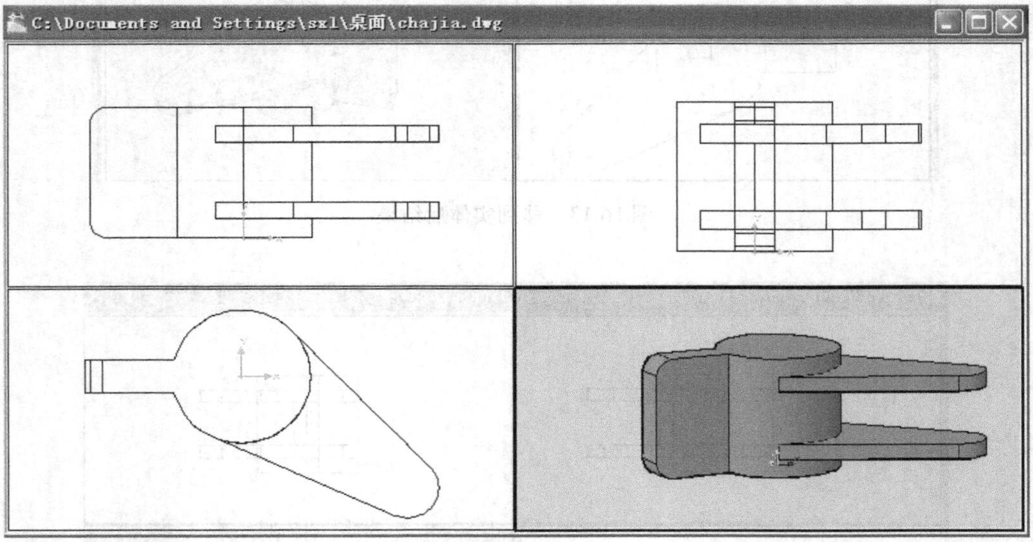

图 16-16　倒圆角后结果

（18）创建 $\phi60$ 内孔。还在东南等轴测视口中操作。单击“绘图（D）”→“建模（M）”→“圆柱体（C）”，以（0，0，0）为圆柱体底面中心点，底面圆半径为 30，高度为 80 绘制圆柱体，如图 16-17 所示。

（19）单击“修改（M）”→“实体编辑（N）”→“差集（S）”，分别选择整个实体和 $\phi60$ 圆柱体，结果如图 16-18 所示。

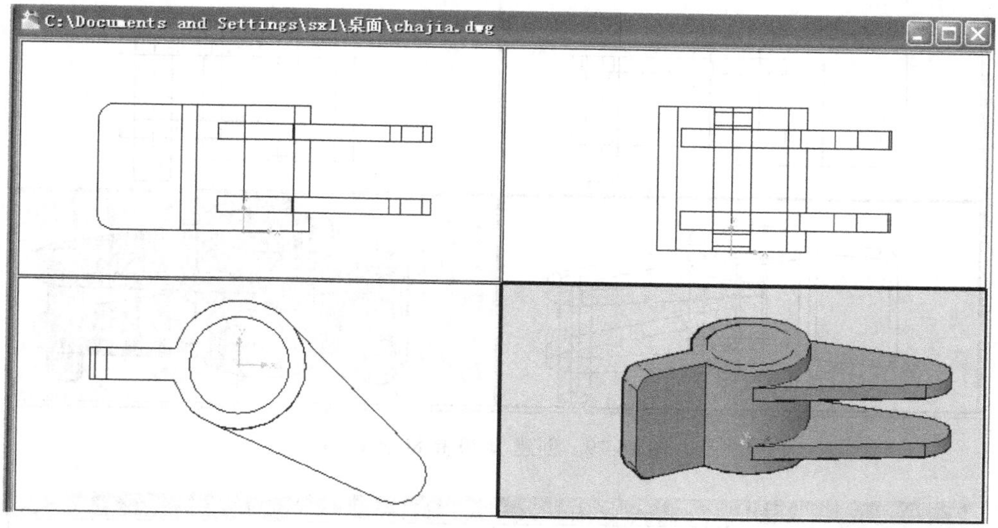

图 16-17　创建新的圆柱体

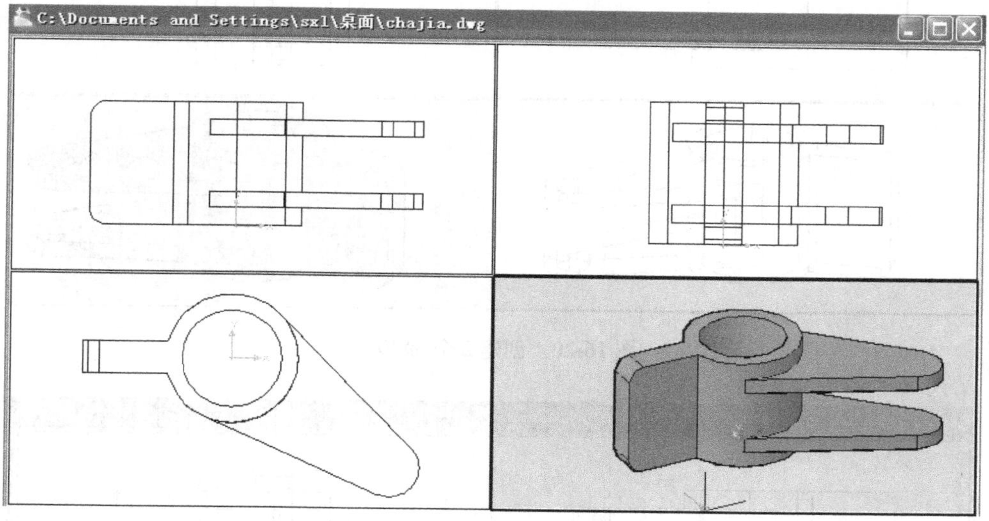

图 16-18　用差集创建 $\phi60$ 内孔

（20）创建 $\phi20$ 高 80 圆柱体。激活俯视图视口。单击“绘图（<u>D</u>）”→“建模（<u>M</u>）”→“圆柱体（<u>C</u>）”，打开圆心对象捕捉模式，以俯视图中 $R18$ 圆弧圆心为圆柱体底面中心点，底面圆半径为 10，高度为–80 绘制圆柱体，如图 16-19 所示。

（21）创建 2 个 $\phi20$ 孔。继续在俯视图操作。单击“修改（<u>M</u>）”→“实体编辑（<u>N</u>）”→“差集（<u>S</u>）”，分别选择整个实体和 $\phi20$ 圆柱体，结果如图 16-20 所示。

（22）创建 1 个宽 6、长 90、高 80 的长方体。继续在俯视图操作。单击“绘图（<u>D</u>）”→“建模（<u>M</u>）”→“长方体（B）”，第一个角点为（0，–3，0），第二个角点为（–90，3，–80）绘制一个长方体，如图 16-21 所示。

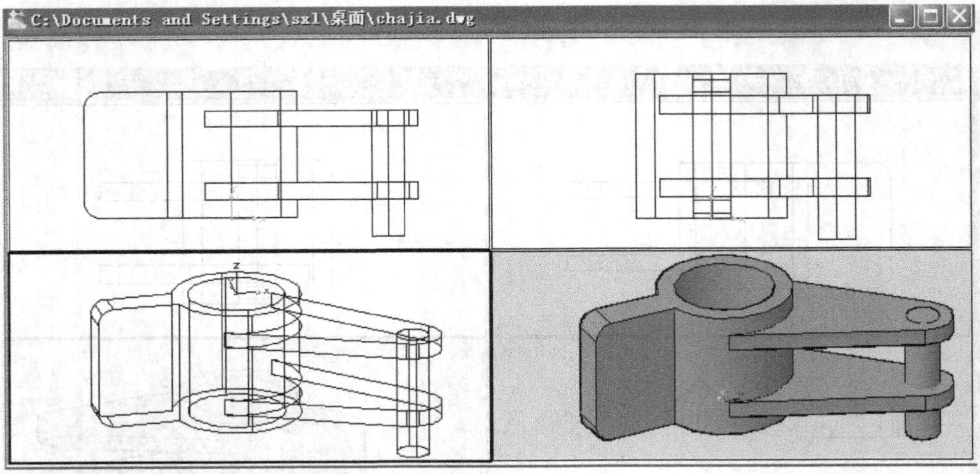

图 16-19　创建 ϕ20 高 80 圆柱体

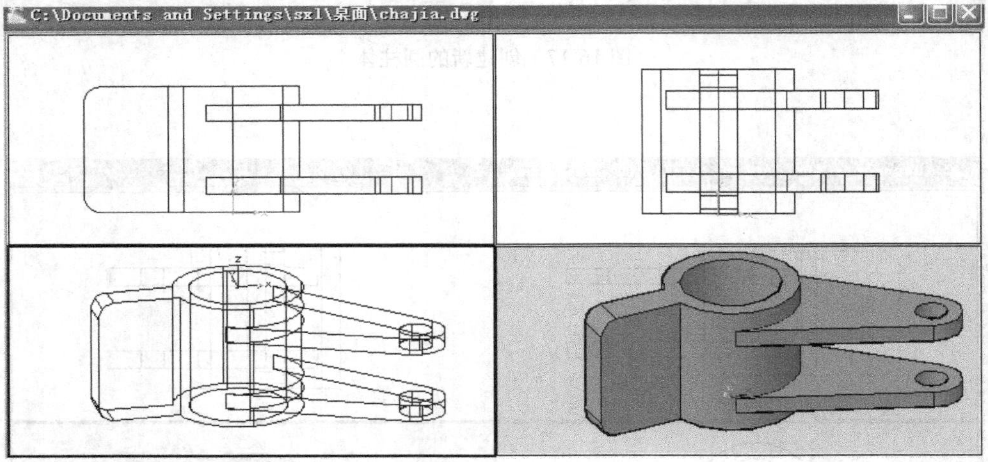

图 16-20　创建 2 个 ϕ20 孔

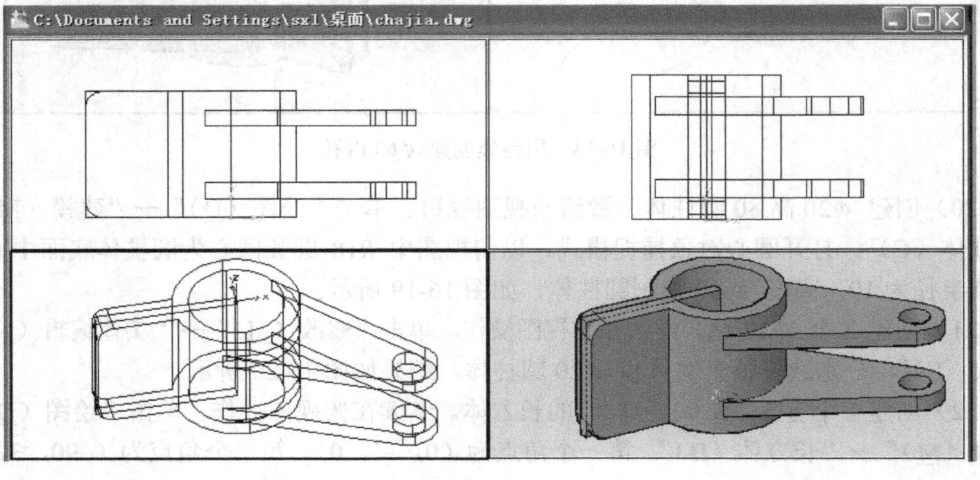

图 16-21　创建 1 个宽 6 长 90 高 80 的长方体

（23）创建中间宽 6 的窄槽。激活东南等轴测视口，单击“修改（M）”→“实体编辑（N）”→“差集（S）”，分别选择整个实体和步骤（22）中创建的长方体，结果如图 16-22 所示。

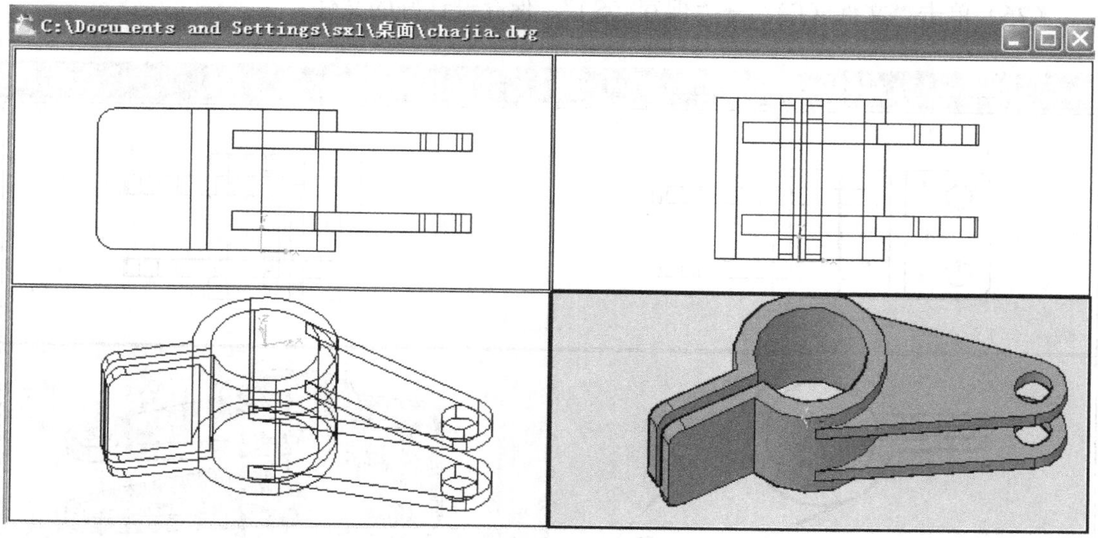

图 16-22 创建 1 个宽 6 的长方体槽

（24）创建 2 个 ϕ10 圆柱体。激活主视图，需要移动坐标系原点，单击“工具（T）”→“新建 UCS（W）”→“（X）”，输入−90，绕 X 轴旋转−90°。单击“工具（T）”→“新建 UCS（W）”→“原点（N）”，输入新的坐标系原点坐标值（−71，16，10）。单击“绘图（D）”→“建模（M）”→“圆柱体（C）”，以原点（0，0，0）为圆柱体底面中心点，底面圆半径为 7.5，高度为−30 绘制圆柱体。以原点（0，48，0）为圆柱体底面中心点，底面圆半径为 7.5，高度为−30 绘制另一个圆柱体，如图 16-23 所示。

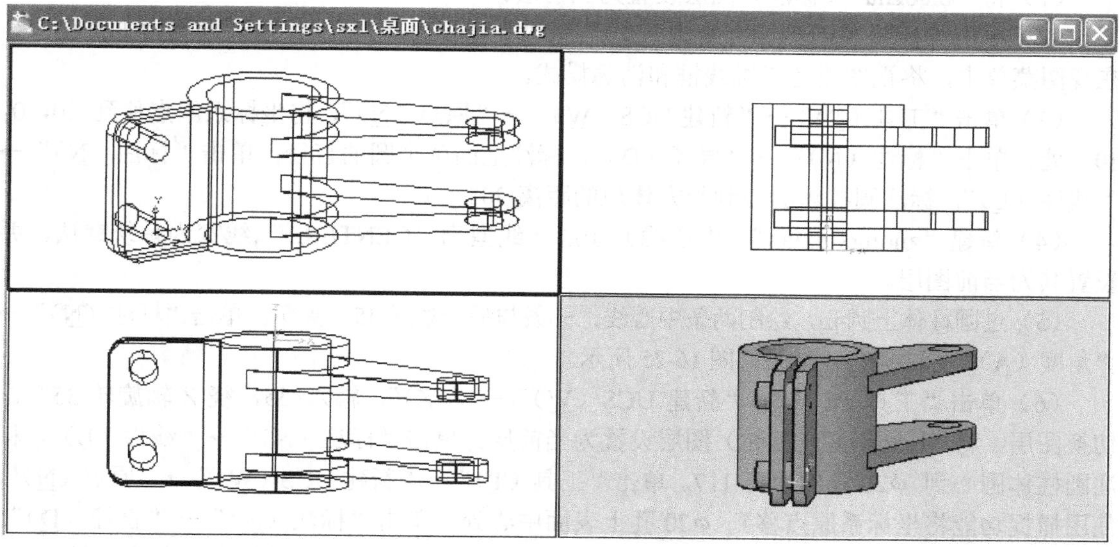

图 16-23 创建 2 个圆柱体

（25）创建 2 个 ϕ15 孔。激活东南等轴测视口，单击“修改（M）”→“实体编辑（N）”→“差集（S）”，分别选择整个实体和步骤（24）中创建的圆柱体，最后结果如图 16-24 所示。

（26）单击“文件（F）”→“保存（S）”，保存设计好的文件。

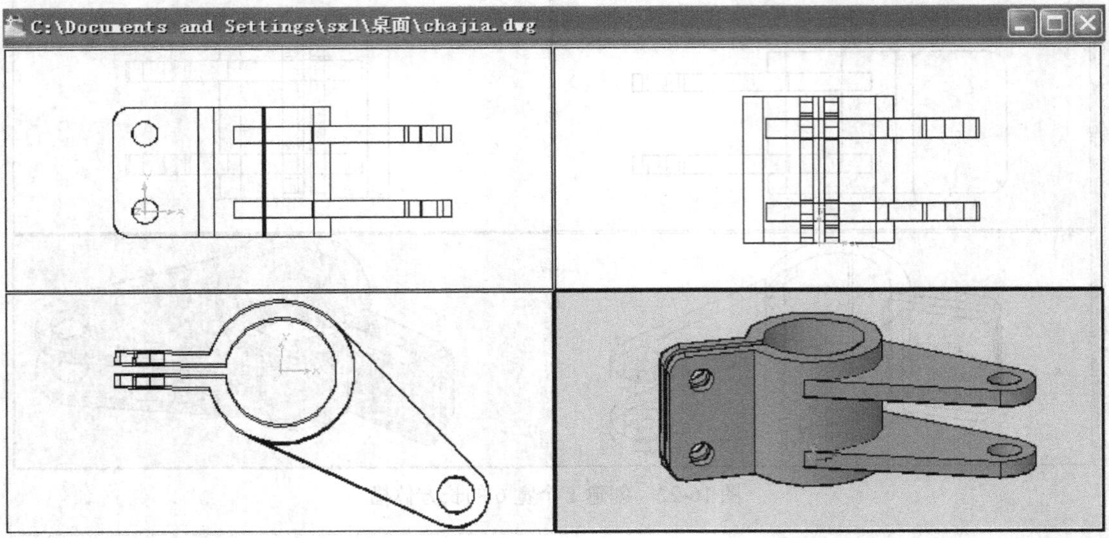

图 16-24 最后结果图

3. 标注尺寸

在 AutoCAD 2007 中标注三维实体的尺寸，因为所有的尺寸标注都只能在当前坐标系的 *XY* 平面中进行，所以必须经常变化用户坐标系。另外还需要根据需要及时打开或关闭“对象捕捉”按钮，以方便对图形尺寸标注。

（1）将“biaozhu”（标注）图层设置为当前层。

（2）单击“视图（V）”→“视口（V）”→“一个视口（1）”，将视区设置为 1 个视口。在视图菜单中，将视图改为三维线框和消隐模式。

（3）单击“工具（T）”→“新建 UCS（W）”→“原点（N）”，将坐标系原点移到（0，0，80）处，单击“标注（N）”→“直径（D）”，标注上面两个圆的直径；单击“标注（N）”→“线性（L）”，标注圆柱体圆心到长方体边的距离 90。

（4）新建“zhongxinxian”（中心线）图层，线型为“CENTER2”,线宽为系统默认，并设置其为当前图层。

（5）过圆柱体上圆心，绘制两条中心线，一条与另一条成 35° 夹角。单击“标注（N）”→“角度（A）”标注夹角，结果如图 16-25 所示。

（6）单击“工具（T）”→“新建 UCS（W）”→“（Z）”，输入–35，绕 *Z* 轴旋转 35° 。切换图层，将“biaozhu”（标注）图层设置为当前层。单击“标注（N）”→“线性（L）”，标注圆柱体圆心到 ϕ20 孔的距离 117。单击“工具（T）”→“新建 UCS（W）”→“原点（N）”，使用捕捉功能将坐标系原点移到 ϕ20 孔上表面中心处，单击“标注（N）”→“直径（D）”，标注 2× ϕ20 孔。单击“标注（N）”→“半径（R）”，标注 2×*R*18 圆弧，结果如图 16-26 所示。

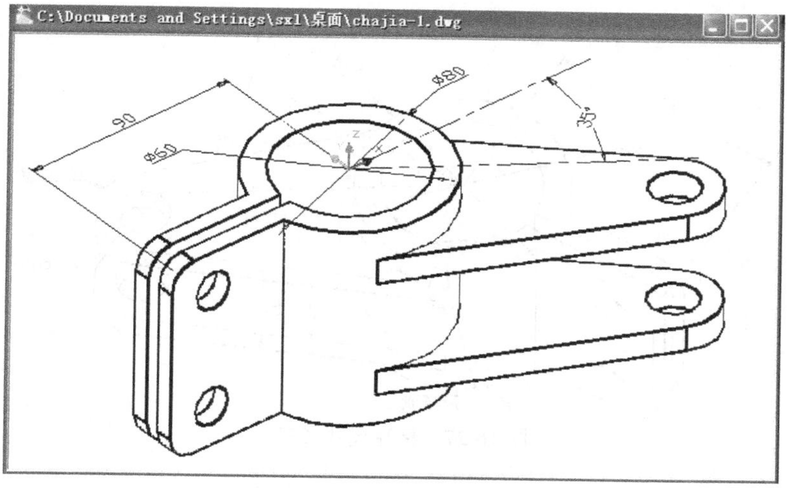

图 16-25　标注尺寸（一）

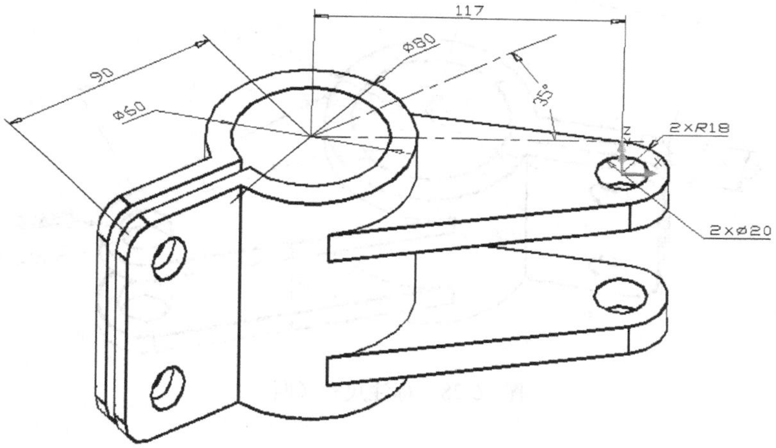

图 16-26　标注尺寸（二）

（7）单击“工具（T）”→“新建 UCS（W）”→“原点（N）”，将坐标系原点移到如图 16-27 所示的点处；单击“工具（T）”→“新建 UCS（W）”→“（X）”，输入 90，绕 X 轴旋转 90°；单击“工具（T）”→“新建 UCS（W）”→“（Y）”，输入 11，绕 Y 轴旋转 11°，单击“标注（N）”→“线性（L）”，标注板距离 56 和板距离 36，如图 16-27 所示。

（8）标注尺寸 20 和 6。单击“工具（T）”→“新建 UCS（W）”→“世界（W）”，恢复原坐标系；单击“工具（T）”→“新建 UCS（W）”→“原点（N）”，输入（0，0，80），将坐标系原点移到圆柱体上表面。单击“标注（N）”→“线性（L）”，标注尺寸 20 和 6，如图 16-28 所示。

（9）单击“工具（T）”→“新建 UCS（W）”→“（X）”，输入−90，绕 X 轴旋转−90°，然后单击“工具（T）”→“新建 UCS（W）”→“原点（N）”，将坐标系原点移到 ϕ15 孔中心处。单击“标注（N）”→“线性（L）”。单击“工具（T）”→“新建 UCS（W）”→“（Z）”，输入−90，绕 X 轴旋转−90°，单击“标注（N）”→“线性（L）”，标注尺寸 19。接着标注半径 R10 和 ϕ15，标注结果如图 16-29 所示。

（10）保存最后文件。

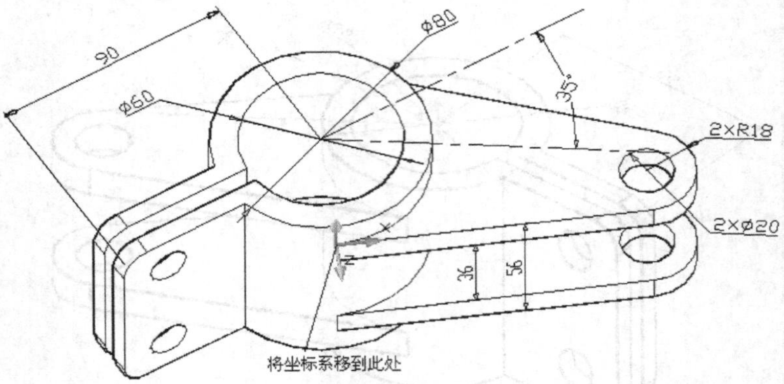

图 16-27　标注尺寸（三）

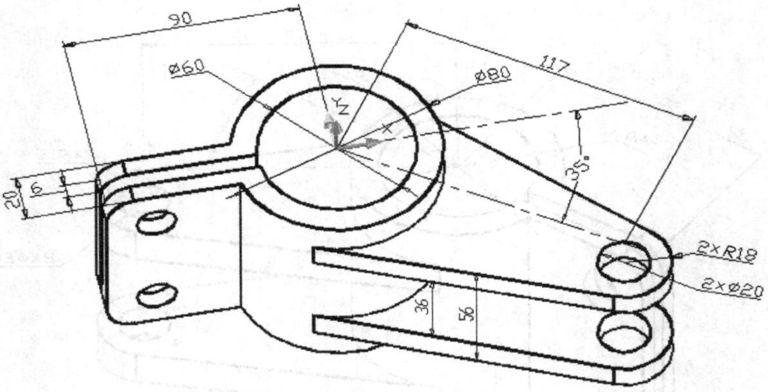

图 16-28　标注尺寸（四）

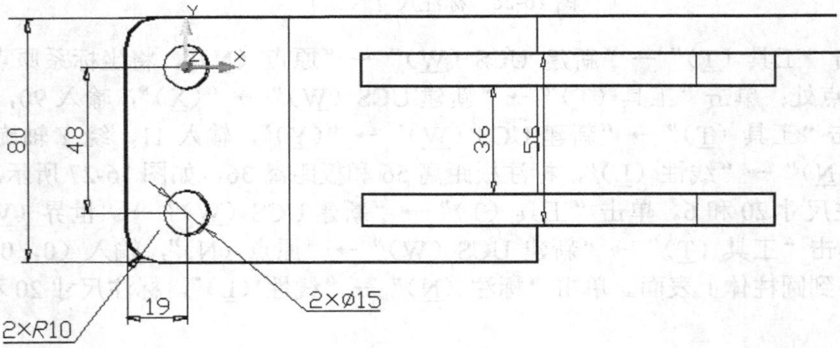

图 16-29　标注尺寸（五）

小　结

本章主要介绍了 AutoCAD 2007 的三维实体绘图功能以及尺寸标注功能，在设计过程中，需要经常移动坐标系，应该熟练掌握造型方法及技巧。

习　题

1. 绘制如图 16-30 所示的三维图，并标注尺寸。

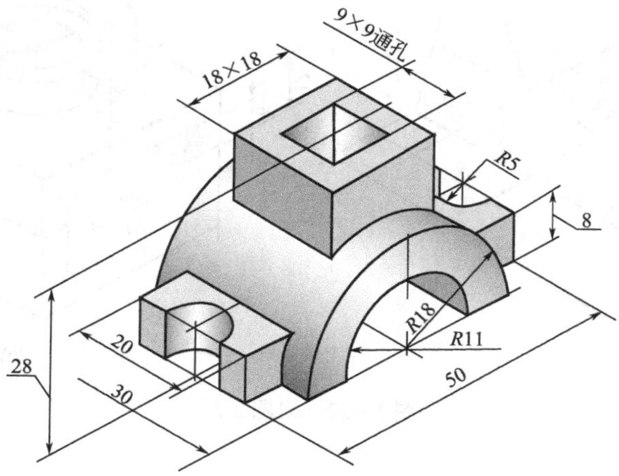

图 16-30　习题 1 图

2. 绘制如图 16-31 所示的三维图，并标注尺寸。

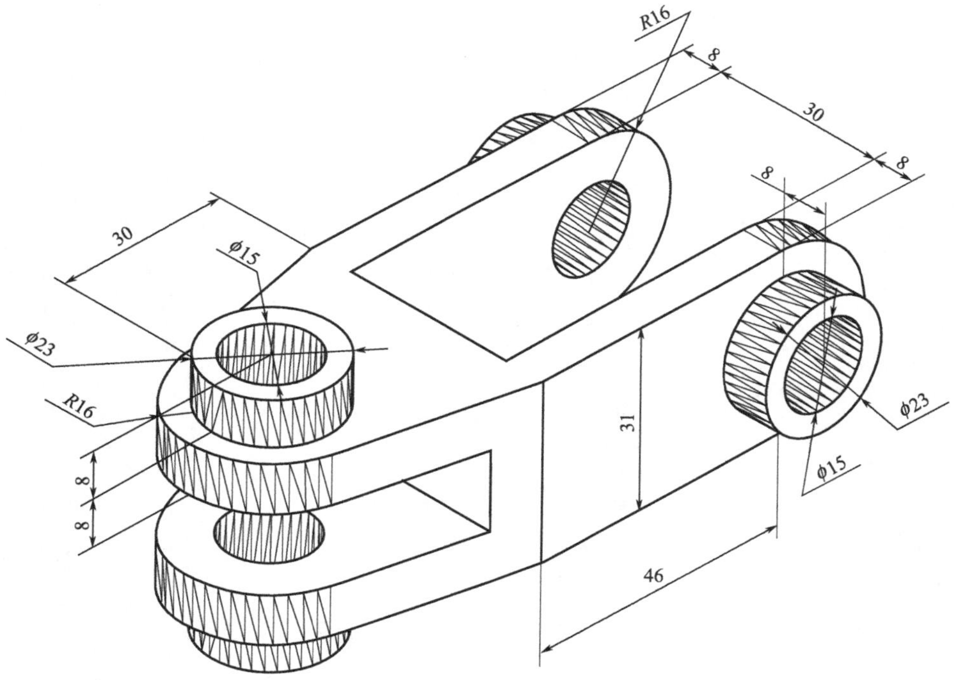

图 16-31　习题 2 图

3. 绘制如图 16-32 所示的三维图，并标注尺寸。

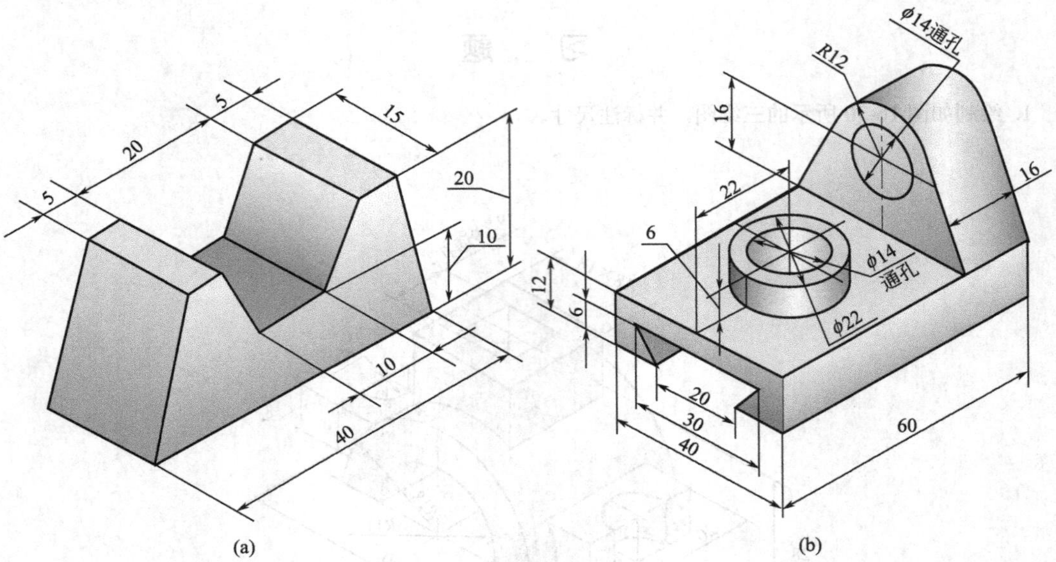
5
20
5
15
20
10
10
40
(a)
ϕ14通孔
R12
16
22
6
16
12
6
ϕ14
通孔
ϕ22
20
30
40
60
(b)

图 16-32 习题 3 图

附　　录

附录A　AutoCAD 2007 常用命令别名

别名	命令名	别名	命令名	别名	命令名
3A	3DARRAY	CO	COPY	EX	EXTEND
3DO	3DPOINT	CP	COPY	EXIT	QUIT
3F	3DFACE	CT	CTABLESTYLE	EXP	EXPORT
3P	3DPLOLY	CYL	CYLINDER	EXT	EXTRUDE
A	ARC	D	DIMSTYLE	F	FILLET
AA	AREA	DAL	DIMALIGNED	FI	FILTER
ADC	ADCENTER	DAN	DIMANGULAR	FSHOT	FLATSHOT
AL	ALIGN	DAR	DIMARC	G	GROUP
AP	APPLOAD	JOG	DIMJOGGED	-G	-GROUP
AR	ARRAY	DBA	DIMBASELINE	GD	GRADIENT
-AR	-ARRAY	DBC	DBCONNECT	GR	DDGRIPS
ATE	ATTEDIT	DC	ADCENTER	H	HATCH
-ATE	-ATTEDIT	DCE	DIMCENTER	-H	-HATCH
ATT	ATTDEF	DCO	DIMCONTINUE	HE	HATCHEDIT
-ATT	- ATTDEF	DDA	DIMDISASSOCIATE	HI	HIDE
ATTE	-ATTEDIT	DDI	DIMDIAMETER	I	INSERT
B	BLOCK	DED	DIMEDIT	-I	-INSERT
-B	-BLOCK	DI	DIST	IAD	IMAGEADJUST
BC	BCLOSE	DIV	DIVIDE	IAT	IMAGEATTACH
BE	BEDIT	DJO	DIMJOGGED	ICL	IMAGECLIP
BH	HATCH	DLI	DIMLINEAR	IM	IMAGE
BO	BOUNDARY	DO	DONUT	-IM	-IMAGE
-BO	-BOUNDARY	DOR	DIMORDINATE	IMP	IMPORT
BR	BREAK	DOV	DIMOVERRIDE	IN	INTERSECT
BS	BSAVE	DR	DRAWORDER	INF	INTERFERE
BVS	BVSTATE	DRA	DIMRADIUS	IO	INSERTOBJ
C	CIRCLE	DRE	DIMREASSOCIATE	J	JOIN
CAM	CAMERA	DS	DSETTINGS	L	LINE
CH	PROPERTIES	DST	DIMSTYLE	LA	LAYER
-CH	CHANGE	DT	TEXT	-LA	-LAYER
CHA	CHAMFER	DV	DVIEW	LE	QLEADER
CHK	CHECKSTANDARDS	E	ERASE	LEN	LENGTHEN
CLI	COMMANDLINE	ED	DDEDIT	LI	LIST
COL	COLOR	EL	ELLIPSE	LO	-LAYOUT

续表

别名	命令名	别名	命令名	别名	命令名
LS	LIST	-PU	-PURGE	TB	TABLE
LT	LINETYPE	PYR	PYRAMID	TH	THICKNESS
-LT	-LINETYPE	QC	QUICKCALC	TI	TILEMODE
LTYPE	LINETYPE	R	REDRAW	TO	TOOLBAR
-LTYPE	-LINETYPE	RA	REDRAWALL	TOL	TOLERANCE
LTS	LTSCALE	RC	RENDERCROP	TOR	TORUS
LW	LWEIGHT	RE	REGEN	TP	TOOLPALETTES
M	MOVE	REA	REGENALL	TR	TRIM
MA	MATCHPROP	REC	RECTANG	TS	TABLESTYLE
MAT	MATERIALS	REG	REGION	UC	UCSMAN
ME	MEASURE	REN	RENAME	UN	UNITS
MI	MIRROR	-REN	-RENAME	-UN	-UNITS
ML	MLINE	REV	REVOLVE	UNI	UNION
MO	PROPERTIES	RO	ROTATE	V	VIEW
MS	MSPACE	RP	RENDERPRESETS	-V	-VIEW
MSM	MARKUP	RPR	RPREF	VP	DDVPOINT
MT	MTEXT	RR	RENDER	-VP	VPOINT
MV	MVIEW	RW	RENDERWIN	VS	VSCURRENT
O	OFFSET	S	STRETCH	VSM	VISUALSTYLES
OP	OPTIONS	SC	SCALE	-VSM	-VISUALSTYLES
ORBIT	3DORBIT	SCR	SCRIPT	W	WBLOCK
OS	OSNAP	SE	DSETTINGS	-W	-WBLOCK
-OS	-OSNAP	SEC	SECTION	WE	WEDGE
P	PAN	SET	SETVAR	X	EXPLODE
-P	-PAN	SHA	SHADEMODE	XA	XATTACH
PA	PASTESPEC	SL	SLICE	XB	XBIND
PARAM	BPARAMETER	SN	SNAP	-XB	-XBIND
PE	PEDIT	SO	SOLID	XC	XCLIP
PL	PLINE	SP	SPELL	XL	XLINE
PO	POINT	SPL	SPLINE	XR	XREF
POL	POLYGON	SPLANE	SECTIONPLANE	-XR	-XREF
PR	PROPERTIES	SPE	SPLINEDIT	Z	ZOOM
PROPS	PROPERTIES	SSM	SHEETSET		
PRE	PREVIEW	ST	STYLE		
PRINT	PLOT	STA	STANDARDS		
PS	PSPACE	SU	SUBTRACT		
PSOLID	POLYSOLID	T	MTEXT		
PTW	PUBLISHTOWEB	-T	-MTEXT		
PU	PURGE	TA	TABLET		

附录 B　AutoCAD 2007 常用快捷键

快捷键	在 AutoCAD 2007 中功能	快捷键	在 AutoCAD 2007 中功能
CTRL+A	选择图形中的全部对象	CTRL+Y	重复上一个操作
CTRL+B	打开/关闭捕捉	CTRL+Z	撤销（取消）上一个操作
CTRL+C	将对象复制到剪贴板	CTRL+\	取消当前命令
CTRL+D	切换坐标显示	CTRL+1	打开/关闭对象特性管理器
CTRL+E	在等轴测平面之间切换	CTRL+2	打开/关闭设计中心
CTRL+F	打开/关闭对象捕捉	CTRL+3	打开/关闭工具选项板
CTRL+G	切换栅格	F1	显示帮助
CTRL+H	打开/关闭 PICKSTYLE	F2	打开/关闭文本窗口
CTRL+J	重复执行上一个命令	F3	切换自动对象捕捉
CTRL+M	重复执行上一个命令	F4	切换数字化仪模式
CTRL+N	创建新图形	F5	切换等轴测平面
CTRL+O	打开现有图形	F6	动态 UCS 开/关
CTRL+P	打印当前图形	F7	栅格开/关
CTRL+S	保存当前图形	F8	切换正交模式（开/关）
CTRL+T	切换数字化仪模式	F9	捕捉开/关
CTRL+V	从剪贴板粘贴对象	F10	极轴开/关
CTRL+X	将对象剪切到剪贴板	F11	对象捕捉开/关

参 考 文 献

[1] 张爱梅．AutoCAD 2007 计算机绘图实用教程．北京：高等教育出版社，2007.

[2] 薛炎．中文版 AutoCAD 2007 基础教程．北京：清华大学出版社，2006.

[3] 曾令宜．AutoCAD 2007 中文版应用教程．北京：电子工业出版社，2007.

[4] 夏文秀．AutoCAD 2007 中文版标准教程．北京：科学出版社，2006.

[5] 唐嘉平．AutoCAD 2006 实用教程．北京：清华大学出版社，2006.

[6] 杨雨松. AutoCAD 2006 中文版实用教程. 北京：化学工业出版社，2006.